CLÍNICA, CIRUGÍA Y PRODUCCIÓN DE BECERRAS Y VAQUILLAS LECHERAS

MARIO MEDINA CRUZ MVZ, MSc, DCV

CLÍNICA, CIRUGÍA Y PRODUCCIÓN DE BECERRAS Y VAQUILLAS LECHERAS

MARIO MEDINA CRUZ

Editor y Autor

MÉDICO VETERINARIO ZOOTECNISTA
FACULTAD DE MEDICINA VETERINARIA Y ZOOTECNIA
UNIVERSIDAD NACIONAL AUTÓNOMA DE MÉXICO

MASTER OF SCIENCE
COLLEGE OF VETERINARY MEDICINE AND BIOMEDICAL SCIENCES.
COLORADO STATE UNIVERSITY

DOCTOR EN CIENCIAS VETERINARIAS
FACULTAD DE MEDICINA VETERINARIA Y ZOOTECNIA
UNIVERSIDAD NACIONAL AUTÓNOMA DE MÉXICO

DIPLOMADO EN DESARROLLO DE EMPRESARIOS
INSTITUTO TECNOLÓGICO AUTÓNOMO DE MÉXICO – ITAM

3ª Edición
Mayo del 2015

Título: Clínica, cirugía y producción de becerras y vaquillas lecheras
Autor: Mario Medina Cruz *et al.*
D.R.: Mario Medina Cruz, 2010

Esta edición:
D.R.: 12 Editorial, A.C., 2011
        Mitla # 54 - 304
        Col. Independencia
        CP 03630 México, D.F.
        www.12editorial.com.mx

Diseño de cubierta: Alejandro Volnié
Imágenes de cubierta: © Zubarciuc Dumitru | Dreamstime.com
                        © Eric Isselée | Dreamstime.com
                        © Damianpalus | Dreamstime.com
                        © Noahgolan | Dreamstime.com

ISBN: 978-1519-783-80-6

Tercera edición: 20 de mayo de 2015

636.2
2011   Medina Cruz, Mario - *et al.*
        Clínica, cirugía y producción de becerras y vaquillas lecheras – 3ª ed.
        – México: 12 Editorial, A.C. - 2015.
        501 p. – 21 x 14.8 cm.

        ISBN: 978-1519-783-80-6

        1. Becerras 2. Vaquillas 3. Cirugía 4. Clínica 5. Leche

COAUTORES

Francisco Alonso Pesado MVZ, MC
Jennifer Moreno Trujillo MVZ
Departamento de Economía y Administración
Facultad de Medicina Veterinaria y Zootecnia
Universidad Nacional Autónoma de México

Miguel Ángel Blanco Ochoa MVZ, EPA, MPA
Jefe del Departamento de Medicina y Zootecnia de Rumiantes
Facultad de Medicina Veterinaria y Zootecnia
Universidad Nacional Autónoma de México

Robert B. Corbett DVM, PAS
Consultor Privado en Ganado Lechero
P.O.Box 100
Spring City, Utah 84662
Estados Unidos de Norteamérica

Victor S. Cortese DVM, PhD, DIPL, ABVP (DAIRY)
Director de Inmunología del Ganado Bovino
Pfizer Salud Animal
Estados Unidos de Norteamérica

Adriana Cossío Bayúgar MVZ, MC
Departamento de Etología y Fauna Silvestre
Facultad de Medicina Veterinaria y Zootecnia.
Universidad Nacional Autónoma de México

Joel Hernández Cerón MVZ, MC DCV
Jefe del Departamento de Reproducción
Facultad de Medicina Veterinaria y Zootecnia
Universidad Nacional Autónoma de México

Vicente Lemus Ramírez MVZ, MSc
Jefe del Departamento de Bovinos
Centro de Enseñanza, Investigación y Extensión en Producción Animal en Altiplano - CEIEPAA, Tequisquiapan, Qro.
Facultad de Medicina Veterinaria y Zootecnia
Universidad Nacional Autónoma de México

Mario Medina Cruz MVZ, MSc, DCV
Responsable de los Programas Sanitario y Medicina Preventiva en los Hatos de Bovinos. Departamento de Bovinos
Centro de Enseñanza, Investigación y Extensión en Producción Animal en Altiplano - CEIEPAA, Tequisquiapan, Qro.
Facultad de Medicina Veterinaria y Zootecnia
Universidad Nacional Autónoma de México

Jorge Montemayor Varona MVZ, EPA
Asesor Privado
Querétaro, Qro.

Anne Sisto Burt MVZ, MSc, PhD
Departamento de Etología y Fauna Silvestre
Facultad de Medicina Veterinaria y Zootecnia.
Universidad Nacional Autónoma de México

Geof Smith, DVM, MS, PhD, Dipl. ACVIM
Salud de Poblaciones y Patobiología
Universidad del Estado de Carolina del Norte
Estados Unidos de Norteamérica

Francisco Trigo Tavera MVZ, MSc, PhD
Departamento de Patología
Director de la Facultad de Medicina Veterinaria y Zootecnia
Universidad Nacional Autónoma de México

Sonia Vázquez Flores MVZ, MSc, DCV
Coordinadora del Doctorado en Ciencias de la Ingeniería (Biotecnología)
Instituto Tecnológico de Estudios Superiores de Monterrey
Campus Querétaro

Alejandro Villa Godoy MVZ, MSc, PhD
Departamento de Fisiología y Farmacología
Facultad de Medicina Veterinaria y Zootecnia
Universidad Nacional Autónoma de México

Adolfo Kunio Yabuta Osorio MVZ, MSc
Departamento de Bovinos
Centro de Enseñanza, Investigación y Extensión en Producción Animal
en Altiplano-CEIEPAA, Tequisquiapan, Qro.
Facultad de Medicina Veterinaria y Zootecnia
Universidad Nacional Autónoma de México

CONTENIDO

PREFACIO

La producción o crianza de becerras incluye prácticamente todas las áreas o disciplinas en las que se trabaja en el hato de ganado lechero adulto. Sin embargo, en los países de habla hispana existe un enorme déficit de información y experiencia en el área, lo cual aunado a la carencia de sistemas de monitoreo manuales o electrónicos, resulta en un descuido del sistema, lo que frecuentemente produce rendimientos por debajo de los parámetros de productividad internacionales.

Los costos de producción de un sistema de reemplazos constituyen el rubro más importante, únicamente después de los costos de alimentación del ganado adulto, por lo que las inversiones en el sistema de producción de reemplazos lecheros deben ser administradas en forma diferenciada de las de un establo lechero. En sí, la producción de reemplazos constituye una inversión a largo plazo, que al ser comparada con instrumentos de inversión bancarios, produce rendimientos sobre el capital muy superiores, generando en el proceso empleos en el país. Para lograr la autosuficiencia alimentaria en productos lácteos, así como la exportación de productos lácteos con nicho de mercado específico, deben mejorarse sustancialmente los niveles de productividad en la crianza de becerras y vaquillas lecheras. Esto ayudará a evitar una repetición de la deficiencia aguda de reemplazos que se registró en México a consecuencia de la detección del prión causante de encefalopatía espongiforme bovina, o "enfermedad de las vacas locas", en Canadá y en los Estados Unidos de Norteamérica en el año 2003. En ese tiempo la crianza de reemplazos era una actividad inexistente en muchos hatos, sin embargo, a partir de entonces la crianza tomó mayor importancia, aunque todavía hay mucho por mejorar. Adicionalmente, en el caso de México, que es un país libre de fiebre aftosa, no se pueden realizar importaciones de vaquillas procedentes de Europa, Asia o Sudamérica, con excepción de las que se han hecho dentro de la cobertura de convenios binacionales temporales.

Actualmente se ha cuantificado el efecto de prácticas deficientes en la crianza sobre la productividad de las becerras y vaquillas en su vida adulta y su impacto económico. Se han logrado avances en la atención al parto tendientes a reducir la mortalidad perinatal y se han definido una serie de parámetros productivos que permiten evaluar sistemas de crianza de diferentes explotaciones, estableciendo comparaciones entre ellas y fijando metas de productividad para cada una. El Médico Veterinario Zootecnista dedicado a ganado lechero encontrará en este libro una fuente de información de uso recurrente en el ejercicio profesional, lo que le permitirá desarrollar con el tiempo una nueva línea de asesoría e incrementar su participación en las explotaciones. El veterinario dedicado a ganado productor de carne encontrará la aplicación de muchos de los temas aquí tratados en su práctica profesional.

Todo lo anterior indica claramente la importancia de la producción en forma eficiente de becerras y vaquillas de razas especializadas en la producción de leche en México.

MVZ, MS, DCV Mario Medina Cruz
Autor y Editor de la Obra
Abril del 2011

CAPÍTULO I

MANEJO DE LA VACA Y LA BECERRA AL PARTO

Editor del capítulo: Mario Medina Cruz MVZ, MSc, DCV

Mario Medina Cruz MVZ, MSc, DCV

1 PARTO EUTÓCICO

El parto eutócico o normal debe constituir en promedio el 90% de los partos que ocurren en un hato lechero, quedando únicamente el 10% para distocias, que incluyen tracción ligera, tracción forzada e intervenciones quirúrgicas. Con frecuencia se interviene en un parto normal únicamente con el fin de abreviar el periodo de tiempo en el que se debe proveer vigilancia al parto. Lo anterior produce daños pélvico-genitales en la vaca o vaquilla e incrementa los problemas de mortalidad perinatal. Debe haber un cambio progresivo hacia el aumento de partos normales, minimizándose la incidencia de partos distócicos.

El parto eutócico se divide para su estudio en tres fases: 1, dilatación cervical; 2, expulsión fetal y 3, expulsión de las membranas fetales.

1.1 FASE 1: DILATACIÓN CERVICAL

Se inicia cuando las fibras musculares longitudinales y circulares del útero empiezan a contraerse, y termina cuando el cérvix se ha dilatado y algunas partes del cuerpo del feto han entrado al canal del nacimiento. Esta fase dura entre dos y seis horas, sin embargo, en vaquillas de primer parto la duración puede ser mayor.

Externamente se puede observar inquietud y signos semejantes a los del cólico. La vaquilla muestra tendencia a echarse y pararse frecuentemente; si se encuentra en pastoreo, comúnmente busca un lugar apar-

25

tado. Las descargas vaginales se incrementan y hay licuefacción y expulsión del tapón cervical.

1.2 FASE 2: EXPULSIÓN FETAL

Se inicia cuando algunas partes del feto entran al canal natural del nacimiento; éstas estimulan la prensa abdominal, la cual termina cuando se ha realizado la expulsión fetal. Generalmente, una vez que se ha iniciado la segunda fase, el producto es expulsado durante las siguientes cuatro horas; no obstante, el producto puede soportsr entre ocho y diez horas. En esta fase se puede proporcionar ayuda a la vaca con el fin de promover la supervivencia de la cría. Bajo condiciones normales, el parto debe seguir su cauce natural; sin embargo, hay ocasiones en las que debe intervenirse tomando como base los siguientes criterios: a) cuando la vaca ha estado en la primera fase del parto por más de seis horas y no ha mostrado el reflejo de prensa abdominal; b) cuando la vaca, ya en la segunda fase del parto, ha estado de dos a tres horas sin presentar progreso y, c) si el saco amniótico se observa colgando de la vulva, separando los labios vulvares, por un período de dos horas.

1.3 FASE 3: EXPULSIÓN DE LAS MEMBRANAS FETALES

La expulsión de las membranas fetales debe suceder dentro de las siguientes ocho horas a la expulsión fetal. Si esto no ocurre, bajo ninguna circunstancia deben jalarse dichas membranas.

2 PARTO DISTÓCICO

La incidencia de la distocia varía entre los hatos lecheros con base en el nivel de manejo del hato, de la nutrición, de la selección del semen y del manejo competente que se brinde a las vacas en el periparto; se estima que cada caso de distocia con tracción forzada tiene un costo de hasta $10,500.00 pesos. El complejo de desórdenes en el periparto, que incluye distocia, mortalidad perinatal, gemelaridad, hipocalcemia y retención de membranas fetales, ha sido asociado con reducción en el rendimiento de leche (Bicalho, 2008), menor fertilidad (Bicalho, 2007), incremento en los porcentajes de deseño de hato adulto (Bell, 2007), así como en el riesgo de mortalidad materna (Dematawewa, 1997). Como parte del involucramiento del Médico Veterinario en el manejo de la fertilidad de los hatos lecheros, se debe incluir el manejo competente del parto, ya que menos del 10% de los partos asistidos son atendidos por médicos veterinarios

2.1 MOVIMIENTO DE VACAS Y VAQUILLAS AL ÁREA DE MATERNIDAD.

Las vacas a término deben moverse al área de maternidad cuando menos 24 horas antes del parto esperado, y las vaquillas un poco antes. Éste es el momento en el que comienza la apertura cervical provocada por contracciones miometriales coordinadas. Mediante este método se considera que se reduce el estrés al parto ocasionado por un movimiento tardío al área de maternidad, y aunque se ha considerado que el grado de contaminación del área podría ser mayor que con periodos cortos de estancia, recientemente Pithua *et al.* (2009) moviendo vacas y vaquillas a las áreas de maternidad únicas o múltiples, 48 a 72 horas antes de la fecha real de parto, no encontraron diferencias en el riesgo de enfermedad en las becerras. Una alternativa consiste en no mover a las vacas y vaquillas al área de maternidad sino hasta que ha comenzado la fase 2 del parto, lo cual se ha asociado con menor duración del proceso, menor requerimiento de asistencia, menor distocia y menor incidencia de mortinatos, así como menor grado de contaminación del área de maternidad (Carrier, 2006).

Los signos de parto inminente ocurren entre las 12 y 24 horas previas al parto, e incluyen un incremento en la frecuencia en los movimientos de incorporación y de echado, micción y defecación más frecuentes, elevación de la cola, goteo de calostro, aumento en la relajación y en la humedad vulvar, dilatación de las tetas, y de manera más confiable se observa relajación de los ligamentos pélvicos y distensión prominente de la ubre (Mee, 2004). Cuando el parto se encuentra a sólo unas horas de ocurrir, además de lo anterior se observan signos de incomodidad, como son cambios frecuentes de lado en el apoyo de los miembros posteriores y latigueo frecuente con la cola. Sin embargo, en alrededor del 10 % de las vacas y del 20% de las vaquillas, no ocurren estos signos (Mee, 2008). Es recomendable que los partos de las vaquillas ocurran en áreas distintas a los de las vacas adultas para reducir el estrés y la transmisión de microorganismos, pero manteniendo el contacto visual con las compañeras de hato para prevenir el aislamiento social y evitar complicaciones.

2.2 EVALUACIÓN FETAL

Es preciso iniciar con la anamnesis antes de intervenir. El Médico Veterinario deberá conocer aspectos tales como la duración de la gestación, observaciones acerca del progreso del parto, intervenciones previas realizada por el personal del rancho, número de parto de la vaca y toda la información pertinente respecto a la historia de la gestación y del problema.

Para efectuar el examen y la manipulación obstétrica, es de primordial importancia la higiene del área perineal, así como del Médico Veterinario. El área perineal debe ser rasurada; antes de intervenir es necesario lavarla con un jabón desinfectante y agua. El lugar en el que se llevará a cabo la manipulación obstétrica debe estar lo más limpio posible, con suficiente cama de paja. El líquido amniótico es un excelente lubricante, pero se pierde una gran proporción de éste cuando se inician las manipulaciones obstétricas. Cuando se requiere una lubricación adicional, especialmente en casos de distocia prolongada, un excelente lubricante, que además previene infecciones en los brazos del examinador, es la combinación de una parte de ácido bórico finamente molido con 10 partes de vaselina; esta mezcla se puede realizar fácilmente derritiendo la vaselina y agregando el ácido bórico. La pasta se puede aplicar sobre las manos y los brazos del obstetra, así como dentro del canal vaginal. Otro tipo de lubricante que es posible emplear es el proveniente de los polímeros expansivos derivados de la celulosa, como la carboximetilcelulosa. Para su preparación se mezcla una parte de polvo con 25 partes de agua, o incluso a menor concentración. Esta solución se introduce al útero por medio de una bomba impelente y expelente. Una vez que se han lubricado el becerro y los brazos del obstetra, se procede al examen del tracto genital para evaluar tanto el grado de dilatación cervical como los signos vitales del producto cuando ya se encuentra dentro del canal del parto.

El pellizco de la membrana interdigital o reflejo interdigital de la mano consiste en la retracción del miembro, y ocurre cuando hay un producto vigoroso; o bien se da en forma exagerada o de pedaleo, lo que puede indicar una hipoxia o acidosis. Una vez que la cabeza del producto ha entrado al canal del parto, este reflejo puede estar ausente, aun en un becerro vivo. Al estimular el reflejo mastosuccionador, el becerro sano reacciona con movimientos suaves, mientras el becerro en hipoxia o en acidosis extrema puede reaccionar con movimientos frecuentes o fuertes. La palpación del globo ocular produce un parpadeo o una vibración en los ojos en un becerro sano, sin embargo, este reflejo puede estar presente en un becerro acidótico. Cuando la condición del becerro se deteriora, el reflejo interdigital de la pezuña es el primero en desaparecer, y el del globo ocular el último. Una respuesta positiva del becerro a estos reflejos indica que se encuentra con vida, pero la ausencia de respuesta no siempre significa que esté muerto.

En presentación posterior, el reflejo pedal o reflejo interdigital del pie, producido por el pellizcamiento de la membrana interdigital, se pierde más rápidamente que el reflejo en miembros anteriores y puede ser negativo en el becerro con vida. Asimismo, este reflejo puede estar ausente cuando el producto está en el canal del parto, por lo que su valor pronóstico no es tan bueno como cuando se realiza en miembros anteriores. El reflejo anal no es muy confiable ya que frecuentemente está ausente en becerros vigorosos. El pulso cardíaco puede ser detectado al palpar el esternón con la palma de la mano colocando los dedos sobre el lado izquierdo del tórax. El cordón umbilical puede ser localizado recorriendo la mano sobre la última costilla en dirección ventral. La evaluación de las pulsaciones se realiza presionando ligeramente el cordón umbilical. Nunca debe jalarse el cordón umbilical, ya que esto provoca una contracción refleja de las arterias umbilicales, con lo que disminuye el aporte de oxígeno al feto. Un pulso cardíaco de frecuencia regular y bombeo vigoroso, así como vasos umbilicales tensos, son signos de buena condición en el producto. La evaluación del pulso es confiable solamente en los períodos entre contracciones uterinas o contracciones abdominales, así como cuando menos 30 segundos después de la repulsión fetal hacia el útero, de lo contrario el pulso será más bajo. El pulso normal es de aproximadamente 120/minuto. Después de un parto normal el pulso disminuye a 90 y se incrementa gradualmente hasta 120/minuto. Con una extracción forzada prolongada, el pulso puede disminuir significativamente (Schuijt, 1983; Drost, 1991). Cuando el feto desarrolla un estado de acidosis, la frecuencia cardíaca llega a exceder las 140 pulsaciones/minuto, posteriormente se vuelve irregular; desciende y se debilita; más tarde los reflejos desaparecen secuencialmente. A medida en que el feto va muriendo es posible percibir movimientos fetales espontáneos, y en ocasiones se observan externamente. La congestión de la cabeza, cavidad bucal y lengua se presentan tanto en becerros vigorosos como moribundos, por lo que estos signos tienen poco valor pronóstico.

Cuando el curso del parto es normal y los reflejos del becerro son regulares, es innecesario un examen completo de todos los signos (Schuijt, 1983; Drost, 1991). El feto vivo generalmente debe ser extraído mediante la mutación y la extracción forzada, o bien por cesárea. El becerro muerto debe ser extraído por mutación y extracción forzada, por fetotomía o por cesárea.

Las anomalías en presentación, posición y actitud deben ser diagnosticadas y corregidas antes de aplicar alguna tracción sobre el feto vivo. Sin embargo, si el obstetra trabaja en la mutación del producto durante 30 minutos sin lograr progreso, es recomendable la fetotomía o bien la sección cesárea.

2.3 DILATACIÓN DEL CANAL DE PARTO

Para la dilatación manual del canal natural del parto, las manos y los brazos del obstetra, así como el canal de parto, se deben mantener bien lubricados empleando las mezclas mencionadas. Se entrecruzan los dedos de ambas manos, se introducen los brazos por la vulva y por la vagina a manera de cuña, efectuando una rotación en el sentido de las manecillas del reloj, yendo de las cinco a las once, y en sentido contrario de las manecillas del reloj, de las seis a la una. Tal vez se requieran hasta 20 minutos de trabajo de dilatación, empleando también los codos para dilatar el canal natural del parto. De esta manera, una vez que se han estirado los tejidos blandos, no se retrasará el procedimiento de extracción cuando se encuentre en proceso.

2.4 EXTRACCIÓN FORZADA EN PRESENTACIÓN ANTERIOR

Para llegar a la manipulación adecuada y determinar si el feto puede ser extraído por el canal natural del parto (vía vaginal), se pone una cuerda alrededor del cuerpo de la vaca lo suficientemente larga como para desplazarla hacia la parte posterior y derribar al animal sobre su costado derecho. Esto no es necesario en ocasiones, ya que la vaca tiene la tendencia a permanecer echada. Se colocan las cadenas o lazos obstétricos alrededor de los metacarpos de la cría, procurando que el punto de tracción quede en la parte dorsal del metacarpo. Se inicia jalando un miembro, generalmente el más corto o retraído hacia la cavidad uterina, hasta que la articulación del menudillo salga de la vulva (10 ó 15 centímetros aproximadamente, o un poco más en razas de gran tamaño), lo cual indica que el hombro correspondiente a ese costado ha pasado el ilion, es decir, se encuentra dentro de la cadera materna. Entonces se ejerce presión sobre el miembro opuesto hasta que el hombro correspondiente se desplace por el ilion hasta el canal de parto (figura 1.1). Generalmente, cuando se ha logrado que ambos hombros entren al canal natural, el parto a través de éste es posible; de lo contrario debe regresarse el feto al útero y practicarse la sección cesárea o la fetotomía. Es importante que éstas se lleven a cabo en la vaca descansando sobre su costado derecho; en caso de estar de pie, el peso mismo de un feto de gran tamaño dificultará su entrada al canal de parto, y por lo tanto no se podrá evaluar su tamaño en relación al cinturón pélvico en forma adecuada.

La fuerza para la extracción del producto debe ser proporcionada por dos ayudantes, mientras el obstetra se encuentra dilatando la vulva, manipulando el feto y controlando la aplicación de la tracción en fuerza y en dirección; esta última debe aplicarse en dirección caudal y ligeramente ventral. Una vez que los miembros anteriores, la cabeza y el cuello del feto han salido de la vulva, es necesario que el obstetra efectúe una rotación de la cadera del feto antes de que ésta entre al canal pélvico materno, de esta manera se previene el enganche o bloqueo de cadera fetal (*hip-lock*) (figura 1.2). Esto produce la posición dorso-iliaca, o dorsosacro-iliaca, entre las caderas del feto y la madre antes de que las caderas se enganchen entre sí por diferencias en sus contornos perimetrales (figura 1.3). Para llevar a cabo la rotación, el obstetra utiliza ambos brazos; primero introduce el derecho por debajo del feto, entre miembro y cabeza, colocando la palma de la mano sobre el cuello del animal; en tanto el brazo izquierdo se introduce entre el miembro y la cabeza del feto, hasta colocar la palma de la mano sobre el cuello, por arriba del cual se unen los dedos de ambas manos con el objeto de hacer presión sobre el feto y producir la rotación. En adición, los ayudantes que tienen las dos cadenas independientes intercambian éstas para producir una rotación a medida que se aplica la fuerza de tracción sobre las piernas del feto.

En caso de que aún así se produzca el bloqueo de cadera, debe interrumpirse la tracción y estimularse la respiración del becerro, ya que de seguir aplicando tracción lo único que se logra es su asfixia, pues ésta impide la respiración normal del animal. Es importante ejercer la tracción cuando la vaca empuja; es decir, cuando ejerce la presión abdominal, ya que en ese momento los contornos de la pelvis materna cambian haciéndose más grandes, no anatómicamente pero sí funcionalmente. La dirección de la tracción también debe ajustarse de tal manera que el jalón no sea solamente caudal, sino también ligeramente dorsal. Tal vez sea necesaria la palpación sobre la espalda del becerro para verificar que la rotación de la pelvis haya sido suficiente, de no ser así, se ejerce la repulsión contra la pelvis fetal, con ello la rotación, y nuevamente la tracción y mayor rotación (figura 1.4). En estas condiciones, tomando en cuenta que la tracción debe realizarse solamente cuando la vaca empuja por medio de la prensa abdominal, pueden requerirse hasta tres ayudantes para ejercerla.

Cuando el becerro está muerto o muere durante el procedimiento de extracción, se lleva a cabo una fetotomía en tres fases: 1) se incide el abdomen y se eviscera el becerro; 2) se realiza un corte transverso de la columna vertebral justo frente a la cadera por medio del fetotomo y, 3) se secciona la pelvis fetal en dirección longitudinal entre las piernas del feto.

Una vez que se ha logrado la extracción del producto, el obstetra debe realizar las siguientes actividades (Schuijt, 1980):

- Verificar la respiración, limpiar las fosas nasales y frotar la piel del becerro con el objeto de estimular su circulación sanguínea.

- Verificar la posible presencia de otro becerro, así como daños al canal de parto.

- Tratar el cordón umbilical con tintura de yodo al 7 % o yodo metálico al 2%.

- Administrar a la vaca 50 UI de oxitocina por vía intravenosa, intramuscular o subcutánea.

- Verificar la presencia de calostro de alta calidad en la vaca, así como también la existencia de cuartos ciegos y mastitis.

- Alimentar al becerro con 4 litros de calostro de alta concentración de anticuerpos inmediatamente después del nacimiento, dentro de un límite máximo de una hora después del parto, seguido de 2 litros más en las siguientes 10 a 12 horas de vida, empleando, si es necesario, una sonda esofágica.

- Verificar la posible presencia de defectos congénitos.

- Si se presenta un trauma considerable en la vaca están indicados los antibióticos sistémicos, así como los intrauterinos.

2.5 EXTRACCIÓN FORZADA EN PRESENTACIÓN POSTERIOR

La extracción del becerro en presentación posterior ofrece un problema mayor que en presentación anterior, debido a que el cordón umbilical es presionado o seccionado sobre el cinturón pélvico mientras la cabeza y el tórax se encuentran aún dentro del útero, por lo tanto se favorece la asfixia. Asimismo, el daño mecánico sobre el feto es más probable debido a la angularidad que guarda el cuerpo del feto en relación a la cadera materna. En esta presentación, el feto en ocasiones no es empujado en dirección caudal lo suficiente como para producir la dilatación del cérvix, vagina y vulva en forma correcta. Consecuentemente, la extracción forzada no debe ejercerse hasta que exista una dilatación apropiada del canal natural del parto; de otra manera, es posible extraer el producto hasta el punto en el que el cordón umbilical se estire, se rompa o se presione contra el cinturón pélvico, pero su extracción total es inhibida y retrasada por la falta de dilatación cervical.

Para la extracción en presentación posterior es necesario tomar en cuenta que, en el feto, la mayor anchura de las caderas se encuentra en el espacio comprendido entre los dos trocánteres mayores de los huesos femorales, mientras la mayor distancia del cinturón pélvico materno se encuentra en el espacio dorso púbico (figura 1.3). Primero el feto es rotado 90 grados para que adquiera la posición dorso-iliaca, de tal manera que el mayor diámetro de la cadera fetal corresponda al mayor diámetro de la pelvis materna (figura 1.5). Generalmente la extracción es posible cuando dos ayudantes están jalando simultáneamente de las piernas del becerro previamente rotado en dirección caudal y ligeramente dorsal, y son capaces de extraerlo lo suficiente como para que los corvejones estén fuera del área vulvar (figura 1.6). De lo contrario debe emplearse la cesárea, ya que una extracción difícil usualmente mata al feto. Por otro lado, una tracción excesiva sobre el feto en presentación posterior ha sido asociada con lesiones en articulaciones y espalda, con hernia diafragmática, fractura de costillas, sangrado pulmonar, estallamiento de hígado y otros daños fetales.

La extracción forzada del feto en presentación posterior es realizada en orden contrario a lo expresado en la presentación anterior. Con la vaca en decúbito lateral derecho, una vez que las puntas de la cadera del feto han pasado por el cinturón pélvico, los miembros posteriores son rotados nuevamente hacia la posición dorso-sacra mediante la aplicación de tracción en dirección caudal pero ligeramente ventral (figura 1.7). En esta fase una tracción excesiva puede dañar la articulación coxofemoral o la articulación femoro-tibio-rotuliana. Cuando las puntas de la cadera han pasado a través del vestíbulo, el feto debe ser extraído lo más rápidamente posible con el fin de prevenir la asfixia; sin embargo, para prevenir daños o fracturas a la columna vertebral fetal en la unión lumbosacra, la tracción se aplica únicamente cuando la vaca está ejerciendo presión mediante la prensa abdominal.

2.6 EPISIOTOMÍA

La episiotomía es un procedimiento simple que permite la extracción de un feto de gran tamaño o de un feto normal, pero de madre con vulva o región vestibular reducidas en tamaño o elasticidad por traumas previos que dificultan su dilatación. Es preferible la realización de la episiotomía a una laceración o desgarre en la región perineal. La episiotomía se efectúa cuando una parte del cuerpo del feto, por ejemplo la cabeza, está dilatando la vulva a tal grado que es inminente un desgarre. En estas condiciones el estiramiento excesivo de la vulva causa una desensibilización de la piel, por lo que no es necesario aplicar anestesia local. De producirse un desgarre vulvar, éste generalmente ocurre en la comisura vulvar dorsal, proyectándose hacia el ano y produciéndose una laceración perineal. Con el objeto de evitar esto, se realiza una incisión de aproximadamente siete centímetros a las once o a la una (representando un reloj) en el círculo vulvar, por medio de un bisturí o tijeras. Una vez que se ha logrado la extracción del producto, la vulva se lava y sutura con un surjete de colchonero vertical modificado, como el que se emplea para la reducción de las laceraciones de tercer grado, empleando material no absorbible, el cual deberá ser retirado en 10 días. Es importante suturar de la mejor forma a fin de reducir la probabilidad de formación de fibrosis excesiva y producción de asimetría vulvar, con el consecuente riesgo de neumovagina. La aplicación de antibióticos sistémicos está indicada para evitar la infección (Hudson, 1983).

2.7 CESÁREA

Mario Medina Cruz MVZ, MSc, DCV

Adolfo Kunio Yabuta Osorio MVZ, MC

La sección cesárea es la cirugía más antigua en la medicina humana y veterinaria (Newman y Anderson, 2005). El principal objetivo de la intervención debe ser orientado a preservar la integridad de la hembra, de la cría, y el desempeño reproductivo futuro de la vaca (Newman y Anderson, 2005), y está indicada en aquellos casos de distocia en donde la hembra es incapaz de expulsar el feto en forma natural o por cualquier otro procedimiento (Sloss y Dufty, 1986). En el ganado de carne la práctica de la cesárea es más frecuente, y se concentra intensamente en la parte final del invierno y el inicio de primavera (Newman y Anderson, 2005). Las razas de carne que presentan el doble músculo, como Charolais y Belgian Blue, con frecuencia requieren cesárea (Newman y Anderson, 2005). La frecuencia de distocias resueltas por cesárea se relaciona con el número de parto o edad de la hembra. El riesgo aumenta conforme la edad a la parición de la vaquilla sea más temprana (menos de 24 meses de edad). La proporción de vaquillas con parto a través de cesárea es 3.09 veces más que en las vacas multíparas. También las vacas con becerro macho único están en mayor riesgo de requerir cesárea que las vacas con gestación de una sola cría hembra o gemelos. De igual manera, el riesgo aumenta para periodos de gestación prolongados. En el ganado de carne, el becerro es la principal fuente de ingreso y causa de retorno de inversiones comparado con el ganado lechero, donde la producción de leche frecuentemente tiene mayor valor comercial que la sobrevivencia fetal. Esto explica en parte la razón por la cual en la ganadería de carne las distocias reciben atención con más rapidez, con menor tiempo de manipulación obstétrica y frecuentemente con becerros aún vivos, a diferencia de lo que ocurre con la cesárea en la ganadería lechera.

Con el perfeccionamiento de las técnicas y el equipo de cirugía, la mortalidad posquirúrgica en la vaca se ha reducido desde un 50% hasta cerca del 10% (Walter y Vaughan, 1986). La cesárea permite lograr el nacimiento de becerros viables y está indicada para la obtención de ejemplares de alto valor genético y costo elevado en programas de transferencia embrionaria y programas de cría de ganado de registro, donde el principal objetivo es un becerro viable (Walter y Vaughan,

1986; Sloss y Dufty, 1986; Turner y McIlwraith, 1989; Baird, 1999; Fubini, 2004; Newman y Anderson, 2005).

Entre las indicaciones para una cesárea están: un mayor tamaño del feto, que es una de las razones más importantes y más frecuentes; inmadurez relativa de la madre, lo cual se traduce en un área menor del cinturón pélvico; gestación prolongada; feto enfisematoso y en estado de descomposición; anomalías irreducibles en presentación, posición o actitud fetal; anomalías fetales; torsión uterina; prolapso vaginal severo; daños pélvicos en la vaca; hidroalantoides avanzado y otras causas particulares, como las deformidades fetales: anasarca fetal, *Schistosomus reflexus*, hidrocéfalos, siameses, becerros enfisematosos, momificaciones fetales (Walter y Vaughan, 1986; Sloss y Dufty, 1986; Turner y McIlwraith, 1989; Youngquist, 1997; Baird, 1999; Fubini, 2004; Newman y Anderson, 2005).

2.7.1 Posición del paciente y vía de aproximación

La cesárea puede realizarse con la vaca parada o en decúbito. Generalmente se prefiere practicarla en la vaca parada cuando se trata de casos agudos sin ninguna o poca complicación sistémica; cuando la vaca durante el manejo preoperatorio puede sostenerse en pie sin ningún problema, y cuando el feto está vivo, o bien muerto pero aún no enfisematoso. Las probabilidades de contaminación de la cavidad abdominal aumentan con la presencia de líquidos del feto enfisematoso, por lo tanto el riesgo de muerte para la vaca es mayor. Esta técnica tiene las ventajas de no producir hernias posquirúrgicas, no hay timpanización ruminal durante la cirugía, requiere de una asistencia menor y es más rápida que la técnica con la vaca en decúbito; además, es preferida en vacas lecheras con gran desarrollo de la glándula mamaria.

La técnica con la vaca en decúbito es preferible cuando presenta pobre condición corporal o está exhausta por el trabajo de parto, tiene dificultad para mantenerse de pie, o bien cuando el feto está muerto, en estado de descomposición o enfisematoso. De igual manera, cuando el animal es de temperamento difícil o inmanejable, el derribo puede ser una buena alternativa para disminuir los riesgos para el cirujano y para el mismo animal (Baird, 1999). El cirujano puede optar por la cirugía con el animal postrado y bajo efecto de sedantes en aquellas situaciones donde no se cuenta con instalaciones (prensa o jaulas de contención) para inmovilizar al ganado (Fubini, 2004; Newman y Anderson, 2005). En esta postura se tiene la ventaja de lograr una mejor manipulación del útero y del feto, así como de elegir el sitio de incisión de acuerdo a la localización del útero (Hudson, 1983; Noorsdy, 1979; Dehghani 1982).

2.7.2 Antisepsia

Como parte inicial de la cirugía es imprescindible el rasurado, lavado y la antisepsia de la zona del flanco y la herida quirúrgica. Los procedimientos mencionados podrán realizarse durante el tiempo de efecto de los fármacos aplicados (Newman y Anderson, 2005). El objetivo principal de la antisepsia es la prevención de infección en la herida quirúrgica y de la cavidad abdominal (Newman y Anderson, 2005). Afortunadamente para la práctica quirúrgica de campo, existe un buen número de antisépticos y desinfectantes disponibles comercialmente que pueden ofrecer buenos resultados. Entre los más comunes se encuentran el yodo orgánico, como el yoduro-povidona (yodo polivynil-pirrolidona), gluconato de clorhexidina, hipoclorito de sodio, alcohol etílico al 70% y alcohol isopropílico. De acuerdo a la opinión de algunos cirujanos, no hay diferencia significativa entre el uso de gluconato de clorhexidina y yoduro-povidona. Algunos reportes muestran una ventaja al utilizar alcohol isopropílico después de desinfectado con gluconato de clorhexidina, observándose mejores resultados (significativo menor número de unidades formadoras de colonias y mayor número de cultivos negativos) comparado con el yoduro-povidona (Newman y Anderson, 2005). También es posible realizar la antisepsia empleando yoduro-povidona seguido de alcohol etílico al 70% aplicado mediante gasas. Alternativamente, es posible realizar el lavado y enjuague de la zona de intervención con una solución de hipoclorito de sodio al 5% aplicado en forma abundante, con la ventaja de su bajo costo y fácil disponibilidad en condiciones de campo.

2.7.3 Técnica quirúrgica con la vaca de pie

La vaca debe ser correctamente sujetada por medio de una manga o trampa de manejo, aplicando fuerza moderadamente sobre las paredes laterales del abdomen para evitar que el animal la utilice para apoyarse y dejarse caer.

La incisión puede realizarse por el flanco izquierdo, con lo cual el rumen evita que los intestinos se evisceren durante la cirugía, o bien por el flanco derecho cuando hay un rumen extremadamente pesado y lleno de alimento, así como cuando el producto es muy grande y se sitúa en el lado derecho del abdomen, lo que debe ser determinado previamente por palpación rectal.

En los pacientes de pie la anestesia epidural caudal reduce la tensión abdominal y mantiene al animal más relajado, se reducen las contracciones abdominales, la defecación y los movimientos de la cola (Youngquist, 1997). La anestesia epidural caudal desensibiliza las raíces nerviosas caudales tan pronto emergen de la duramadre. El producto más utilizado es el clorhidrato de lidocaína al 2% con dosis de 0.2 a 0.4 mg/kg, aplicado regularmente con aguja del 18 y de 1.5 pulgadas. La dosificación deberá ser con precaución, no rebasando el volumen máximo recomendado de 0.5 ml/50 kg, ya que el exceso en la dosificación puede disminuir el control de las extremidades posteriores y resultar en la postración inesperada e indeseable del paciente. El inicio del efecto ocurre dentro de unos cuantos minutos (Youngquist, 1997; Newman y Anderson, 2005). Por el contrario, si la elección del procedimiento quirúrgico requiere de la postración del paciente, la paresis temporal puede hacer más fácil la sujeción y colocación de las extremidades posteriores (Youngquist, 1997; Baird, 1999).

2.7.4 Analgesia e insensibilización

La analgesia paravertebral es útil para insensibilizar la fosa paralumbar izquierda o derecha. El propósito de dicha técnica consiste en el bloqueo del último nervio torácico y los primeros tres nervios lumbares una vez que emergen a través de los forámenes intervertebrales (Youngquist, 1997; Newman y Anderson, 2005). Las técnicas más comunes son el bloqueo paravertebral lumbar proximal (técnica de Farquharson) y paravertebral lumbar distal (técnica de Magda y Cakala). Alternativamente, puede utilizarse el bloqueo regional en "L" invertida o bien la infiltración sobre la línea de incisión (Weaver, 1986; Turner y Mclwraith, 1989; Youngquist, 1997; Newman y Anderson, 2005).

2.7.4.1 Técnica de bloqueo paravertebral lumbar proximal (Faquharson)

Su objetivo es la insensibilización del último nervio torácico (T13) y los tres primeros nervios lumbares (L1, L2, L3) desde su raíz. Es la técnica con mayor grado de dificultad y para ello se requiere la punción con aguja en forma adyacente al cuerpo de la vértebra, infiltrando de 10 a 20 ml por sitio de infiltración (Figura 1.8.), de modo que el extremo de la aguja pueda aproximarse al foramen intervertebral y realizar la infiltración del analgésico (Youngquist, 1997; Newman y Anderson, 2005). Por la distancia del punto de infiltración y por la presencia de grasa y músculo (como en el ganado de carne) el procedimiento tiende a ser más complejo, además de requerir agujas de infiltración de mayor longitud (18 x 10 cm de longitud). Cuando se presenten dificultades para este tipo de técnica, puede utilizarse una variante. La variante pretende la insensibilización de los nervios lumbares después de haber emergido del foramen vertebral y haber iniciado su trayecto caudal lateral. Para ello se requiere hacer la inserción de la aguja en un punto situado a la mitad del trayecto entre el proceso espinoso y el borde del proceso transverso. Con esta variante también se puede lograr la insensibilidad y relajación de la musculatura del flanco en forma adecuada (Newman y Anderson, 2005).

2.7.4.2 Técnica de bloqueo paravertebral distal (Magda y Cakala)

Cuando las técnicas anteriores no puedan llevarse a cabo por haber demasiada cobertura de grasa o músculos dorsales de mayor espesor, se puede recurrir a la técnica de bloqueo paravertebral distal (descrita por Magda y Cakala), que puede realizarse con agujas de menor longitud (18 x 3.75 cm) y no requiere el grado de destreza necesario para la técnica anterior (Figura 1.8). Para lograr la insensibilidad, el analgésico debe infiltrarse en forma radial o de abanico por encima y debajo de las apófisis transversas lumbares L1, L2 y L4, infiltrando 20 ml en cada punto de bloqueo (Newman y Anderson, 2005).

Independientemente de la técnica elegida, deberá tenerse precaución con la dosificación para no infiltrar cantidades excesivas del analgésico alrededor del tercer nervio lumbar, ya que contribuyen con ramas al nervio femoral y obturador, favoreciendo la parálisis del miembro posterior ipsilateral (Youngquist, 1997).

2.7.4.3 Técnica de bloqueo en "L" invertida por el flanco izquierdo o en forma de "7" por el flanco derecho

El cirujano puede preferir la insensibilización del flanco con un bloqueo regional por infiltración (Figura 1.9). Para ello, la solución analgésica local se inyecta primero en forma subcutánea, y luego profundamente en la musculatura dorsal y craneal, al sitio de incisión previsto en forma de una "L" invertida, si es por flanco izquierdo, o describiendo un "7" si es por el flanco derecho. Para este tipo de infiltración se requieren más de 50 ml de solución de lidocaína, dependiendo del largo de la incisión. La ventaja de esta técnica es la facilidad de aplicación y su confiabilidad, aunque es difícil lograr la insensibilización de la lámina parietal del peritoneo, por lo que puede haber resistencia del animal cuando se culmina la apertura de la cavidad abdominal (Youngquist, 1997; Newman y Anderson, 2005).

2.7.4.4 Infiltración sobre la línea de incisión

Es una de las técnicas más difundidas para las incisiones en la fosa paralumbar, flanco del abdomen bajo y las intervenciones ventrales (medial o paramedial). La solución analgésica se inyecta en forma subcutánea y profundamente dentro de la pared abdominal a lo largo de la línea de incisión. Este método logra insensibilidad confiable y es el de menor complejidad. Sin embargo, puede retardar la cicatrización de la incisión por los volúmenes utilizados del analgésico.

2.7.5 Técnica quirúrgica

Portando guantes se fijan los campos quirúrgicos sobre la vaca, empleando pinzas para campos. La incisión puede realizarse verticalmente entre la 4ª ó 5ª vértebra lumbar, iniciando a 10 ó 15 centímetros de los procesos transversos de las vértebras lumbares y en dirección vertical para lograr una incisión de hasta 40 centímetros (figura 1.10). Deberá tenerse la precaución de que la incisión no quede demasiado baja, para evitar la exteriorización de las asas intestinales, o demasiado alta, de tal manera que dificulte la exteriorización del cuerno gestante (Youngquist, 1997; Fubini, 2004). Posteriormente el corte se profundiza para llegar a los músculos abdominales, seccionándolos mediante movimientos cortos continuos hasta localizar el peritoneo (Youngquist, 1997).

La hemorragia causada por el corte a la rama de la arteria circunfleja abdominal en los planos musculares prácticamente no representa mayor problema para la hemostasis, ya que usualmente es autolimitante, y en todo caso puede pinzarse para su colapso. Una vez localizado el peritoneo se efectúa un pequeño corte a la altura de la comisura dorsal de la herida, interrumpiendo la sensibilidad, y posteriormente se amplía el corte a lo largo de la herida quirúrgica. En este momento es frecuente algún grado de respuesta del animal. Con el corte del peritoneo es posible escuchar el sonido producido por el ingreso de aire a la cavidad abdominal. (Newman y Anderson, 2005).

Para tener acceso al útero el cirujano deberá desplazar manualmente el rumen y omento mayor hacia adelante (Figuras 1.11 y 1.12). La manipulación del útero puede resultar difícil en los casos de fetos grandes o de torsión uterina severa. Para lograr buena relajación de la musculatura lisa del útero, que facilite la manipulación y exteriorización del útero, pueden utilizarse algunas drogas espasmolíticas como el lactato de isoxuprina (116 mg totales), que se podrá aplicar vía intravenosa de 10 a 15 minutos antes de la intervención, y cuyo efecto se neutraliza con la aplicación de oxitocina exógena después de haber concluido el cierre del útero. La identificación del producto y la localización previa de cualquiera de los apéndices fetales mediante palpación facilitan las maniobras obstétricas necesarias para su acomodo. El cirujano puede asir y retraer cualquier extremidad con una mano mientras con la otra empuja el cuerpo fetal hasta rotar al becerro dentro del útero a modo para poder exteriorizarlo. La rotación del becerro podrá realizarse en el sentido de las manecillas del reloj, vista la vaca desde atrás, o en sentido contrario, de acuerdo a la conveniencia del caso (Figura 1.12 y 1.13). Una vez conseguida la extracción de una parte uterina con el miembro fetal en su interior (Figura 1.14), se incide la pared uterina sobre su curvatura mayor empleando preferentemente tijeras con la punta roma hacia el interior. El corte sobre la curvatura mayor evita que se seccionen la mayoría de los vasos sanguíneos y carúnculas (Newman y Anderson, 2005). El corte debe ser lo más cercano posible a la bifurcación del útero, y al mismo tiempo lo más distante del ovario (figura 1.15 A y B), con el propósito de evitar futuras adherencias sobre éste, así como facilitar la sutura del útero. El tamaño de la incisión debe ser lo suficientemente grande, ya que las incisiones pequeñas dificultan la extracción del becerro, aumentan el riesgo de desgarre y, dadas las diversas trayectorias posibles, la reconstrucción de la pared del útero se hace más difícil (Youngquist, 1997; Newman y Anderson, 2005). En forma práctica se puede recomendar que el largo de la incisión sobre el útero sea equivalente a la distancia del corvejón a la pezuña fetales (Younquist, 1997).

Después de realizado el corte de las membranas placentarias es necesario localizar y sujetar cualquiera de las extremidades (anteriores o posteriores) según la presentación del feto en el canal de parto. Para facilitar la extracción del becerro se puede recurrir al uso de cadenas o lazos obstétricos (figura 1.16), aunque deberá moderarse la fuerza de tracción con las cadenas, ya que tienen el inconveniente de lesionar tendones o ligamentos cuando la fuerza es excesiva. Durante la extracción es importante observar que el útero permanezca exteriorizado para prevenir el derrame de líquidos hacia el interior del abdomen (Newman y Anderson, 2005).

Tan pronto como emerja el cordón umbilical se puede efectuar una pausa en la tracción del becerro para que el cirujano pueda "desgarrar" manual e intencionalmente la membrana alantoidea (vaina del cordón umbilical), exponiendo las venas y arterias umbilicales en un punto a una distancia aproximada de 20 ó 30 centímetros del abdomen del becerro (figura 1.17.).

Si la cesárea se realiza con anticipación a la fecha probable de parto, el cirujano deberá poner atención en los vasos sanguíneos umbilicales, ya que la probabilidad de hemorragias es mayor porque los vasos aún no están listos para la ruptura. En estos casos tal vez se requiera pinzar en forma momentánea los vasos y arterias. La frecuencia de complicaciones umbilicales durante la cesárea ha sido reconocida por algunos autores en cifras cercanas al 30% de los casos. La infección umbilical se presenta con mayor frecuencia en los becerros que requieren pinzado o sutura. Para evitar hemorragias internas el cordón umbilical no debe ligarse o cortarse mediante instrumento cortante. La ruptura debe ocurrir por distensión en un sitio preseleccionado. El desgarro previo en un segmento del cordón umbilical pretende inducir el sitio por donde habrán de romperse los vasos sanguíneos en el momento de la tracción final del becerro. Durante la tracción final del becerro, los vasos se distienden hasta su ruptura (en el sitio previsto) y con ello se logra la hemostasis y su colapso. Una vez que se rompe el vaso, por su elasticidad ocurre la contracción hacia el interior de la cavidad abdominal, previniendo el riesgo de hemorragias internas posteriores.

Una vez liberado el becerro puede colgarse por algunos segundos por las extremidades posteriores hasta que la mayor parte de los líquidos alojados en el tracto respiratorio se elimine por gravedad, despejando las vías respiratorias para el paso libre del aire hasta los pulmones. El cirujano deberá verificar y descartar la presencia de un segundo becerro. Una vez reanimado el producto, el ombligo deberá desinfectarse, preferentemente con tintura de yodo al 7%, para luego depositarlo sobre una manta limpia en tanto concluye la cirugía. Cuando se pretende que la cría sea atendida por su madre (lactancia natural), es importante que durante toda la manipulación el becerro tenga el mínimo contacto manual con el personal para evitar impregnar olores que posteriormente interfirieran con la improntación entre la madre y su cría.

Para suturar el útero se hace uso del surjete continuo de Utrecht, desarrollado por la universidad del mismo nombre en Países Bajos, empleando para ello catgut crómico calibre tres. Se inicia en el extremo distal de la incisión, es decir, el que se encuentra cercano al cérvix uterino. El patrón de sutura es no perforante y consiste en una línea de surjete que invierte los bordes de la incisión, manteniendo el material oculto cuando se observa el útero. Se inicia por arriba de la comisura dorsal introduciendo la aguja a 45 grados en dirección dorsal, hacia el lado izquierdo, sale, pasa al lado derecho y se introduce a 45 grados en dirección ventral, para salir al punto donde se inició el surjete, en donde se pone un nudo de cirujano y el cabo libre se corta cerca del nudo (Figuras 1.18 y 1.19). Se pone el primer punto introduciéndolo en un ángulo de 45 grados, ahora en dirección ventral, pero sin llegar al borde o a la comisura de la incisión (Figura 1.20). Se pasa la sutura al lado contrario y se introduce nuevamente en un ángulo de 45 grados en dirección ventral sin llegar al borde de la incisión, y la sutura se tensa para adosar perfectamente y mantenerla oculta. Cada punto debe guardar una distancia aproximada de dos centímetros entre el lugar de introducción y el de salida; este último debe estar a aproximadamente a 0.5 centímetros del borde de la incisión (Figura 1.21).

Repitiendo estos pasos hacia ambos lados de la incisión y manteniendo la sutura tensada, la línea de sutura adquiere un aspecto de trenzado a lo largo de la cual el material de sutura no es visible (Figuras 1.22 A y B). El último punto se pone cuando se ha cerrado la incisión y se ha tensado la sutura. El punto de remate se realiza en forma inversa con respecto al punto de inicio, para lo cual se introduce la aguja a 45 grados en dirección ventral hacia el lado izquierdo, sale y pasa al lado derecho y se vuelve a introducir a 45 grados en dirección dorsal, para salir al inicio del punto de remate, en donde está una gasa de sutura previamente formada sobre la cual se remata el surjete con un nudo de cirujano y se corta el cabo doble (Figuras 1.23, 1.24 y 1.25). La aguja con el extremo de la sutura se introduce en el útero a lo largo de la línea, sacándola unos 10 centímetros por arriba, tensando la sutura para enterrar el nudo dentro de las superficies encontradas, después de lo cual, y manteniendo cierta tensión, se corta; con ello se retrae dentro de la pared uterina. Mediante el tipo de sutura Utrecht, el material queda totalmente dentro del miometrio, evitando el contacto con la cavidad peritoneal y la posible formación de adherencias. Una vez terminada la sutura se limpia el útero con gasas esterilizadas embebidas en solución salina fisiológica esterilizada y se introduce a la cavidad abdominal. Se inyectan 40 UI de oxitocina para acelerar la involución uterina. Si las circunstancias lo exigen, se aplican antibióticos intraperitoneales.

La incisión abdominal se cierra empleando catgut crómico del número 2, incorporando el peritoneo y el músculo abdominal transverso en una sutura de puntos separados o bien de surjete continuo, iniciando en la parte dorsal de la incisión y terminando en la parte ventral. Antes de poner los últimos dos puntos que aíslan la cavidad abdominal del exterior, un ayudante empuja en forma constante y profunda el flanco contrario a la incisión con los puños cerrados para sacar el aire, hasta que el cirujano ha puesto los últimos puntos y queda totalmente cerrada la entrada de aire a la cavidad abdominal. Los músculos abdominales oblicuos interno y externo se suturan por medio de catgut crómico del número dos o tres, con puntos separados o surjete continuo, iniciando en la parte ventral de la incisión y terminando en la parte dorsal.

La piel se sutura empleando material no absorbible, como nylon o seda, por medio de un surjete continuo con candado, iniciando en la parte dorsal y terminando aproximadamente a 5 ó 10 centímetros de la comisura ventral, donde se pondrán puntos separados empleando el mismo material. De este modo, si se presenta una infección será necesario retirar las suturas sólo en los puntos separados, sin necesidad de modificar el surjete continuo existente. El material de sutura se retira entre 10 y 15 días después (Hudson, 1983).

2.7.6 Técnica quirúrgica con la vaca en decúbito

La incisión puede realizarse en diferentes sitios anatómicos como son: línea media, la cual presenta la menor vascularización y puede ser incidida y suturada más rápidamente que otras zonas; línea paramedia izquierda o derecha (por dentro de las venas subcutáneas abdominales); línea paramedia extrema izquierda o derecha (por fuera de las venas subcutáneas abdominales); oblicua izquierda o derecha (por dentro del pliegue de la babilla y en dirección hacia la cicatriz umbilical); y flanco ventral vertical izquierdo o derecho (Figura 1.26).

Las incisiones paramedias, oblicuas o por el flanco, preferentemente se realizan en el lado izquierdo, ya que tanto la preparación preoperatoria como la cirugía pueden llevarse a cabo en decúbito lateral derecho, con lo que se evita o reduce el problema de timpanización. Se aplica anestesia epidural caudal, empleando de 5 a 7 ml de xilocaína, con el objeto de evitar contracciones abdominales durante el procedimiento. El paciente es derribado e inmovilizado en posición intermedia entre el decúbito dorsal y el decúbito lateral derecho, sujetando la cabeza y los miembros anteriores en dirección anterior; el miembro posterior izquierdo en dirección posterior y el miembro posterior derecho en dirección dorsal. Para aplicar la técnica por la línea media, se rasura y lava la zona ventral abdominal; se lleva a cabo la antisepsia con yodo y alcohol etílico en torundas de gasa. La línea media es infiltrada con una solución de xilocaína al 2%, iniciando a cinco centímetros del punto anterior a la cicatriz umbilical y terminando a cinco centímetros de la base de la ubre. La antisepsia se realiza en la forma indicada con el animal de pie. El cirujano se coloca los guantes quirúrgicos y emplea campos quirúrgicos. Se inicia la incisión de la piel, seguida de la fascia subcutánea hasta llegar al peritoneo. Al llegar a la cavidad abdominal se encuentra el omento mayor, el cual es retirado en dirección anterior dentro de la cavidad abdominal exponiendo el útero, se sujeta el cuerno gestante y se extrae una parte del cuerpo fetal, usualmente uno o dos miembros posteriores, a través de la incisión. La incisión uterina, la extracción del producto, desgarre del cordón umbilical, limpieza y sutura uterina se realizan en la misma forma que en la técnica con el animal de pie. Una vez que el útero ha retornado al interior de la cavidad abdominal, se retrae nuevamente el omento mayor en dirección caudal sobre las vísceras abdominales. La línea media se sutura empleando material absorbible como es Dexón del número dos en puntos en "X". La piel se cierra con puntos de colchonero separados, empleando material no absorbible, como seda siliconizada o nylon, los cuales se retiran 10 a 15 días después.

Los antibióticos utilizados con mayor frecuencia son la penicilina G procaína (22,000U/kg intramuscular cada 24 horas por 3 a 5 días), oxitetraciclina (20 mg/kg intravenoso, intramuscular cada 1 a 3 días) o cefalosporinas (1 mg/kg intramuscular o intravenosos o subcutáneo cada 12 a 24 horas por 3 a 5 días). Cuando existe riesgo elevado de peritonitis por intervenciones muy complicadas, la terapia puede extenderse hasta por 5 ó 7 días. La flunixin meglumina (1 mg/kg intravenoso o intramuscular cada 12 horas por 2 días) puede resultar de utilidad para prevenir la formación de adherencias abdominales. La vigilancia en un lugar apartado deberá comprender idealmente un periodo de 6 semanas, y la siguiente inseminación no debe ocurrir en un lapso menor a las 6 semanas, o en menos de 8 semanas si el servicio se pretende realizar a través de la monta natural (Newman y Anderson, 2005). En caso de que se presente fiebre deberán suministrarse la atención y tratamiento correspondientes (Youngquist, 1997). Las secuelas más comunes después de una intervención de esta naturaleza son la peritonitis, formación de seromas, adherencias, retención placentaria, metritis y endometritis, enfisema subcutáneo, mastitis, fatiga excesiva y muerte fetal. En el largo plazo las complicaciones más comunes son la postración, debilidad, pérdida de producción, abortos espontáneos y la infertilidad.

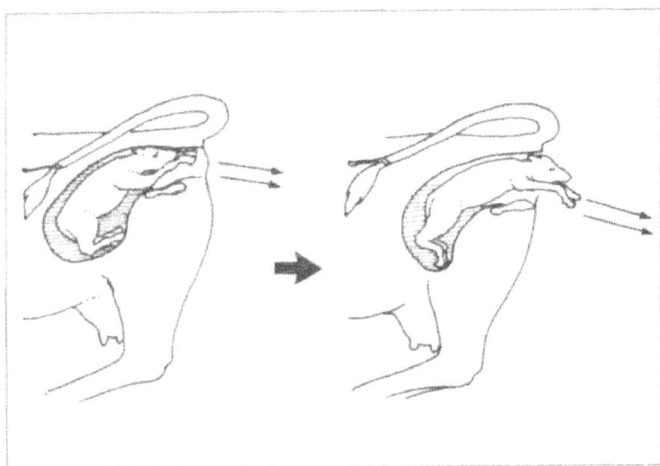

Figura 1.1 En decúbito lateral derecho el piso pone un límite a la expansión del abdomen y mientras del lado izquierdo el rumen con su peso presiona al útero para que, junto con la prensa abdominal, logren la expulsión fetal. La dirección de la tracción fetal debe ser ligeramente ventral hasta que la articulación escápulo-humeral fetal haya pasado por la cadera y la cabeza se encuentre fuera de la vulva.

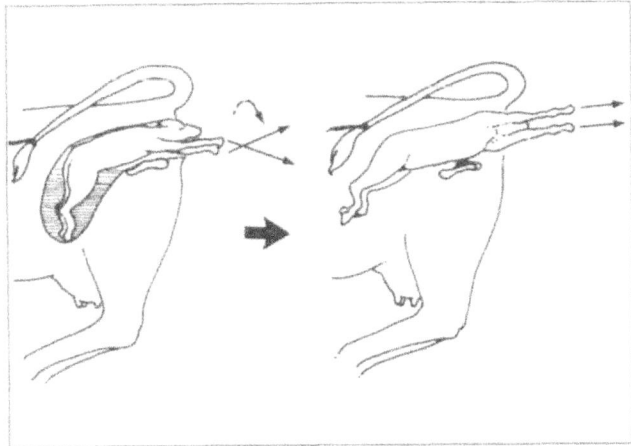

Figura 1.2 Una vez que la cabeza fetal haya salido de la vulva, los ayudantes deben intercambiar las cadenas o los lazos obstétricos a fin de facilitar la rotación del producto hasta en 90 grados para permitir la salida de la cadera fetal.

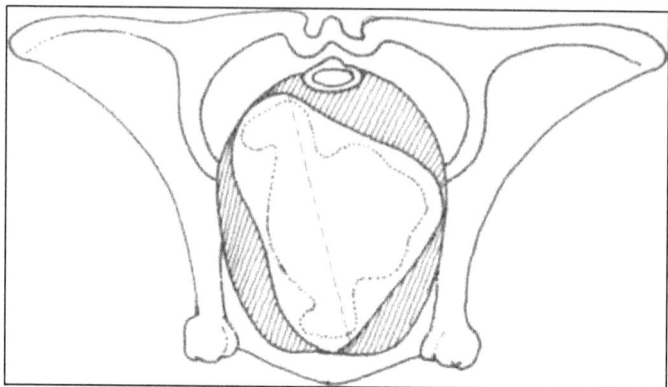

Figura 1.3 Al producir una rotación fetal de 90 grados sobre su eje longitudinal, la distancia entre sus trocánteres femorales se acopla dentro del mayor diámetro pélvico materno que existe entre el sacro, los iliones y la sínfisis pélvica.

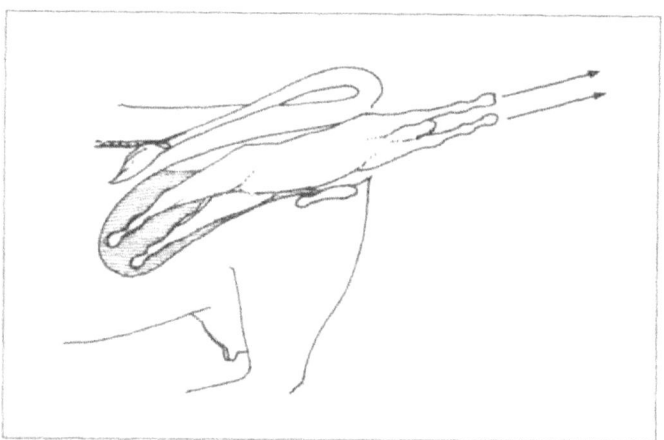

Figura 1.4 Si se llega a presentar el enganche o bloqueo de la cadera fetal (*hip-lock*), la dirección de la extracción debe ser ligeramente dorsal, manteniendo al producto en rotación a 90 grados y ejerciendo la tracción al mismo tiempo en que la vaca hace la prensa abdominal hasta con tres ayudantes si el becerro está vivo. Nótese la presencia del líquido corioalantoideo, con el cual se ejerce la función de una prensa hidráulica.

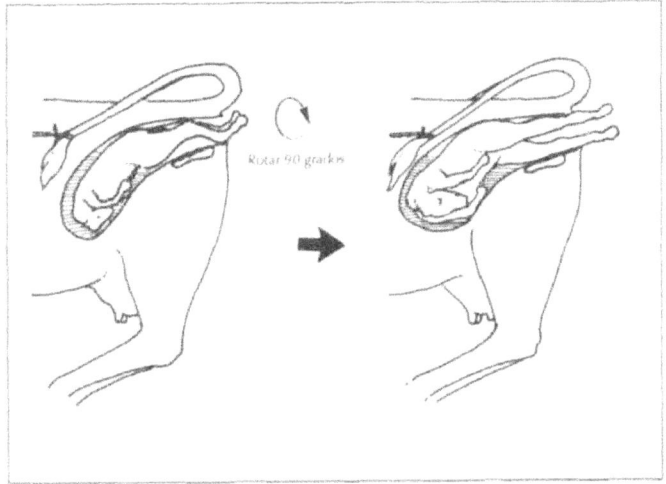

Figura 1.5 Vaca en decúbito lateral preferentemente derecho. Los ayudantes intercambian los lazos obstétricos que sujetan los miembros posteriores fetales para producir la rotación de la cadera a 90 grados y facilitar la expulsión fetal.

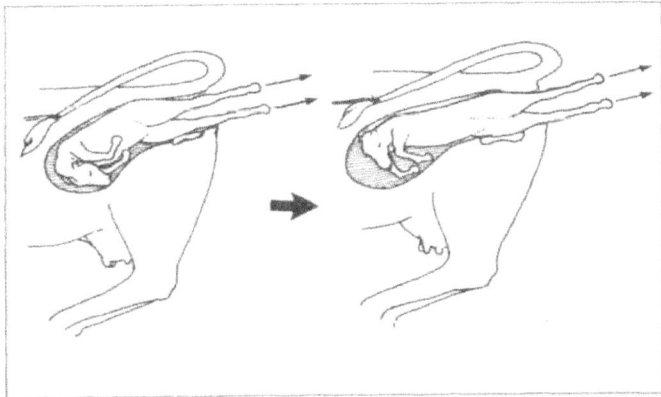

Figura 1.6 La dirección de la tracción es ligeramente dorsal. Una vez que las puntas de la cadera fetal han pasado la entrada de la pelvis materna, generalmente es posible extraer al becerro si los dos ayudantes jalan al mismo tiempo en que ocurre la prensa abdominal.

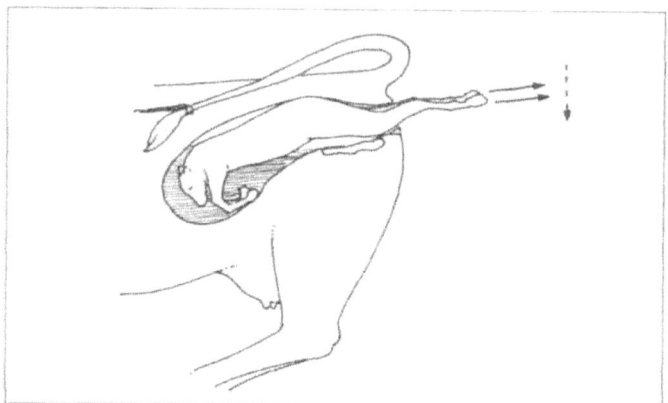

Figura 1.7 Una vez que las puntas de la cadera han pasado la entrada pélvica, el feto es rotado hacia la posición dorso-sacra mediante la aplicación de tracción a las piernas en dirección caudal y ligeramente ventral.

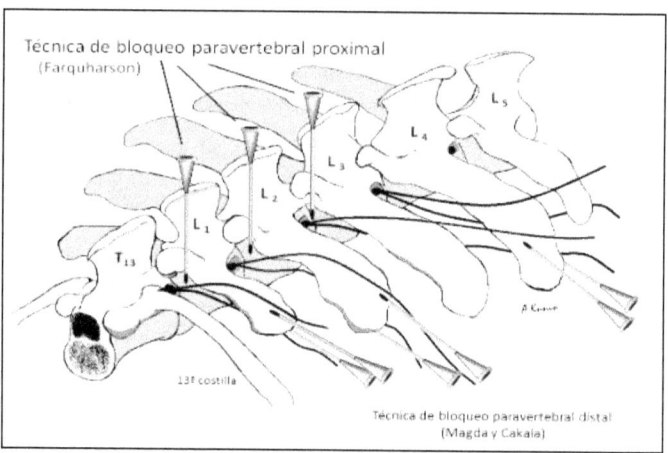

Figura 1.8 Técnicas de bloqueo de paravertebral lumbar proximal (Faquharson) y paravertebral distal (Magda y Cakala). En la técnica paravertebral proximal, la insensibilización del último nervio torácico y los tres primeros nervios lumbares, en un sitio próximo al foramen intervertebral. La inserción de la aguja se realiza en forma adyacente a las apófisis espinosas lumbares. La técnica paravertebral distal insensibiliza los nervios lumbares insertando la aguja por encima y por debajo, adyacente a las apófisis transversas de las 1ª, 2ª y 4ª vértebras lumbares.

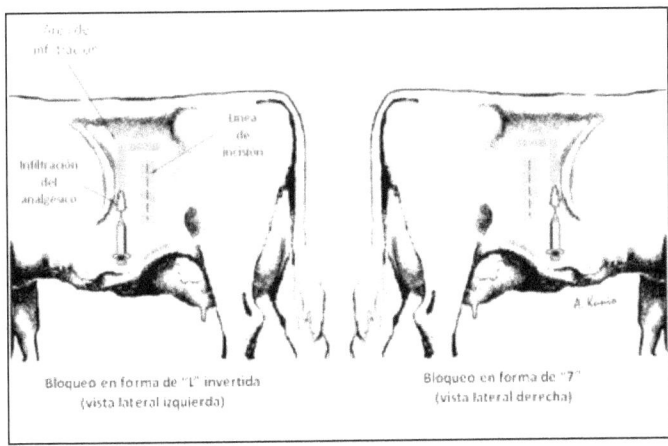

Figura 1.9 Bloqueo en "L" invertida por flanco izquierdo o en "7" por flanco derecho.

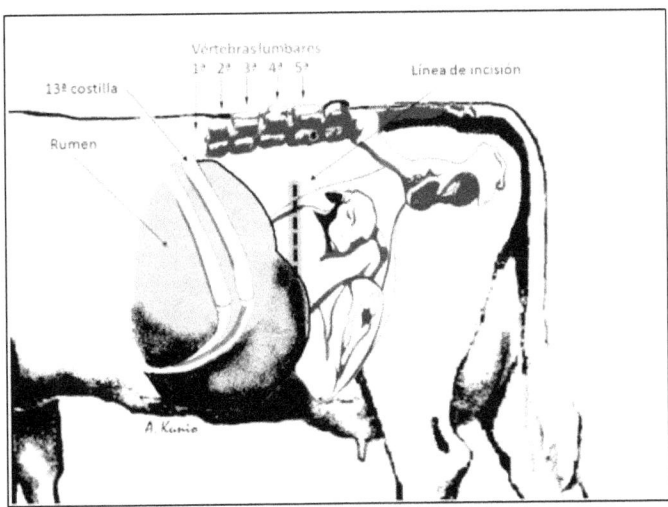

Figura 1.10 Sitio anatómico para la incisión de cesárea por el flanco izquierdo. La incisión puede iniciar a 10 ó 15 centímetros por abajo de las apófisis trans-versas, entre la 4ª y 5ª vértebras lumbares.

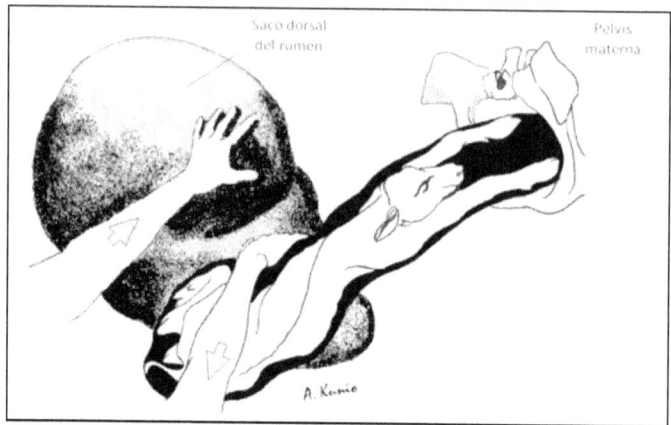

Figura 1.11 Cuando se realiza la incisión por el flanco izquierdo, se lleva a cabo la repulsión del rumen con la mano izquierda y con la mano derecha la tracción del cuerno uterino conteniendo al feto en su interior.

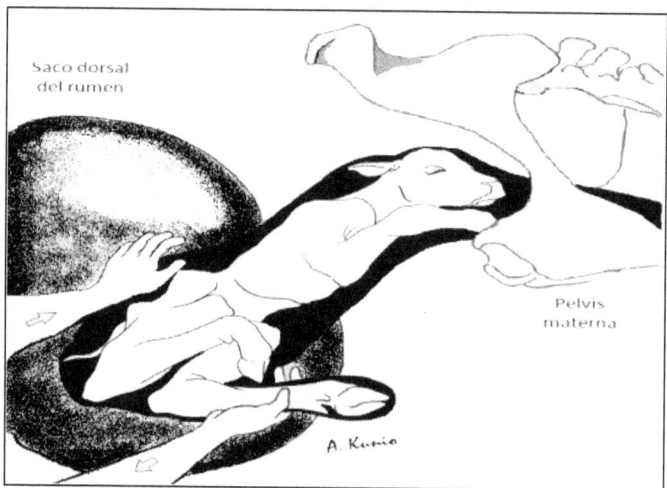

Figura 1.12 Una vez aproximado el útero hacia la incisión, se realiza la rotación del producto dentro del útero. Para dicha maniobra se realiza la repulsión del cuerpo fetal simultáneamente a la tracción del miembro más próximo. En presentación anterior las extremidades fetales posteriores, se deslizan por debajo de su cuerpo (rotación en sentido de las manecillas del reloj viendo a la vaca en vista caudal).

Figura 1.13 Rotación del producto dentro del útero en contrasentido. Cuando el feto se aloja en el cuerno uterino derecho o cuando sus extremidades se dirigen hacia el extremo opuesto del flanco izquierdo, la rotación del feto puede realizarse en sentido inverso. Para ello la tracción de las extremidades deberá realizarse por encima del cuerpo del becerro simultáneamente con la repulsión del cuerpo fetal.

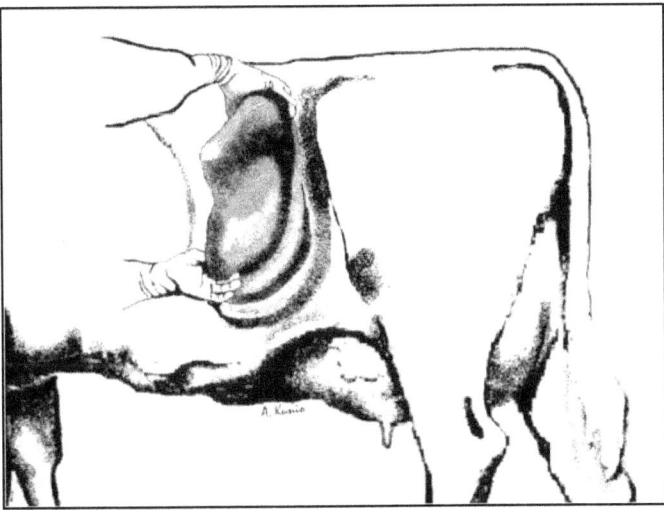

Figura 1.14 Sujeción temporal de la porción del cuerno uterino conteniendo la extremidad fetal como preparativo para la incisión uterina.

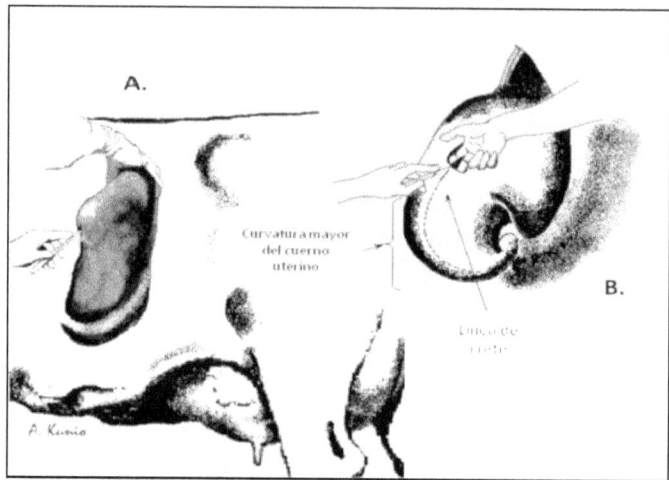

Figura 1.15 Incisión en el cuerno uterino gestante: A. Inicio de la incisión de la pared del cuerno uterino gestante. El corte inicia con bisturí y continúa con tijera para evitar cortes accidentales al cuerpo fetal. B. El corte deberá realizarse a lo largo de la curvatura mayor del cuerno gestante, con el propósito de facilitar la reconstrucción posterior. La longitud de la incisión uterina debe ser equivalente a la distancia entre el corvejón y la pezuña fetales.

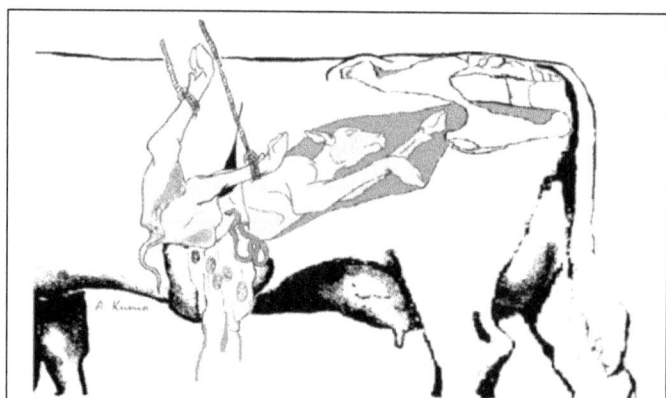

Figura 1.16 Sujeción del becerro. Una vez liberadas las extremidades fetales podrán sujetarse con lazos obstétricos para poder recibir el apoyo del ayudante mientras el cirujano localiza el cordón umbilical para preparar su ruptura.

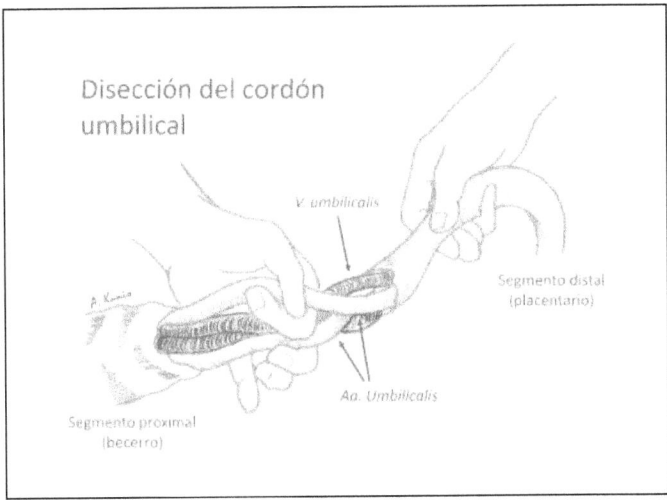

Figura 1.17 Localización del cordón umbilical y disección de las venas y arterias. La disección de las venas y arterias se realiza desgarrando la membrana del cordón umbilical a 10 ó 15 cm de la piel del becerro. La disección tiene el propósito de inducir la ruptura de los vasos sanguíneos en dicho punto y asegurar la hemostasis por estiramiento de los vasos.

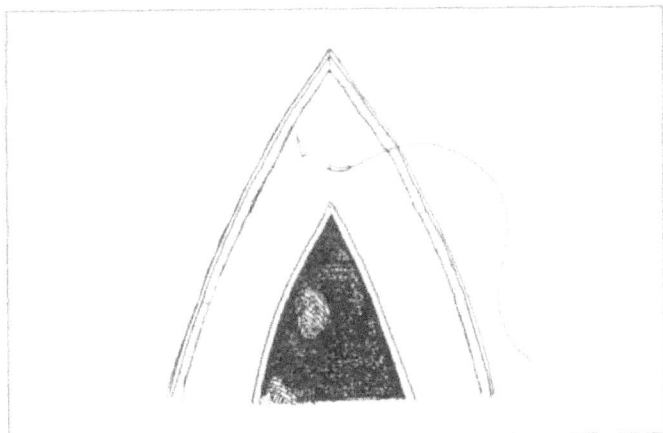

Figura 1.18 Una vez extraído el producto y después de limpiar la pared uterina de restos sanguíneos, se procede a suturar el útero por medio del surjete Utrecht. Este tipo de surjete se inicia por arriba de la comisura dorsal de la incisión.

Figura 1.19 La aguja pasa al lado contrario, regresa al punto original en un ángulo de 45 grados y remata con un nudo de cirujano con el extremo de la sutura.

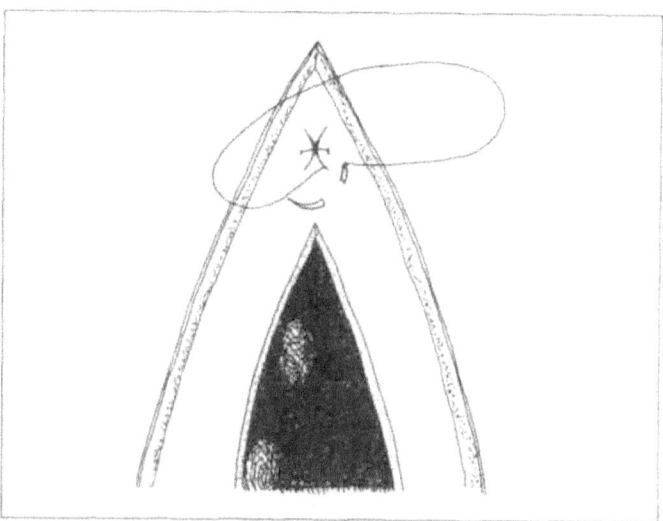

Figura 1.20 Primer punto en dirección ventral sin llegar al borde o comisura de la incisión.

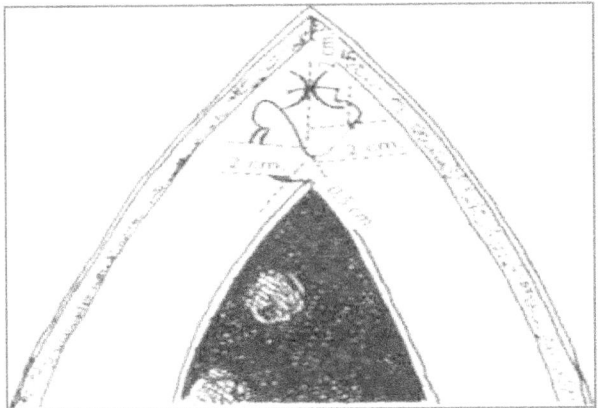

Figura 1.21 Distancia correcta entre la entrada y salida de los puntos, y su relación con el borde de la incisión.

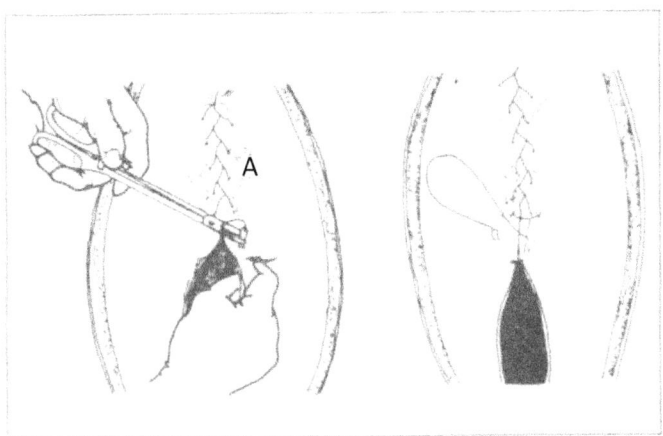

Figura 1.22 A y B Apariencia externa que adquieren los bordes del útero cuando la técnica es correctamente empleada, produciéndose la inversión de éstos y el ocultamiento total del material de sutura.

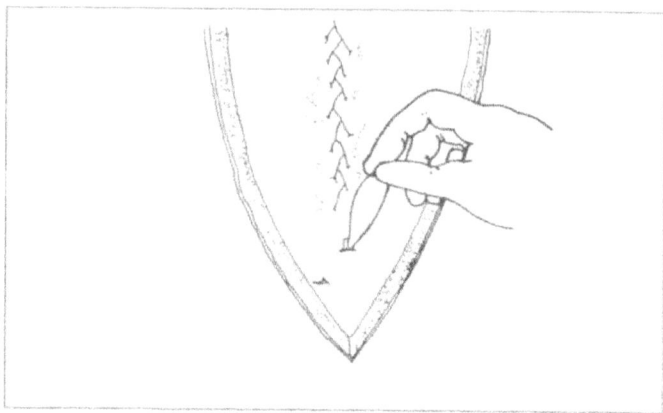

Figura 1.23 Tensando la sutura, se inicia el remate poniendo un punto a 45 grados en dirección ventral.

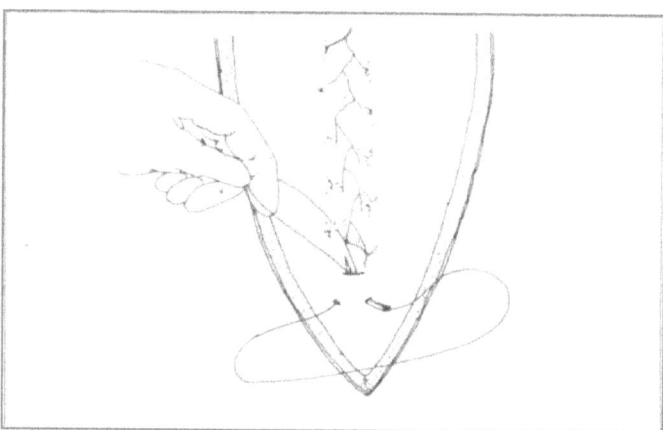

Figura 1.24 La aguja pasa al lado contrario y se introduce nuevamente a 45 grados en dirección dorsal, saliendo donde se inició el punto de remate.

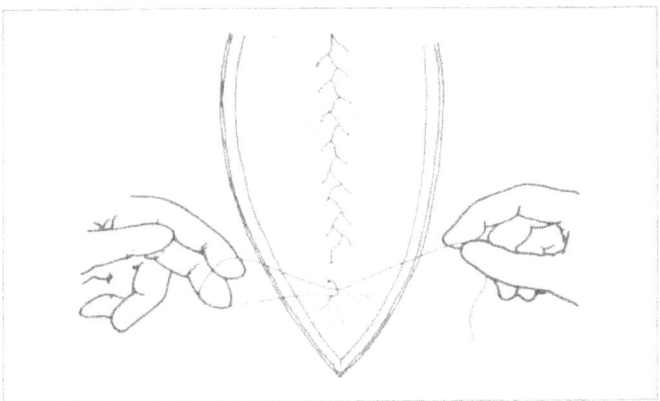

Figura 1.25 Se remata con un nudo de cirujano sobre la sutura previamente tensada.

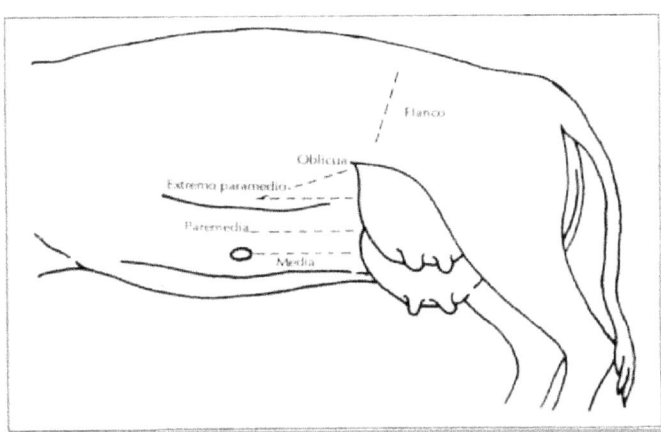

Figura 1.26 Sitios anatómicos en los que se puede realizar la cesárea con la vaca en decúbito lateral derecho.

LITERATURA CITADA

Anderson, D.; Gaughan, E.; DeBowes, R.; Lowry, S.; Yvorchuck, K. and St. Jean, G.: Effects of Chemical Rrestraint on the Endoscopic Appearance of Laryngeal and Pharyngeal Anatomy and Sensation in AdultCcattle. Am J Vet Res 1994; 55:1196-1200.

Baird, A.; 1999.: Surgery of the Uterus. Cesarean Section. In: Wolfe, D. and Moll, H. D.: Large animal Urogenital Surgery. 2nd Ed. Baltimore. Williams & Wilkins. 417-420.

Bicalho, R. C.; Galvao, K. N.; Cheong, S. H. et al.: Effect of Stillbirths on Dam Survival and Reproduction Performance in Holstein Dairy Cows. J Dairy Sci 90:2797-2803,2007.

Bicalho, R. C.; Galvao, K. N.; Warnick, L. D.; Guard, C. L.: Stillbirth Parturition Reduces Milk Production in Holstein Cows. Prev Vet Med 84:112-120, 2008.

Carrier, J.; Godden, S.; Fetrow, J. et al.: Predictors of Stillbirth for Cows Moved to Calving Pens when Calving is Imminent. J Dairy Sci 89 Suppl. 1:195-196, 2006.

Drost, M.: Obstetrics. En: Proceedings of the Eastern States Veterinary Conference. Florida, USA. 491-492. Gainesville, Florida (1991).

Fubini, S.L. Surgery of the Uterus. In: Fubini, S. L. and Ducharme, N. G. Farm Animal Surgery. Saunders, Philadelphia, 2004.

Hudson, R. S.: Genital Surgery of the Cow. En: Current Therapy in Theriogenology. Segunda edición. Editado por: Morrow, D.A. 341-352 W.B. Saunders Co. Philadelphia, PA, USA, 1983.

Mee, J. F.: Managing the Cow at Calving Time. Proceedings of the 41st Annual Convention of the American Association of Bovine Practitioners, Charlotte,NC. 2008. 35-43. Frontier Printers. Stillwater OK (2008).

Mee, J. F.: Managing the Dairy Cow at Calving Time. Vet Clin North Am Food Anim Pract 20:521-546,2004.

Mee, J.F.: The Role of the Veterinarian in Bovine Fertility Management on Modern Dairy Farms. Therio 68S:S257-S265, 2007.

Newman, K. D. and Anderson, D. E.: Cesarean Section in Cows. Vet Clin North Am Food Anim Pract. 2005; 21:73-100.

Noorsdy, J. L.: Selection of an Incision Site for Cesarean Section in the Cow. V.M.S.A.C. April, 1979.

Pithua, P.; Wells, S.; Godden, S.; Raizman, E.: Clinical Trial on Type of Calving Pen and the Risk of Disease in Holstein Calves During the First 90 Days of Life. Prev Vet Med, 89: (1-2), 8-15, 2009.

Ŝloss, V. y Dufty, J. H.: Manual de obstetricia bovina. México: Compañía Editorial Continental; 1986.

Turner, A. S. and McIlwraith, C. W.: Techniques in large animal surgery. 2nd ed. Philadelphia: Lea and Febiger; 1989.

Walter, D. F. y Vaughan, J. T.: Cirugía urogenital del bovino y del equino. México: Compañía Editorial Continental; 1986.

Youngquist, R. S.: Surgical Correction of Abnormalities of Genital Organs of Cows. In: Youngquist, R. S.: Current Therapy in Large Animal Theriogenology. Philadelphia: Saunders; 1997.

CAPÍTULO II

EXAMEN CLÍNICO Y DIAGNÓSTICO
Editor del capítulo: Mario Medina Cruz, MVZ, MSc, DCV

Mario Medina Cruz MVZ, MSc, DCV

1 INTRODUCCIÓN

Para realizar un examen clínico completo, el médico requiere una formación sólida en disciplinas como anatomía topográfica, fisiología, histología, patología, patología clínica y cirugía, entre otras. Asimismo, es importante desarrollar el poder de observación, poseer una mentalidad analítica, tomar en cuenta aspectos psicológicos del paciente o de su propietario y actuar con sentido común. Al parecer, el desarrollo de estas aptitudes es menos frecuente que la adquisición de un conocimiento; por lo tanto, todo esfuerzo tendiente a mejorar estas características redundará en un diagnóstico más preciso.

2 HISTORIA CLÍNICA

En medicina veterinaria, la historia clínica, interrogatorio o anamnesis, es la serie de preguntas que se dirigen a la persona más cercana al animal, y constituye la parte más importante del examen clínico. Debido a la imposibilidad de los becerros para describir sus síntomas y a que el comportamiento de éstos puede modificarse durante el examen físico, la historia clínica es la base para el diagnóstico, por lo cual debe ser precisa y completa (Smith, 1990; Wilson, 1992; Radostits, 2000). La historia clínica debe sugerir no únicamente las posibilidades, sino también las probabilidades del diagnóstico. Por ejemplo, en una vaquilla de primer parto que no puede ponerse de pie, es más probable que esto se deba a un problema de parálisis del parto y no a una hipocalcemia, mientras en

63

una vaca de quinto parto es más probable que esto se deba a una hipocalcemia. La historia clínica se compone de:

1.- Datos del paciente: identificación, raza, sexo, edad.

2.- Datos acerca del padecimiento mismo, como son: anomalías detectadas en la forma de alimentarse, si succiona o bebe de una cubeta en la ingestión de agua, sí se lame con otros y con esto consume pelo, si se maman las tetillas entre ellas, en la defecación, micción, sudoración, respiración, crecimiento, postura, actitud, paso y voz (Radostits, 2000). La duración del padecimiento es muy importante para diferenciar algunos problemas gastrointestinales en becerras, por ejemplo: duración corta o indetectable con muerte súbita puede ser el resultado de enteritis necrótica, o bien de una úlcera abomasal perforante que produjo peritonitis difusa; la progresión rápida de los signos clínicos puede indicar obstrucciones estrangulantes en el tracto digestivo, como vólvulos de abomaso, de ciego, de intestino delgado o grueso; una progresión lenta de los signos ocurre en desplazamiento abomasal hacia la izquierda, intussuscepción y atresia intestinal. Los becerros con problemas gastrointestinales pueden tener una historia de dolor abdominal manifestado por intranquilidad, paso cuidadoso, pateado del abdomen y echarse y pararse (Fubini, 1990).

3.- Tipo de explotación, considerando: hato abierto, al que constantemente son introducidos animales de otros hatos, regiones o países; y hato cerrado, aquel que se compone de animales de la propia explotación.

4.- Cambios recientes en el manejo, como son: cambio en el horario de alimentación, cambios de corrales.

5.- Cambios climáticos tales como vientos, heladas, lluvias.

6.- Tratamientos aplicados, incluyendo no solamente el nombre del producto, sino también la dosis por kilogramo, la frecuencia y la duración del o los tratamientos, así como su vía de administración.

7.- Exámenes de laboratorio y resultados de necropsias, en caso de haberse realizado.

8.- Porcentaje de morbilidad de animales clínicamente afectados en relación al total de animales expuestos a los mismos riesgos.

9.- El porcentaje de mortalidad en relación al total de animales expuestos a los mismos riesgos.

10.- Tasa de fatalidad, que es el porcentaje de animales afectados que muere. Otros datos que aporte el personal a cargo de los becerros.

3 MEDIO AMBIENTE

Aspectos como ventilación, humedad relativa, higiene y densidad temporal (tiempo de ocupación de instalaciones), pueden ser determinantes. En explotaciones extensivas revisten mayor importancia aspectos como tipos de suelo, protección de vientos dominantes, fuentes y tipos de agua (Wilson, 199; Radostits, 2000).

En explotaciones intensivas la mala ventilación predispone a problemas respiratorios; la continua densidad temporal provoca mayor concentración de patógenos; la alta densidad de población en corrales de crecimiento predispone a parasitosis; la alimentación en piso favorece la entrada vía oral de gérmenes presentes en heces (coccidiosis) y orina (leptospirosis).

En explotaciones extensivas la composición del suelo puede ser responsable de ciertas deficiencias en los animales; como son las de magnesio, cobre, cobalto y yodo. La carencia de barreras contra el viento produce problemas respiratorios. La contaminación del agua puede ser causa de intoxicaciones por nitratos, nitritos o insecticidas.

4 EXAMEN DE LA BECERRA

4.1 INSPECCIÓN

Permite obtener un cuadro general del animal y, en ocasiones, determinar el padecimiento. La inspección se debe realizar a distancia y por regiones corporales.

4.1.1 Inspección a distancia

Un animal sano manifiesta un comportamiento alerta. De lo contrario presenta estados anormales, que incluyen la imbecilidad (intoxicación por plomo), la depresión (bronconeumonía), la excitación (intoxicación por plomo) o la locura (rabia). La difteria, estenosis esofágica y obstrucciones en cardias provocan deglución dificultosa y dolorosa debido a lesiones en faringe y esófago. La escasez de heces indica indigestión u obstrucción intestinal (atresia del colon). La coloración negruzca de éstas se debe al sangrado en tracto digestivo anterior y digestión de la sangre. La micción dolorosa ocurre por uretritis, cistitis y obstrucción uretral parcial, ocasionada frecuentemente por la presencia de urolitos en becerros machos en engorda. Una constante posición en decúbito esternal tal vez indique deshidratación, fracturas, dislocaciones; y en decúbito lateral refleje shock enterotoxémico o deshidratación terminal. En casos de laminitis o artritis, el paso es corto y cuidadoso. En la condición corporal se aprecia emaciación, obesidad o estatura baja. En la piel se pueden observar evidencias de alopecia o dermatofitosis por la presencia de costras.

4.1.2 Inspección en cercanía o por regiones corporales

4.1.2.1 Cabeza

La deshidratación provoca la retracción del globo ocular dentro de la órbita. La queratitis o conjuntivitis también se hace evidente. La mandíbula agrandada evidencia afecciones por actinomicosis. Los carrillos uni o bilateralmente inflamados indican estomatitis necrótica. La inflamación del espacio intermandibular se puede deber a actinobacilosis o a un edema provocado por hipoproteinemia o por falla cardíaca congestiva *(Cor pulmonale)*.

4.1.2.2 Tórax

La respiración normalmente produce movimientos abdominotorácicos, sin embargo, una afección en la cavidad torácica, como las adherencias pleurales, produce movimientos respiratorios abdominales. Una peritonitis, particularmente cuando hay afección diafragmática, produce movimientos respiratorios torácicos. La frecuencia respiratoria puede ser evaluada mediante la observación de abdomen, tórax, fosas nasales (acercando la mano a éstas), o bien mediante la auscultación de tráquea y tórax.

La frecuencia respiratoria normal en becerros menores a seis meses de edad es de 30 a 50/minuto, en becerros de seis a doce meses es de 25 a 30, y en bovinos adultos es de 10 a 16. La frecuencia se altera por causas no patológicas tales como ejercicio, alta humedad, alta temperatura ambiental, obesidad o pereza. La polipnea es el incremento de la frecuencia respiratoria, la oligopnea es la disminución y la apnea es la ausencia de respiración.

El ritmo respiratorio normal comprende las fases de inspiración, espiración y pausa. En condiciones obstructivas del tracto respiratorio superior, la fase de inspiración es más prolongada como reflejo de un esfuerzo por obtener aire; por el contrario, en caso de enfisema pulmonar, la espiración es más prolongada. Se observa un ritmo de respiración consistente en polipnea seguida de apnea en padecimientos que producen pérdidas de electrolitos, las que desencadenan desbalances ácido-básicos en el organismo; tal es el caso de la diarrea indiferenciada aguda.

En el abdomen es importante que la inspección se realice mirando a la becerra desde atrás, observando su contorno abdominal (Figura 2.1) (Dirksen y Garry, 1987). Los líquidos y los sólidos tienden a depositarse en las partes ventrales, mientras los gases tienden a ocupar las porciones dorsales. Un abdomen estrecho es indicativo de caquexia, diarrea severa o enfermedades crónicas. Un abultamiento ventral hacia el lado izquierdo o bilateralmente indica sobrellenado o dilatación del rumen; si en adición hay una distensión dorsal del flanco izquierdo, esto indica que también hay timpanismo ruminal. Un abultamiento dorsal izquierdo por sí solo indica timpanismo sin sobrellenado del rumen. Una distensión ligera de la pared superior del rumen, incluyendo la fosa paralumbar izquierda, posiblemente se deba a la acumulación de gas en el rumen, así como al desplazamiento abomasal al lado izquierdo al mismo tiempo.

En el caso de timpanismo del lado derecho del abdomen ocurren varias condiciones, como dilatación, desplazamiento del abomaso y del ciego, además de diferentes tipos de obstrucción intestinal. La impactación abomasal se determina por la distensión en el cuadrante ventral derecho (Dirksen y Garry, 1987; Dirksen y Doll, 1986; Radostits, 1981). La ascitis se refleja en un aumento bilateral del volumen abdominal.

4.2 EXAMEN FÍSICO GENERAL

El examen físico debe llevarse a cabo en forma ordenada y educada, y con la repetición y la práctica constituirá un arma poderosa para el clínico. El examen evitará en lo posible el alterar al paciente y se llevará a cabo de preferencia con el animal de pie y sin provocar alteraciones en su conducta.

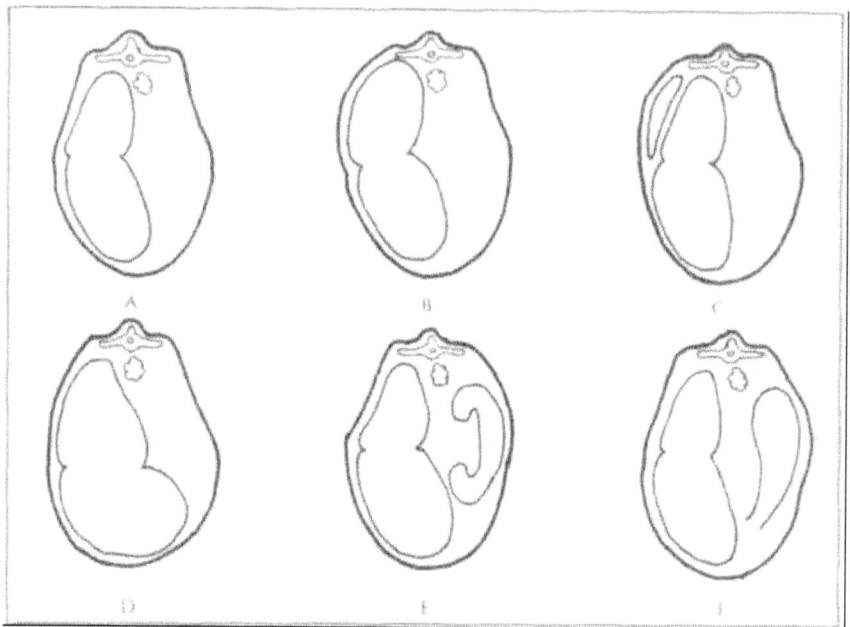

Figura 2.1 Contornos típicos abdominales de becerras con problemas gastrointestinales. A) Contorno normal, B) Timpanismo ruminal (gas dorsal), C) Desplazamiento del abomaso hacia el lado izquierdo, D) Distensión ruminal por sobrellenado, E) Desplazamiento cecal, vólvulus intestinal y condiciones similares, F) Desplazamiento abomasal hacia el lado derecho. Tomado de (Dirksen, 1987).

4.2.1 Temperatura

En el becerro la temperatura se toma por el recto. El termómetro debe ser agitado, con movimientos hacia abajo, lo que provoca que el mercurio se concentre en el bulbo. Después de introducir el termómetro, el bulbo debe permanecer en contacto con las paredes rectales entre 30 segundos y dos minutos. Hay termómetros de uso veterinario que muestran la temperatura rápidamente. La temperatura normal de un becerro de menos de un año de edad es de 39.0 grados centígrados, y la de un bovino adulto de 38.5 grados centígrados. La temperatura corporal puede alterarse por la temperatura ambiental, así como por el ejercicio, a lo que se le llama hipertermia. Esto es diferente de una elevación verdadera de la temperatura debida a una toxemia que constituya una fiebre o pirexia. La temperatura corporal disminuye por causas ambientales, como el frío, la exposición a vientos o, en casos de shock, justo antes de la muerte (Radostits, 2000).

4.2.2 Pulso

Debe tomarse en la arteria coccígea media o en la arteria facial. El pulso es equivalente a la frecuencia cardiaca, que en un becerro de edad inferior a seis meses es de 100 a 120/minuto; en un becerro de seis a 12 meses es de 80 a 90, y en un bovino adulto es de 60 a 80/minuto. El conteo deberá llevarse durante al menos 30 segundos y multiplicarse por dos.

Al incremento del pulso cardíaco se le llama taquicardia y se observa en la mayoría de las enfermedades infecciosas, en dolor o excitación. Bradicardia es el término empleado para referirse a la disminución del pulso cardíaco; ocurre con poca frecuencia. Se presenta en algunos casos de indigestión vagal por adherencias diafragmáticas.

4.2.3 Técnicas

4.2.3.1 Auscultación

Se realiza en forma indirecta por medio del estetoscopio. Su objetivo es escuchar los sonidos producidos en un área determinada, por ejemplo, un burbujeo es producto de la digestión, un estertor silbante indica una bronconeumonía crónica.

4.2.3.2 Percusión

Se lleva a cabo en forma directa empleando una mano como plexor y otra como plexímetro, o en forma indirecta por medio de un martillo plexor y de un disco plexímetro. Los sonidos producidos se relacionan directamente con la fuerza al percutir, con el grosor y la consistencia del órgano o superficie percutida. Los sonidos se clasifican en las siguientes categorías:

- Mate: Emitido por órganos sin aire o sólidos, por ejemplo el hígado, huesos, músculos o corazón.

- Resonante o claro: Emitido por órganos con aire, por ejemplo el pulmón.

- Timpánico: Emitido por órganos que contienen aire a alta presión, como el ciego o el rumen timpanizado.

4.2.3.3 Auscultación/percusión

Los sonidos producidos por percusión son escuchados a través del estetoscopio, el cual se coloca sobre el área a examinar. La percusión en forma radiada se realiza produciendo golpes digitales cortos y fuertes, los sonidos producidos de este modo son:

- Mate: Sonido bajo y grave que se produce en sólidos y líquidos, como en músculo y rumen.

- Timpánico con timbre metálico: Sonido alto y claro que se produce en órganos que contienen gas a muy alta presión. La literatura universal se refiere a este sonido como "ping" y es el mejor método diagnóstico para órganos del abdomen con gas a muy alta presión, específicamente para desplazamientos abomasales, vólvulos abomasales, vólvulos cecales y pneumoperitoneo.

4.2.3.4 Palpación

Si se efectúa por medio del tacto se le llama directa; si se hace valiéndose de algún instrumento, como un bastón metálico, se le llama indirecta. La palpación permite determinar la consistencia, el tamaño y la sensibilidad de un órgano, y en ocasiones la temperatura. La consistencia es fluctuante cuando es suave y ondulante a la presión (ascitis); crepitante en casos de enfisema (clostridiasis); es pastosa en casos de edema; es firme cuando tiene la consistencia de un hígado normal, y es dura cuando tiene la consistencia del hueso.

Mediante la palpación directa del abdomen en un becerro de pie o postrado es posible delinear un órgano aumentado de volumen, como puede ser un abomaso, ciego o colon atrésico distendidos; asimismo es posible palpar masas anormales, como en una impactación abomasal (Fubini, 1990).

4.2.3.5 Baloteo

Llamada también percusión al tacto. Se efectúa con las yemas de los dedos o bien con la mano en puño. Se empuja el área con un solo golpe firme y se espera a que el órgano así desplazado rebote sobre los dedos o el puño. Empleando ambas manos en cavidad abdominal se puede detectar fluido al estrellarse contra la pared del lado opuesto.

4.2.3.6 Sucusión

El área a examinar se agita en forma repetida con las yemas de los dedos o con el puño cerrado. Simultáneamente se ausculta el área para detectar la presencia de fluidos; éstos pueden ser externos, como en el caso de ascitis, o internos, como en un desplazamiento abomasal.

4.2.4 Procedimiento

Después de haber examinado el pulso y la temperatura, el examen físico emplea las técnicas de exploración descritas; éste se lleva a cabo en forma ordenada por regiones anatómicas:

4.2.4.1 Cabeza y cuello

En la cavidad bucal se pueden encontrar cuerpos extraños; úlceras, como en el caso de diarrea viral bovina; anomalías en la erupción dental, que pueden ser responsables de un crecimiento deficiente del becerro; manchado del esmalte dental, el cual se presenta en casos de fluorosis crónica. Cuando los becerros están comiendo con la cabeza hacia abajo se puede observar el pulso yugular debido al congestionamiento sanguíneo. Si hay un pulso yugular severo con la cabeza hacia arriba, es indicativo de una falla cardiaca congestiva derecha.

4.2.4.2 Tórax

El corazón puede palparse principalmente del lado izquierdo del animal. Los movimientos sistólicos son más fuertes y fácilmente palpables que los diastólicos. La auscultación se realiza bilateralmente:

- Lado izquierdo:
  - Válvula pulmonar: tercer espacio intercostal.
  - Válvula aórtica: cuarto espacio intercostal.
  - Válvula mitral o bicúspide: quinto espacio intercostal.

- Lado derecho:
  - Válvula tricúspide: tercero y cuarto espacio intercostal.

Mediante la auscultación se estudian frecuencia, ritmo, intensidad y sonidos.

La frecuencia es el número de pulsaciones por minuto y sus valores ya fueron expuestos.

El ritmo es la secuencia de las fases del ciclo cardíaco; se compone normalmente de dos sonidos cardíacos y de una pausa; es decir, de tres fases. Estas se denominan como: lubb-dupp-pausa. Lubb o SI corresponde a la sístole, es decir, al cierre de las válvulas auriculoventriculares (bicúspide y tricúspide) y a la apertura de las válvulas semilunares (pulmonar y aórtica), y es un sonido bajo, grave, intenso y prolongado. Dupp o S2 corresponde a la diástole, es decir a la apertura de las válvulas auriculoventriculares (bicúspide y tricúspide), y al cierre de las válvulas semilunares (pulmonar y aórtica); produce un sonido menos bajo, menos grave, menos intenso y más corto que el Lubb o SI.

El ritmo es regular cuando las pulsaciones y las pausas son constantes, e irregular cuando los intervalos de tiempo entre uno y otro sonido son diferentes (arritmia).

A medida que se incrementa la frecuencia cardiaca el ciclo se acorta, asumiendo un ritmo de dos tiempos. Cuando hay más de dos sonidos, entonces se dice que es un ritmo galopante, el cual consta de la duplicación del primero o segundo sonido.

La intensidad de los sonidos cardíacos es la fuerza con la que cierran las válvulas cardíacas. La intensidad del primer sonido depende de la fuerza de contracción ventricular. Un aumento se presenta en casos de hipertrofia ventricular y esfuerzos físicos. La intensidad del segundo sonido depende de la fuerza con que se cierran las válvulas semilunares. Un aumento se presenta en casos de neumonías crónicas, *Cor pulmonale* y enfermedades renales. El aumento en la intensidad de ambos sonidos ocurre en casos de anemia y en hipertrofia cardiaca. Una disminución en la intensidad de ambos sonidos ocurre por engrasamientos del pericardio en casos de linfosarcoma enzoótico bovino (ganado adulto).

Los sonidos cardíacos anormales consisten en murmullos, soplos o rumores y roces. Los murmullos se relacionan con el ciclo cardíaco. Se deben a un cierre defectuoso de las válvulas cardíacas; o bien a un estrechamiento o estenosis causados por adherencias valvulares, como en endocarditis valvular vegetativa; o a orificios anormales, como en persistencia del conducto arterioso en becerros recién nacidos. Los roces son sonidos no relacionados con el ciclo cardíaco, son más superficiales y más claramente audibles que los murmullos, como en el caso de roces pericardiacos que ocurren en reticulopericarditis traumática.

El pulmón debe ser auscultado por los dos lados. El término *sonidos respiratorios normales* ha reemplazado a los comúnmente empleados, como sonidos alveolares, sonidos vesiculares, sonidos broncovesiculares y sonidos o tonos bronquiales. El término *sonidos respiratorios incrementados* ha sustituido al de sonidos bronquiales incrementados (Radostits, 2000).

Después del ejercicio, fiebre, alta temperatura ambiental e inicios de bronconeumonía, se presenta un incremento de los sonidos respiratorios normales. Los *sonidos respiratorios disminuidos* ocurren en animales obesos, así como en temperaturas ambientales bajas. Los *sonidos respiratorios ausentes* o pulmón silencioso se presentan cuando el lumen bronquial se encuentra lleno de exudado, o en casos de hernia diafragmática. Los sonidos respiratorios también pueden escucharse con volumen fuerte, iniciándose y terminando abruptamente en casos de colapso o llenado alveolar, pero dejando abierto el lumen bronquial; asimismo, en consolidación y atelectasis. Esto se presenta en neumonía enzoótica de los terneros, donde hay consolidación de los lóbulos anteroventrales principalmente (Cuadro 2.1).

Los sonidos pulmonares anormales son:

- Crujido, chasquido o crepitación: Que sustituyen a los términos estertor húmedo, estertor crepitante, estertor fino y crepitación. Consiste en sonidos discontinuos de siseo, burbujeo o humedad. Sugiere la presencia de secreciones, exudados y edema bronquial. Se presenta en bronconeumonía exudativa, traqueobronquitis exudativa y en neumonías por aspiración. Estos crujidos, chasquidos o crepitaciones son severos en enfisema pulmonar.

- Resuello: Término que sustituye a estertor seco y ronquido. Consiste en chillidos o silbidos durante la inspiración y la expiración. Indica un estrechamiento de las vías de aire. Principalmente es inspiratorio en casos de obstrucción de vías respiratorias superiores, como padecimientos en laringe. Principalmente es espiratorio y polifónico en obstrucciones de vías respiratorias inferiores, como ocurre en enfermedad pulmonar obstructiva crónica.

- Roce pleural: Consiste en un lijado seco, áspero e irritante entre superficies durante la inspiración y la expiración. Se presenta en pasteurelosis neumónica avanzada y en neumonía intersticial atípica.

- Ausencia de sonidos respiratorios o pulmón silencioso: Ocurre por la presencia abundante de líquidos, como en el caso de exudados que ocupen el lumen bronquial, en neumotorax, efusión pleural o hernia diafragmática.

- Estridor o estertor laríngeo: Sonido inspiratorio que se escucha con el estetoscopio sobre la tráquea —frecuentemente sin la ayuda de éste—. Es indicativo de obstrucción laríngea provocada por edema, laringitis, abscesos, como en difteria de los terneros, o parálisis de cuerdas vocales. Asimismo en algunos casos de rinotraqueítis infecciosa bovina en su forma respiratoria.

4.2.4.3 Abdomen

Mediante la combinación de la palpación, auscultación y percusión, es posible detectar una serie de padecimientos. Cuando el examen por auscultación del lado izquierdo del abdomen revela sonidos de ping, debe determinarse si éstos provienen del interior del rumen o del abomaso desplazado a la izquierda. En el rumen, esos sonidos existen sólo si éste contiene fluido con poco o sin algún sólido. Si la palpación o el baloteo muestran contenidos firmes en el rumen, entonces éste no es el origen de los sonidos de tintineo (Dirksen y Garry, 1987; Radostits, 2000).

Una vez que se ha detectado el sobrellenado ruminal, es recomendable realizar la palpación transrectal profunda entre la pared abdominal izquierda y el rumen a fin de confirmar el hallazgo. Cuando el contenido del saco ruminal ventral consiste en una masa firme, entonces posiblemente sea el resultado de la privación de agua (por ejemplo por defectos en los bebederos automáticos) en combinación con actividad microbiana deficiente, o quizá por acumulación de forraje de baja calidad. La presencia de bezoares en el rumen es frecuentemente diagnosticada con éxito mediante la palpación abdominal a dos manos, con el animal en pie usando el puño derecho para empujar la víscera del lado derecho hacia el izquierdo y simultáneamente la mano izquierda palpa el rumen comprimido (Dirksen y Garry, 1987; Radostits, 2000). En el cuadro 2.2 se muestra cómo es posible diferenciar diversos padecimientos abdominales en el bovino en crecimiento a través del examen clínico.

Cuadro 2.1. Terminología y características de los sonidos pulmonares

Términos Reemplazados	Términos Vigentes	Características Particulares
Sonidos alveolares Sonidos vesiculares Sonidos broncovesiculares Sonidos o tonos bronquiales	Sonidos respiratorios normales	
Sonidos bronquilares incrementados	Sonidos respiratorios incrementados	Sonidos respiratorios incrementados audibles en la inspiración y expiración.
	Sonidos respiratorios disminuidos o ausentes.	Disminución en la amplitud de los sonidos respiratorios.
Estertores húmedos Estertores crepitantes Estertores finos Crepitación	Crujido, chasquido o crepitación	Sonido discontinuo de burbujeo, siseo principalmente a la inspiración, pueden caracterizarse por ser finos o ásperos.
Estertores secos Roncquidos	Resuello	Silbidos o chillidos en forma continua que ocurren principalmente en la expiración
	Roce pleural	Lijado seco, áspero e irritante.
	Ausencia de sonidos respiratorios (pulmón silencioso)	
	Estridor o estertor laríngeo	Sonidos estenóticos fuertes en la inspiración, audibles con o sin estetoscopio sobre la traquea, a veces a distancia

Tomado de Radostits (2000)

4.3 EXAMEN FÍSICO ESPECIAL

4.3.1 Sistema musculoesquelético

Entre los métodos de diagnóstico para el examen especial encontramos la radiología, la artrocentesis, la artroscopía, las biopsias de tejido muscular y algunos exámenes serológicos para determinar niveles de calcio y fósforo, así como de algunas enzimas (fosfatasa alcalina, transaminasa glutámica oxalacética), que pueden ser indicativos de daño muscular y alteraciones óseas.

4.3.2 Sistema Respiratorio

4.3.2.1 Radiología

El examen radiológico del tórax sólo se aplica excepcionalmente en becerros.

4.3.2.2 Toracocentesis

La punción de la cavidad torácica se lleva a cabo cuando se sospecha la presencia de líquidos en el saco pleural y la cavidad torácica. Se requiere de jeringa y aguja del número 16 por ocho centímetros de longitud. El punto de punción se localiza del lado derecho, en el borde posterior de la quinta o sexta costilla, dorsal o ventralmente a la articulación húmero-radial. El líquido obtenido se examina macro o microscópicamente.

4.3.2.3 Aspiración transtraqueal

Es un método valioso para estudios citológicos y bacteriológicos a partir del líquido recolectado. Se realiza la antisepsia de la zona cervical de la tráquea y se infiltra en la piel un anestésico local. Con una mano se sujeta la tráquea y con la otra se hace una pequeña incisión en la piel (menos de un centímetro) entre dos anillos traqueales. Se inserta una cánula con filo del número nueve (puede utilizarse una cánula de metal para tetas afilada) y se introduce una sonda larga (50 cm del número 280) por la cánula, retirando esta última para prevenir posibles accidentes. Se empuja la sonda en dirección a los pulmones hasta que se perciba cierta resistencia, o cuando el animal comience a toser bruscamente. Se inyectan 30 ml de solución salina fisiológica esterilizada y se

Cuadro 2.2. Diagnóstico diferencial de problemas abdominales en el bovino en crecimiento

Signos	Posibles Diagnósticos Diferenciales
Cólico	**Severo:** torsión del mesenterio intestinal, torsión del abomaso en 180 grados (vólvulus del yeyuno) **Moderado:** estrangulación/incarceración/vólvulus del intestino, torsión del ciego, desplazamiento abomasal a la derecha **Ligero:** incarceración abomaso-umbilical, invaginación con obstrucción intestinal
Distensión abdominal	**Izquierdo:** timpanismo ruminal, desplazamiento abomasal (o intestinal) **Derecho:** timpanismo y torsión abomasal, desplazamiento del ciego, torsión de mesenterio intestinal, vólvulus, estrangulación o inceración intestinal, íleo paralítico. **Bilateral:** todas las condiciones mencionadas, si se encuentra el problema en estado avanzado o severo, o con timpanismo recurrente; con sobrecarga ruminal; en casos de pneumoperitoneo con presión excesiva.
Fluidos abdominales y/o sonidos metálicos	**Izquierdo:** desplazamiento abomasal, rumen vacío con poco fluido. **Derecho:** predominante con timpanismo y torsión abomasal, dilatación y torsión del ciego (con demás condiciones del íleo del lado derecho del rumen) **Bilateral:** pneumoperitoneo, concomitante a rumen vacío e íleo en el lado derecho del abdomen y/o peritonitis (expansión por timpanismo gaseoso y/o partes del intestino llenas de líquido por todo el abdomen).
Defecación suspendida o alterada	En todas las obstrucciones del intestino incluyendo íleo paralítico del segundo día en adelante. Moco espeso con sangre en el recto, en la torsión abdominal ($\geq$ 360 grados) Invaginación del yeyuno, íleon, incarceración/extrangulación/vólvulus intestinal
Reflujo abomasal (con alcalosis sanguínea)	Severa incarceración abomaso-umbilical, desplazamiento abomasal a la izquierda, torsión abomasal y en todas las obstrucciones del contenido intestinal.
Alteración de líquido peritoneal	Íleo ligeras a moderadas (dependiendo del estado de la enfermedad) con un incremento en el fluido peritoneal, la turbidez, un incremento en el contenido celular. De significancia en el pronóstico cuando hay un cambio en el olor o una baja en el PH

Tomado de Dirksen (1986)

jala el émbolo de la jeringa al tiempo que lentamente se retira la sonda. Serán suficientes 5 ml de líquido para el análisis posterior.

Otros métodos que también se aplican son la obtención de muestras de la cavidad nasal con hisopo o espátula para exámenes bacteriológicos, virológicos e inmunológicos; muestras sanguíneas para biometrías y exámenes químicos; muestras de heces para coproparasitoscópicos cuando se sospeche la presencia de gusanos pulmonares.

4.3.3 Sistema digestivo

4.3.3.1 Prueba de reducción del azul de metileno

Esta prueba es rápida y barata, y puede ser fácilmente realizada en el establo. Proporciona una medida del potencial de reducción del fluido ruminal que a su vez refleja los niveles de actividad de la flora bacteriana anaeróbica. Para la prueba se coloca 1 ml de solución de azul de metileno al 0.03 % en un tubo; se añaden 20 ml de fluido ruminal y se mezclan. En otro tubo, como control, se coloca fluido ruminal (Dirksen y Garry, 1987). Se mide el tiempo requerido para la decoloración del azul de metileno de la siguiente manera: una reducción rápida del azul de metileno indica un alto potencial de la flora activa. La dieta influye en el tiempo de la prueba; una dieta alta en concentrados da un tiempo de uno a tres minutos; una dieta exclusivamente a base de heno da un tiempo de tres a seis minutos. Algunos problemas digestivos prolongan la reacción de la prueba. Una microflora inactiva tarda arriba de 15 minutos; una acidosis ruminal severa (pH menor de 5.0) tiene un tiempo superior a seis minutos (Dirksen y Garry, 1987).

4.3.3.2 Otras técnicas

En todos los casos en los que no es seguro si la distensión de la fosa paralumbar izquierda es resultado de timpanismo o solamente resultado de la acumulación de gas en el rumen, la investigación se debe realizar pasando un tubo que demuestre si el gas puede ser liberado. Cuando no escapa gas a pesar de que los miembros anteriores estén a un nivel más elevado que los posteriores y se haya dado un masaje en la fosa paralumbar izquierda, comúnmente la causa del timpanismo es un desplazamiento del abomaso hacia el lado izquierdo. Sólo en casos especiales es causado por una fermentación espumosa del contenido ruminal.

Si se tiene facilidad para determinar la concentración de electrolitos plasmáticos y gases sanguíneos, éstos pueden ofrecer valiosa información sobre el estatus metabólico del becerro, así como de sus requerimientos de fluidos. Generalmente los problemas obstructivos dan por resultado un secuestro total o parcial del contenido abomasal en abomaso y pre-estómagos, produciéndose una alcalosis metabólica hipoclorémica en el paciente. Cuando el padecimiento se vuelve crónico, posiblemente exista una acidosis metabólica causada por deshidratación, hipovolemia, menor irrigación tisular y, en ocasiones, a un metabolismo anaeróbico con la acumulación de lactato.

Otras determinaciones, como la de hematocrito o de proteínas plasmáticas, tienen el inconveniente de que el primero es variable en becerros y las segundas fluctúan de acuerdo a las gamma globulinas calostrales absorbidas (Fubini, 1990).

La punción del órgano en el área que contiene fluido, lo cual se determinó por percusión, se realiza en los casos necesarios para determinar el órgano afectado. El olor del gas liberado, así como la comparación del pH y el contenido de cloro con los valores correspondientes de fluido ruminal previamente obtenido, permiten llegar al diagnóstico definitivo en la mayoría de los casos. El pH de los contenidos abomasales es inferior a cinco; el del rumen es superior. El contenido de cloro del fluido abomasal (más de 90 mEq/1) es marcadamente más alto que el que se encuentra en una muestra de fluido ruminal (menos de 25 mEq/1) (Dirksen y Garry, 1987; Radostits, 2000).

El desplazamiento del abomaso hacia la izquierda también puede ser diagnosticado si los sonidos de campanilleo auscultados desaparecen después de rodar al animal sobre su espalda en dirección de las manecillas del reloj visto por atrás. La persistencia de esos sonidos no elimina la posibilidad de un desplazamiento abomasal, debido a que el abomaso posiblemente esté adherido al abdomen. Una laparotomía o rumenotomía permitirá confirmar el diagnóstico. El uso de la ultrasonografía para determinar los órganos abdominales también puede ser una ayuda valiosa (Dirksen y Garry, 1987).

4.3.3.3 Heces

Éstas permiten obtener algunas conclusiones acerca de la digestión de los preestómagos. Un alto contenido de plantas fibrosas pobremente digeridas indica insuficiente desarrollo de la flora celulolítica o alguna anomalía en la función motora, que normalmente selecciona el material por el tamaño de la partícula. Excremento delgado, color amarillo y olor ácido con un pH inferior a siete, sugiere una acidosis estomacal o intestinal. Diarrea oscura y con olor fétido puede ser el resultado de una putrefacción ruminal. La presencia de pelos en las heces indica lamido frecuente de la piel. Las excretas grises o amarillas muestran que el animal afectado consume principalmente leche (Dirksen y Garry, 1987).

4.3.3.4 Hígado

Las pruebas de laboratorio para determinar el funcionamiento hepático son tardadas y costosas, por lo que es frecuente que las desviaciones de los valores de referencia sólo se observen hasta que el daño está muy avanzado.

4.3.3.4.1 Biopsia hepática

La limitante de la biopsia es la obtención de muestras muy pequeñas, y sólo será de utilidad si el daño al parénquima hepático es muy extenso.

Se requiere de un trocar largo y una cánula conectada a una jeringa. El sitio de punción se localiza en el undécimo o duodécimo espacio intercostal del lado derecho, a una distancia aproximada de 20 a 30 centímetros del dorso del animal. Previa preparación de la zona (rasurado, lavado, antisepsia e infiltración de anestésico local), se introduce el instrumento traspasando el músculo intercostal y el peritoneo hasta alcanzar la cara diafragmática del hígado. El trocar se inserta con movimientos giratorios, y al momento de llegar a la cápsula del hígado se percibe una especie de crujido. Se retira el trocar, se conecta la jeringa a la cánula y se succiona, girando vigorosamente la cánula para profundizar en el parénquima hepático (Radostits, 2000; Rosenberger, 1973).

Los riesgos que se corren con una biopsia hepática son que si la dirección del instrumento de punción no es la adecuada, accidentalmente pueden puncionarse vasos sanguíneos importantes, o en el caso de puncionar un absceso, producirse peritonitis. Por otro lado, dado el hecho de que los animales no tienen la capacidad de contener la respiración en forma voluntaria, existe el riesgo de ocasionar desgarres en el diafragma e hígado. Para evitar esto se recomienda realizar la biopsia en el menor tiempo posible (Radostits, 2000).

4.3.3.4.2 Prueba de excreción de la bromosulftaleína (BSP)

Una de las pruebas para medir la capacidad de excreción del hígado en ganado bovino es la que se realiza con el colorante conocido como bromosulftaleína (BSP). Determina las funciones excretoras de las células hepáticas y aporta datos referentes al grado de captación del colorante por parte de los hepatocitos. Mediante esta prueba es posible detectar algún daño agudo y crónico del hígado (Radostits, 2000; Rosenberger, 1973). Se recolecta previamente una muestra de sangre heparinizada y se procede a inyectar por vía endovenosa un gramo de BSP (dosis para bovinos entre 180 y 550 kilogramos de peso). Se toman tres muestras de sangre a los 4, 8 y 12 minutos después de la inyección.

En animales con funcionamiento hepático normal, el tiempo promedio requerido para reducir la concentración plasmática del colorante a la mitad de la dosis inicial (TI/2), es de 2.5 a 5.5 minutos. Los valores aumentados son indicativos de alteraciones del parénquima hepático (Radostits, 2000; Benjamín, 1988).

4.3.3.5 Paracentesis abdominal

La obtención de fluido peritoneal constituye una ayuda importante para el diagnóstico de enfermedades del peritoneo y aparato digestivo abdominal (Kopcha, 1991; Kopcha, 1991). El líquido peritoneal es de gran ayuda para el diagnóstico de alguna enfermedad peritoneal, pero no para definir su causa.

Para colectar una muestra de líquido peritoneal se emplea una cánula metálica para tetas esterilizada, sobre la cual se atraviesa una gasa estéril para prevenir la contaminación de sangre en la muestra.

La muestra se colecta en un punto caudal a la apófisis xifoides del esternón, localizado entre 4 y 10 centímetros hacia la izquierda o hacia la derecha de la línea media. El área se rasura, se lava y se realiza la antisepsia con yodo orgánico seguido de alcohol etílico empleando torundas; se infiltra un centímetro cúbico de Xilocaína[1] y se hace la antisepsia

---

[1] Xilocaína. ASTRA Chemicals, S.A.

nuevamente. Se realiza una incisión en piel para permitir la entrada de la cánula (menos de un centímetro). Se acopla la cánula a una jeringa estéril y se introduce a través de los planos musculares hasta llegar a la cavidad peritoneal, en donde haciendo vacío con la jeringa se obtiene la muestra, que debe de ser de 5 a 10 ml. De ser posible debe usarse un tubo con EDTA para evitar la coagulación (Kopcha, 1991). En el cuadro 2.3 se muestran los parámetros para la clasificación e interpretación del líquido peritoneal del bovino.

El líquido peritoneal debe ser claro y amarillento, con un contenido de proteína total superior a 3.0 g/100 ml. Son evidencias de inflamación severa un conteo de células nucleadas totales mayor a 6,000 células/microlitro y un contenido de fibrinógeno mayor a 1 g/l, (Fubini, 1990; Kopcha, 1991; Kopcha, 1991). La técnica de paracentesis abdominal tiene la limitante de que si hay peritonitis localizada o deshidratación, puede dificultar la obtención de una muestra de líquido por el poco volumen de éste, sin embargo, estos casos son poco frecuentes (Radostits, 2000; Hirsch y Townsend, 1982).

4.3.3.6 Laparotomía

4.3.3.6.1 Consideraciones preoperatorias

Es un método de diagnóstico que se emplea después de que otros métodos han sido insatisfactorios. Dolor severo, distensión abdominal progresiva, ausencia de defecación o pequeñas cantidades de moco en el recto, son indicadores de obstrucción gastrointestinal; por lo tanto de laparotomía o celiotomía exploratoria. Asimismo, está indicada cuando tenemos un becerro sin un diagnóstico específico, que se deteriora a pesar de una terapia médica agresiva (Fubini, 1990). La laparotomía puede proveer o contribuir al diagnóstico de hasta el 15 al 20% de los casos no diagnosticados por otros métodos (Radostits, 2000; Noordsy, 1978)

Si el paciente está deshidratado es muy conveniente rehidratarlo en forma adecuada antes de la cirugía; si la deshidratación es de moderada a severa, deberá iniciarse la terapia intravenosa; una vez que el tracto se ha liberado de la obstrucción, se administran fluidos orales. Si se sospecha de hipoglicemia, se añade dextrosa a los fluidos de reemplazo.

Si el becerro padece de falla en la transferencia de inmunoglobulinas, debe recibir una terapia de reemplazo vía intravenosa. Si existe peritonitis u otra infección, entonces se aplica terapia antimicrobiana antes de la cirugía, así como también en los casos en que se anticipe la posibilidad de contaminación quirúrgica o ambiental. Las recomendaciones van desde una sola dosis preoperatoria (12 a 24 horas) hasta por 24 a 48 horas pos cirugía (Fubini, 1990; Riviere, 1981).

El empleo de un antiinflamatorio no esteroidal inhibe la biosíntesis y la liberación de prostaglandinas, que son mediadoras en el proceso de inflamación, a consecuencia del daño en los tejidos. Su uso debe ser cuidadoso ya que pueden causar úlceras abomasales en el bovino y no ha sido aprobado para esta especie. Para casos especiales puede usarse la fenilbutazona: una vez en becerros menores de 10 días de edad, 3 mg/kg de peso corporal; una vez en becerros entre 10 y 35 días de edad, 5 mg/kg de peso corporal; y en becerros mayores de 35 días de edad, 5 mg/kg de peso corporal; y en becerros mayores de 35 días de edad, 6 mg/kg de peso corporal; lo anterior como dosis de ataque, seguida de 3 mg/kg de peso corporal cada 48 horas (Fubini, 1990).

4.3.3.6.2 Técnica quirúrgica

La técnica quirúrgica por la fosa paralumbar derecha con el animal de pie permite la mejor exposición al abomaso y al tracto gastrointestinal, mientras que por la fosa paralumbar izquierda se puede manipular el rumen; por la línea paramedia ventral se tiene buena exposición al abomaso y porción craneal del abdomen. En pacientes hiperactivos, la sedación se efectúa por medio de hidrocloruro de xilazina[2] a 0.02 mg/kg de peso vía intravenosa o subcutánea. En pacientes debilitados tal vez no se requiera la sedación. Se rasura y se hace la antisepsia de la fosa paralumbar derecha, empezando por un lavado con jabón y cepillo de nylon para tallar así como para eliminar suciedad y grasa cutánea. Enseguida se emplean torundas de gasa embebidas en yodo orgánico y torundas de gasa embebidas en alcohol etílico (70%) en forma alterna por

---

[2] Rompun. Bayer de México

Cuadro 2.3. Clasificación e interpretación del líquido peritoneal del bovino.

Clasificación del fluido	Apariencia	Proteína total g/dl	Gravedad específica	Eritrocitos X10⁶ µl	Linfocitos X10³ µl	Linfocitos conteo	Bacterias	Materia particulada
Normal	ambar cristalino 1-5 ml	0.1 - 3.1 (1.6) No coagula	1.005 a 1.015	pocos por contaminación durante el muestreo	0.3 – 5.3	mono y polimorfonucleares 1:1	No	No
Inflamación moderada	ambar a rosa ligeramente turbio	2.8 – 7.3 (4.5) Puede coagular	1.010 a 1.025	0.1 – 0.2	2.7 – 40.7 (8.7)	neutrófilos no tóxicos 50 a 90% (macrófagos predominan en peritonitis crónica)	No	No
Inflamación severa	serosanguinolento turbio viscoso 10-20 ml.	3.1 - 5.8 (4.2) generalmente coagula	1.026 a 1.040	0.3 – 5.3	2.0-31.1 (8.0)	neutrófilos segmentados 70-90% y neutrófilos tóxicos conteniendo bacterias.	sí generalmente	puede estar presente

Tomado de Radostits (2000)

una vez. Es preferible el uso de torundas de gasa al de torundas de algodón, ya que éstas dejan filamentos en el campo operatorio. Se anestesia la fosa paralumbar derecha mediante Xilocaína[3] o lidocaína al 2%, bloqueando primero la piel mediante una infiltración subcutánea (5 a 10 ml), y después los músculos mediante una infiltración profunda (30 a 50 ml). La dosis depende del peso del paciente. Posteriormente se repite la antisepsia con yodo orgánico y alcohol etílico (70%) en forma alterna por tres veces consecutivas. Se aplica yodo metálico al 5% por aerosol o por medio de torundas de gasa sobre el campo operatorio. El cirujano se coloca los guantes estériles y fija los campos quirúrgicos, aislando el área operatoria del resto del organismo. Con el bisturí se incide la piel aproximadamente cinco centímetros detrás de la última costilla, en línea paralela a ésta. Los músculos se inciden con bisturí o tijeras. Al llegar al peritoneo éste se corta con tijeras, aislándolo de las vísceras abdominales. La exploración se realiza empleando una manga quirúrgica de látex esterilizada o un guante de palpación desechable invertido, exponiendo la superficie interna estéril, sobre la que se vierte solución salina fisiológica estéril justo al iniciar la exploración.

La mayor parte del tracto gastrointestinal puede ser exteriorizada por esta vía, mientras la porción pilórica y la región fúndica del abomaso pueden ser visualizadas. Asimismo se pueden palpar la parte restante del abomaso y de los preestómagos. El píloro es identificado porque se encuentra al nivel de la unión costocondral de la novena y la décima costillas; la curvatura mayor del abomaso es seguida hasta el retículo; el abomaso se palpa adyacente al hígado y el rumen por el lado izquierdo del abdomen.

La flexura sigmoidea del duodeno se palpa en su inserción hepática, cerca de la vesícula biliar. El duodeno descendente sobrepasa el omento mayor en forma profunda a la incisión paralumbar derecha. El duodeno ascendente y la porción craneal del yeyuno son inaccesibles a la palpación o exteriorización, ya que están localizados sobre el lado izquierdo del mesenterio común. El resto del intestino delgado puede exteriori-

---

[3] Xilocaína. ASTRA Chemicals, S.A.

zarse, éste se encuentra localizado dentro del hueco supraomental. Las asas caudales del yeyuno y del íleon son más movibles debido a su larga inserción mesentérica; generalmente se protruyen por fuera el hueco supraomental. Es posible exteriorizar el ciego y la mayor parte de las asas proximales del colon ascendente. El asa espiral del colon ascendente descansa sobre el lado izquierdo del mesenterio, puede visualizarse mediante la rotación hacia la derecha y en dirección craneal de la masa del intestino delgado. Parte del asa distal del colon ascendente es accesible en becerros. La porción distal del colon descendente y la porción intraperitoneal del recto pueden ser palpados (Fubini, 1990). En adición, se palpará el diafragma y el área esofágica ventral; bazo, riñón y glándulas adrenales; nódulos linfáticos ilíacos; uréteres y vejiga; genitales internos; lóbulo derecho del hígado y vesícula biliar.

En los casos en que esté indicada una rumenotomía, antes de proceder es recomendable realizar la exploración del abdomen. Para la rumenotomía se extrae la pared del rumen con gasas mojadas en solución salina fisiológica y se realiza un surjete continuo, pasando con éste la piel incidida para unir ambas comisuras, y empleando material como la seda; debe cuidarse no perforar el rumen. Se incide el rumen; se realiza la exploración del mismo buscando objetos extraños así como depósitos de tierra, tricobezoares, objetos extraños en retículo, abscesos reticulares y otros. Se lava la incisión ruminal con suero salino fisiológico; se sutura con material absorbible (catgut[4] o ácido poliglicólico[5]) del número uno o dos, empleando el surjete Utrecht descrito en el Capítulo I.

Se procede a cerrar la pared abdominal. Para los planos musculares se emplea material absorbible del número dos o tres, con aguja de medio círculo de punta redonda, en puntos separados o en X en dos planos; el primero incorpora el peritoneo y el músculo abdominal transverso, empezado en la parte superior y terminando en la inferior. Previo a los dos últimos puntos, un ayudante empuja la fosa paralumbar desde el lado derecho para forzar la salida de aire de la cavidad abdominal, manteniendo esa posición hasta que el último punto se haya puesto. El se-

[4] Catgut. Davis + Geck Inc. Manati, PR, 00701, USA
[5] Dexon Plus. Davis + Geck Inc. Manati, PR, 00701, USA

gundo plano incorpora el músculo oblicuo abdominal interno y el externo; se inicia en la parte inferior para terminar en la parte superior. Para la piel se emplea seda siliconizada del número tres o nylon; y generalmente se usa un surjete continuo con candado, iniciando en la parte superior y concluyendo aproximadamente a siete centímetros de la comisura inferior. Enseguida se ponen dos o tres puntos separados, hasta llegar a la comisura inferior; de este modo, en caso de infección y formación de abscesos o abscedación, el tratamiento podrá llevarse a cabo desde la parte ventral, en donde se concentrará por gravedad. Para la piel es recomendable una aguja S itálica de uso manual, que permite mayor rapidez al cirujano y comodidad al paciente.

LITERATURA CITADA

Benjamín, M. N.: Manual de Patología Clínica Veterinaria; 1a. Ed. Editorial Limusa; México, 1988.

Dirksen, G. U. y Doll, K.: Ileus and Subileus in the Young Bovine Animal. Bovine Pract., 21:33^0 (1986).

Dirksen, G. U. y Garry, F. B.: Diseases of the Forestomachs in Calves. Comp. Con. Educ. Pract. Vet., 9:F173-F180 (1987).

Fubini, S. L.: Surgical Management of Gastriontestinal Obstruction in Calves. Comp. Cont. Educ. Pract. Vet. 12(4):591-599. 1990.

Hirsch, V. M., Townsend, H. G. G.: Peritoneal Fluid Analysis in the Diagnosis of the Abdominal Disorders in Cattle: A Retrospective Study. Can. Vet. J. 23:348-354, 1982.

Howard, J. L.: Current Veterinary Therapy. Food Animal Practice 4; W.B. Saunders Co.; Philadelphia, 1999.

Kopcha, M.; Schultze, A. E.: Peritoneal Fluid. Part I. Pathophysiology and Classification of Non-Neopalstic Effusions. Comp. Cont. Educ. Pract. Vet. 13(3):519-526. 1991.

Kopcha, M.; Schultze, A. E.: Peritoneal Fluid. Part II. Abdominocentesis in Cattle and Interpretation of Nonneoplasstic Samples. Comp. Cont. Educ. Pract. Vet. 13(4):703-710. 1991.

Noorsdsy, J. L.: Food Animal Surgery. V. M. Publications 1978.

Radostits, O. M.; Gay C. C.; Blood D. C.; Hinchcliff, K. W.: Veterinary Medicine. A Textbook of the Diseases of Cattle, Sheep, Pigs, Goats and Horses. 9TH Edition W.B. Saunders Co. London, 2000.

Radostits, O. M.: Diseases of the Ruminant Stomachs and Intestines of Cattle - Proceedings 13 Annual Convention of the American Association of Bovine Practitioners, Toronto, Ontario, Canadá. 1980, 87-89. Frontiers Printers Stillwater, OK, USA, 1981.

Riviere, J. E.; Kaufman, G. M.; Bright, R. M.: Prophylactic Use of Systemic Antimicrobial Drugs in Surgery. Comp. Cont. Educ. Pract. Vet. 3(4):345-354. 1981.

Rosenberger, G.: Clinical Examination of Cattle. 2nd. Ed. W.B. Saunders Co.

Smith, B. P.: Large Animal Internal Medicine. 1st Edition the C.V. Mosby Co. St. Louis Missouri, 1990.

The Merck Veterinary Manual. Fourth Edition. Merck and Co. Inc., 1973.

Wilson, J. H.: Physical Examination. Veterinary Clinics of North America-Food Animal Practice 8 (2), 1992.

CAPÍTULO III

VACUNACIONES, BIENESTAR Y ENFERMEDADES DE LA CRIANZA

Editor del capítulo: Mario Medina Cruz MVZ, MSc, DCV

1 VACUNACIÓN

Victor S. Cortese DVM, PhD

1.1 DESARROLLO DEL SISTEMA INMUNE PRENATAL

El sistema inmune de todas las especies de mamíferos inicia su desarrollo en las etapas iniciales de la gestación. Al crecer el feto, el sistema inmune atraviesa muchos cambios al aparecer células que luego se especializan. En general, entre más corto es el periodo de gestación, el sistema inmune se encuentra menos desarrollado al nacimiento (Halliwell, 1989), sin embargo, el feto es inmunocompetente contra muchas enfermedades mientras está en el útero. En becerros esto ha sido demostrado para una gran variedad de enfermedades. (Mullaney, 1988; Pare J., 1998; Ellsworth, 2006; Casaro A. P. E., 1971). Para este tipo de enfermedades, los títulos precalostrales del neonato pueden usarse como diagnóstico para determinar las exposiciones fetales.

El timo primordial puede ser observado como una cuerda epitelial en fetos de corderos y becerros entre los días 27 y 30 de la gestación (Jordán H. K., 1976; Anderson, 1922). Expresado como un porcentaje del peso corporal, el timo alcanza su tamaño máximo cerca de la mitad de la gestación y luego decrece rápidamente tras del nacimiento. La regresión real del timo se inicia alrededor de la pubertad, y la extensión y velocidad a la que se atrofia varía con las prácticas de manejo y la genética. Alrededor de la presentación del primer ciclo estral, la función del timo como glándula inmune ha desaparecido casi por completo.

Las células que inicialmente infiltran al timo son de origen desconocido, pero el desarrollo tímico y la diferenciación de los timocitos en células T específicas ocurre durante la gestación. Algo de este desarrollo y diferenciación puede ocurrir también en órganos linfoides secundarios. Las células B, por contraste, se desarrollan y diferencian en la médula ósea del feto. Hay un incremento sostenido de los linfocitos periféricos durante la gestación (Senogles, 1978). La mayoría de estos linfocitos circulantes son células T. Al mismo tiempo que los linfocitos se desarrollan en el feto, ocurren el desarrollo y la expansión de otras poblaciones de células blancas.

1.2 SISTEMA INMUNE DEL NEONATO

En el neonato, el sistema inmune está completamente desarrollado, aunque inmaduro al momento del nacimiento. La susceptibilidad de los recién nacidos a los patógenos no es atribuible a ninguna falta de habilidad inherente para montar una respuesta inmune, sino que es causada por el hecho de que su sistema inmune necesitará presentar una respuesta primaria (Tizard, 1992). Aunque hay mayor número de células fagocíticas en el neonato, la función de estas células está disminuida (en becerras, estas deficiencias pueden encontrarse incluso hasta los 4 meses de edad) (Hawser, 1986). Al nacimiento, el complemento se encuentra del 12% al 60% del nivel del adulto. El complemento no alcanza los niveles del adulto en las becerras sino hasta que tienen 6 meses de edad. Hay una maduración lenta del sistema inmune en los mamíferos. Al acercarse un animal a la madurez sexual y comenzar a ciclar, el sistema inmune también madura.

En el bovino se observa una mayor maduración del sistema inmune entre los 5 y 8 meses de edad. Por ejemplo, las células T (células CD4+, CD8+ y TCRgd+) no alcanzan sus niveles máximos sino hasta que el animal tiene 8 meses de edad (Hein, 1994).

Esto no significa que una becerra joven no pueda responder a los antígenos, sino que su respuesta es más débil, lenta y fácil de sobrepasar. En términos prácticos, esta inmadurez puede llevar a una moderación, más que a una prevención completa de la enfermedad. Debido a que la placenta es de tipo epiteliocorial en las especies de producción (por ejemplo: bovinos, ovinos, cerdos), no hay una transferencia transplacental de anticuerpos o de células blancas. De ahí que no se dé una discusión completa sobre la inmunología neonatal, sino una discusión sobre un componente importante del mecanismo de defensa del recién nacido: el calostro.

1.3 CALOSTRO

El calostro es el ejemplo más importante de inmunidad pasiva. Definido como la "primera" secreción de la glándula mamaria que se presenta después del parto, el calostro tiene muchas propiedades y componentes conocidos y desconocidos. La información sobre el impacto del calostro en los becerros a corto y largo plazo continúa incrementándose. Una buena transferencia de inmunidad pasiva no sólo impacta en la morbilidad y mortalidad del becerro joven (Rischen, 1981; Boland, 1995; Robison, 1988), sino que tiene un impacto positivo a largo plazo sobre la salud y la producción (Faber, 2005; Wittum, 1995; Dewell, 2006).

Los constituyentes del calostro incluyen niveles concentrados de anticuerpos y muchas de las células inmunes (células B, CD, macrófagos y neutrófilos), los cuáles son completamente funcionales tras la absorción por parte del becerro (Riedel-Caspari, 1991). Componentes adicionales del sistema inmune, tales como el interferón, son transferidos mediante el calostro (Jacobsen, 1992) junto con muchos nutrientes importantes (Schorr, 1984). El principal anticuerpo del calostro en la mayoría de las especies domésticas es la IgG; en los rumiantes, ésta está más definida como IgG1.

Las funciones de las diferentes células encontradas en el calostro aún se están investigando. Se sabe que las células promueven los mecanismos de defensa en el animal recién nacido de las siguientes formas: transferencia de la inmunidad mediada por células, incremento en la transferencia de la inmunidad pasiva de inmunoglobulinas, actividad bactericida y fagocítica local en el tracto digestivo, y aumento en la actividad de los linfocitos (Rischen, 1981; Duhamel, 1993). Investigaciones en cerdos han mostrado una absorción mayor de estas células blancas cuando la cerda es la verdadera madre en comparación con los casos de lechones adoptados. No se han hecho estudios similares en rumiantes. Estas células son destruidas por el congelamiento y desaparecen en forma natural del becerro entre las 3 y las 5 semanas de edad (Rischen, 1981). El impacto a largo plazo de estas células en la salud y la producción de las becerras no se comprende bien en la actualidad.

1.4 ABSORCIÓN DEL CALOSTRO

Cuando los becerros nacen, las células epiteliales que cubren el tracto digestivo permiten la absorción de proteínas del calostro por medio de la pinocitosis. Tan pronto como el tracto digestivo es estimulado por la ingestión de cualquier material, esta población de células comienza a cambiar hacia aquellas que ya no permiten la absorción. Unas 6 horas tras el nacimiento sólo permanece aproximadamente el 50% de la capacidad absorbente, hacia las 8 horas el 33%, y hacia las 24 horas normalmente ya no se observa absorción.

La transferencia de calostro, por lo tanto, es función de la calidad y la cantidad del calostro en adición al tiempo de la administración del mismo. En la raza Holstein la primera alimentación debe ser por lo menos de 3 litros y preferentemente de 4, de un calostro de alta calidad y limpio. Además, el calostro que contiene una elevada cantidad de células rojas o que está sanguinolento puede exacerbar cualquier diarrea causada por bacterias gram negativas (Riedel-Caspari, 1993). A pesar de toda la información relacionada con la importancia de la administración del calostro al becerro, es común cierto grado de falla en la transferencia de inmunidad pasiva incluso en becerros para producción de carne (Boland, 1995; USDA, 2002)

Hay suplementos de calostro disponibles, además de productos para administración oral o sistémica, que contienen concentraciones de anticuerpos específicos o de IgG generales. Existe una variabilidad enorme en la concentración de IgG de los suplementos de calostro (Haines, 1990). Aunque se han observado diferentes resultados relacionados con la eficacia de estos productos (Godden, 2008), pueden tener un valor significativo para disminuir la mortalidad o la severidad de las enfermedades en las becerras privadas del calostro.

1.5 LA VACUNACIÓN PARA MEJORAR LA CALIDAD DEL CALOSTRO

Se ha pensado durante mucho tiempo que las vacunas administradas a la vaca antes del parto incrementan en el calostro la cantidad de anticuerpos contra esos antígenos específicos. Esto ha sido demostrado especialmente para vacunas que son administradas a las vacas contra los patógenos de la diarrea neonatal. Estas vacunas están diseñadas para aumentar la concentración de anticuerpos en el calostro contra organismos específicos que causan diarrea en las becerras, tales como

Escherichia coli, rotavirus y coronavirus (Saif, 1984; Saif, 1983; Murakami, 1985).

Sin embargo, se ha hecho poca investigación en busca de otras vacunas y su impacto en los anticuerpos del calostro. Aunque un estudio demostró que vacunar a las vacas con una vacuna de virus vivo modificado aumentaba los anticuerpos en el calostro (Ellis, 1996), un estudio reciente sobre la vacunación de vacas con virus inactivado no demostró la misma respuesta (Osterstock, 2003). Un estudio israelí detectó disminución en los anticuerpos del calostro cuando las vacas eran vacunadas antes del parto (Brenner, 1997). Si una vacuna está diseñada principalmente para mejorar la transferencia de anticuerpos al calostro, se debe solicitar que los estudios demuestren la habilidad de la vacuna para producir el efecto deseado.

1.6 INTERFERENCIA CON LOS ANTICUERPOS MATERNOS

Una de las creencias comunes en inmunología neonatal es que la presencia de anticuerpos maternos bloquea la respuesta inmune debida a la vacunación. Esto se ha basado en la vacunación de animales seguida de la evaluación de los niveles subsecuentes de los títulos de anticuerpos. De acuerdo con varios estudios (Brar, 1978; Menanteau-Horta, 1985), si los animales son vacunados ante la presencia de niveles elevados de anticuerpos maternos contra ese antígeno, pueden no desarrollar una respuesta consistente con niveles de anticuerpos elevados después de la vacunación. No obstante, estudios recientes empleando vacunas atenuadas en animales con presencia de anticuerpos maternos (Murakami, 1985) han demostrado la formación de respuestas de células B de memoria (Parker, 1983; Kimman, 1989; Pitcher, 1996) y de respuestas inmunes mediadas por células. También se han reportado respuestas similares en animales de laboratorio (Ridge, 1996; Sarzotti, 1996; Forsthuber, 1996). A partir de estos estudios resulta claro que la interferencia vacunal a los anticuerpos maternos no es tan absoluta como una vez se consideró. El estatus inmune del animal, particularmente contra ese antígeno, el antígeno específico y la presentación de ese antígeno, deben ser tomados en consideración cuando se diseñen programas de vacunación ante la presencia de anticuerpos maternos.

En resumen, los trabajos publicados hasta la fecha (y citados previamente) han demostrado que la vacunación en contra de enfermedades que tienen un mecanismo principal de protección mediado por células puede estimular de forma más probable una respuesta inmune frente a los anticuerpos maternos que aquellos en los que la inmunidad humoral es el mecanismo principal de protección (cuadro 3.1). Si se va a considerar el uso de vacunas en la becerra joven, en la que los anticuerpos maternos pueden estar presentes, entonces deben buscarse estudios que demuestren la eficacia de la vacuna ante la presencia de estos anticuerpos.

Cuadro 3.1 Interferencia con los anticuerpos maternos con base en la enfermedad.

Protección primaria mediada por células/vacunación NO BLOQUEADA por anticuerpos maternos	Protección primaria mediada por anticuerpos/vacunación BLOQUEADA por anticuerpos maternos
Virus Respiratorio Sincicial Bovino - VSRB	Diarrea viral bovina
Virus Herpes Bovino-1 (VHB-1 o IBR)	*Mannheimia hemolytica*
Virus de la parainfluenza	*Pasteurella multocida*
Leptospira borgpetersennii	
Pseudorabia	

1.7 IMPACTO DEL ESTRÉS

El estrés tiene impacto en el sistema inmune de la becerra, así como sucede en animales de mayor edad. Hay diversos factores que pueden afectar el sistema inmune y que son únicos en el animal recién nacido. El proceso del parto tiene un impacto dramático sobre el sistema inmune del neonato debido a la liberación de corticosteroides. Además, el recién nacido tiene un número mayor de células T supresoras. Estos factores, junto con otros, disminuyen dramáticamente las respuestas inmunes sistémicas durante la primera semana de vida. Investigaciones recientes han demostrado que existe realmente una disminución en la respuesta inmune de las becerras recién nacidas. Desde el nacimiento, hay una disminución en las respuestas inmunes hasta el día tres, cuando se encuentran en sus niveles más bajos (Rajaraman, 1997). Hacia el día cinco estas respuestas regresan al nivel de las respuestas inmunes observadas el día del nacimiento. Las vacunas de administración sistémica durante la primera semana de vida deben evitarse debido a estas respuestas disminuidas. La vacunación durante este periodo de inmunosupresión natural en la becerra puede incluso tener efectos indeseables (Bryan, 1994). Además, se deben evitar otros factores estresantes en la becerra joven para tratar de mantener la integridad del sistema inmune en el recién nacido inmunológicamente frágil. Procedimientos como la castración, el descorne, el destete y la movilización necesitan considerarse como factores de estrés que tienen el potencial de disminuir la función del sistema inmune temporalmente.

1.8 VACUNAS PARA EL GANADO BOVINO

Las vacunas para bovinos que se encuentran disponibles actualmente en el mercado de los Estados Unidos son contra ocho enfermedades virales, más de 28 patógenos bacterianos, dos enfermedades causadas por neoricketsias (anaplasmosis y neospora), y una enfermedad provocada por protozoarios (tricomoniasis). Estas vacunas han sido diseñadas para ayudar en la prevención de enfermedades reproductivas, respiratorias, septicemias generalizadas y toxemias (endotóxicas y exotóxicas). Las vacunas han demostrado cierto grado de protección contra los patógenos para los cuáles fueron diseñadas, pero es posible que no hayan probado proteger contra toda la variedad de síndromes que se sabe son causados por un agente infeccioso específico.

Cada fabricante produce y desarrolla en forma diferente las vacunas para bovinos, consecuentemente la composición de las vacunas varía dramáticamente entre los diferentes fabricantes. Por ejemplo, algunas vacunas virales son cultivadas en líneas celulares derivadas de riñón de bovino, y otras lo son en células derivadas de riñón de porcino. Algunas vacunas son cultivadas exclusivamente en suero de becerro, mientras otras lo son en suero de becerro y suero fetal bovino. Se pueden encontrar también diferencias en el número de pases. La variabilidad se puede observar en:

1.- La cepa o cepas seleccionadas para la vacuna.

2.- El número de pases elegidos en el cultivo.

3.- El medio de cultivo

4.- El número de partículas virales o bacterianas en la vacuna.

Los tres tipos de vacunas descritos a continuación representan las tecnologías básicas disponibles en la actualidad para la elaboración de vacunas de origen viral y bacteriano para uso en los bovinos (Mullaney,

1988; Boland, 1995; Robison, 1988; Faber, 2005; Wittum, 1995; Rischen, 1981).

1.9 VACUNAS VIVAS MODIFICADAS O ATENUADAS

Contienen organismos bacterianos o virales vivos. Estos organismos usualmente son colectados de un caso de enfermedad de campo y después, si se trata de virus, son cultivados en células anormales de un hospedero, o si se trata de bacterias, son desarrollados en un medio de cultivo para cambiar o atenuar sus características patógenas. Cada vez que se completa un ciclo de crecimiento por replicación se conoce como pase, y el patógeno cambiado es administrado de nuevo al animal para determinar si aún es virulento. Después de varios pases el patógeno comienza a perder factores de virulencia debido a que no puede provocar la enfermedad en las células de un hospedero no natural. Una vez que el patógeno ya no puede causar la enfermedad en la especie blanco, se prueba para ver si puede generar protección. La vacuna final usualmente es pasada un número de veces más allá del pase en el cual su virulencia desapareció para reducir el riesgo de reversión a un patógeno virulento. Estas vacunas generalmente requieren un buen control de calidad para reducir el riesgo de que un contaminante ingrese a la vacuna.

1.10 VACUNAS INACTIVAS O MUERTAS

Son más fáciles de desarrollar porque la virulencia después del cultivo no es un problema. El mismo patógeno es aislado de un brote de enfermedad. El patógeno es cultivado y después se le mata química o físicamente. La inactivación usualmente se logra ya sea al añadir un químico al patógeno o al utilizar rayos ultravioletas. La mayor preocupación durante la inactivación es la pérdida potencial de epitopos. Normalmente se añade un adyuvante a las vacunas inactivadas que aumente la respuesta inmune. La eficacia de la vacuna es entonces probada.

1.11 VACUNAS DESARROLLADAS POR INGENIERÍA GENÉTICA

Son vacunas genéticamente modificadas, con frecuencia a través de una mutación. Esta mutación puede ser inducida por diferentes métodos, de modo que la bacteria o virus resultante tenga diferentes propiedades que puedan alterar su virulencia o sus características de crecimiento. La mayoría de estas vacunas consiste en mutantes vivos modificados (por ejemplo, vacunas virales sensibles a la temperatura, o vacunas de *Mannheimia/Pasteurella* dependientes de estreptomicina), pero también las vacunas con marcadores inactivados son desarrolladas por ingeniería genética. Estas vacunas se diseñan para borrar un gen y causar una respuesta inmune deficiente en anticuerpos para un epitopo determinado, lo que permite que los métodos de diagnóstico distingan entre las respuestas vacunales y las de exposición natural (por ejemplo, las vacunas contra la rinotraqueítis infecciosa bovina (RIB) con destrucción de gen).

Una vez que su eficacia ha sido establecida, la vacuna es sometida a una serie de experimentos para determinar la dosis mínima requerida para alcanzar una protección adecuada, llamada dosis mínima inmunizante (DMI). La vacuna contendrá más que la DMI, para que llegada la fecha de caducidad contenga al menos la DMI indicada en la etiqueta. En efecto, la eficacia de una vacuna no está determinada por la concentración de inmunógenos en la vacuna recién elaborada, sino por la reducción de la misma a la fecha de su aplicación.

1.12 VACUNACIÓN DE LA BECERRA

La vacunación de la becerra tiene dos objetivos principales: el primero es prevenir las enfermedades tempranas para las que el calostro pueda no estar proveyendo protección. El segundo objetivo es preparar al animal para su entrada a los corrales de adultas con un alto nivel de inmunidad contra las enfermedades específicas con las que se pueda encontrar. De ahí que, si no hay problemas de presencia de enfermedades en la becerra joven, la vacunación debe posponerse hasta que esté presente un sistema inmune más maduro. Sin embargo, cuando hay presencia de enfermedades en la becerra joven la vacunación debe llevarse a cabo, para lo cual deben tomarse en cuenta los siguientes factores:

1.- Nivel de anticuerpos en ese momento.

2.- Presencia de estrés al momento de la vacunación.

3.- Tiempo de la exposición al agente infeccioso.

Las vacunas que utilizan el sistema inmune de las mucosas han sido probadas y aprobadas para su uso en becerras jóvenes, incluyendo a las recién nacidas. Se cuentan entre ellas las vacunas vivas modificadas; las vacunas intranasales de IBR/PI3; las vacunas orales de rotavirus/coronavirus y las nuevas vacunas intranasales que contienen el virus de la diarrea viral bovina (VDVB) tipos 1 y 2, virus herpes bovino (VHB)-1, parainfluenza 3 (PI3) y virus sincicial respiratorio bovino (VSRB), o VSRB en combinación con PI3. Para el VSRB, en el que ocurre una replicación limitada con la vacunación sistémica de virus vivo modificado, la administración intranasal puede ser la ruta más efectiva (Eliis, 2007). El tiempo exacto de vacunación temprana varía ligeramente dependiendo del antígeno y la presentación. Un estudio (Eliis, 2007) demostró que la vacunación sistémica inicial para las cuatro principales enfermedades virales (VDVB, VHB1, VSRB y PI3) tiene poco impacto cuando se administra durante la ventana entre las tres y cinco semanas de edad en becerras lecheras. El autor de este capítulo ha encontrado los mismos problemas en la vacunación durante este periodo de tiempo. Éste corresponde al periodo de tiempo en el que las células T de origen materno están desapareciendo de la becerra (Riedel-Caspari, 1991; Duhamel, 1993). Otros estudios se han enfocado en la vacunación de becerras menores a tres semanas de edad con buenos resultados (Murakami, 1985; Cortese, 1998; Cortese, 1991). En general, la vacunación de la becerra joven debe anteceder en cuando menos diez días los tiempos anticipados o históricos de la presentación de enfermedades, permitiendo que el sistema inmune se prepare antes de la exposición. En el caso de que se requiera una dosis de refuerzo, ésta debe administrarse cuando menos 10 días antes de la ocurrencia esperada de la enfermedad. Aunque los programas de vacunación en etapas tempranas para animales jóvenes de producción están ganando popularidad, se requiere mayor investigación para definir mejor la protección y el tiempo requerido para las diferentes vacunaciones del neonato.

1.13 VIRUS DE LA DIARREA VIRAL BOVINA (VDVB)

El virus de la diarrea viral bovina es potencialmente el más letal para las becerras de los virus comunes del ganado bovino. También es un patógeno ubicuo del ganado y económicamente importante en Norteamérica y otras partes del mundo (Baker, 1995; Houe, 1999; Thiel, 1996; Cortese, 1991; J. Álvarez, 2008). La infección puede ser completamente inaparente, como ocurre con frecuencia en el ganado adulto, o puede causar un cuadro severo al manifestarse como una enfermedad de las mucosas (Cortese, 1998; Baker, 1995).

La constante en estas infecciones es la supresión inmune. La severidad de la enfermedad así como la severidad de la inmunosupresión parecen depender de la cepa infectante que afecte al animal (Baker, 1995; Houe, 1999; Thiel, 1996; Bolin, 1992; Bolin, 1990). En la mayoría de estas infecciones, si el animal no se expone a otros agentes infecciosos mientras se encuentra en la fase de inmunosupresión, se recuperará; sin embargo, si hay otro agente infeccioso presente durante esta fase, las tasas de mortalidad y morbilidad pueden elevarse significativamente (Pollreisz, 1997; Cravens y Bechtol; 1991; Penny, 2004; Daly, 2008; Thiel, 1996).

Existen en la naturaleza dos biotipos del VDVB, los no citopáticos (NCP) y los citopáticos (CP). El biotipo NCP es el más común y se caracteriza por la falla para inducir efectos citopáticos en el cultivo celular. El biotipo CP es más raro, causa muerte celular en cultivos de células susceptibles y usualmente es coaislado con el VDVB NCP de tejidos de ganado que muestra signos de enfermedad de las mucosas. El genoma del VDVB consiste en una cadena sencilla de RNA en sentido positivo (Donis, 1982; Domingo, 1998; Pellerin, 1994). Similar a otros virus RNA, el VDVB es capaz de mutar rápidamente, lo que deriva en la presencia de muchas cepas de VDVB (Ridpath, 1994).

Las variantes genéticas estables del VDVB pueden segregarse en genotipos (grupos grandes de virus genéticamente similares) tipo 1 y tipo 2, que pueden dividirse a su vez en genogrupos (un subtipo de virus genéticamente relacionados dentro de un genotipo (1a, 1b, 2a, 2b) (Ridpath, 1994; Becher, 1997; Vilček, 2001; Nagai, 2004). La designación tipo 1 y tipo 2 no se correlaciona con la virulencia. Puede haber pérdidas severas por mortalidad con cualquier tipo dependiendo de la cepa. La única enfermedad específica de un grupo es la forma trombocitopénica, la cual es vista sólo en algunas cepas del tipo 1. Las cepas del tipo 2 no son nuevas, pero su clasificación lo es.

1.13.1　Síndromes clínicos asociados con la infección por el virus de la diarrea viral bovina en becerras

Además de la inmunosupresión discutida previamente, pueden observarse diversos síndromes clínicos tras la infección aguda con el VDVB.

1.13.1.1 Síndrome respiratorio

Puede parecer muy similar a la RIB. Los signos predominantes son del tracto respiratorio superior, principalmente la tráquea. Puede estar involucrada la sección frontal de los pulmones, pero frecuentemente no causa neumonía por sí mismo. Con frecuencia se ven úlceras orales dentro de este síndrome (Cortese, 1998; Baker, 1995; Bolin, 1990; David, 1994).

1.13.1.2 Síndrome trombocitopénico

También es llamado síndrome hemorrágico o sangrador. En este síndrome el VDVB se adhiere a las plaquetas causando un aumento en la destrucción de los trombocitos. Estos animales pueden comenzar con una diarrea moderada o anorexia con fiebre ligera. Con frecuencia el primer signo es el sangrado de la conjuntiva. Las inyecciones a menudo causan sangrado del sitio de inyección durante varias horas o la acumulación de sangre alrededor del sitio de inyección. En el examen *post mortem* se encuentran con frecuencia hemorragias en la cavidad intestinal, órganos internos, cavidad torácica y/o en las masas musculares grandes (R. Tremblay, 1995; Corapi, 1990; D. M. Bezek).

1.13.1.3 Síndrome reproductivo

Las cepas CP y NCP reaccionan en forma muy diferente en la vaca gestante no inmunizada. Las cepas NCP tienden a tener una afinidad mucho mayor por el tracto reproductivo. Si una vaca no inmunizada es expuesta a una cepa NCP durante el primer trimestre de la gestación, pueden presentarse muerte embrionaria temprana, aborto, momificación o becerros persistentemente infectados (PI). Si la exposición ocurre durante el segundo trimestre, pueden encontrarse defectos al nacimiento, principalmente involucrando al tejido nervioso u ocasionalmente PI. La infección durante el último trimestre con frecuencia no tiene efectos sobre el feto y el becerro nacerá con anticuerpos contra del VDVB. En raras ocasiones una exposición severa puede causar un aborto tardío (Figura 3.1).

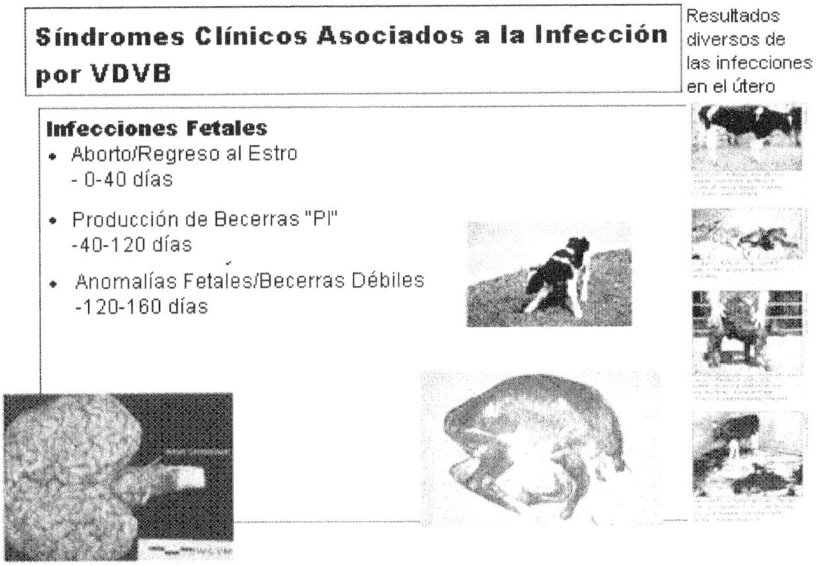

Síndromes Clínicos Asociados a la Infección por VDVB

Resultados diversos de las infecciones en el útero

Infecciones Fetales
- Aborto/Regreso al Estro
  - 0-40 días
- Producción de Becerras "PI"
  - 40-120 días
- Anomalías Fetales/Becerras Débiles
  - 120-160 días

Figura 3.1 Potenciales consecuencias reproductivas debidas a infecciones por el VDVB.

1.13.1.4 Persistentemente infectados (PI)

Cuando la infección con el VDVB ocurre antes de que el sistema inmune se haya desarrollado completamente, el organismo del becerro aprende a reconocer el virus como parte de sí mismo y nunca monta una respuesta inmune contra esa cepa particular del VDVB. Los becerros persistentemente infectados o PI pueden nacer normales y eliminar constantemente el virus, o nacer débiles y morir. Las becerras PI que parecen normales pueden alcanzar la edad adulta, reproducirse, y tener becerros PI. También son una fuente constante de infección para el resto del hato al eliminar el virus. Se estima que la tasa actual de PI en Estados Unidos en el ganado menor a un año de edad es del 1.5 al 2%. Esto es similar a la pérdida por muerte causada por enfermedad de las mucosas en muchos lotes de ganado de engorda. En algunos hatos, entre el 10 y el 50% de los becerros pueden ser portadores. En los sistemas vaca-becerro de ganado de carne y en vacas lecheras, frecuentemente el único signo de exposición al VDVB es la falla reproductiva. Una vez que el animal está persistentemente infectado, nada puede acabar con el virus o detener su diseminación.

1.14 VIRUS HERPES BOVINO TIPO 1 (VHB-1)

El VHB-1 o virus de la rinotraqueítis infecciosa bovina o nariz roja, puede diseminarse rápidamente mediante secreciones respiratorias, oculares y del tracto reproductivo del ganado infectado, y permanecer postinfección en los animales en forma de infección latente en los ganglios trigéminos. El estrés puede provocar una recrudescencia de los efectos del virus dando la presentación de la enfermedad y la eliminación viral. Las infecciones con VHB-1 pueden causar hasta un 25% de abortos en las vacas. La mayoría de los abortos por VHB-1 ocurren en el último trimestre de la gestación, pudiendo ocurrir sin embargo en cualquier trimestre (Millar, 1991). La expulsión del feto puede ser retrasada hasta por 100 días después de la exposición. Se ha demostrado que el VHB-1 también ha causado muerte embrionaria temprana, mortinatos y el nacimiento de becerros débiles.

1.15 VIRUS SINCICIAL RESPIRATORIO BOVINO (VSRB)

El VSRB es un paramixovirus prevalente que causa enfermedad en el ganado bovino de todas las edades, pero que afecta en forma más severa a los becerros en brotes estacionales (Van der Poel, 1994; Baker, 1997; Kimman, 1990). La enfermedad clínica está caracterizada por pirexia, tos y taquipnea, la cual puede progresar rápidamente a una disnea espiratoria severa (Baker, 1997; Kimman, 1990). Es quizá el virus respiratorio más importante de las becerras lecheras jóvenes. El VSRB también es considerado uno de los agentes virales que predisponen a los animales a infecciones bacterianas secundarias en el complejo respiratorio bovino (CRB); sin embargo, las infecciones secundarias con frecuencia están ausentes en las enfermedades respiratorias fatales asociadas al VSRB (Bryson, 1983; Bryson, 1993). Las infecciones fatales pueden ocurrir en el ganado adulto también. La infección inicial en animales no protegidos causa infecciones severas del tracto respiratorio inferior (Collins, 1988). Las infecciones subsecuentes tienden a causar una enfermedad más moderada que involucra principalmente al tracto respiratorio superior. Parece haber una correlación entre la nutrición inadecuada y el incremento en la severidad de las infecciones por el VSRB (Bingham, 1999). Puesto que la vacunación sistémica contra el VSRB no detiene la infección aunque modera la severidad de la enfermedad, la vacunación intranasal contra el VSRB puede ser la ruta de administración más efectiva (Ellis, 2007; Vangeel, 2009; Vangeel, 1997).

Un virus poco conocido, el virus sincicial bovino, se ha aislado ocasionalmente en casos respiratorios moderados dentro de hatos lecheros. Se sabe poco acerca de este virus y parece que la vacunación contra el VSRB no tiene impacto en su control.

1.16 VIRUS DE LA PARAINFLUENZA TIPO 3 (PI3)

El virus de la parainfluenza tipo 3 (PI3) es un paramixovirus ubicuo en las poblaciones de ganado bovino alrededor de todo el mundo (Graham, 1998). Este virus fue asociado con enfermedades respiratorias severas principalmente en los becerros jóvenes en los años 60s y 70s. (Bruner, 1964; Frank, 1973).

En infecciones experimentales de PI3 no complicadas se han observado signos clínicos de tos, taquipnea y fiebre de los días 4 al 12 después de la infección (Kapil, 1997). Se ha observado la seroconversión al PI3 después de brotes de enfermedad respiratoria (Bryson, 1999) y el virus de la PI3 se ha identificado en el examen *post mortem* de las lesiones del complejo respiratorio bovino (CRB), sin embargo, la importancia de este agente en el CRB sigue siendo controversial (Kapil, 1997). Generalmente el virus de la PI3 es considerado como un agente potenciador en infecciones mezcladas, predisponiendo al animal a una neumonía bacteriana por medio de la alteración de la depuración de las vías respiratorias superiores e inferiores, y por medio de la infección del epitelio respiratorio y de los macrófagos alveolares (Kapil, 1997). Sin embargo, raramente causa enfermedad severa o actúa sólo en la enfermedad respiratoria del bovino.

1.17 ROTAVIRUS Y CORONAVIRUS

Considerados como los virus más importantes en la enfermedad entérica del becerro neonato, los rotavirus (RV) y coronavirus (CV) son comunes en la población bovina. La mayoría del ganado adulto tiene anticuerpos séricos virus-neutralizantes (VN) (Acres, 1978; Schlafer, 1979; Myers, 1982; Rodak, 1982; Brüssow, 1990) contra estos dos virus. Las infecciones por rotavirus están distribuidas ampliamente tanto en los hatos lecheros como en los hatos productores de carne en pastoreo. La infección por coronavirus se muestra con más frecuencia como brotes ocasionales de diarrea severa en los hatos productores de carne en pastoreo, o como diarrea crónica de baja intensidad en becerras lecheras y en becerros engordados exclusivamente a base de leche o sustitutos.

Mientras los RV causan el despuntado de las vellosidades intestinales, las infecciones con CV pueden causar la destrucción completa de las vellosidades. Ambos escenarios derivan en una diarrea por malabsorción. Las infecciones por CV también se han asociado con la disentería de invierno en el ganado adulto (Traven, 2001), con infecciones en el tracto respiratorio en becerros (Salf, 1986) y como una causa infecciosa que contribuye en el *complejo respiratorio bovino* en los corrales de engorda (Storz, 2000). La eliminación de RV y CV en las heces es común en el ganado adulto (Crouch, 1984; Crouch, 1985; Collins, 1987; Parwani, 1996), lo que provee una fuente de desafío viral para los becerros recién nacidos y prolonga la persistencia de estos agentes en las instalaciones.

Aunque sólo se conoce un tipo de CV que causa diarrea en los becerros (Tsunemitsu, 1995), pueden identificarse diferentes subtipos de CVs con base en diferencias genómicas y antigénicas menores (Gelinas, 2001; Kourtesis, 2001; Hasoksuz, 1999; Hasoksuz, 1999; Kapikian, 1996). Sin embargo, desde una perspectiva de hato los becerros afectados pueden presentar un rango de signos clínicos que van desde exclusivamente entéricos hasta la combinación de signos entéricos y respiratorios.

Comúnmente los RVs son clasificados en por lo menos siete grupos diferentes, del A al G (Vonderfecht, 1986). Aunque se ha encontrado que los RVs que pertenecen a los grupos A, B y C infectan en forma natural al ganado bovino (Crouch, 1985; Vonderfecht, 1986; Theil, 1989; Tsunemitsu, 1992; Chinsangaram, 1995; Hoshino, 1984), los RVs del grupo A son por mucho el tipo prevalente (Tsunemitsu, 1992; Chinsangaram, 1995). Los miembros del grupo A de RVs son clasificados adicionalmente de acuerdo a diferencias antigénicas y genéticas en las proteínas de su cápside externa como G o P (Estes, 1989; Estes, 1996). Ambas proteínas están involucradas en la protección del becerro. Hay 14 diferentes serotipos G, de los cuales por lo menos 8 (G1, G2, G3, G6, G8, G10, G11 y uno no tipificable) se sabe que infectan al ganado en los Estados Unidos; el G6 es el de distribución más amplia, y los G8 y G10 son los que se registran con un menor porcentaje de infecciones. Los RVs con cualquiera de los cuatro serotipos/genotipos P (P6[1], P7[5], P8[11] y uno no tipificable), donde el P7[5] es prevalente, pueden causar enfermedad.

Por lo tanto, la ocurrencia potencial de muchas de las diferentes cepas de RVs y la posibilidad de reordenamiento genético explica la limitación de los programas de vacunación y la importancia de las prácticas de manejo diseñadas para limitar la contaminación ambiental.

El control de las infecciones con RV y CV puede obtenerse vía tres métodos. El primero incluye la vacunación de la vaca antes del parto para incrementar los anticuerpos calostrales. El segundo consiste en administar una vacuna viva modificada de RV y CV vía oral previa al consumo de calostro. El tercero es la administración de anticuerpos contra RV y CV directamente al becerro después del nacimiento. También se han identificado parvovirus y toroviurs en casos raros de diarrea, tanto de bovinos adultos como de becerros.

En conclusión, el sistema inmune del neonato es un sistema complejo e interrelacionado que contiene componentes de la madre y del recién nacido. Aunque el sistema es capaz de responder y desarrollar grados de protección variables, es esta combinación de inmunidad pasiva y activa en forma conjunta la que provee protección al neonato.

LITERATURA CITADA

Acres, S. D.; Babiuk, L. A.: Studies on Rotaviral Antibody in Bovine Serum and Lacteal Secretions Using Radioimmunoassay. J Am Vet Med Assoc 173:555-559, 1978.

Álvarez, J.; Lozano, A.; Pérez, R.; Paiva, R.; Guerrero, R.; Socorro, J.; Carvajal, J.; Mazzel, A.; Rodriguez, J; Colmenares, A.: Serological Survey for Infectious Bovine Rhinotracheitis and Bovine Viral Diarrhea Viruses in Venezuelan Bovine Herds. Budapest Hungary: World Buiatric Congress. 2008.

Anderson, E. I.: Pharyngeal derivatives in the calf. Anat Rec 1922; 24:25–37.

Baker, J. C.; Ellis, J. A.; Clark, E. G.: Bovine Respiratory Syncytial Virus. Vet Clin North Am (Food Anim Pract) 13:425-454, 1997.

Baker, J. C. The Clinical Manifestations of Bovine Viral Diarrhea Infection. En: The Veterinary Clinics of North America (Food Animal Practice), edited by J. C Baker and Hans Houe, Philadelphia:W.B. Saunders, 1995, p. 425-445

Becher, P.; Orlich, M.; Shannon, A. D.; et al.: Phylogenetic Analysis of Pestiviruses from Domestic and Wild Ruminants. J Gen Virol 1997; 78:1357-1366.

Bezek, D. M.; Grohn, Y. T.; Dubovi, E.J.: Effect of Acute Infection with Noncytopathic or Cytopathic Bovine Viral Diarrhea Virus Isolates on Bovine Platelets. Am.J.Vet.Res. 55 (8):1115-1119, 1994.

Bingham, P. G.; Morley, P. S.; Wittum, T.; Bray, T. M.; West, K.; Slemons, R. D.; Ellis, J. A.; Haines, D.; Levy, M. A.; Phil, M.; Sarver, C. F.; Saville, W. J. A.; Cortese, V. S.: Synergistic Effects of Concurrent Challenge with Bovine Respiratory Syncytial Virus and 3-methylindole in Calves. AJVR 60 (5):563-570, 1999.

Boland, W.; Cortese, V. S.; Steffen, D.: Interactions Between Vaccination, Failure of Passive Transfer, and Diarrhea in Beef Calves. Agri Practice 1995; 16:25–8.

Bolin, S. R. and J Ridpath J. F.: Differences in Virulence between Two Noncytopathic Bovine Viral Diarrhea Viruses in Calves. Am J Vet Res 53 (11):2157-2162, 1992.

Bolin, S. R.: The Current Understanding about Pathogenesis and Clinical Forms of BVD. Veterinary Medicine (Oct 1990):1124-1149, 1990

Brar, J. S.; Johnson, D. W.; Muscoplat, C. C.; et al.: Maternal Immunity to Infectious Bovine Rhinotracheitis and Bovine Viral Diarrhea: Duration and Effect on Vaccination in Young Calves. Am J Vet Res 1978; 39:241–4.

Brenner, J.; Samina, I.; Machanai, B.; et al.: Impact of Vaccination of Pregnant Cows on Colostral IgG Levels and on Term of Pregnancy. Field Observations. Israel Journal of Veterinary Medicine 1997; 52:56–9.

Bruner and Gillespie. Parainfluenza Infection in Cattle - Critical Aspects of the Virus. Hagan's Infectious Diseases of Domestic Animals:1072, 1964.

Brüsso, H.; Eichhorn, W.; Sotek, J.; Sidoti, J.: Prevalence of Antibodies to Four Bovine Rotavirus Strains in Different Age Groups of Cattle. Vet Microbiol 25:143-151, 1990.

Bryan, L. A.: Fatal, Generalized Bovine Herpesvirus Type-1 Infection Associated with a Modified-Live Infectious Bovine Rhinotracheitis/Parainfluenza-3 Vaccine Administered to Neonatal Calves. Can Vet J 1994; 35:223–8.

Bryson, D. G. et al: Respiratory Syncytial Virus Pneumonia in Young Calves: Clinical and Pathologic Findings, Am J Vet Res 44:1648-1655, 1983.

Bryson, D. G. et al: Studies on the Efficacy of Intranasal Vaccination for Prevention of Experimentally Induced Parainfluenza Type 3 Virus Pneumonia in Calves, Vet Rec 145:33-39, 1999.

Bryson, D. G.: Necropsy Findings Associated with BRSV Pneumonia, Vet Med 88:6-9, 1993

Casaro, A. P. E.; Kendrick, J. W.; Kennedy, P. C.: Response of the Bovine Fetus to Bovine Viral Diarrhea-Mucosal Disease Virus. Am J Vet Res 1971; 32:1543–62.

Chinsangaram, J.; Schore, C. E.; Guterbock, W. et al: Prevalence of Group A and Group B Rotaviruses in the Feces of Neonatal Dairy Calves from California, Comp Immun Microbiol Infect Dis 18:93-103, 1995.

Collins, J. K.; Jensen, R.; Smith, G. H.: Association of Bovine Respiratory Syncytial Virus with Atypical Interstitial Pneumonia in Feedlot Cattle. JAVMA 193 (2):226, 1988

Collins, J. K.; Riegel, C. A.; Olson, J. D. et al: Shedding of Enteric Coronavirus in Adult Cattle, Am J Vet Res 48:361-365, 1987.

Corapi, W. V.; Elliott, R. D.; French, T. W.; et al.: Thrombocytopenia and Haemorrhages in Veal Calves Infected with Bovine Viral Diarrhea Virus. J Am Vet Med Assoc 1990; 196:590-596G.

Cortese, V. S.: The Prevalence of Bovine Virus Diarrhea and Bovine Respiratory Syncytial Virus in Mexico, The Bovine Practitioner, September 1991

Cortese, V. S.; West, K. H.; Hassard, L. E.; et al.: Clinical and Immunologic Responses of Vaccinated and Unvaccinated Calves to Infection with a Virulent Type-II Isolate of Bovine Viral Diarrhea Virus. J Am Vet Med Assoc 1998; 213:1312–9.

Cortese, V. S.: Clinical and Immunologic Responses of Cattle to Vaccinal and Natural Bovine Viral Diarrhea Virus (BVDV) [PhD thesis]. Western College of Veterinary Medicine, University of Saskatchewan, 1998

Cravens, R. L. y Bechtol, D.: Clinical Responses of Feeder Calves Under a Direct IBR and BVD Challenge: A Comparison of Two Vaccines and a Negative Control. The Bovine Practitioner 26:154-158, 1991.

Crouch, C. F.; Acres, S. D.: Prevalence of Rotavirus and Coronavirus Antigens in the Faeces of Normal Cows, Can J Comp Med 48:340-342, 1984.

Crouch, C. F.; Bielefeldt Ohmann, H.; Watts, T. C. et al: Chronic Shedding of Bovine Coronavirus Antigen Antibody Complexes by Clinically Normal Cows, J Gen Virol 66:1489-1500, 1985.

Daly, R. F. and Neiger, R. D. Outbreak of Salmonella Enterica Serotype Newport in a Beef Cow-Calf Herd Associated with Exposure to Bovine Viral Diarrhea Virus. JAVMA 233 (4):618-623, 2008.

David, P.; Crawshaw, T. R.; Gunning, R. F.; Hibberd, R. C.; Lloyd, G. M. y Marsh, P. R.: Severe Disease in Adult Dairy Cattle in Three UK Dairy Herds Associated With BVD Virus Infection. The Veterinary Record (April 30, 1994):468-472, 1994

Dewell, R. D.; Hungerford, L. L.; Keen, J. E.; et al.: Association of Neonatal Serum Immunoglobulin G1 Concentration with Health and Performance in Beef Calves. J Am Vet Med Assoc 2006; 228:914–21.

Domingo, E.; Baranowski, E.; Ruiz-Jarabo, C. M.; et al.: Quasispecies Structure and Persistence of RNA Viruses, Emerg Infect Dis 1998; 4:521-527.

Donis, R. O.: Molecular Biology of Bovine viral Diarrhea Virus and its Interactions with the Host. Vet Clin North Am Food Anim Pract 1995; 11:393-423.

Duhamel, G. E.: Characterization of Bovine Mammary Lymphocytes and their Effects on Neonatal Calf Immunity. Ann Arbor (MI): UMI Dissertation Services; 1993.

Eliis, J.; Gow, S.; West, K.; et al.: Response of Calves to Challenge Exposure with Virulent Bovine Respiratory Syncytial Virus Following Intranasal Administration of Vaccines Formulated for Parenteral Administration. J Am Vet Med Assoc 2007; 230:233–43.

Ellis, J. A.; Hassard, L. E.; Cortese, V. S. et al.: Effects of Perinatal Vaccination on Humoral and Cellular Immune Responses in Cows and Young Calves. J Am Vet Med Assoc 1996; 208:393–9.

Ellis, J.A.; Gow, S. K.; West Waldner, C.; Rhodes, C.; Mutwiri, G. and Rosenberg, H.: Response of Calves to Challenge Exposure with Virulent Bovine Respiratory Syncytial Virus Following Intranasal Administration of Vaccines Formulated for Parenteral Administration. JAVMA 230 (2):233-243, 2007.

Ellsworth, M. A.; Fairbanks, K. K.; Behan, S. et al.: Fetal Protection Following Exposure to Calves Persistently Infected with Bovine Viral Diarrhea Virus Type 2 Sixteen Months after Primary Vaccination of the Dams. Vet Ther 2006; 7:295–304.

Estes, M. K.; Cohen, J.: Rotavirus Gene Structure and Function, Microbiol Rev 53:410-499, 1989.

Estes, M. K.: Rotaviruses and their Replication. In Fields BN, Knipe DM, Howley PM, eds: Fields Virology, Philadelphia, 1996, Lippincott-Raven, pp 1625-1655.

Faber, S. N.; Pas Faber, N. E. et al.: Case Study: Effects of Colostrum Ingestion on Lactational Performance. Professional Animal Scientist 2005; 21:420–5.

Forsthuber, T.; Hualin, C. Y.; Lewhmann, V.: Induction of TH1 and TH2 Immunity in Neonatal Mice. Science 1996; 271:1728–30.

Frank, G. H. and Marshall R. G.: Parainfluenza-3 Virus Infection of Cattle. JAVMA 163 (7):858-860, 1973.

Gélinas, A.; Boutin, M.; Sasseville, M. et al: Bovine Coronavirus Associated with Enteric and Respiratory Diseases in Canadian Dairy Cattle Display Different Reactivities to Anti-HE Monoclonal Antibodies and Distinct Amino acid Changes in their HE, S, and ns4.9 Protein, Virus Res 76:43-57, 2001.

Godden, S.: Colostrum Management for Dairy Calves. Vet Clin North Am Food Anim Pract 2008; 24:19–39.

Graham, D. A. et al: Evaluation of a Single Dilution ELISA System for Detection of Seroconversion to Bovine Viral Diarrhoea Virus, Bovine Respiratory Syncytial Virus, Parainfluenza-3 Virus and Infectious Bovine Rhinotracheitis Virus: Comparison with Testing by Virus Neutralisation and Haemagglutination Inhibition, J Vet Diagn Invest 10:43-48, 1998

Haines, D. M.; Chelack, B. J.; Naylor, J. M.: Immunoglobulin Concentrations in Commercially Available Colostrum Supplements for Calves. Can Vet J 1990; 31: 36–7.

Halliwell, R. E. W.; Gorman, N. T.: Neonatal Immunology. In: Veterinary Clinical Immunology. Philadelphia: WB. Saunders Co.; 1989. p. 193–205.

Hasoksuz, M.; Lathrop, S.; Al-dubaib, M. A. et al: Antigenic Variation among Bovine Enteric Coronaviruses (BECV) and Bovine Respiratory Coronaviruses (BRCV) Detected Using Monoclonal Antibodies, Arch Virol 144:2441-2447, 1999.

Hasoksuz, M.; Lathrop, S. L.; Gadfield, K. L. et al: Isolation of Bovine Respiratory Coronaviruses from Feedlot Cattle and Comparison of their Biological and Antigenic Properties with Bovine Enteric Coronaviruses, Am J Vet Res 60:1227-1233, 1999.

Hawser, M. A.; Knob, M. D.; Wroth, J. A.: „Variation of Neutrophil Function with Age in Calves. Am J Vet Res 1986; 47:152–3.

Hein, W. R.: Ontogeny of T cells. In: Goddeeris BML, Morrison WI, editors. Cell Mediated Immunity in Ruminants. Boca Raton (FL): CRC press; 1994. p. 19–36.

Holland, J.; Spindler, K.; Horodyski, F. et al.: Rapid Evolution of RNA Genomes. Science 1982; 215:1577-1585.

Hoshino, Y.; Wyatt, R. G.; Greenberg, H. B. et al: Serotypic Similarity and Diversity or Rotaviruses of Mammalian and Avian Origin as Studied by Plaque-Reduction Neutralization, J Infect Dis 149:694-702, 1984.

Houe, H.: Epidemiological Features and Economic Importance of Bovine Virus Diarrhea Virus (BVDV) Infections. Vet Microbiol 1999; 64:89-107.

Jacobsen, K. L.; Arbtan, K. D.: Interferon Activity in Bovine Colostrum and Milk. In: Proceedings of the XVII World Buiatrics/XXV American Association of Bovine Practitioners Congress. Minneapolis (MN); 1992. p. 1–2.

Jordan, H. K.: Development of Sheep Thymus in Relation to In Utero Thymectomy Experiments. Eur J Immunol 1976; 6:693–8.

Kapikian, A. Z.; Channock, R. M.: Rotaviruses. In Fields B. N.; Knipe, D. M.; Howley, P. M.; eds: Fields Virology, Philadelphia, 1996, Lippincott-Raven, pp 1657-1708.

Kapil, S.; Basaraba, R.: Infectious Bovine Rhinotracheitis, Parainfluenza-3, and Respiratory Coronavirus. Vet Clin North Am 13:455-469, 1997.

Kimman, T. G.; Westenbrink, F.; Straver, P. J.: Priming for Local and Systematic Antibody Memory Responses to Bovine Respiratory Syncytial Virus: Effect of Amount of Virus, Viral Replication, Route of Administration and Maternal Antibodies. Vet Immunol Immunopathol 1989; 22:145–60.

Kimman, T. G.; Westenbrink, F.: Immunity to Human and Bovine Respiratory Syncytial virus, Arch Virol 112:1-25, 1990.

Kourtesis, A. B.; Gélinas, A. M.; Dea, S.: Genomic and Antigenic Variations of the HE Glycoprotein of Bovine Coronaviruses Associated with Neonatal Calf Diarrhea and Winter Dysentery, Arch Virol 146:1219-1230, 2001.

Menanteau-Horta, A. M.; Ames, T. R.; Johnson, D. W. et al.: Effect of Maternal Antibody Upon Vaccination with Infectious Bovine Rhinotracheitis and Bovine Virus Diarrhea Vaccines. Can J Comp Med 1985; 49:10–4.

Miller, J. M.: The Effects of IBR Virus Infection on Reproductive Function of Cattle. Veterinary Medicine (Jan 1991):95-98, 1991.

Mullaney, T. P.; Newman, L. E.; Whitehair, C. K.: Humoral immune Response of the Bovine Fetus to In Utero Vaccination with Attenuated Bovine Coronavirus. Am J Vet Res 1988; 49:156–9.

Murakami, T.; Hirano, N; Inoue, A. et al.: Transfer of Antibodies Against Viruses of Calf Diarrhea from Cows to their Offspring Via Colostrum. Japan Journal of Veterinary Science 1985; 47:507–10.

Myers, L. L.; Snodgrass, D. R.: Colostral and Milk Antibody Titers in Cows Vaccinated with a Modified Live Rotavirus-Coronavirus Vaccine, J Am Vet Med Assoc 181:486-488, 1982.

Nagai, M.; Hayashi, M.; Sugita, S. et al.: Phylogenetic Analysis of Bovine Viral Diarrhea Viruses Using Five Different Genetic Region. Virus Res 2004; 99:103-113.

Osterstock, J. B.; Callan, R. J.; Van Metre, D. C.: Evaluation of Dry Cow Vaccination with a Killed Viral Vaccine on Post-Colostral Antibody Titers in Calves. In: Proceedings of the American Association of Bovine Practitioners. Columbus (OH); 2003. p.163–4.

Pare, J.; Fecteau, J. G.; Fortin, M. et al.: Seroepidemiologic Study of Neospora Caninum in Dairy Herds. J Am Vet Med Assoc 1998; 213:1595–7.

Parker, W. L.; Galyean, M. L.; Winder, J. A. et al.: Effects of Vaccination at Branding on Serum Antibody Titers to Viral Agents of Bovine Respiratory Disease (BRD) in Newly Weaned New Mexico Calves. In: Proceedings of the Western Section of the American Society of Animal Science. Spokane (WA); 1983. p. 44.

Parwani, A. V.; Luchelli, A.; Saif, L. J.: Identification of Group B Rotaviruses with Short Genome Electropherotypes from Adult Cows with Diarrhea, J Clin Microbiol 34:1303-1305, 1996.

Pellerin, C.; Van den Hurk, J.; Lecomte, J. et al.: „Identification of a New Group of Bovine Viral Diarrhoea Virus Strains Associated with Severe Outbreaks and High Mortalities. Virology 1994; 203:260-268.

Penny, D. C.; Low, J. C.; Nettleton, P. F.; Scott, P. R.; Sargison, N. D.; Honeyman, P. F.; Stroehan, W. D.: Concurrent Bovine Viral Diarrhea Virus and Salmonella Typhimurium DT104 Infection in a Group of Pregnant Dairy Heifers. Vet Rec 138:485-489, 2004.

Pitcher, P. M.: Influence of Passively Transferred Maternal Antibody on Response of Pigs to Pseudorabies Vaccines. In: Proceedings of the American Association of Swine Practitioners. Ames (IA); 1996. p. 57–62.

Pollreisz, J. H.; Kelling, C. L.; Broderson, B. W.; Perino, L. J.; Cooper, V. L.; Doster R.: Potentiation of Bovine Respiratory Syncytial Virus Infection in Calves by Bovine Viral Diarrhea Virus. The Bovine Practitioner (31.1):32-38, 1997

Rajaraman, V.; Nonnecke, B. J.; Horst, R. L.: Effects of Replacement of Native Fat in Colostrum and Milk with Coconut Oil on Fat-Soluble Vitamins in Serum and Immune Function in Calves. J Dairy Sci 1997; 80:2380–90.

Ridge, J. P.; Fuchs, E. J.; Matzinger, P.: Neonatal Tolerance Revisited: Turning on Newborn T Cells with Dendritic Cells. Science 1996; 271:1723–6.

Ridpath, J. F.; Bolin, S. R.; Dubovi, E.J.: Segregation of Bovine Viral Diarrhea Virus into Genotypes. Virology 1994; 205:66-74.

Riedel-Caspari, G.; Schmidt, F. W.: The Influence of Colostral Leukocytes on the Immune System of the Neonatal Calf. I. Effects on Lymphocyte Responses (p. 102–7). II. Effects on Passive and Active Immunization (p. 190–4). III. Effects on

Phagocytosis (p. 330–4). IV. Effects on Bactericidity, Complement and Interferon. Synopsis (p. 395–8). Dtsch Tierarztl Wochenschr 1991; 98:102–398.

Riedel-Caspari, G.: The influence of Colostral Leukocytes on the Course of an Experimental Escherichia Coli Infection and Serum Antibodies in Neonatal Calves. Vet Immunol Immunopathol 1993; 35:275–88.

Rischen, C. G.: Passive Immunity in the Newborn Calf. Iowa State Univ Vet 1981; 12(2):60–5.

Robison, A. D.; Stott, G. H.; DeNise, S. K.: Effects of Passive Immunity on Growth and Survival in the Dairy Heifer. J Dairy Sci 1988; 71:1283–7.

Rodak, L.; Babiuk, L. A.; Acres, S. D.: Detection by Radioimmunoassay and Enzyme-Linked Immunosorbent Assay of Coronavirus Antibodies in Bovine Serum and Lacteal Secretions, J Clin Microbiol 16:34-40, 1982.

Saif, L. J.; Redman, D. R.; Moorhead, P. D. et al: Experimentally Induced Coronavirus Infections in Calves: Viral Replication in the Respiratory and Intestinal Tracts, Am J Vet Res 47:1426-1432, 1986.

Saif, L. J.; Redmen, D. R.; Smith, K. L. et al.: Passive Immunity to Bovine Rotavirus in Newborn Calves Fed Colostrum Supplements from Immunized or Nonimmunized Cows. Infect Immun 1983; 41:1118–31.

Saif, L. J.; Smith K. L.; Landmeier, B. J. et al.: Immune Response of Pregnant Cows to Bovine Rotavirus Immunization. Am J Vet Res 1984; 45:49–58.

Sarzotti, M.; Robbins, D. S.; Hoffman, F. M.: Induction of Protective CTL Responses in Newborn Mice by a Murine Retrovirus. Science 1996; 271:1726–8.

Schlafer, D. H.; Scott, F. W.: Prevalence of Neutralizing Antibody to the Calf Rotavirus in New York Cattle, Cornell Vet 69:262-271, 1979.

Schnorr, K. L.; Pearson, L. D.: Intestinal Absorption of Maternal Leukocytes by Newborn Lambs. J Reprod Immunol 1984; 6:329–37.

Senogles, D. R.; Muscoplat, C. C.; Paul, P. S. et al.: Ontogeny of Circulating B Lymphocytes in Neonatal Calves. Res Vet Sci 1978; 25:34–6. Neonatal Immunology 225.

Storz, J.; Lin, X.; Purdy, C. W. et al: Coronavirus and Pasteurella Infections in Bovine Shipping Fever Pneumonia and Evans, Criteria for Causation, J Clin Microbiol 38:3291-3298, 2000.

Theil, K. W.; McCloskey, C. M.: Molecular Epidemiology and Subgroup Determination of Bovine Group A Rotaviruses Associated with Diarrhea in Dairy and Beef Calves, J Clin Microbiol 27:126-131, 1989.

Thiel, H. J.; Plagemann, P. G. W.; Moenning, V.: Pestiviruses. In: Fields, B. N.; Knipe, D. M.; Howley, P. M., eds. Fields Virology. 3rd ed, vol 1. Philadelphia/New York: Lippincott-Raven, 1996; 1059-1073.

Tizard, I.: Immunity in the Fetus and Newborn. In: Veterinary immunology, an introduction. 4th edition. Philadelphia: WB. Sanders Co.; 1992. p. 248–260.

Tråvén, M.; Näslund, K.; Linde, N. et al: Experimental Reproduction of Winter Dysentery in Lactating Cows Using BCV-Comparison with BCV Infection in Milk-Fed Calves, Vet Microbiol 81:127-151, 2001.

Tremblay, R.: Acute and Endemic BVD. Pennsylvania Veterinary Medical Association: 26-43, 1995

Tsunemitsu, H.; Jiang, B.; Yamashita, Y. et al: Evidence of Serologic Diversity within Group C Rotaviruses, J Clin Microbiol 30:3009-3012, 1992.

Tsunemitsu, H.; Saif, L. J.: Antigenic and Biological Comparisons of Bovine Coronaviruses Derived from Neonatal Calf Diarrhea and Winter Dysentery of Adult Cattle, Arch Virol 140:1303-1311, 1995.

United States Department of Agriculture. Transfer of maternal immunity to calves. National Animal Health Monitoring System 2002.

Van der Poel, W. H. et al: Respiratory Syncytial Virus Infections in Human Beings and in Cattle, J Infect 29:215-228, 1994.

Vangeel, I.; Roue: Intranasal Followed by Systemic Vaccination is an Optimal Vaccination Schedule for Young Calves against Bovine Respiratory Syncytial Cirus and Parainfluenza Type 3 Virus. Budapest Hungary: World Buiatric Congress. July 7-11 2008.

Vangeel, I.; Imrie, C; Jeremy, S.; Salt.: Intranasal Vaccination Induces Protection of Young Calves Against Bovine Respiratory Syncytial Virus within Five Days. Budapest Hungary: World Buiatric Congress. July 7-11, 2008.

Vilček, Š.; Patton, D.J.; Durkovic, B. et al.: Bovine Viral Diarrhea Virus Genotype 1 Can Be Separated into At Least Eleven Genetic Groups. Arch Virol 2001; 146:99-115.

Vonderfecht, S. L.; Eiden, J. J.; Torres , A. et al: Identification of a Bovine Enteric Syncytial Virus as a Nongroup A Rotavirus, Am J Vet Res 47:1913-1918, 1986.

Wittum, T. E.; Perino, L. J.: Passive Immune Status at Postpartum Hour 24 and Longterm Health and Performance of Calves. Am J Vet Res 1995; 56:1149–54.

1.18 *BRUCELLA ABORTUS*

Mario Medina Cruz MVZ, MSc, DCV

Una de las enfermedades abortivas más importantes en bovinos es causada por *Brucella abortus*, que es un cocobacilo intracelular, poco antigénico, resistente a los antibióticos y que se caracteriza por producir afecciones reproductivas consistentes en muerte embrionaria precoz, muerte embrionaria tardía, abortos del tercer tercio de la gestación, metritis, retención de membranas fetales, nacimientos de becerros infectados que mueren a edad temprana, disminución en el crecimiento, disminución en la producción lechera; y en los machos epididimitis y orquitis; con un impacto final sobre el hato o región que se refleja en la disminución del mejoramiento genético. La enfermedad se transmite por descargas, líquidos uterinos, abortos, calostro, leche, placentas mismas que contaminen el agua, pasturas e instalaciones en general, de donde pasan a un nuevo huésped por vía oral, conjuntival, nasal, genital o cutánea. Para su prevención se emplean dos tipos de vacunas: la cepa 19 en dosis becerra o completa, y en dosis vaca adulta o reducida; y la cepa RB51 en dosis becerra o completa.

1.18.1 Cepa 19

La dosis completa contiene 5×10^{10} células en 5 ml, y la dosis reducida contiene entre 3×10^{8} y 3×10^{9} células en 2 ml. Es una cepa lisa, con un determinante antigénico compuesto de lipopolisacáridos llamado antígeno "O", gracias al cual después de la inmunización persisten anticuerpos séricos contra la cepa (Flores, 1985).

El calendario inicia con la vacunación de becerras entre 3 y 6 meses con dosis completa (5×10^{10} células en 5 ml), seguida de la vacunación con dosis reducida (3×10^{8} a 3×10^{9} células en 2 ml) al año de edad. Esta dosis reducida también se emplea en caso de abortos en el hato. Sin embargo, la dosis reducida puede producir títulos de positividad entre 4 y 8 meses posvacunación, y se han reportado casos excepcionales de hasta 18 a 24 meses (Suárez-Güemes, 1994).

1.18.2 Cepa RB51

La dosis completa contiene de 1 a 3.4×10^{10} células en 5 ml. Es una cepa rugosa, mutante y atenuada que no tiene la cadena de lipopolisacáridos que forman al antígeno "O", por lo que los bovinos inmunizados con

RB51, aun cuando se haya estimulado la protección de anticuerpos contra *Brucella abortus*, no reaccionan contra el antígeno "O" presente en los reactivos de las pruebas empleadas para la brucelosis, tales como anillo de leche, aglutinación en tubo, tarjeta, rivanol, 2-mercaptoetanol, fijación del complemento o la prueba de fluorescencia polarizada, lo que permite la diferenciación con los reactores a consecuencia de la enfermedad (Schurig, 1971).

El calendario consiste en la vacunación de becerras entre 3 y 5 meses de edad con dosis becerra o dosis completa, seguida de otra vacunación al año de edad manteniendo la dosis becerra o completa. Después se debe vacunar con esta cepa entre 36 y 50 días posparto empleando la dosis completa, en este caso no se recomienda el uso de dosis reducida. Todas las vacunas deben estar constatadas y su aplicación debe ser realizada o supervisada por MVs oficiales o aprobados.

La vacunación es solamente un parte del control de la enfermedad, ya que por sí sola no resolverá el problema. Es necesario que el uso de la vacuna esté acompañado de mejoras en las prácticas de manejo del rancho, entre las que se encuentran: identificación de los animales positivos y segregación en el área más extrema e inferior del rancho que incluya paraderos, echaderos y comederos, enclaves a los que se les llama Unidad de Producción Controlada (UPC). Al nacimiento debe separarse la becerra de la vaca, ya que el lamido vaca becerra y la succión de tetas sucias aumenta el riesgo de infección, y la crianza debe hacerse mediante el uso de calostro y leche de vacas no infectadas, de preferencia pasteurizados, o del uso de sustitutos de calostro y sustitutos de leche. Asimismo se deben incinerar placentas y fetos abortados para evitar que perros u otros vectores diseminen las *Brucellas* por el resto del hato. Otras medidas incluyen: estacionamiento de visitantes, vados sanitarios para vehículos y personas, restricción de vehículos con ensilado, alfalfa, etc.; embarcaderos de ganado a la periferia del rancho, cercar las instalaciones y no compartir o prestar implementos de trabajo a otro rancho.

LITERATURA CITADA

Flores, C. R.; Fernández de C. L.; Trejo, S. J. y Del Río; V. J.: Adult Cattle Vaccination and Revaccination with Strain 19 Reduced Doses for the Control of Brucellosis: A Field Experience in Mexico. International Journal of Zoonosis, 12: 299-303, 1985.

Schurig, G.; Roop, M.; Bagchi, T.; Boyle S., Buhrman, D.; Sriranganathan, N. 1991: Biological Properties of RB51: A Stable Rough Strain of Brucella abortus. Vet. Microbiol. 28, 1971.

Suárez-Güemes, F.; Díaz Aparicio, E.; Mancera Martínez, A.; Vázquez Navarrete, J.; Flores Castro, R.: XXV Años de aportaciones al estudio de la brucelosis animal en México. Premio CANIFARMA, 1994 (memorias).

2 Definición y medición del bienestar animal

Adriana Cossío Bayúgar MVZ, MC
Anne María Sisto Burt MVZ, MSc, PhD

Existen diferentes definiciones de bienestar animal, de acuerdo con Broom (1986) "el Bienestar Animal es el estado del individuo con relación a sus intentos por afrontar su ambiente". Se considera que el bienestar es un estado del individuo, que puede ir de bueno a malo, dependiendo del éxito que tenga su organismo para adaptarse al entorno, y que esa adaptación depende de factores múltiples. Los diferentes aspectos del estado del bienestar en un individuo son medibles y se les conoce como indicadores (Fraser y Broom, 1990; Broom, 2004b). Entre los diferentes indicadores del bienestar tenemos:

1) Aspectos conductuales: que comprenden una variedad de comportamientos normales, ya sea presentes o suprimidos, y de comportamientos anormales, como los diversos grados de aversión.

2) Aspectos de salud: que incluyen el estado inmunológico, la prevalencia de enfermedades y/o de lesiones, la calificación de la condición corporal y la tasa de crecimiento.

3) Indicadores fisiológicos: algunos ejemplos son la frecuencia cardiaca, la temperatura corporal, los niveles de hormonas y metabolitos relacionados con el estrés (cortisol y corticosterona principalmente) (Webster, 1984; Broom, 1986; Broom y Johnson, 1993; Broom, 2004b; Arnemo y Caulkett, 2007; Stewart y col., 2008).

Algunos de estos indicadores son más relevantes al evaluar las alteraciones a corto plazo y otros al evaluarlas a largo plazo (Broom, 2004b).

Las necesidades biológicas de los animales son producto del proceso de la evolución y siguen presentes a pesar de la domesticación, por lo que las fallas en cubrirlas repercuten en el bienestar del individuo (Fraser y Broom, 1990; Phillips, 2002; Price, 2004). Estas necesidades son el re-

116

sultado del estado fisiológico del animal debido a su entorno. La necesidad de satisfacerlas motiva la expresión a través del comportamiento. El individuo tendrá un menor costo biológico en el caso de comportamientos considerados como elásticos y un mayor costo biológico en el caso de los inelásticos (ej. el comportamiento de succión en los becerros). Estos se reflejan como cambios fisiológicos y en el comportamiento, tales como el aumento en la agresividad, la presentación de estereotipias (secuencias de movimientos repetidas y sin una función obvia), conductas redirigidas o inactividad, entre otras (Dawkins, 1990; Fraser y Broom, 1990; Galindo, 2004).

2.1 PRINCIPALES PROBLEMAS DE BIENESTAR ENCONTRADOS EN BECERRAS EN SISTEMAS DE CRIANZA INTENSIVOS

Cuando los becerros se encuentran en cautiverio, especialmente en los sistemas de producción intensivos, muchas de sus necesidades biológicas no se cubren y los animales enfrentan condiciones ambientales consideradas como estresores (Fraser y Broom, 1990; Price, 2004). Estas condiciones propician que el becerro se encuentre bajo un estado de estrés, en el cuál sus sistemas de regulación conductuales y fisiológicos han sido rebasados (McBride, 1980; Fraser y Broom, 1990). Cuando el estrés es agudo, el organismo tiene la capacidad de recuperarse, pero cuando éste se convierte en crónico, los efectos producen una disminución en el nivel de bienestar del individuo. Entre los diversos efectos causados por el estrés se encuentran las alteraciones conductuales, la inmunosupresión, las alteraciones en el crecimiento, las alteraciones reproductivas y la alteración en el estado de salud (Fraser y Broom, 1990; Hernández-Méndez, 2008).

2.2 PRIVACIÓN DEL CONTACTO SOCIAL

En libertad los bovinos viven en grupos matriarcales, con jerarquías bien establecidas, compuestos por hembras y sus crías, a los que se integran algunos machos o viven cerca de ellos (Reinhardt y Reinhardt, 1981; Phillips, 2002). El becerro recién nacido permanece durante los primeros 5 a 10 días de edad en un solo lugar, echado, quieto y escondido, en lugar de seguir a su madre, la cual se aleja apenas unos metros, vigila mientras pasta y se acerca a amamantar al becerro. Después de ese periodo el becerro se integra con los demás y se forma un grupo (guardería o *crèche*), el cuál es vigilado por algunas vacas mientras el resto pasta. En estos grupos es en donde se presentan las primeras interacciones sociales que servirán en la vida futura.

Un impacto potencial en el bienestar del becerro ocurre cuando se separa de la vaca (Phillips, 2002), que es el primer vínculo social que estableció. Se considera que esta práctica genera menos estrés cuando se realiza tan pronto como sea posible después del nacimiento en vez de hacerlo unos días después (Webster, 1984; Weary y Von Keyserlingk, 2008). Adicionalmente, se sabe que así se contiene la transmisión de enfermedades de la vaca al becerro vía calostro, leche u otras secreciones. En los sistemas en los que los becerros permanecen varios días con su madre se puede hacer una separación paulatina para reducir el estrés (Phillips, 2002).

En el caso del contacto social con otros becerros, Broom y Leaver (1978) encontraron que los becerros confinados individualmente no muestran patrones normales de interacción al ser expuestos a situaciones sociales, y como consecuencia no son capaces de competir por el alimento con becerros que fueron criados en grupo, lo cual se refleja en una disminución en la ganancia de peso y en una producción de cortisol más elevada al momento del transporte (Trunkfield, 1990). Adicionalmente, los animales criados en grupo presentan menos reacciones de miedo cuando enfrentan estímulos nuevos (Donovan, 1992).

Diferentes estudios pusieron en evidencia que las becerras jóvenes se pueden mantener en grupos pequeños sin que haya mayores riesgos para la salud, siempre y cuando el alojamiento, la alimentación y el manejo sean apropiados (Weary y Von Keyserlingk, 2008).

2.3 INTERACCIÓN HUMANO-ANIMAL

En todos los animales bajo cuidado del hombre, incluidos los de producción, el bienestar depende de cómo se da esta interacción. Los becerros deben manejarse en forma amable y cuidadosa. Nunca deberán arrastrarse, aventarse, jalarse o agarrarse del cuello, las orejas, patas, cola u otras extremidades, y mucho menos utilizar arreadores eléctricos ni garrotes, palos o látigos para manejarlos (manejo aversivo) (Stull y Reynolds, 2008). Se sabe que el manejo aversivo genera miedo hacia los humanos, comprometiéndose el bienestar por encontrarse el animal en un estado emocional negativo (Hemsworth, 2003).

Por el contrario, las interacciones positivas (Boivin, 2003) con los animales (caricias, cepillado y alimento utilizados como refuerzos positivos) aumentan el bienestar a través de la ausencia de dolor y miedo, e incluso se pueden utilizar estas técnicas de manejo para disminuir el miedo y sus repercusiones ante situaciones novedosas. El bienestar no mejora únicamente por la ausencia de estados negativos del individuo, sino por la estimulación de estados positivos, como sería el estado afiliativo.

En los becerros se pueden observar reacciones de pánico, en las que se abandona un comportamiento en el que hay control y cálculo y se presenta una respuesta de huída repentina; este cambio puede presentarse en forma gradual en algunas ocasiones, pero en otras puede ocurrir en forma instantánea, siendo esta presentación instantánea más común en becerros que han sufrido experiencias desagradables en el manejo previo (Fraser y Broom, 1990).

En los animales domésticos en general el comportamiento puede controlarse mediante procedimientos de entrenamiento, aprovechando por ejemplo, las rutinas de alimentación diarias o la asociación de sonidos (voz humana, por ejemplo) a eventos que se aprovechen como recompensas o situaciones agradables (Fraser y Broom, 1990).

2.4 PRIVACIÓN DEL MOVIMIENTO Y LA LOCOMOCIÓN

Los becerros presentan durante el 20 al 30% del tiempo que están despiertos algún tipo de actividad locomotora, parte de la cual se manifiesta como juego y ayuda al desarrollo músculo-esquelético, a las habilidades sociales y al conocimiento del entorno. El juego entre las becerras varía con la edad, e incluye el trote, el galope y las patadas no dirigidas; además de involucrar aspectos sociales como el topeteo frontal y las montas, e interacciones de los animales con el entorno (utensilios e instalaciones) (Orihuela, 2004; Houpt, 2005). El juego puede utilizarse como un criterio de diagnóstico de bienestar, ya que los becerros juegan más cuando están bien alimentados y sanos (Houpt, 2005).

Otras actividades relacionadas con la locomoción son la exploración, que les permite conocer y aprender a reaccionar ante el entorno utilizando principalmente las estructuras orales, y el acicalamiento, actividad a la que dedican en promedio 52 minutos al día, y les permite disminuir parasitosis y enfermedades (Fraser y Broom, 1990).

La privación crónica de la libertad de movimiento y del contacto social genera cambios conductuales y fisiológicos indicativos de estrés (Friend y col., 1995). Por ejemplo, la limitación de movimiento puede generar en el becerro un exceso de acicalamiento en partes del cuerpo a las que tiene acceso cuando no puede voltearse para acicalarse la parte trasera del cuerpo, ingiriendo grandes cantidades de pelo con la formación consiguiente de tricobezoares (Fraser y Broom, 1990).

Los becerros duermen mucho más tiempo que los bovinos adultos. Un becerro de un mes de edad dormirá entre 6 y 8 horas al día (Webster, 1984). La forma de echarse tanto para dormir como para descansar varía de decúbito lateral (becerros muy jóvenes) a decúbito esternal, lo que les permite también regular la temperatura corporal (Webster, 1984; Phillips, 2002).

Por todo lo anterior, es importante que los becerros tengan la posibilidad de echarse cómodamente, pararse y voltearse con suficiente espacio, y preferentemente tener una cama natural, como la de arena, para poder explorar y echarse cómodamente (Webster, 1984; Phillips, 2002).

2.5 TERMORREGULACIÓN

La combinación de los niveles de temperatura, humedad y ventilación influyen en el bienestar del becerro. Una de las funciones del lamido de la vaca al becerro inmediatamente después del parto es secarlo, actividad que deberá realizar una persona en caso de que la vaca no lo haga, especialmente si la temperatura ambiental es baja (Webster, 1984); de lo contrario pierde calor y puede hasta formarse hielo sobre el pelaje del recién nacido cuando ocurren temperaturas bajo cero. Una vez que el becerro está seco y ha consumido la primera comida, su habilidad para resistir el frío se incrementa siempre y cuando no se humedezcan su pelaje y/o sus patas (Webster, 1984). Se considera que la zona térmica neutral se da entre los 15 °C y 25 °C (Stull y Reynolds, 2008), y que tendrá mejor capacidad de enfrentar el ambiente si se encuentra bien alimentado (Phillips, 2002). Por debajo de los 15 °C el becerro comienza a utilizar energía para mantener su temperatura corporal, por lo que habrá que proporcionarle una dieta con más energía (Stull y Reynolds, 2008). Arriba de los 25 °C el becerro no logra disipar suficiente calor metabólico para mantener la homeotermia.

El mejor ambiente aéreo para el becerro es el que se encuentra en los exteriores, siempre y cuando las condiciones no sean frías y húmedas (Phillips, 2002).

2.6 ILUMINACIÓN

La intensidad de la luz utilizada en las instalaciones, así como las horas luz a las que son sometidos los becerros, influyen sobre su nivel de bienestar. Luces de alta intensidad como las de halógeno pueden estresar a los becerros si caen en forma directa sobre ellos, siendo preferibles las luces de onda larga (amarillas/rojas) como las de sodio o incandescentes, que las de onda corta (azul/violeta) (Phillips, 2002).

El ciclo circadiano está regulado por la estimulación de secreciones hormonales por la luz. En ambientes en los que se tiene control de la iluminación se recomienda establecer periodos de luz y oscuridad. Algunos estudios han demostrado que los becerros se vuelven más agresivos en la oscuridad y los fotoperiodos (periodos de iluminación) largos reducen la actividad, quizá porque los becerros se encuentren menos ansiosos en ese ambiente (Phillips 2002).

2.7 SISTEMAS DE ALIMENTACIÓN

El primer alimento que consumiría un becerro sano en forma natural sería el calostro. La importancia del consumo de calostro en el bienestar del becerro es bien conocida y se discute en otro capítulo de este libro. Aunque la separación inmediata de la vaca y el becerro causa menos estrés en ambos que cuando se hace posteriormente (Webster, 1984; Weary y Von Keyserlingk, 2008), en los sistemas en los que el becerro permanece con la madre durante los primeros 15 días de vida se ha observado una mejor condición corporal en el becerro (Webster, 1984; Flower y Weary, 2003). En estos casos también hay que tomar en cuenta que la forma de la ubre de la vaca influye en el éxito del becerro para mamar calostro, situación que hay que vigilar (Webster, 1984; Phillips, 2002).

En las becerras criadas de manera artificial el comportamiento alimenticio es muy diferente del encontrado en un etograma. En vida libre la vaca se acerca a amamantar al becerro entre 7 y 10 veces al día (Webster, 1984; Wilt, 1985; Jensen, 2003), cada toma con una duración de 8 a 12 minutos, en los que el becerro consume entre 0.8 y 2.5 litros, dependiendo de su tamaño y de la disponibilidad de leche de la vaca (Webster, 1984; Wilt, 1985; Jensen, 2003; Weary y Von Keyserlingk, 2008). De esta forma se evita la sobrecarga del abomaso, el cual tiene al nacimiento una capacidad de 1.5 litros, y por lo tanto el riesgo de problemas digestivos, como la presentación de diarreas (Webster, 1984). Estos periodos de alimentación van disminuyendo en número y duración hasta el momento del destete (Webster, 1984; Wilt, 1985; Jensen, 2003).

Además de la falta del estímulo natural asociado con la ubre de la madre y los comportamientos maternos, las becerras criadas de manera artificial son alimentadas por lo general sólo dos veces al día, y en cada comida consumen considerablemente más leche que la que consumirían si estuvieran con sus madres, lo que puede traer problemas digestivos como diarreas (Webster, 1984). Además, cuando el becerro mama del pezón se estimula un reflejo nervioso que permite el cierre de la canaladura esofágica para que la leche llegue en forma directa al abomaso (Webster, 1984). Si la leche es tomada directamente de la cubeta, con la cabeza hacia abajo, no hay un cierre adecuado de la canaladura esofágica y pueden presentarse también problemas digestivos (Phillips, 2002). Por otro lado, estos sistemas de alimentación provocan hambre crónica en el becerro (Weary y Von Keyserlingk, 2008).

Uno de los problemas más comunes asociados con la crianza de becerras en grupo es el de las becerras "mamonas" y las bebedoras de orina, lo cual está relacionado con la manera de proporcionar la leche a las becerras criadas de manera artificial, pues influye en la presentación de la succión cruzada (succión de orejas, colas, prepucios y otras partes del cuerpo).

El depositar pequeñas cantidades de leche en la boca de una becerra provoca gran cantidad de succión no nutritiva, al igual que cuando se aumenta la concentración de sustituto de leche, lo que sugiere que es el sabor de la leche lo que motiva la succión (De Pasillé y cols, 1997). Sin embargo, al aumentar la concentración de lactosa aumenta la succión no nutritiva y viceversa (De Pasillé y Rushen, 1998), sugiriendo que el factor principal es la concentración de lactosa y no únicamente la presencia de la leche.

Una práctica común es intentar suprimir el instinto de succión enseñando a las becerras a beber de una cubeta a unos cuantos días de nacidas. Esto generalmente provoca un aumento y no una disminución de los problemas. Lo mismo sucede cuando se utilizan biberones con agujeros demasiado grandes y que se retiran inmediatamente (De Pasillé, 2001). La succión cruzada es menos frecuente cuando las becerras son alimentadas con chupones (biberones o cubetas con chupones) que cuando beben de una cubeta. Cuando tardan más en tomar la leche a través de un chupón realizan menos succión no nutritiva (Haley y cols., 1998). El proporcionar agua a través de un chupón o paja después de la comida disminuye, pero no elimina, la succión no nutritiva (Haley y cols., 1998; De Pasillé, 2001). Si se dejan pasar unos 20 ó 30 minutos después de la alimentación, antes de reunir a los becerros, la tendencia a succionarse entre sí disminuye (Webster, 1984). Todos estos resultados sugieren que la combinación del flujo de leche lento, el proporcionar un chupón con agua y/o paja o grano (Botella Braden) al final de la comida, así como chupones secos, disminuirá la motivación de succión no nutritiva y en consecuencia la succión cruzada (De Pasillé, 2001).

2.8 PROBLEMAS DE SALUD

El estado de salud se considera un indicador del nivel de bienestar. Los becerros muchas veces se encuentran infectados por organismos asociados a problemas de salud sin presentar signos de enfermedad (Webster, 1984); sin embargo, una de las consecuencias del estrés es la inmunosupresión (Fraser y Broom, 1990; Hernández-Méndez, 2008), lo que hace que las becerras enfermen (Webster, 1984). Muchas de las situaciones descritas en las secciones anteriores del presente capítulo generan estrés en los becerros, y esto, sumado a un manejo higiénico inadecuado, incrementa la probabilidad de que los animales enfermen.

2.9 MUTILACIONES Y PROCEDIMIENTOS DOLOROSOS

Cualquier procedimiento quirúrgico o mutilación, por sencillo que sea, debe de realizarse utilizando protocolos adecuados de anestesia y analgesia, además de aplicar las medidas de higiene y manejo de tejidos fundamentales para evitar infecciones, lesiones e inflamaciones innecesarias.

2.9.1 Descornado

El descornado es necesario para evitar lesiones entre los animales y al personal (Duffield, 2008; Weary y Von Keyserlingk, 2008). Aunque lo ideal sería seleccionar sementales sin cuernos, no hay muchos disponibles y esto lo hace poco práctico. El descornado debe hacerse cuando las becerras son jóvenes y comienza a crecer el botón, lo más temprano posible, y utilizando la anestesia y la analgesia adecuadas (Duffield, 2008). El área del botón del cuerno, así como el tejido adyacente, se encuentran muy innervadas (Phillips, 2002). Existen diferentes tipos de cautines, desde el fierro calentado a fuego hasta cautines eléctricos recargables o con tanque de butano, los cuales producen un tamaño de quemadura variable dependiendo de su diseño, y el tamaño está relacionado con el nivel de dolor postquirúrgico (Duffield, 2008). Los niveles de cortisol varían de un implemento a otro, resultando más elevados con el fierro calentado a fuego (Duffield, 2008). En el caso de los cautines, aun con el uso de anestésicos locales, se ha registrado incremento en el cortisol una vez que el efecto del anestésico ha pasado (Phillips, 2002). Los cauterizantes químicos causan menos dolor (Phillips, 2002; Duffield, 2008), por lo que no se considera necesario el uso de anestésicos locales y la respuesta de dolor es mínima si los animales se han sedado con xylazina (Duffield, 2008), sin embargo, se corre el riesgo de que escurra (Phillips, 2002) y lesione la piel adyacente e incluso el ojo (Duffield, 2008), y en los casos en los que se aplica muy poca pasta el cuerno llega a crecer, por lo que se debe tener cuidado en su aplicación. El dolor se presenta principalmente en forma aguda al momento del descornado y luego en forma crónica por el proceso inflamatorio (Duffield, 2008). En el caso de dolor agudo los signos son el golpeteo con las patas, vocalizaciones, caminar hacia atrás, patear y dejarse caer, sacudir o frotar la cabeza, agitar las orejas y las colas (Duffield, 2008).

Para prevenir el dolor durante el descornado se recomienda realizar un bloqueo del nervio cornual con anestésico local; para prevenir el dolor post descornado se recomienda el uso de antiinflamatorios no esteroidales (AINES). La importancia del uso de estos últimos se incrementa con la edad del becerro, especialmente después de las cuatro semanas de edad (Duffield, 2008; Weary y Von Keyserlingk, 2008). Se recomienda también el uso de sedantes como la xylazina durante el procedimiento de descorne para reducir el estrés más que el dolor (Weary y Von Keyserlingk, 2008).

2.9.2 Corte de cola

La justificación que dan algunos productores para esta práctica es prevenir que la cola se ensucie con heces o lodo, lo cual evidencia un manejo higiénico deficiente en la explotación (Phillips, 2002). Otra de las justificaciones es que las vacas sacuden la cola a la hora del ordeño. Este comportamiento es normal en la vaca y es un mecanismo de control de ectoparásitos, como lo son las moscas. En estos casos debe instituirse un programa de control de moscas. En algunos países se ha prohibido práctica de corte de cola por considerarse que se inhibe un comportamiento normal (Phillips, 2002). El seccionar los nervios de las colas tanto de becerros como de bovinos adultos da como resultado la formación de neuromas y la presentación de dolor crónico, además de la imposibilidad de defenderse de las moscas (Weary y Von Keyserlingk, 2008).

2.9.3 Corte de tetas supernumerarias

Aunque muchas veces las tetas supernumerarias no causan problemas fisiológicos, se consideran indeseables en las vacas. El corte debe seguir las mismas reglas de antisepsia que cualquier procedimiento quirúrgico externo.

2.9.4 Marcaje

Aunque no es una práctica común para ganado lechero en sistemas intensivos, en los casos en los que se desea marcar el ganado con fierro es preferible hacerlo con nitrógeno líquido que con fierro caliente (Phillips, 2002). La selección del arete también es importante, pues los aretes metálicos tienden a provocar reacciones en las orejas del ganado (Phillips, 2002).

2.10 COMPORTAMIENTOS ANORMALES

Algunos comportamientos anormales como la succión cruzada, el exceso de autoacicalamiento, el enrollado de la lengua o el movimiento ocular enseñando la esclera, pueden derivar en estereotipias, dependiendo de la frecuencia con la que los presenten y del estado motivacional del animal que lo presenta.

2.11 CONCLUSIONES

Una de las situaciones que se presentan con frecuencia en los centros de producción animal es que muchos de los problemas comienzan a considerarse como algo común en el entorno, o como Grandin (2005) lo menciona: lo malo se convierte en normal.

Las becerras con un buen nivel de bienestar tienden a ser más sanas y a presentar mejores ganancias de peso. Lo que hagamos con nuestras becerras repercutirá en su vida adulta y la producción de nuestras vacas.

LITERATURA CITADA

Arnemo, J. M. y Caulkett, N. 2007: Stress. Pgs.103-109. En: West, G.; Heard, D. y Caulkett, N. (editors). Zoo Animal and Wildlife Immobilization and Anestesia. Blackwell Publishing.

Boivin, X.; Lensink, J.; Tallet, C.; Veissier, I. 2003: Stockmanship and farm animal welfare. Animal Welfare. 12: 479-492.

Broom, D. M. 2004a. Welfare. En Andrews, A.H., Blowery, R.W.; Boyd H. H. y Eddy, R.G. (editors) Bovine Medicine: Diseases and Husbandry of Cattle. 2a Ed. Blackwell. Oxford.

Broom, D. M. y Leaver, J. D.. 1978. The Effects of Group Housing or Partial Isolation on Later Social Behaviour in Calves. Animal Welfare, 26, 1255-1263.

Broom, D. M. y Johnson, K. G. 1993: Stress and Animal Welfare. Chapman and Hall. London. pp.211.

Broom, D.M. 1986: Indicators of Poor Welfare. Br.vet.J., 142, 524-526.

Broom, D. M. 2004b. Bienestar animal. Pgs. 52-87. En Galindo, F.A. y Orihuela, A. (editores). Etología Aplicada. Universidad Nacional Autónoma de México. Pgs. 412

Dawkins, M. S. 1990: From an Animal point of View: Motivation, Fitness and Animal Welfare. Behav. Brain Sci. 13, 1-61.

De Pasillé, A. M. 2001: Sucking Motivation and Related Problems in Calves. Applied Animal Behaviour Science 72-3, 175-187.

De Pasillé, A. M. and Rushen, J. 1998: Identifying Milk Components that Elicit Non-Nutritive Sucking by Calves. Journal of Dairy Science 81, Suppl. 1, 104.

De Pasillé, A. M. and Caza, N. 1997: Cross-Sucking by Calves Occurs After Meals and is Reduced when Calves Suck a Dry Teat. Journal of Dairy Science, 80, Suppl.1, 229.

De Pasillé, A. M.; Rushen, J. y Jensen, M. 1997: Some Aspects of Milk that Elicit Non-Nutritive Sucking in the Calf. Applied Animal Behaviour Science 53, 167-173.

De Pasillé A. M., Metz, J. H. M.; Mekking, P. and Wiepkema. P.R. 1992: Nonnutritive Sucking by the Calf and Postprandial Secretion of Insulin, CCK and Gastrin. Physiology of Behaviour, 54, 1069-1073.

Donovan, G. A. 1992: Management of Cow and Newborn Calf at Calving. En: Large Dairy Herd Management (Van Horn, H.H. and Wilcox, C. J. editores). American Dairy Science Association, Champaign, IL.

Duffield, T. 2008: Current Data on Dehorning Calves. Pgs. 25-34. Smith R. A. (editor) 41st Annual Convention Proceedings of the American Association of Bovine Practitioners. Charlotte, North Carolina. September 25-27, 2008.

Flower, F. C. and Weary, D. M. 2003: The Effects of Early Separation on the Dairy Cow and Calf. Animal Welfare 12, 339-348.

Fraser, A. F. y Broom, . D. M. 1990: Farm Animal Behaviour and Welfare. C.A.B.I. Wallingford. 437 pp.

Friend, T. y Dellmeier, G. 1988: Common Practices and Problems Related to Artificially Rearing Calves: An Ethological Analysis. Applied Animal Behaviour Science 20, 47-62.

Galindo, F. 2004. Capítulo 1: Introducción a la Etología Aplicada. Pgs. 17-28. En: Galindo, F. y Orihuela, A. (editores). Etología Aplicada. UNAM, Méxlco. 412 Pgs.

Grandin, T. y Johnson, C. 2005: Animals in Translation: Using the Mysteries of Autism to Decode Animal Behavior. 1st Harvest Edition. USA. Pp 358.

Haley, D.; Rushen, J.; Duncan, I.; Widowski, T. y De Pasillé, A. M. 1998: Effects of Resistance to Milk Flow and Provision of Hay on Non-Nutritive Sucking by Dairy Calves. Journal of Dairy Science, 81, 2165-2172.

Hemsworth, P. H. 2003: Human–Animal Interactions in Livestock Production. Applied Animal Behaviour Science 81, 185-198.

Hernández-Méndez, S. E. 2008: Neuroendocrinología del estrés. Memorias electrónicas del curso etología aplicada a la medicina veterinaria y al bienestar animal. 18-19 de septiembre 2008. UAEM. Estado de México.

Houpt, K. 2005: Domestic Animal Behavior. 4a Ed. (pp 264). Blackwell Publishing. Iowa.

Jensen, M. B. 2003: The Effects of Feeding Method, Milk Allowance and Social Factors on Milk Feeding Behaviour and Cross-Sucking in Grouped Housed Dairy Calves. Applied Animal Behaviour Science, 80-3, 191-206.

McBride. 1980. Adaptation and Welfare at the Man-Animal Interface. Pgs. 195-197 en Wodzicka-Tomaszewska, M.; Edey, T. N. y Lynch, J. J. (editores). Proceedings of the Symposium Behaviour in Relation to Reproduction, Management and Welfare of Farm Animals. University of New England, Armidale, NSW Australia. 204 pgs.

Orihuela, A. 2004. Capítulo 4: Etología Aplicada a los Bovinos. Pgs. 89-131. En: Galindo, F. y Orihuela, A. (editores). Etología aplicada. UNAM. México. 412 Pgs.

Phillips, C. 2002: Chapter 4: The Welfare of Calves. Pgs. 30-37. En: Cattle Behaviour and Welfare. 2da ed. Blackwell Publishing. Reino Unido.

Price, E. 2004. Capítulo 2: Efecto de la domesticación en la conducta animal. Pgs. 29-49. En: Galindo, F. y Orihuela, A. (editores). Etología Aplicada. UNAM. México. 412 Pgs.

Reinhardt, V. y Reinhardt, A. 1981: Cohesive Relationships in a Cattle Herd (Bos indicus). Behaviour, 77: 121-151.

Stewart, M.; Schaefer, A. L.; Haley, D. B.; Colyn, J. N.; Cook, J.; Stafford, K. J. y Webster, J. R. 2008: Infrared Tehrmography as a Non-Invasive Method for Detecting Fear-Realted Responses of Cattle to Handling Procedures. Animal Welfare, 17: 387-393.

Stull, C. y Reynolds, J. 2008: Calf Welfare. Pgs. 191-203. En. Godden, S. y McGuirk, S. (editores). Veterinary Clinics of North America. Vol. 24. N° 1 Elsevier Saunders.

Trunkfield, H. R. 1990: The Effects of Previous Housing Experience on Calf Responses to Housing and Transport. (PhD Thesis). University of Cambridge.

Weary, D. M. y Von Keyserlingk, M. A. G. 2008. The Welfare of Dairy Calves. Pgs. 8-11. Smith, R.A. (editor) 41st Annual Convention Proceedings of the American Association of Bovine Practitioners. Charlotte, North Carolina. September 25-27, 2008.

Webster, J. 1984: Calf Husbandry, Health and Welfare. Granada Publishing, Ltd. Londres. 202 pgs.

Wilt, J. G. 1985: Behaviour and Welfare of Veal Calves in Relation to Husbandry Systems. (Thesis) Inst. Agric. Eng. The Netherlands.

3 DEFECTOS CONGÉNITOS

Mario Medina Cruz MVZ, MSc, DCV

Los defectos congénitos generalmente producen pérdidas menores en relación a las deficiencias nutricionales o los agentes infecciosos; sin embargo, ocasionalmente estos defectos llegan a causar pérdidas económicas considerables en algunos hatos, incrementando particularmente las pérdidas perinatales. Si el defecto es genético, frecuentemente se requieren medidas de control extensivas y costosas en los programas de cruzamiento y mejoramiento genético. La frecuencia de los defectos congénitos se ha estimado en un rango que va de 1:100 a 1:500, donde aproximadamente el 50% nace muerto y en la mayoría de los casos los defectos son visibles externamente. Los defectos congénitos suelen ser causados por factores genéticos, ambientales o por la interacción de ambos; en otros casos no hay una causa claramente establecida (Leipold, 1990).

3.1 FACTORES GENÉTICOS

El diagnóstico de los defectos genéticos se basa en los antecedentes familiares. Para el reconocimiento de un defecto genético se requiere del registro e identificación de las crías, ya sean normales o anormales, así como de la identificación de sus relaciones familiares. Los estudios de cruzamientos son necesarios para confirmar los patrones de herencia.

La técnica de transferencia de embriones por sí misma, o en combinación con la cesárea preterminal, es útil para probar la transmisión de ciertos defectos genéticos de los toros.

3.2 FACTORES AMBIENTALES

En los bovinos los agentes teratógenos incluyen plantas, virus, drogas, elementos traza y agentes físicos como la irradiación, la hipertermia y la presión excesiva durante el examen rectal para el diagnóstico de preñez en forma precoz. Frecuentemente los agentes se comportan de acuerdo a patrones estacionales, a condiciones estresantes o a la presencia de enfermedades maternas, sin seguir un patrón familiar, como las causas genéticas.

3.2.1 Plantas tóxicas y agentes químicos

La enfermedad del becerro encorvado (*Crooked Calf Disease*) se caracteriza por contracción de los miembros, posiblemente se asocie a tortícolis, escoliosis, xifosis o paladar hendido, o a las combinaciones de éstos. La causa es la ingestión de la planta *Lupinus spp* entre los días 40 y 70 de gestación, debido a la anagirina, que es un alcaloide presente en ella. Deformaciones similares han sido reproducidas experimentalmente mediante la administración de *Conium maculatum* a vacas preñadas entre los días 50 y 70 de gestación. Otras plantas que se sospecha causan defectos congénitos en el bovino son *Senecio, Indigofera spicata, Cycadales, Pulighia, Loco, Papaveraceae, Colchicum, Vinca y* tabaco. El pasto Sudán (*Sudan grass*) también ha sido señalado como causante de artrogrifosis en becerros. En bovinos y borregos el envenenamiento por *Locoweed* y por plantas de género *Oxytropis* y *Astragalus* produce aborto, defectos congénitos al nacimiento, emaciación, incapacidad visual y signos neurológicos.

3.2.2 Infecciones virales

Infecciones virales prenatales, como en el caso del virus *Akabane*, producen aborto, partos prematuros y defectos congénitos como artrogrifosis e hidrocefalia, y han sido reportadas en Japón, Israel, Australia y Kenya. El virus de la diarrea viral bovina (DVB) induce una variedad de anomalías congénitas como la displasia cerebelar, defectos oculares, braquignatia, alopecia, desmielinogénesis, hidrocefalia interna, inmadurez (crecimiento intrauterino retardado) e incompetencia inmunológica. Experimentalmente, el virus de la lengua azul (VLA) ha producido aborto, mortinatos y defectos congénitos como artrogrifosis, campilognatia, prognatismo y cráneo en forma de cúpula. Asimismo, se ha observado el síndrome del becerro estúpido (inactividad, disturbios en el comportamiento, torpeza).

3.2.3 Agentes físicos

En becerros, la atresia del intestino, particularmente la atresia del colon, y ocasionalmente la atresia del yeyuno, pueden ser causadas por la presión ejercida sobre el amnios durante la palpación rectal para diagnóstico de gestación entre los días 33 a 40, es decir, la etapa de organogénesis (Mobini *et al.*, 1983; Dreyfuss, 1989; Naylor, 1987; Hoffsis, 1977; Smith, 1982; Smith, 1986).

3.3 PRINCIPALES DEFECTOS

3.3.1 Columna vertebral

Perosomus elumbis, fusión atlanto-occipital, xifosis (desviación dorsal), lordosis (desviación ventral), escoliosis (desviación lateral), tortícolis (cuello torcido) y sus combinaciones con otros defectos.

3.3.2 Esqueleto

Sindactilia: La fusión de dos o más dedos. En el ganado Holstein son más frecuentes las afecciones en los miembros anteriores, y de éstos, el derecho.

Polidactilia: El incremento de dígitos, o dedos, en uno o los cuatro miembros; sin embargo, es más común en los miembros anteriores.

Condrodisplacia: Un defecto del crecimiento intersticial de los cartílagos articulares epifisiales y basocraneales que resulta en un acortamiento en la longitud de las piernas, base del cráneo y columna vertebral.

Osteopetrosis: Observada en becerros de las razas Simmental, Angus Negro, Angus Rojo, Hereford y Holstein. Se ha caracterizado por un tamaño y peso corporal reducido, braquignatia, fontanela abierta, huesos craneales engrosados, agenesis o hipoplasia del foramen mayor del cerebro y carencia de médula ósea. Los becerros afectados por osteopetrosis nacen muertos en un período de gestación de 251 a 272 días.

3.3.3 Sistema muscular

Hipertrofia Muscular: La apariencia externa de la hipertrofia muscular varía ampliamente; en pocos casos se pueden observar todas las características; sin embargo, la presencia de una sola de ellas, el contorno redondeado de los miembros posteriores, indica la presencia del defecto en un hato. Los músculos del hombro, la espalda, la columna y del tren posterior se encuentran separados por divisiones profundas, particularmente entre los músculos semitendinoso y bíceps femoral bilateralmente. El cuello es corto y grueso, la cabeza de menores dimensiones y la cola está implantada más anteriormente que en un animal normal. Al nacimiento hay mayor peso y distocia. Otros defectos son tractos reproductivos hipoplásicos, imposibilidad de reproducción y madurez sexual retardada.

3.3.4 Sistema nervioso

Hidrocefalia Interna: La hidrocefalia ha sido descrita como un defecto genético en becerros Hereford asociado a menor tamaño y peso, rasgos faciales refinados y cráneo en forma de cúpula, así como también a microftalmia y protusión de lengua edematosa.

Hidranencefalia: Ambos hemisferios del cerebro contienen bolsas llenas de fluido, y ocurre en becerros, borregos y cabritos a consecuencia de la infección intrauterina con el virus *Akabane*.

Hipoplasia o aplasia cerebelar: Causados por la infección intrauterina del virus de la DVB.

Ataxia progresiva: Debilidad de los miembros posteriores. Progresivamente imposibilita al animal de mantenerse en pie, terminando en postración y muerte. Se manifiesta entre los ocho y 24 meses de edad.

Paresis espástica: Se caracterizada por la contracción espástica de los músculos de los miembros posteriores, con extensión de la rodilla y el corvejón. Generalmente es unilateral. Frecuentemente un miembro posterior es el más afectado. Las influencias genéticas, así como las ambientales, desempeñan un papel importante en la expresión de este defecto.

Mieloencefalopatía degenerativa progresiva bovina: Esta enfermedad, conocida también como enfermedad o síndrome de Weaver, es hereditaria en el ganado Suizo puro. Hay debilidad de los miembros posteriores, ataxia y asimetría; se presenta entre los cinco y los ocho meses de edad; progresa hacia la postración, timpanismo ruminal y posteriormente muerte.

Temblador (Shaker): Es una enfermedad neurodegenerativa hereditaria en ganado Hereford con cuernos; se caracteriza por agitación, vibración y temblores permanentes de la cabeza, el cuello, la cola y los miembros; paso vacilante, tambaleante e inseguro, así como inhabilidad para mamar.

Manosidosis: Se debe a la deficiencia de la enzima alfa-manosidasa, lo que resulta en la acumulación de un oligosacárido que contiene manosa y glucocamina en las neuronas y células de otros tejidos. La enfermedad, originalmente conocida en ganado Angus, ha sido recientemente observada en Simmental en Estados Unidos. La manosidosis clínica es caracterizada por ataxia, incoordinación, temblores en la cabeza, agresión y estado de caquexia. Los becerros pueden ser normales al nacimiento, generalmente los signos se manifiestan hasta las varias semanas o meses de edad. La mayor parte de los animales afectados muere dentro del primer año de vida, sin embargo la manosidosis puede ser causa de mortalidad neonatal en becerros Angus.

3.3.5 Defectos oculares

Pocos son los defectos oculares descritos en el ganado. Los dermoides oculares en ganado Hereford son transmitidos genéticamente. La microftalmia puede ser unilateral o bilateral y consiste en un menor tamaño del globo ocular. Es de etiología desconocida y ha sido observada en todas las razas, y frecuentemente está asociada a cataratas.

3.3.6 Piel

Hipotricosis: La piel es delgada, con muy escaso pelo sobre el cuello lateral y ventral, sobre la cara, orejas, tórax, flancos y cadera.

Epiteliogénesis imperfecta: Los becerros afectados tienen defectos epiteliales considerables en la porción distal a las articulaciones del carpo y del tarso, asimismo poseen pezuñas defectuosas. Además, el hocico, fosas nasales, lengua, paladar duro y cachetes tienen defectos epiteliales.

3.3.7 Sistema cardiovascular

Los defectos cardiacos congénitos más frecuentes en becerros en México son: La persistencia del foramen oval y la persistencia del conducto arterioso, así como la asociación de ambas.

Persistencia del foramen oval: Consistente en una comunicación entre ambas aurículas que ocasiona la dilatación e hipertrofia de la aurícula derecha, la aurícula izquierda y el ventrículo derecho.

Persistencia del conducto arterioso: Consiste de la comunicación entre la arteria aorta y la pulmonar ocasionando la hipertrofia del ventrículo izquierdo.

Transposición de grandes vasos: La arteria pulmonar emerge del ventrículo izquierdo y la arteria aorta emerge del ventrículo derecho.

Tetralogía de Fallot: Consiste en la combinación de estenosis pulmonar, dextraposición de la aorta, hipertrofia del ventrículo derecho y defecto del septo interventricular.

Complejo de Eisenmenger: Consistente en dextraposición de la aorta, hipertrofia del ventrículo derecho y defecto del septo interventricular.

3.3.8 Aparato digestivo

La atresia del colon, recto o ano consiste en una malformación heredi-taria de la última parte del tracto digestivo. Se presenta como un simple defecto o asociada con otras anomalías; ésta es más frecuente en bece-rras. La atresia del colon termina en una obliteración en la región espiral de éste. Frecuentemente la porción distal del colon está atrésica o hipoplásica, pero el recto y el ano generalmente son normales (Howard, 1986). Algunos autores consideran que este es un defecto hereditario, aunque esto no ha sido comprobado. Por otro lado, se ha encontrado una alta incidencia de atresia del colon en becerras en un mismo hato sin ningún parentesco familiar. Asimismo, se ha reportado en una bece-rra nacida de un parto gemelar, donde la otra nació sin el defecto (Hoff-sis 1977). Se ha señalado que el diagnóstico temprano de gestación por palpación rectal es la causa del problema (Hoffsis, 1977; Smith, 1982; Howard, 1986).

Los signos clínicos incluyen el nacimiento de un becerro normal, activo y sano. Después de 12 a 24 horas de la ingestión de calostro, el becerro empieza a perder interés por el alimento y muestra dolor abdominal agudo. El animal desarrolla una distensión abdominal progresiva, con signos de dolor y cólico, pateándose el abdomen, echándose y le-vantándose continuamente. Posteriormente hay depresión, debilita-miento, deshidratación progresiva y la distensión abdominal aumenta. Durante los dos a tres días de vida, a la auscultación se escuchan áreas alternadas de sonidos timpánicos y de burbujeo. Los sonidos de chapo-teo se escuchan durante la sucusión del abdomen. La temperatura cor-poral es generalmente normal (38.5 a 39 grados centígrados), pero el pulso aumenta hasta 140-150/minuto, éste más débil. La respiración también es rápida y superficial. El ano y la vagina son normales, pero puede haber una mucosa anal teñida de sangre y no hay defecación (Dreyfuss, 1989; Hoffsis, 1977; Smith, 1982; Howard, 1986; Radostits, 1981). El diagnóstico se realiza con base en una historia clínica completa que identifique y agrupe los signos clínicos mencionados.

Entre los diferenciales encontraremos: atresia anal, que también se presenta al nacimiento, pero que se distingue fácilmente mediante el examen de la región perianal, donde las becerras carecen de la abertura anal o es estenótica; impactación por meconio, ésta es rara en becerras, aunque los signos son similares a los de atresia, aunque se diferencian por la salida de las heces tras la administración de enemas que lubriquen el tracto digestivo; intussuscepción o vólvulus abomasal intestinal, que también suele afectar a becerras mayores, además, el abomaso dilatado lleno de gas puede ser palpado en el lado derecho del abdomen. En úlceras abomasales perforantes, que afectan a becerras alimentadas con leche únicamente, existen signos de toxemia, a veces hay fiebre y frecuentemente se presenta la diarrea. En casos severos, el curso de la enfermedad es rápido, con deshidratación y shock como signos clínicos principales. Generalmente estas becerras mueren por una peritonitis difusa aguda, enteritis o septicemia.

El método más efectivo es demostrar la atresia de colon en una radiografía con medio de contraste de la cavidad abdominal, pasando un catéter flexible en forma de enema, por donde se administra sulfato de bario para identificar la zona afectada. Los sitios más comúnmente afectados son: la parte distal del colon ascendente, la rama descendente proximal y la flexura central del colon espiral. El tratamiento es quirúrgico, sin embargo, cada caso deberá evaluarse con base en un criterio de costo-beneficio. Previo a la cirugía hay que estimular la recuperación de la becerra, que generalmente se encuentra decaída y débil; ésta se rehidrata con dos litros de solución de lactato de Ringer administrados en dos horas. Para evitar la hipoproteinemia posquirúrgica se recomienda aplicar 750 ml de plasma fresco de bovino. La antibioterapia es a base de ampicilina (15 mg/kg cada ocho horas). La técnica quirúrgica para la reducción del colon es ampliamente descrita por Smith (Smith, 1982; Smith, 1984).

En la hembra la atresia del recto termina en un saco ciego que se abre dentro de la vagina, con lo que se produce una fístula rectovaginal, o en un caso excepcional dentro del útero. En el macho la atresia del recto también termina en un saco ciego o bien se abre dentro de la vejiga y/o uretra (Mobini, 1983; Dreyfuss, 1989). Las becerras con atresia anal nacen y se amamantan normalmente, pero al cabo de uno a 10 días manifiestan depresión, anorexia y un abdomen distendido, con los signos usuales del tracto digestivo posterior, como tenesmo y levantamiento de la cola cuando el animal intenta defecar, incluso ausencia de la defecación, aunque algunas becerras logran defecar por la vagina mediante la formación de una fístula recto-vaginal; el pulso oscila alrededor de los 120/minuto, la frecuencia respiratoria a 40/minuto. Además existe congestión de las membranas mucosas, deshidratación, abdomen distendido, extremidades frías y tenesmo periódico. (Mobini, 1983; Dreyfuss, 1989; Radostits, 1981). El diagnóstico se basa en los signos y puede ser confirmado mediante un estudio radioscópico del abdomen caudal y la pelvis, donde se observan las asas intestinales distendidas con el final del recto en forma de saco.

El tratamiento es quirúrgico con la finalidad de crear una abertura perianal que permita el paso libre de las heces, pero antes deben realizarse pruebas de laboratorio como una biometría hemática completa y la prueba de precipitación en sulfito de sodio.

3.3.9 Grandes cavidades corporales

Bocio congénito: El bocio, definido como un crecimiento no inflamatorio de la tiroides, puede ser congénito o adquirido. Se ha reportado la ocurrencia de bocio genético en un hato de ganado bovino localizado en un área geográfica no bociogénica.

3.3.10 Sistema urinario

Quistes renales: Cuando se presentan unilateralmente suelen ser no detectables; no causan anomalías clínicas en el neonato ni en el adulto; comúnmente se diagnostica como un hallazgo a la necropsia, sin embargo, cuando es bilateral produce un mortinato, o bien la muerte del animal poco después del nacimiento.

Uraco persistente: Consiste en la permanencia del uraco, lo que predispone a infección y formación de abscesos dentro del uraco en su porción intraabdominal, pudiendo producir complicaciones como onfalitis, poliartritis o cistitis. Este problema ha sido observado con frecuencia en ganado Cebú en el trópico mexicano. Clínicamente se puede observar desde humedad en la zona del botón umbilical hasta acumulación de orina en la región umbilical.

3.3.11 Aparato reproductor

La persistencia del frenillo prepucial interfiere con la cópula; es común en machos de las razas Shorthorn y Angus.

Hipoplasia testicular: Unilateral ó bilateral.

Criptorquidismo: Es el descenso incompleto de un testículo o ambos, y es uno de los defectos genitales más comunes en el bovino.

Intersexo: Un animal con intersexo confunde el diagnóstico del sexo, ya que puede tener órganos reproductivos de ambos sexos, o bien ser genéticamente de un sexo y fenotípicamente del otro.

Hermafroditas: Los hermafroditas tienen características de ambos sexos. Por definición, un hermafrodita verdadero tiene gónadas de ambos sexos, ya sea un ovario y un testículo, o bien la combinación de ambos en un órgano que se llama ovotestis.

Pseudohermafrodita: Éste tiene gónadas de un sexo y órganos reproductivos con características del sexo opuesto; y se clasifica como macho o como hembra con base en la presencia de testículos u ovarios. El pseudohermafroditismo es más común que el hermafroditismo.

Freemartinismo: Ocurre en un 93% de las becerras nacidas de parto gemelar con machos; consiste de una hipoplasia y agenesis de los órganos femeninos, desarrollados a partir de los conductos de Müller, con un crecimiento parcial de los conductos de Wolff (a partir de los cuales surgen los órganos del macho). Las becerras freemartin tienen características masculinas y son estériles.

Aplasia ovárica: Reportada con y sin defectos de las estructuras reproductivas tubulares; puede ser unilateral o bilateral; y puede ser parcial o total.

Ductos de Müller: Defectos en los oviductos, útero, cérvix y vagina; han sido descritos en varias razas de ganado. La fusión de los ductos de Müller es variable; ésta puede ser de 3 tipos: duplicación parcial o completa del cérvix y presencia de un septo vaginal. La enfermedad de la becerra blanca, más frecuentemente en ganado Shorthorn, ha sido reportada en otras razas así como en diferentes colores de animales. Hay dos tipos que son: persistencia parcial o total del himen y la asociación de ésta con defectos anteriores al himen. Los ovarios funcionales son comunes a ambos tipos, con la consecuente acumulación de secreciones uterinas en el endometrio.

Constricción rectovaginal: Afecta el ano y el área vulvovestibular; es un defecto común en ganado Jersey. Se caracteriza por constricciones no elásticas en la unión del ano, recto, vestíbulo y vulva. El macho es afectado por una estenosis del ano. Las vacas presentan distocia y los becerros nacen por medio de la episiotomía o la cesárea.

LITERATURA CITADA

Dreyfuss, J. D. and Tulleners, P. E.: Intestinal Atresia in Calves: 22 Cases (1978-1988). J. Am. Vet. Med. Ass. 195:508-513 (1989).

Hoffsis, F. G. and Bruner, R. R.: Atresia Coli in a Twin Calf. J. Am. Vet. Med. Ass. 171:433-434 (1977).

Howard, J. L.: Current Veterinary Therapy, Food Animal Practice. 2nd ed. Saunders, W.B.. Philadelphia, PA,1986.

Leipold, H. W.; Woollwn, N. E. and Saperstein, G.: Congenital Defects in Ruminants In: Large Animal Internal Medicine. Edited by Smith, B.P. 1544-1566 The C.V. Mosby Company. St. Louis Missouri, 1990.

Mobini, S.; Vig, M. M. and Nyack, B.: Atresia of the Anus and the Rectum in a Calf. Compend. Cont. Educ. Prct. Vet. 5:S642-S646 (1983).

Naylor, M. J. and Bailey, V. J.: A Retrospective Study of 511 Cases of Abdominal Problems in the Calf: Etiology, Diagnosis and Prognosis. Can. Vet. J. 28:657-662 (1987).

Radostits, O. M.: Diseases of the Ruminant Stomachs and Intestines of Cattle. Proceedings of the 13th Annual Convention of the American Association of Bovine Practitioners. Toronto, ONTARIO, CAN. 1980. 87-89. Frontier Printers, Stillwater, OK, USA (1981).

Smith, F. D.: Bovine Intestinal Surgery. Mod. Vet. Pract. 65:705-710 (1984).

Smith, F. D.: Atresia of the Colon in a Newborn Calf. Compend. Cont. Educ. Pract. Vet. 4:S441-S445 (1982).

4 SISTEMAS INTEGUMENTARIO Y MUSCULOESQUELÉTICO

4.1 MASAS UMBILICALES

Mario Medina Cruz MVZ, MSc, DCV

Las masas umbilicales se consideran completamente reducibles en el caso de hernias umbilicales no complicadas; no reducibles en el caso de abscesos umbilicales, y parcialmente reducibles cuando hay una hernia asociada a un remanente umbilical infectado o a un absceso (Smith, 1985). El cordón umbilical es el remanente de la conexión materno-fetal en el útero al nacimiento. Su estructura anatómica incluye: dos arterias umbilicales, una vena umbilical y un uraco. Las dos arterias umbilicales se derivan de las arterias iliacas internas del feto a la altura de la última vértebra lumbar y transportan productos de desecho y sangre pobre en oxígeno desde el feto hacia la placenta; estas arterias, después del nacimiento, se transforman en el ligamento redondo o los ligamentos laterales de la vejiga. La vena umbilical transporta sangre oxigenada y rica en nutrientes desde la placenta hasta el feto a través del hígado y del ducto venoso, y después del nacimiento se transforma en el ligamento redondo del hígado. El uraco es el vestigio del saco amniótico que conecta la vejiga fetal con el saco alantoideo; después del nacimiento el uraco se encoge, se vuelve no funcional y se convierte en un vestigio del vértice de la vejiga.

En los bovinos el cordón umbilical se encuentra cubierto de músculo liso, que se contrae durante el parto como respuesta al estiramiento; las arterias umbilicales se retraen hacia el abdomen y se cierran por la contracción de la musculatura lisa, la cual, en adición, es estimulada por un incremento de la presión parcial de oxígeno en la sangre. Sin embargo, la vena umbilical y el uraco permanecen fuera del abdomen del animal. Debido a contracciones espasmódicas de la musculatura lisa, la vena umbilical se cierra rápidamente después del nacimiento; al mismo tiempo el uraco se encoge. En el transcurso de unos cuantos días el ombligo se adelgaza y se seca, asimismo el área umbilical continúa contrayéndose; sin embargo, el ombligo queda expuesto a la contaminación ambiental y es un factor de entrada de microorganismos al neonato (Smith, 1985; Baxter, 1989; Trent, 1987).

El examen del área umbilical del ombligo incluye los siguientes aspectos:

Inspección: Considerar tamaño, forma, ubicación o presencia de material drenando del ombligo.

Palpación: Considerar consistencia, temperatura, sensibilidad, presencia de un anillo herniario completo (circular) o incompleto y la reducibilidad, es decir, la factibilidad de introducir el contenido hacia la cavidad abdominal.

Si la masa es totalmente reducible, se trata de una hernia; si es parcialmente reducible debe existir un absceso o una infección asociados.

4.1.1 Hernia umbilical

Las hernias umbilicales son el defecto congénito más común en ganado, su incidencia es entre 0.65 y 1.04% en ganado Holstein (Baxter, 1989). Las hernias umbilicales no complicadas se presentan desde los primeros días o semanas, aumentando de tamaño a medida que el becerro crece; no obstante, en algunas ocasiones tienden a reducirse. Esto ocurre entre los 2 y 4 meses de edad y prácticamente se detiene a los 6 meses. La hernia es de forma esférica o cilíndrica, se encuentra centrada dorsalmente en el ombligo. La mayoría de las hernias que superan el tamaño de tres dedos (5 cm de diámetro) a cualquier edad, o las mayores de dos dedos (3.5 cm) hasta el tercer mes de edad, no cierran espontáneamente (Figura 3.2), lo cual no significa que todas las hernias de menor tamaño cierren espontáneamente. Por medio de la palpación es posible detectar un contenido membranoso (omento) o firme y pastoso (abomaso).

Generalmente la hernia umbilical complicada con fístula abomaso-umbilical se manifiesta en la porción pilórica del abomaso, ésta inicia con la formación de una úlcera abomasal, la que con el tiempo se vuelve perforante, creando la fístula. Como resultado de la pérdida de ácido clorhídrico a través de la fístula abomasal, se presenta una alcalosis metabólica hipoclorémica (Fubini, 1984). Comúnmente la hernia se hace patente a las dos semanas de edad. En la medida que pasa el tiempo y se desarrolla la fístula, se observa el goteo de leche desde el abomaso cuando se alimenta la becerra o poco tiempo después. El animal está delgado, deprimido y moderadamente deshidratado, la temperatura puede llegar a 39 °C, la frecuencia cardiaca hasta 120/minuto y la respiratoria descender hasta 12/minuto (Fubini, 1984).

Figura 3.2 Hernia umbilical en una becerra Holstein de 45 días de edad. Fotografía original de M. Medina C.

En algunas becerras una parte del abomaso o del intestino queda atrapada en la hernia umbilical, lo que produce su incarceración. En estos casos, en el área umbilical se observa una masa fluctuante y pastosa de 8 a 15 cm de diámetro. Algunas becerras presentan alcalosis metabólica. La intervención quirúrgica se ha realizado con éxito (Dirksen, 1986).

La terapia conservadora para hernias umbilicales no complicadas incluye *clamps* herniarios, vendajes de soporte abdominal, inyección local de irritantes alrededor del anillo herniario e irritación diaria de éste por medio de palpación digital. El uso de *clamps* herniarios y bandas de soporte sólo se recomienda cuando la hernia mide menos de cinco centímetros, es completamente reducible y no hay evidencia de infección o no hay historia de infección localizada. En el bovino, la posición craneal del ombligo y su abdomen penduloso hacen más efectivo el uso de bandas o vendajes de soporte abdominal, ya que esta característica evita el deslizamiento del vendaje hacia el abdomen posterior.

Cuando el animal con fístula abomaso-umbilical tiene deshidratación severa y está deprimido, es necesario en primer término estabilizarlo. Esto se logra colocando un vendaje temporal que reduce la hernia y detiene el goteo de fluido abdominal. Se puede alimentar con cantidades mínimas de leche y fluidos intravenosos. Es muy importante revisar constantemente el estado de hidratación y la actitud del animal (Fubini, 1984). Las hernias umbilicales no complicadas mayores de 5 cm, o bien aquéllas que muestran evidencia de patología, así como las asociadas a fístula abomasal, deben ser reparadas quirúrgicamente mediante una herniorrafia abierta.

4.1.2 Abscesos umbilicales

En becerros con abscesos umbilicales la inflamación se presenta generalmente a partir del nacimiento, sin embargo es posible encontrar una masa abscedada en ombligo en animales de hasta uno y dos años de edad. En ocasiones el drenaje de líquidos a partir del área umbilical es evidente. Los becerros manifiestan una condición física pobre; la masa umbilical posee una base amplia, la piel que rodea el absceso está hiperémica y caliente. El contenido puede ser fluctuante o firme dependiendo del grosor de la cápsula del absceso, la masa no es reducible, no hay anillo herniario palpable (Figura 3.3).

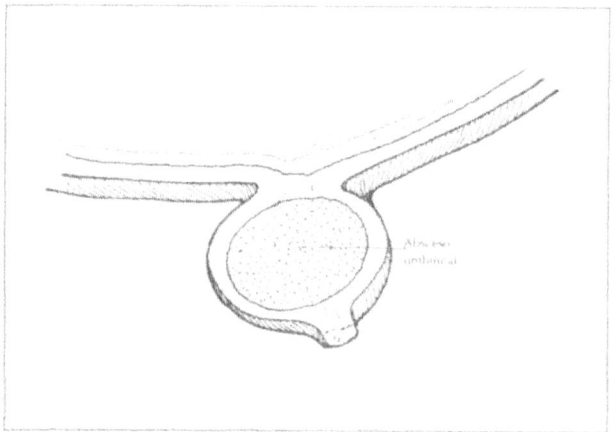

Figura 3.3 Absceso umbilical no reducible y sin anillo herniario.

El drenado total con una aguja de calibre grueso y una jeringa permite liberar al animal del material purulento de olor desagradable, comúnmente se aísla *Corynebacterium pyogenes* o *Esceherichia coli*. Generalmente el drenado y el lavado resuelven el problema favorablemente.

4.1.3 Hernia umbilical complicada con absceso

El historial de los becerros con este padecimiento asienta la presencia desde el nacimiento de un cordón umbilical prominente. Los becerros se encuentran en buena condición corporal y a la palpación se detectan dos componentes: una porción no reducible y firme, y una porción reducible de consistencia membranosa. La piel que rodea la porción no reducible está firmemente adherida a la masa; además, se puede encontrar un anillo herniario liso en la porción reducible. Usualmente la porción no reducible en el botón umbilical está constituida por tejido inflamatorio crónico o bien por un absceso localizado causado por onfaloflebitis (Figura 3.4).

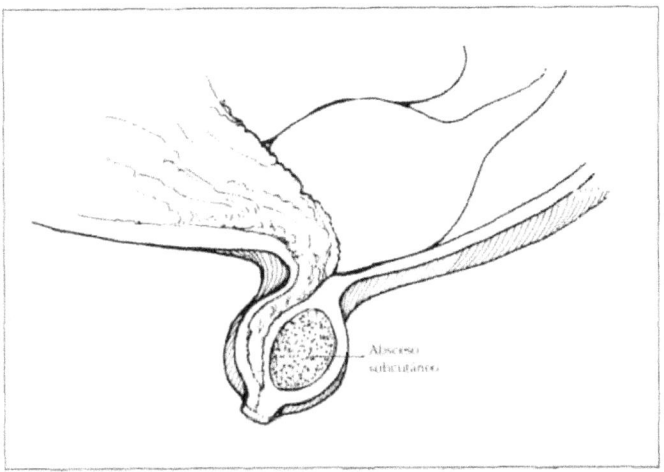

Figura 3.4 Hernia umbilical asociada a un absceso en la cual se puede palpar un anillo herniario en la porción reducible así como tejido fibroso o un absceso en la porción no reducible.

4.1.4 Hernia umbilical asociada a cordón infectado

La infección del cordón afecta al uraco, arterias umbilicales o vena umbilical.

Infección de uraco: Los animales con este padecimiento han presentado, desde la primera o segunda semana de edad, escurrimiento a través del ombligo, seguido por la aparición de una masa en las siguientes semanas. Los becerros tienen una condición corporal pobre y frecuentemente padecen enfermedades asociadas, como neumonía o fungosis cutáneas. La masa es grande, posee una base amplia, se extiende desde el ombligo hasta la cavidad abdominal y es de aproximadamente tres a cinco centímetros de diámetro; a la palpación hay dolor y a la compresión se extrae pus (Figura 3.5).

Infección de la arteria umbilical: Los becerros con esta afección tienen un cuadro sintomático similar a aquellos con uraco infectado. Aparentemente el cordón infectado también presenta una dirección dorsocaudal a partir del ombligo; sin embargo, en realidad se dirige hacia un lado de la vejiga. La diferenciación generalmente es hecha durante la exploración quirúrgica (Figura 3.6).

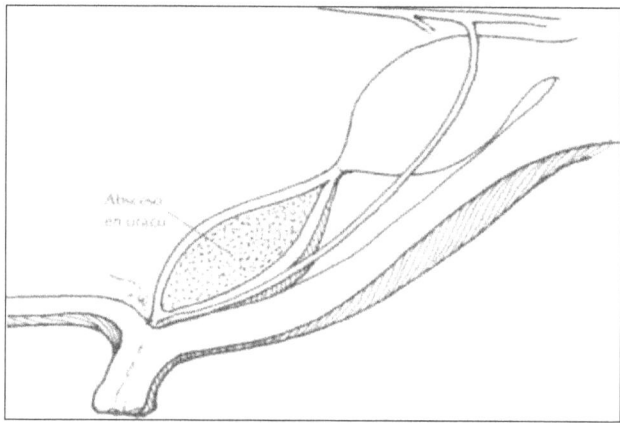

Figura 3.5 Infección de uraco que puede estar asociada a hernia umbilical.

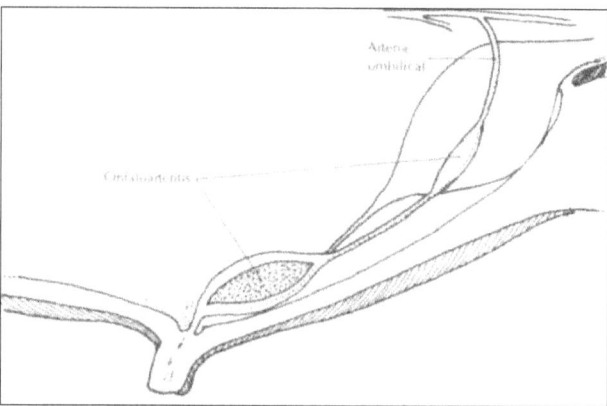

Figura 3.6 Hernia umbilical asociada a infección de arteria umbilical. La arteria umbilical puede contener varios abscesos pequeños.

Infección de la vena umbilical: Los becerros con este padecimiento tienen una apariencia similar a los descritos anteriormente, sin embargo, en este caso el hígado está afectado por extensión de la vena umbilical (Figura 3.7). Posiblemente otros focos de infección estén presentes, como por ejemplo artritis séptica. En estos casos la micción no es afectada. El cordón umbilical puede ser palpado en su curso dorso craneal hacia el hígado.

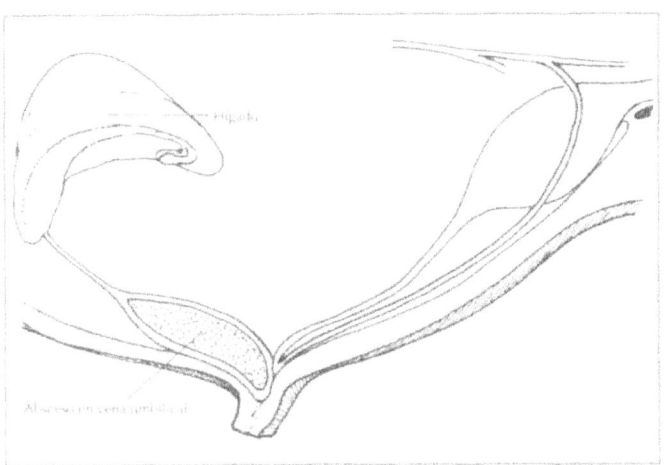

Figura 3.7 Absceso en la vena umbilical sobresaliendo por la hernia umbilical.

4.1.5 Tratamiento quirúrgico

Los becerros deben someterse a una dieta específica por 12 a 24 horas antes de la cirugía, dependiendo de edad, volumen abdominal, magnitud del defecto y el diagnóstico. Se emplea la tranquilización general y la infiltración local de lidocaína ó Xilocaína[1]. Con el animal en decúbito dorsal, el abdomen es rasurado y preparado para la cirugía aséptica.

En becerros con hernias umbilicales simples se realiza una herniorrafia abierta. En algunos casos se localizan remanentes de los vasos umbilicales o del uraco en forma de pequeños ligamentos tubulares en dirección dorso craneal o dorso caudal a partir del ombligo, éstos pueden ser

---

[1] Laboratorios ASTRA, México, D.F.

ligados y cortados; la pared abdominal se cierra con material absorbible empleando surjete continuo, realizando puntos en X, o bien separados, como la sutura de "cerca-lejos, lejos-cerca". La piel es cerrada efectuando puntos de colchonero con material no absorbible.

En becerros con hernias abomaso-umbilicales, el mejoramiento del estado metabólico permite proceder quirúrgicamente. Con el animal en decúbito dorsal se lleva a cabo una incisión elíptica alrededor de la hernia, se identifica el saco herniario, se incide una circunferencia y el abomaso se exterioriza de la cavidad abdominal, despegando la parte adherida al saco herniario; se diseccionan las adherencias del saco herniario; se cierra la abertura abomasal con sutura de Conell y Cushing, finalmente la pared abdominal se cierra en la forma convencional (Fubini, 1984).

Los abscesos umbilicales (Figura 3.3) deben ser drenados y tratados en forma conservadora durante los días previos a la intervención quirúrgica, esto permite la reducción del tamaño del absceso y disminuye el riesgo de contaminación quirúrgica. Los becerros con hernia umbilical asociada a una masa cuyo contenido ha sido drenado deben de ser tratados de manera diferente. Es necesario realizar un drenado completo de la masa umbilical antes de la intervención quirúrgica, así como rellenar eésta con gasas empapadas en un antiséptico; la masa debe ser suturada externamente por su interior. Esto evita la contaminación o descarga de material purulento durante la cirugía. El tratamiento quirúrgico de ésta, así como el del las infecciones de los remanentes umbilicales, se realiza procediendo a la incisión del abdomen como en una herniorrafia normal. La masa umbilical debe explorarse hasta su origen, ya sea la vejiga o el hígado. Si la masa se adhiere a la vejiga es necesario amputarla lo más cercanamente posible a la vejiga; si la masa es un remanente de la arteria umbilical, ésta también debe ser amputada tan lejos como sea posible de la masa umbilical. Si el tracto infectado es un remanente de la vena umbilical y no afecta al hígado, ésta debe ser amputada tan lejos como sea posible de la masa umbilical. Si la infección de la vena umbilical conduce a un absceso hepático, entonces la marsupialización de la vena umbilical es el único método adecuado para tratar correctamente la infección (Smith, 1985; Baxter, 1989; Trent, 1987).

La técnica de marsupialización se lleva a cabo mediante una incisión en la zona paramedia derecha, cinco centímetros detrás de la apófisis xifoides, por donde se saca la vena abscedada, la cual se sutura a la pared abdominal con puntos separados en tres capas para evitar un posible goteo o contaminación abdominal. Se drena el absceso, se lava con solución salina fisiológica y posteriormente con una solución de yodo-povidona al 10% en solución salina fisiológica. Esta última se realizará diariamente hasta la cicatrización (Fubini, 1984). En todas las intervenciones quirúrgicas deben aplicarse antibióticos durante cuatro a siete días, como penicilina procaínica 10,000 a 20,000 UI/kg de peso corporal.

LITERATURA CITADA

Baxter, G. M.: Umbilical Masses in Calves: Diagnosis, Treatment and Complications. Compend. of Cont. Educ. Pract. Vet 11(4):505-513, 1989.

Dirksen, G. U. and Doll, K.: Ileus and Subileus in the Young Bovine Animal. Bovine Pract., 21:33-40 (1986).

Fubini, L. S. and Smith, F. D.: Umbilical Hernia With Abomasal-Umbilical Fistula in a Calf. J. Am. Vet. Med. Ass., 184:1510-1511 (1984).

Smith, D. F.: Clinical Assessment and Surgical Management of Umbilical Masses in Calves. The Bovine Pract. 20:82-84, 1985.

Trent, A. M.: Surgical Management of Umbilical Masses in Calves. The Bovine Pract. 22:170-173, 1987.

4.2 DERMATOMICOSIS

Mario Medina Cruz MVZ, MSc, DCV

Es una enfermedad micótica, por lo tanto infecciosa y altamente contagiosa, que afecta a bovinos de todas las edades, especialmente a los que están en crecimiento y en condiciones de confinamiento. Se le conoce también como dermatofitosis, placas asbestoladas, tricofitosis, microsporidiosis y *ringworm* (Radostits, 1999).

4.2.1 Etiología

Trichophyton mentagrophytes, Trichophyton verrucosum, Trichophyton megnini, Trichophyton verrucosum var. *Album* y *Trichophyton verrucosum* var. *Discoides*.

4.2.2 Epizootiología

La dermatomicosis ocurre en todos los países en donde los animales se encuentran en confinamiento y cierto hacinamiento. El contagio entre especies se suscita fácilmente y es una zoonosis muy importante. La enfermedad se transmite por dos vías: contacto directo entre los animales, o vectores inanimados, como son cuerdas, instalaciones, becerreras de madera y en general objetos que están en contacto con las becerras. Cuando los animales afectados salen a pastoreo la infección tiende a solucionarse por sí misma. Las dermatomicosis crónicas se relacionan con deficiencias de vitamina A.

4.2.3 Signología

Se presenta un engrosamiento de la piel, formación de escamas, ausencia de pelo en la zona invadida; estos signos se desarrollan entre una y dos semanas después de la invasión. La lesión se extiende durante cuatro a ocho semanas, la recuperación ocurre entre 8 y 16 semanas después de su inicio, reflejada en una disminución del tamaño de las rosetas y el crecimiento del pelo nuevo. *Trichophyton mentagrophytes* usualmente provoca la formación de costras de 0.5 a 2 cm de diámetro; éstas tienden a ser múltiples y localizadas en las zonas anteriores o posteriores del cuerpo del becerro. *Trichophyton verrucosum* produce lesiones que van de un mínimo de 2 cm hasta 6 cm de diámetro; en ocasiones se presentan invasiones masivas de mayor tamaño, las que se encuentran principalmente sobre la cabeza y el cuello; produce alopecia y escamas con apariencia de asbesto.

Los animales en crecimiento son los más afectados, posteriormente desarrollan inmunidad activa; sin embargo, las lesiones localizadas alrededor de la boca y los ojos llegan a ser tan extensas que dificultan la prehensión del alimento, lo que ocasiona menor ritmo de crecimiento e infecciones bacterianas secundarias (Radostits, 1999).

4.2.4 Diagnóstico

Se basa en la observación microscópica de las lesiones en la piel (Figura 3.8).

Diagnóstico de laboratorio: Se obtiene una muestra de pelo de la periferia de las rosetas, en donde el crecimiento es más activo. A la observación microscópica, la presencia de micelios y esporas confirma el diagnóstico.

4.2.5 Tratamiento

No obstante la inmunidad activa y la recuperación espontánea que en algunos casos se han observado, es importante establecer el tratamiento para evitar el contagio. El tratamiento tópico se efectúa mediante el lavado de las lesiones con un cepillo de raíz, ya sea con agua y jabón o bien con un desinfectante, a fin de remover las costras de la piel; éstas, una vez que se desprenden, deben quemarse. Se realizan aplicaciones tópicas de yodo como el Lugol, tintura o Betadine, realizando de dos a tres aplicaciones con intervalos de tres días; asimismo se emplean los compuestos de cuaternario de amonio en solución de 1:200 hasta 1:1,000, el tiabendazol en suspensión oleosa al 2 ó 4%, o bien en suspensión en glicerina, cada tres días, hasta cumplirse de tres a cuatro aplicaciones.

El mejor tratamiento sistémico consiste en el uso de la griseofulvina. Tradicionalmente se recomendaban 25 mg/kg de peso corporal durante 10 días, sin embargo este régimen es impráctico por el precio del producto. Recientemente se ha comprobado que una dosis de 5 a 7.5 mg/kg de peso corporal durante siete días tiene buenos resultados (Radostits, 1999). La administración parenteral de vitamina A incrementa la respuesta al tratamiento.

4.2.6 Prevención

Son acciones fundamentales el aislamiento de los animales afectados y su tratamiento oportuno, así como evitar la contaminación de las instalaciones, que deben ser desinfectadas con un producto apropiado. Se recomienda la aspersión de una solución de formaldehído al 2% y sosa cáustica al 1%.

LITERATURA CITADA

Radostits, O. M.: Veterinary Medicine - A Text Book of the Diseases of Cattle, Sheep, Pigs, Goats and Horses. 9th ed. Bailliere and Tindall, London, 1999.

Figura 3.8 Lesiones características producidas por Trichophyton verrucosum consistentes en escamas asbestoladas. Fotografia original de M. Medina C.

4.3 MIOPATÍA NUTRICIONAL

Mario Medina Cruz MVZ, MSc, DCV

4.3.1 Definición

Es una enfermedad degenerativa aguda del miocardio y/o del sistema múscular esquelético, causada por una deficiencia de selenio y/o vitamina E (Aluja, 1977; Van Vleet, 1980; Strouth, 1985; Maas, 1990).

4.3.2 Sinonimias

Enfermedad del músculo blanco, distrofia muscular nutricional.

4.3.3 Etiología

Una deficiencia de selenio y/o vitamina E en la dieta de los becerros o de las vacas preñadas.

4.3.4 Epizootiología

Especies susceptibles: Afecta también a corderos, cabritos y potrillos. En becerras la mayoría de los casos ocurren entre los dos y los cuatro meses de vida, así como durante la primavera y el verano. La enfermedad se observa en animales jóvenes en rápido crecimiento, especialmente en aquellos nacidos de madres alimentadas con dietas deficientes en selenio durante toda o parte de la gestación (Van Vleet, 1980; Strouth Miller, 1985; Gitten, 1978).

Factores de predisposición: La presencia de esta enfermedad en los becerros usualmente es indicativa de la deficiencia de selenio y/o vitamina E en sus madres durante parte o todo el período de gestación. Las deficiencias en los forrajes y suelos pueden ser desde marginales hasta severas, especialmente en suelos ácidos, suelos volcánicos y suelos fertilizados con productos con un contenido alto en azufre, el cual inhibe la absorción del selenio en las plantas y en los animales. Las legumbres absorben menos selenio que los pastos. Durante la primavera y la época de lluvias las plantas absorben selenio en menores cantidades. La deficiencia de vitamina E ocurre cuando los animales son alimentados con henos de pobre calidad o paja (Van Vleet, 1980; Gitten, 1978; Allen, 1974). Los sustitutos que contienen en su fórmula aceite de pescado, aceite de soya, aceite de maíz o aceite de linaza, aumentan el aporte de ácidos no saturados al becerro y requieren de una suplementación de vitamina E, de lo contrario la miopatía nutricional se presenta. Casos de esta naturaleza se han diagnosticado en México (Cervantes, 1978). El estrés debido a transportación puede precipitar la presentación de la enfermedad.

Distribución: Se conoce en muchas partes del mundo y se ha descrito en Canadá, en los Estados Unidos, en México y en muchos países de Europa. Frecuentemente las zonas con deficiencia de selenio están alternadas con zonas donde el selenio se encuentra en niveles tóxicos (Van Vleet, 1980; Escobosa, 1978; McDonald, 1976).

4.3.5 Patogénesis

El selenio y la vitamina E son antioxidantes biológicos. El primero es necesario para la formación de la enzima glutatión peroxidasa. Durante el metabolismo a nivel celular, se forman compuestos altamente reactivos denominados radicales libres, como el peróxido de hidrógeno, hidroperóxidos, lipoperóxidos y oxígeno entre otros, mismos que bajo condiciones normales son captados por la vitamina E, evitando que se unan con los ácidos grasos poliinsaturados presentes en la célula, previniendo así la formación de hidroperóxidos lipídicos que destruirían la membrana celular y las proteínas plasmáticas conduciendo a una pérdida de la integridad celular. A esto se le llama degeneración hialina o degeneración de Zenker. La glutatión peroxidasa destruye el peróxido de hidrógeno y las lipoproteínas que han sido formadas, y las transforma en agua y compuestos no dañinos. La catalasa y la superóxido dismutasa son otras enzimas que participan también en este proceso.

Al parecer existen importantes relaciones entre el selenio y vitamina E presentes en el animal, el nivel de ácidos grasos poliinsaturados en la dieta y la presentación de la miopatía nutricional. Un alto nivel de ácidos grasos poliinsaturados puede superar la actividad antioxidante de la vitamina E y el selenio, a pesar de la actividad ruminal de saturación de los ácidos grasos. Durante los períodos de rápido crecimiento en los pastos y plantas, estos contienen altos niveles de ácidos grasos poliinsaturados, lo que predispone a los animales en pastoreo a daño oxidativo tisular. Cuando los animales reciben dietas ricas en ácidos grasos poliinsaturados las necesidades de vitamina E y de selenio aumentan. Para producirse miopatía nutricional en ocasiones se requiere de deficiencia de vitamina E o de selenio, y en otras se requiere de la deficiencia de ambos (Aluja, 1977; Van Vleet, 1980; Strouth, 1985; Maas, 1990).

4.3.6 Signología

Existen dos formas de la enfermedad, la forma cardiaca y la forma esquelética. La primera está asociada con signos de descompensación miocárdica aguda o hiperaguda y la segunda con signos de miastenia y dificultad en los movimientos. La mayoría de los casos son observados dentro del primer año de vida (Van Vleet, 1980; Maas, 1990; Muth, 1963).

La forma cardiaca tiene una presentación súbita, observándose al animal en un estado de debilidad extrema o muerto. Los signos consisten en depresión, descargas nasales sanguinolentas (resultantes de edema pulmonar y disnea), taquipnea, postración y arritmias cardiacas asociadas a murmullos cardiacos. Los animales mueren en 24 horas a pesar de la terapia, y cuando llegan a salvarse quedan inservibles para la producción debido a lesiones al miocardio.

La forma esquelética es de presentación menos aguda y se caracteriza por debilidad muscular o rigidez. Los animales que pueden incorporarse muestran debilidad, temblores en los músculos de los miembros y rigidez. Los músculos de los miembros pueden estar inflamados, duros y dolorosos a la palpación. Ocasionalmente los músculos de la lengua pueden estar afectados, lo que se manifiesta como disfagia. Los músculos más frecuentemente afectados son el gastrocnemio, el semitendinoso, el semimembranoso, el bíceps femoral y los grupos musculares de la región lumbar, glútea y del cuello. Cuando el diafragma o los músculos intercostales están afectados, el animal hace mayores esfuerzos al respirar y se observa disnea. Las lesiones musculares tienden a ser simétricas en distribución. Algunos becerros muestran signos de dolor abdominal. Los animales afectados por esta presentación frecuentemente responden en forma favorable al descanso y al tratamiento, y en aproximadamente tres a cinco días se pueden parar y caminar. En cualquiera de las dos formas de presentación se pueden llegar a observar lesiones en musculatura cardiaca y en musculatura estriada, así como signos clínicos en ambos (Van Vleet, 1980; Maas, 1990).

En México ha sido asociado un cuadro de insuficiencia del corazón derecho con la deficiencia de Se, el que se confunde con el síndrome de Enfermedad de las Alturas. En estos casos los animales se observan con un abdomen voluminoso que contiene líquido. Observaciones histológicas han comprobado lesiones tanto en músculos esqueléticos como en el miocardio, que comprueban la etiología de deficiencia de Se en estos casos. Sin embargo, es probable que la altura del Valle de México (2,300 msnm) influya en la presentación del Síndrome de Falla Cardiaca Derecha.

4.3.7 Patología macroscópica y microscópica

Se observan lesiones bilateralmente simétricas de degeneración muscular, caracterizadas por una decoloración pálida, resequedad del músculo, haces blanquecinos, calcificación y edema intramuscular. Las porciones afectadas se alternan con porciones normales de músculo. Frecuentemente se requiere de la histopatología, ya que las masas musculares de los neonatos son pálidas, incluyendo el músculo cardíaco, debido a una baja concentración de miohemoglobina. El examen histológico de preparaciones teñidas con hematoxilina-eosina revela en los músculos esqueléticos y en el miocardio lesiones características de la lesión hialina. Las fibras musculares han perdido las estriaciones, pueden notarse onduladas y su aspecto es de color rosa homogéneo. En casos avanzados se observan infiltraciones celulares e infiltración calcárea en las fibras mencionadas (Aluja, 1977; Gitten, 1988; Maas, 1990; Strouth, 1985; Van Vleet, 1980).

4.3.8 Diagnóstico

La diferenciación debe hacerse con respecto a otras enfermedades que causen que el animal esté postrado o muera súbitamente, tal es el caso de septicemia, neumonías, toxemias, anomalías cardíacas causantes de falla cardíaca aguda o intoxicaciones con agentes cardiotóxicos. Asimismo, enfermedades que causen rigidez en el paso, debilidad y recumbencia, como son afecciones del cerebelo, poliartritis, tétanos, compresión de médula espinal y traumatismos óseos. Enfermedades que causen dolor abdominal pueden manifestarse como rigidez en el paso, debilidad y postración. Durante la fase aguda de la degeneración muscular, los niveles de creatinin-fosfocinasa sérica se elevan a varios miles de U.I. por litro (Maas, 1990). Los niveles circulantes de selenio pueden ser determinados en los becerros por medio de sangre y los de vitamina E por medio del plasma. Tejidos como el del hígado proveen información sobre las reservas corporales de éstos. Los niveles normales, marginales y deficientes de glutatión peroxidasa (UI/mg HB/minuto) son de 25 a 500, 15 a 25 y <15 respectivamente. Niveles entre 0.07 y 0.1 ppm de selenio son considerados como normales en grandes especies. Las concentraciones normales de vitamina E (alfa-tocoferol) son entre 1.1 y 2 ppm (microg/g) (Aluja, 1977; Maas, 1990; Aluja, 1981).

4.3.9 Tratamiento y prevención

El tratamiento es más exitoso cuando se trata de la forma que afecta a los músculos estriados, no así en la que afecta al músculo cardíaco. Existen diferentes preparaciones comerciales en el mercado. La dosis recomendable es de 2.5 a tres mg de selenio/kg de peso corporal. La vitamina E es pobremente absorbida en administración intramuscular, por lo que debe suplementarse oralmente (Maas, 1990; McDonald, 1976).

La prevención y el control de la miopatía nutricional se realizan por medio de la suplementación de selenio y vitamina E, no obstante que la gran mayoría de las veces el factor deficiente es el selenio. Esta suplementación se realiza por medio de mezclas de sales minerales, inyecciones periódicas y recientemente por medio de bolos intrarruminales de liberación lenta de selenio (Van Vleet, 1980; Maas, 1990; McDonald, 1976; Muth, 1963).

LITERATURA CITADA

Allen, W. M.; Parr, W. H.; Bradley, F. R.; Swannack, K.; Barton, C. R. Q. and Tyler, R.: Loss of Vitamin E in Stored Cereals in Relation to a Myopathy of Yearling Cattle. Vet. Rec. 94:373-375 (1974).

Aluja, A. S. de y Adame, P.: Miopatía degenerativa en becerros. Vet. Mex. 8:2-12 (1977).

Aluja, A. S. de; Rocha, A. M. y Ochoa, P.: Determinación de niveles de selenio sérico en becerros y vacas de dos establos localizados en el Estado de México. Vet.Mex. 12:85-88 (1981).

Cervantes, C. H. M.: Efecto de la vitamina E y del selenio sobre el desarrollo durante la fase de lactancia de becerros Holstein criados en sistema intensivo. Tesis de Licenciatura. Fac. de Med. Vet. y Zoot. Universidad Nacional Autónoma de México. México, D.F. 1978.

Escobosa, A.; González, M. A.; Rocha, A. M.; Rosas, N.; O'Connor, J. y Figueroa, F. M.: Determinación de selenio, calcio, fósforo, manganeso en forrajes y pH de suelos de algunas regiones de la República Mexicana. Memorias X Congreso Mundial de Buiatría, México, México. pag. 839 (1978).

Gitten, M.; Bradley, R. and Pepper, R.: Nutritional Myodegeneration in Dairy Cows. Vet. Rec. 103:24-26, 1978.

Maas, J.; Parish, S. M. and Hodgson, D. R.: Nutritional Myodegeneration. In: Large Animal Internal Medicine. Edited by: Smith, B. P.:1352-1357. The C. V. Mosby Co., St. Louis Missouri, USA, 1990.

McDonald, D. W.; Christian, R. G.; Whenham, G. R. and Howell, J.: A Review of Some Aspects of Vitamin E and Selenium Responsive Diseases, with a Note on their Possible Incidence in Alberta. Can. Vet. J. 17:61-71 (1976).

Muth, O. H.: White Muscle Disease, a Selenium-Responsive Myopathy. J.Am.Vet.Med.Assn. 142(3):272-277, 1963.

Strouth, K. D.: Niveles de Selenio en alfalfa y sangre de vacas Holstein y correlación entre niveles de Selenio y Glutatión Peroxidasa. Tesis de Maestría. Fac. de Med. Vet. y Zoot. Universidad Nacional Autónoma de México. México, D.F., 1985.

Van Vleet, J. F.: Current Knowledge of Selenium-Vitamin E Deficiency in Domestic Animals. J.Am.Vet.Med.Assn. 176(4):321-325 (1980).

4.4 MASTITIS EN VAQUILLAS

Mario Medina Cruz MVZ, MSc, DCV
Miguel Ángel Blanco Ochoa MVZ, EPA, MPA

La incidencia de IIM se incrementa con la edad y el número de partos de la vaca (Oliver, 1990). El control de la mastitis en vaquillas y en vacas secas parece tener una marcada influencia en el nivel de IIM en la lactancia subsecuente (Nickerson, 1990). En adición, el control de la mastitis en vaquillas no solamente tiene por objeto mejorar la calidad de la leche o aumentar la producción, sino también asegurar la existencia de futuras vacas productivas en el hato (Pankey, 1990).

La prevalencia de la mastitis al parto en vaquillas oscila. Según los reportes es de 46%, 25% y 98% en los estados de Vermont, Louisiana y Teneessee, en Estados Unidos (Nickerson, 1990; Pankey, 1990). En México, en cuatro establos lecheros de los estados de Querétaro y Guanajuato, durante 1990 los porcentajes de vaquillas con mastitis posparto fueron de: 47%, 66%, 74.5% y 80%; los porcentajes de cuartos con mastitis subclínica fueron: 32%, 45%, 55% y 59%; y los porcentajes de cuartos ciegos: 2.6%, 0%, 0.25% y 1.9%

Entre los principales agentes etiológicos, estreptococos y estafilococos aureus son los de mayor importancia, ya que las vaquillas pueden constituir un reservorio para éstos, lo que obstaculiza su erradicación del hato. El estafilococo aureus constituye el 23%, 30% y 37% de los patógenos aislados en los diferentes estudios (Nickerson, 1990; Pankey, 1990; Nickerson, 1991).

Por otro lado, la dieta parece desempeñar un papel muy importante en la resistencia a infecciones debido a que ciertos nutrientes influyen sobre mecanismos de defensa de la glándula mamaria, como son la función de las células somáticas, el transporte de anticuerpos y la integridad de los tejidos. La suplementación de la ración en vaquillas gestantes con vitamina E (50-100 ppm) y selenio (0.3 ppm) desde los 60 días antes del parto y durante la lactación, redujo 42% las infecciones por estafilococos y coliformes. Al inicio de la lactación, la mastitis clínica en vaquillas suplementadas se redujo 57%, y a través de toda la lactación en un 33%; asimismo, los conteos celulares somáticos fueron más bajos en el grupo tratado (Nickerson, 1990).

4.4.1 Mecanismos de transmisión

Se estima que cerca del 80% de las infecciones intramamarias se originan 2 ó 3 semanas después de la gestación, mientras que el otro 20% se da durante la etapa de crianza. Los mayores problemas por mastitis clínicas en vaquillas se dan después del parto (Kirk, 2001 y Compton, 2007). Entre los principales mecanismos de transmisión de mastitis en becerras y vaquillas podemos mencionar: alimentación de becerras con leche contaminada, traumatismos y lesiones en el pezón, contaminación de la cama, presencia de moscas.

4.4.2 Alimentación de becerras con leche contaminada

El alimentar a las becerras con leche mastítica o contaminada sin pasteurizar, además de incrementar las posibilidades de que las becerras sufran problemas digestivos, también es un mecanismo de transmisión de infecciones a través de la succión de los pezones a una edad temprana, permitiendo el ingreso de bacterias al pezón y posteriormente a la glándula, donde permanecen latentes por mucho tiempo. Otro mecanismo estudiado radica en que la leche contaminada con *S. aureus* permite el almacenamiento de la bacteria en las tonsilas de la becerra y su acarreo posterior a la glándula mamaria por medio del torrente sanguíneo (Medina, 2002).

4.4.3 Traumatismos y lesiones del pezón

La existencia de una solución de continuidad en la piel, principalmente del pezón, significa una puerta abierta para la entrada de los diferentes microorganismos habitantes de la piel, como por ejemplo *S. aureus*.

4.4.4 Alojamientos o camas

Una de las razones comúnmente aceptadas de mastitis desde la reproducción hasta el parto es la presencia de alojamientos o camas sucios, los cuales provocan la contaminación de los pezones, la atracción de moscas y su posterior mordedura, lesiones en los pezones y pezones agrietados.

4.4.5 Presencia de moscas

La presencia de moscas puede influenciar en la incidencia de mastitis en vaquillas lecheras, ya que a través de sus mordidas traumatizan las puntas de los pezones, lo que abre paso a la colonización por gérmenes que pueden entrar por esa vía. Además, las moscas pueden transportar los gérmenes causantes de mastitis de las vacas lactantes o secas hacia las vaquillas; el principal microorganismo involucrado en estos casos es *S. aureus*. Es por esto que, de ser posible, las vaquillas deben ser aisladas de esa fuente potencial de contagio durante la crianza, reproducción y sobretodo en la gestación (Nickerson, 1998).

4.4.6 Tratamiento

Se pueden utilizar tanto formulaciones para vacas lactantes como para secas, sin embargo sería útil lograr el aislamiento del agente causal y realizar un antibiograma para elegir el antibiótico de mayor eficacia. Es importante hacer notar que las vaquillas se recuperan entre un 80 y 91% más rápido de infecciones intramamarias que las vacas multíparas (Myllys, 1995; Compton, 2006)

Se ha propuesto un tratamiento para infecciones causadas por *S. aureus* que consiste en la infusión al servicio y durante la preñez con una fórmula para vacas no lactantes, basada en penicilina G y dehidroestreptomicina, que proporciona una reducción de 59% en la incidencia de mastitis al parto (Gilbert, 2003).

Otro protocolo de tratamiento es la aplicación de 200 mg de cloxacilina sódica o 200 mg de cefapirina sódica 7 días antes del parto. Con la utilización de estos dos tratamientos se alcanza la mejor efectividad (Nickerson, 1998). En hatos con problemas de *S. aureus* se propone el tratamiento con preparaciones para vacas lactantes desde la confirmación de la preñez hasta cerca de los 45 días antes del parto, pudiéndose anticipar una curación efectiva (Kirk, 2001).

Para la infusión de antibióticos por vía intramamaria deben utilizarse técnicas asépticas, a continuación se propone un método de aplicación de tratamientos intramamarios:

1. Lavado y secado de los pezones con toallas de papel, especialmente en vaquillas cuya ubre no se ha manejado con anterioridad y que probablemente tenga un grado de contaminación ambiental importante.

2. Usando guantes desechables, presellar por 30 segundos y secar con toalla desechable, comenzando con los pezones que se encuentren del lado contrario al que se encuentra el Médico Veterinario.

3. Despuntar, si es el caso, y volver a presellar por 30 segundos. Secar con toalla desechable.

4. Desinfección de las puntas del pezón con alcohol al 70%, comenzando con los dos pezones distales.

5. Infusión cuidadosa del tratamiento, utilizando cánulas cortas o haciendo la inserción parcial de la cánula.

6. Dar un ligero masaje hacia la parte superior de la ubre para lograr que el producto suba hasta la cisterna de la glándula (Gilbert, 2003).

LITERATURA CITADA:

Compton, C. W. R.: Epidemiology of Mastitis in Pasture-Grazed Peripartum Dairy Heifers and its Effects on Productivity. J. Dairy Sci. 2006; 90: 4157-4170.

Compton, C. W. R.: Risk Factors for Peripartum Mastitis in Pasture-Grazed Dairy Heifers. J. Dairy Sci. 2007;90: 4171-4180.

Gilbert G. Weber: Micronutrientes e inmunidad. Vitaminas, XI Curso de Especialización FEDNA. 2003

Kirk, J. H.: Tratamiento de las vaquillas con antibióticos antes del parto para controlar la mastitis. Memorias del III Congreso Nacional de Control de Mastitis y Calidad de la Leche. 2001 Junio 21-23. León, Guanajuato. Consejo Nacional de Mastitis A.C.

Medina, M.: Características de la mastitis en vaquillas de reemplazo. Memorias del IV congreso nacional de control de mastitis y producción láctea. 2002 Mayo 23-25. Guadalajara, Jalisco. Consejo Nacional de Mastitis A.C.

Myllys, V. et al.: Characterization of Clinical Mastitis in Primiparus Heifers. J. Dairy Sci. 1995; 78: 538-545.

Nickerson, S. C. et al.: Prevalence of Mastitis in Dairy Heifers and Effectiveness of Antibiotic Therapy. Memorias del congreso panamericano de control de mastitis y calidad de la leche. 1998 Marzo 23-27. Mérida, Yucatán. Consejo Nacional de Mastitis. A.C.

Nickerson, S. C.: Mastitis and its Contol in Heifers and Dry Cows. Proceedings of the International Symposium of Bovine Mastitis. Indianapolis, IN, USA, 1990. 82-91. National Mastitis Council., Arlington, Virginia (1990).

Nickerson, S. C.: Mastitis in Heifers and its Control. Proceedings of the Eastern States Veterinary Association. Orlando, Florida, USA. 1991. 474-476. Gainesville, FL (1991).

Oliver, S. P.; King, S.H.; Lewis, M. J.; Dowlen, H. H.: Intramammary Infections in Primigravid Heifers During the Peripartum Period Following Antibiotic Therapy before Parturition. Proceedings of the International Symposium of Bovine Mastitis. Indianapolis, IN, USA, 1990. 82-91. National Mastitis Council., Arlington, Virginia (1990).

Pankey, J. W.: Prevalence of Mastitis in First Lactation Cows. Proceedings of the International Symposium of Bovine Mastitis. Indianapolis, IN, USA, 1990. 108-111. National Mastitis Council., Arlington, Virginia (1990).

5 ENFERMEDADES DEL METABOLISMO FETAL Y NEONATAL

Mario Medina Cruz MVZ, MSc, DCV

5.1 ENFERMEDAD DE LA MEMBRANA HIALINA

5.1.1 Definición y etiología

La enfermedad de la membrana hialina (EMH) o síndrome de insuficiencia respiratoria neonatal, ocurre a consecuencia de un parto prematuro, debido a la escasa producción de surfactante, lo que provoca atelectasis pulmonar e hipoxia. La condición se observa en los rumiantes nacidos en forma prematura a consecuencia de parto inducido. La susceptibilidad del becerro hacia la EMH es inversamente proporcional a su edad gestacional (Eigenmann *et al.*, 1984).

5.1.2 Patogenia

El factor surfactante es producido por primera vez en el último tercio de la gestación por las células epiteliales tipo II del pulmón. Al momento del parto ocurre un incremento de hasta 10 veces en la producción de surfactante, el cual está compuesto aproximadamente de 50% de lecitina, 25% de fosfatidilcolina insaturada, 5 a 10% de fosfatidilglicerol, 5% de colesterol y 8 a 10% de proteína; la lecitina y el fosfatidilglicerol son los componentes más importantes, ya que la ausencia de éstos se asocia a inmadurez pulmonar y desarrollo de EMH. En tales circunstancias, el líquido que se encuentra sobre el epitelio alveolar presenta alta tensión superficial, lo que produce colapso alveolar, mayor esfuerzo para lleva a cabo la respiración, hipoxia y atelectasis. Esto provoca vasoconstricción pulmonar, lo que a su vez desencadena hipertensión pulmonar y edema pulmonar. Posteriormente ocurren cambios secundarios que dañan las células epiteliales alveolares, lo que contribuye a la formación de membranas hialinas y al daño de capilares pulmonares, produciendo edema y hemorragia (Smith, 1990).

5.1.3 Patología macroscópica y microscópica

En la necropsia se encuentran áreas firmes de atelectasis pulmonar, de color rojo oscuro; al poner un fragmento de estas áreas en un vaso de agua, éste se hunde. Las lesiones histológicas incluyen colapso alveolar, necrosis con descamación de las células epiteliales, alveolares y bronquiolares; con formación de membranas hialinas, edema pulmonar, hemorragia y carencia de células pulmonares tipo II.

5.1.4 Diagnostico clínico

Dependiendo de la severidad, algunos neonatos al principio tienen apariencia normal; pero gradualmente desarrollan insuficiencia respiratoria en un período de varias horas. Los signos principales son disnea inspiratoria con retracción en los movimientos intercostales; comúnmente taquicardia, taquipnea, cianosis, respiración con la boca abierta, postración, depresión, hipotermia e indiferencia. La auscultación revela un incremento de los sonidos respiratorios y crujidos (Eigenmann *et al.*, 1984; Smith, 1990).

5.1.5 Diferencial

El principal diagnóstico diferencial es una neumonía por aspiración en un neonato alimentado a través de sonda esofágica, por malposición de ésta en el árbol respiratorio.

5.1.6 Tratamiento

Los glucocorticoides inducen la maduración pulmonar y estimulan la producción de surfactante. En este caso se recomienda prescribir succinato sódico de prednisolona en dosis de 2.2 mg/kg vía intravenosa cada 24 horas, así como fosfato sódico de dexametazona en dosis de 0.22 mg/kg vía intravenosa cada 24 horas. Asimismo, Tiroxina (T_4) a dosis de 0.02 mg/kg vía intramuscular cada 12 horas. Es posible emplear hormona adenocorticotrópica (ACTH) en lugar de esteroides exógenos en una dosis de 2.2 UI/kg vía intramuscular. Los inhibidores de la fosfodiesterasa, como la aminofilina, inducen la producción de surfactante y provocan broncodilatación cuando se administra una dosis de 2 a 9 mg/kg cada 8 horas. La isoxuprina puede inducir la producción de surfactante y disminuir la hipertensión pulmonar y el broncoespasmo en una dosis de 0.66 mg/kg peso vivo, vía oral.

El control y el manejo respiratorio son importantes. La terapia con oxígeno disminuye la hipoxia y la hipertensión pulmonar, preservando la integridad de las células pulmonares tipos I y II así como del endotelio capilar. Una terapia de esta naturaleza en la granja o el campo se lleva acabo adecuadamente valiéndose de un resucitador manual para uso bovino.

5.2 SÍNDROME DEL BECERRO DÉBIL

El síndrome del becerro débil se observó por primera vez en el Estado de Montana, en Estados Unidos, en el año de 1964. Hasta la fecha se desconoce la etiología precisa del padecimiento. La morbilidad oscila entre un 5 y un 15%; la mortalidad alcanza el 80% en los becerros afectados. Se considerada como una causa significativa de pérdidas en hatos, tanto productores de carne como productores de leche (Ward, 1981)).

5.2.1 Etiología

Se cree que un virus es el agente etiológico de este síndrome; sin embargo, las causas posibles de la enfermedad incluyen deficiencias nutricionales, intoxicaciones, infecciones bacterianas y virales, así como estrés causado por condiciones climáticas adversas (Olson *et al*, 1981).

Algunos agentes sospechosos de producir el padecimiento son: virus de la diarrea bovina, el cual ha sido aislado de algunos casos; adenovirus tipos II, V y VII, y un virus aún no clasificado que produce inclusiones intranucleares eosinofílicas, el cual ha sido aislado de algunos becerros con menos de 24 horas de nacidos afectados por el síndrome. Debido a la complejidad de la epidemiología de la enfermedad se ha sugerido que el agente o agentes etiológicos probablemente sean uno o más virus que actúan en forma sinérgica.

Recientemente el síndrome del becerro débil ha sido reproducido experimentalmente alimentando vacas durante el preparto a base de dietas bajas en proteína. Posteriormente, estas vacas paren en condiciones ambientales donde la temperatura es inferior a la zona de termoneutralidad de los becerros (Olson *et al.*, 1989).

5.2.2 Signología

Usualmente los becerros afectados se encuentran deprimidos en decúbito esternal, es necesario ayudarles para que se pongan de pie, se rehúsan a caminar y no muestran ningún interés por alimentarse. En ocasiones este cuadro se acompaña de diarrea; muestran el dorso arqueado con los flancos recogidos y con un paso rígido. Las articulaciones pueden estar ligeramente inflamadas y dolorosas al tacto; además, el hocico esta hiperémico (Ward, 1981; Olson, 1981; Radostits, 1999).

Aunque se desconoce un tratamiento específico para esta enfermedad, se recomiendan varias acciones que ayudan a la sobrevivencia de los becerros. Preferentemente se administra calostro de una vaca del mismo hato que también haya parido un becerro afectado por el síndrome del becerro débil. El tratamiento mediante suero hiperinmune ha sido muy positivo, para ello se requiere de una vaca donadora adulta, con varios partos, que también haya producido un becerro débil.

5.3 DESEQUILIBRIO ACIDO-BÁSICO EN EL NEONATO

El becerro experimenta una marcada transición de la vida intrauterina a la vida extrauterina al momento del parto. En condiciones de parto normal, es decir eutocia, el estrés es superado por mecanismos endocrinos y nerviosos que permiten la adaptaclón. Sin embargo, el parto anormal o distócico produce un gran estrés que repercute en el feto no solamente por un trauma físico, sino por los diversos grados de acidosis respiratoria y metabólica que resultan de una hipoxia. Durante la gestación los gases sanguíneos y el pH sanguíneos del feto permanecen relativamente estables hasta los momentos previos al inicio de labor de parto. Durante las contracciones se producen períodos transitorios de hipoxia, que son compensados por una vasoconstricción periférica y por el incremento en la circulación sanguínea a nivel cotiledón, minimizando las alteraciones en los gases sanguíneos; sin embargo, se produce una anaerobiosis tisular y una acidosis metabólica. La interferencia con la ventilación alveolar o el intercambio gaseoso incrementan la PCO_2, lo que provoca una acidosis respiratoria. La acumulación de metabolitos ácidos, principalmente ácido láctico, a partir de la anaerobiosis durante los períodos de hipoxia, produce al parto una acidosis metabólica. En el becerro normal esta acidosis es transitoria debido a la acción de mecanismos compensatorios (Beazile, 1988; Moore, 1969).

La distocia causada por un proceso de parto intenso y prolongado, la falta de respiración una vez que la oxigenación a través de la placenta ha cesado, así como posibles traumas durante la extracción forzada, producen cambios ácido-básicos más profundos que los que se presentan en un parto normal, y con ello se acrecientan las posibilidades de muerte fetal (Szenci, 1988).

La acidosis metabólica es más severa que la respiratoria y los niveles plasmáticos de ácido láctico están altamente correlacionados al grado de acidemia en becerros nacidos de parto distócico, lo cual indica que los niveles de ácido láctico son útiles para estimar el grado de acidosis metabólica presentes en el recién nacido.

5.3.1 Tratamiento

La ayuda respiratoria es un aspecto fundamental, ya que frecuentemente la deficiencia respiratoria es resultado de la fatiga, que a su vez es consecuencia del gasto tremendo de energía durante el parto en condiciones de distocia. En algunos casos, no obstante la utilidad del uso de estimulantes respiratorios, hay un resultado negativo después de que su efecto ha pasado; esto se traduce en una menor respiración, por lo que es preferible, hasta donde sea posible, evitar el uso de estimulantes respiratorios en recién nacidos. El uso de broncodilatadores como la aminofilina es preferible, ya que disminuye la resistencia al paso de aire en las vías respiratorias.

La acidosis láctica está presente en todos los animales nacidos de distocia, y la hipoglicemia en la gran mayoría de éstos, por lo que la infusión intravenosa de bicarbonato de sodio así como glucosa debe ser parte del régimen terapéutico a seguir. Debido a que las determinaciones de gases sanguíneos o ácido láctico no se encuentran disponibles para valorar la severidad de la acidosis metabólica, se pueden dar recomendaciones generales para el tratamiento de los becerros nacidos de parto distócico en la siguiente forma:

Asumiendo que existe una deficiencia base de cuando menos 10 mEq/l, este valor es multiplicado por el peso corporal (en kilogramos) y a su vez por un factor de 0.5, que representa al porcentaje del organismo del becerro que está constituido por el líquido extracelular; la cantidad resultante consiste de los mEq de bicarbonato de sodio requeridos para corregir la acidosis presente durante un parto distócico. A la solución debe añadirse glucosa en concentración isotónica, por ejemplo: si el becerro pesó 40 kg al nacimiento, entonces: 10 x 40 x 0.5 = 200 mEq de deficiencia total. Si cada gramo de bicarbonato de sodio constituye 12 mEq del mismo, entonces 200 dividido entre 12 nos da 17, que son los gramos de bicarbonato de sodio necesarios para un becerro de 40 kg al nacimiento. A estos se agregan 2.0 a 2.5 g de glucosa por cada 100 ml de la solución. Generalmente el efecto de la terapia se observa en forma inmediata por una mejoría en el estado general, en la actividad y en la fortaleza del becerro (Szenci, 1988; Walser, 1979).

LITERATURA CITADA:

Breazile, J. E.; Vollmer, L. A. and Rice, L. E.: Neonatal Adaption to Stress of Parturition and Dystocia. Veterinary Clinics of North America. Food Animal Practice 4(3):481-499, 1988.

Eigenmann, V. J. E.; Schoon, H. A.; Jahn, D. et al.: Neonatal Respiratory Distress Syndrome in the Calf. Vet. Rec., 114:141-144 (984).

Moore, W. E.: Acid-Base and Electrolyte Changes in Normal Calves during the Neonatal Period. Am. J. Vet. Res. 30:1133-1138, 1969.

Olson, D. P.; Bull, R. C.; Kelly, K. W. et al.: Effects of Maternal Nutritional Restriction and Cold Stress on Young Calves: Clinical Condition, Behavioral Reactions and Lesions. Am.J.Vet.Res. 42:758-763, 1981.

Radostits, O. M.: Veterinary Medicine - A Textbook of the Diseases of Cattle Sheep, Pigs, Goats and Horses. 9th ed. Bailliere Tindall, London, England, 1999.

Smith, J. A.: Diseases of Calves. In: Large Animal Internal Medicine. Smith, B.P. 578-581. The C. V. Mosby Company., St. Louis Missouri, 1990.

Szenci, O.; Taverne, M. A. M.; Bakonyi, S. and Erdodi, A.: Comparison Between Pre and Postnatal Acid-Base Status of Calves and their Perinatal Mortality. The Vet. Quarterly 10(2):140-144, 1988.

Walser, K. and Maurer-Schweizer, H.: Acidosis and Clinical State in Depressed Calves. In Calving Problems and Early Viability of the Calf. Edited by: Hoffmann, B.; Mason, I. L. and Schmidt, J. 551-565. Martinus Nijhoff Publishers, The Hague, The Netherlands,1979.

Ward, J. K.: Weak Calf Syndrome. In Current Veterinary Therapy. Food Animal Practice. Edited by Howard, J. L. 105-110. W.B. Saunders Co. Philadelphia, PA, 1981.

6 SISTEMA RESPIRATORIO

6.1 LARINGITIS NECRÓTICA

Mario Medina Cruz MVZ, MSc, DCV

Es una enfermedad común de becerros en corrales de engorda. Consiste en una infección aguda o crónica de la mucosa y el cartílago de la laringe. Se le conoce también como difteria de los terneros o necrobacilosis laríngea.

6.1.1 Etiología

La enfermedad ocurre por la invasión de *Actinomyces necrophorus* (previamente *Fusobacterium necrophorum*) a la mucosa y el cartílago laríngeos a través de una lesión epitelial, generalmente causada por úlceras laríngeas de contacto.

6.1.2 Epizootiología

Comúnmente la enfermedad se presenta en becerros de tres a 18 meses de edad; en ocasiones hasta los 24 meses. Es más frecuente en condiciones de poca limpieza o alta densidad de población, especialmente en corrales de engorda. La mayoría de los casos ocurren después de los 30 días de arribo al corral. No obstante que su incidencia es esporádica y que los casos se suscitan a lo largo de todo el año, se registra un ligero aumento en el número de animales enfermos durante el otoño y el invierno. La enfermedad tiene una distribución mundial (Jensen, 1981).

6.1.3 Patogenia

El *Actinomyces necrophorus* normalmente no penetra las membranas mucosas íntegras; solamente invade el epitelio y el cartílago laríngeo cuando ha existido una lesión, como en el caso de las úlceras laríngeas de contacto, las cuales se piensa que constituyen la puerta de entrada para *Fusobacterium necrophorum,* que es una bacteria residente normal, especialmente en condiciones de corrales de engorda. Las úlceras laríngeas de contacto son también muy comunes en ganado de engorda al sacrificio. Están relacionadas a una inflamación aguda de la mucosa debida a infecciones del tracto respiratorio superior, como parainfluenza 3, micoplasmas, bacterias, virus de IBR, *Pasteurella* e *Histophilus.* Con la expectoración se incrementa la frecuencia de oclusión laríngea, lo que provoca un daño erosivo en las mucosas del cartílago aritenoides y en las cuerdas vocales, ocurriendo entonces la invasión por *Fusobacterium necrophorum* (Smith, 1990).

6.1.4 Signología

Frecuentemente hay disnea inspiratoria severa, un estertor laríngeo o gutural fuerte (becerro roncador) y respiración con la boca abierta y con la cabeza y el cuello extendidos. Hay tos húmeda dolorosa con salivación y movimientos respiratorios dolorosos. Asimismo, signos sistémicos como depresión, fiebre (hasta 41 °C), anorexia y membranas mucosas hiperémicas, descarga nasal bilateral y aliento fétido. La palpación de la laringe puede causar un agravamiento de la disnea y el estertor gutural. Los animales generalmente mueren entre dos y siete días después de presentarse el padecimiento, por toxemia y por obstrucción respiratoria superior. Algunos animales que se recuperan después del tratamiento pueden manifestar como secuela respiración ruidosa crónica y una tos seca y áspera, esto debido a un cambio en la forma interior de la laringe. Otras secuelas comunes son neumonías por inspiración, animales de baja calidad y animales que no engordan (Jensen, 1981).

6.1.5 Patología macroscópica y microscópica

Las lesiones agudas consisten de edema, hiperemia, inflamación de la membrana mucosa y acumulación de exudado alrededor de la úlcera necrótica. Estas lesiones se extienden a lo largo de las cuerdas vocales. En casos crónicos las lesiones consisten de la necrosis de una porción del cartílago y la presencia de exudado purulento (Figura 3.9). El cartílago aritenoides puede estar desviado hacia el lumen.

6.1.6 Diagnóstico

Generalmente se realiza basándose en los signos clínicos. En adición se puede hacer uso de un laringoscopio con el objeto de confirmar el diagnóstico mediante la observación de las lesiones laríngeas; sin embargo, es necesario evitar un mayor estrés o agitación del animal, ya que esto puede producirle la muerte. El diagnóstico diferencial incluye traumas laríngeos como celulitis, abscesos, laringitis viral severa como en el caso de IBR, actinobacilosis, edema laríngeo, traumatismos, parálisis de la laringe y tumores.

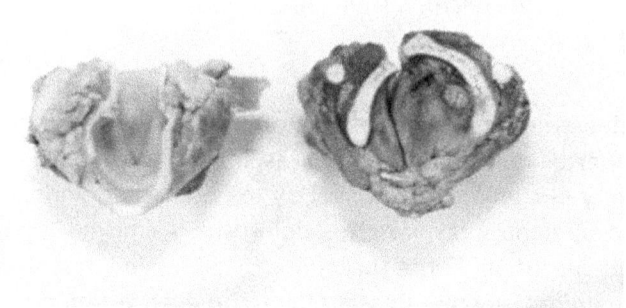

Figura 3.9 Izquierda: laringe normal de una becerra. Derecha: abscesos laríngeos amarillentos malolientes en un caso de laringitis necrótica.

6.1.7 Tratamiento

Generalmente son efectivos los tratamientos con sulfonamidas a una dosis de 140 mg/kg el primer día, seguidos de 70 mg/kg el segundo y tercer día, vía intravenosa; la penicilina procaína G a dosis 22,000 UI/kg de peso corporal vía intramuscular, dos veces/día; estreptomicina, oxitetraciclina o tilosina a dosis de 11 mg/kg de peso corporal vía intramuscular una a dos veces por día durante cinco días, son tratamientos usualmente efectivos. Con el objeto de reducir la inflamación y la fiebre se prescriben antiinflamatorios no esteroidales como la fenilbutazona a dosis de 6 mg/kg de peso vía oral diariamente o meglumina de flunixin a dosis de 0.5 a 1.1 mg/kg de peso corporal, vía intramuscular o intravenosa, de una a tres veces por día. En casos extremos es necesario realizar una traqueotomía para permitir la respiración y el descanso de la laringe. En estas condiciones es de primordial importancia un cuidado adecuado del animal, lo cual incluye alojamiento, buena ventilación, facilidad para alimentarse y para beber agua, incluyendo la administración de fluidos orales o intravenosos si se requiere.

El tratamiento oportuno garantiza un pronóstico favorable; sin embargo, generalmente el destino es fatal cuando se trata de un animal roncador crónico (Radostis, 1999).

6.1.8 Control y prevención

No hay medidas profilácticas específicas para esta enfermedad; no obstante, la prevención de otras enfermedades respiratorias reduce la incidencia de la laringitis necrótica.

LITERATURA CITADA

Jensen, R.; Lauerman, L. H.; England, J. J. et al: Laryngeal Diphteria and Papillomatosis in Feedlot Cattle. Vet. Pathol. 18:143-150, 1981.

Radostits, O. M.: Veterinary Medicine - A tTextbook of the Diseases of Cattle, Sheep, Pigs, Goats and Horses. 9th ed. Bailliere Tindall, London, 1999.

Smith, J .A.: Diseases of the Pharynx, Larynx and Trachea. In: Large Animal Internal Medicine. Edited by Smith, B.P.: 565-570. The C. V. Mosby Co. St. Louis Missouri, USA, 1990.

6.2 PASTEURELOSIS Y MANNHEIMIOSIS PULMONAR

Francisco J. Trigo Tavera MVZ, MSc, PhD

La pasteurelosis pulmonar bovina, también conocida como fiebre de embarque, es una enfermedad respiratoria comúnmente fatal, que se desarrolla predominantemente en becerros destetados o en animales menores a un año que han sido recientemente sometidos a cualquier tipo de estrés, y es caracterizada por una pleuroneumonía fibrinosa severa o por una bronconeumonía supurativa.

La causa de esta enfermedad es multifactorial e involucra una combinación de estrés y agentes infecciosos. Las condiciones más comunes de estrés comprenden: transporte, destete, alta densidad de población y cambios bruscos de temperatura entre otras. Estos factores se asocian con una elevación en la concentración de cortisol en el plasma, lo que provoca una reducción de la función leucocitaria.

Los agentes virales como el virus de la rinotraqueítis infecciosa bovina (herpesvirus 1), parainfluenza-3 y el virus respiratorio sincicial bovino, además de causar un efecto citopático directo en el aparato respiratorio, reducen la remoción bacteriana y la capacidad fagocítica del macrófago alveolar; con lo cual se facilita la colonización pulmonar por *Mannheimia haemolytica*, *Pasteurella multocida* y otras bacterias (Trigo, 1987; Pijoan *et al.*, 1999; Lo, 2001; Zechinnon *et al.*, 2005).

6.2.1 Etiología

Es multifactorial, involucrando la interacción de factores ambientales e infecciosos. Las condiciones ambientales incluyen la alta densidad de población o el estrecho contacto de animales de diferentes edades y diferentes niveles inmunológicos, el calor o el frío excesivos, elevada humedad relativa, transportación prolongada, instalaciones con deficiente ventilación, concentraciones elevadas de contaminantes en el aire, cambios bruscos de alimentación, etcétera; todo esto constituye factores de estrés para los animales. El término estrés implica una reacción neuroendocrinológica vagamente definida, que incluye la elevación de los niveles de esteroides endógenos del animal. Si esta situación se mantiene por un período prolongado, la hipersecreción de corticoesteroides comprometerá la respuesta del hospedador a los agentes infecciosos, ya que disminuye el funcionamiento del macrófago alveolar, que es la principal célula de defensa pulmonar contra los agentes infecciosos.

Entre los virus que intervienen en el desarrollo de la pasteurelosis pulmonar bovina se encuentran primeramente el virus herpes 1 de la rinotraqueítis infecciosa bovina, el virus de la parainfluenza-3 y el virus respiratorio sincicial bovino. De menor importancia se considera a los adenovirus bovinos, así como a los rinovirus. También se han involucrado a otros agentes como *Mycoplasma bovis* y *Mycoplasma dispar*. Sin embargo, los agentes infecciosos responsables de las lesiones pulmonares severas y de la mortalidad son *Mannheimia haemolytica* y *Pasteurella multocida*. Aunque de menor importancia, se ha considerado también a *Histophilus somni* (Fulton *et al.*, 2009).

6.2.2 Epizootiología

Entre las enfermedades infecciosas que afectan al ganado bovino, las de origen respiratorio son la principal causa de pérdidas en el ámbito mundial, especialmente en animales jóvenes (Lekeu, 1996). El complejo respiratorio bovino es una de las enfermedades más costosas que afectan al ganado bovino productor de leche o de carne, especialmente en aquellos animales de reciente ingreso en el hato; las neumonías son responsables de aproximadamente el 75% de los casos clínicos, están incriminadas directamente en aproximadamente el 45% al 55% de la mortalidad, y su tratamiento médico llega a representar el 8% del total de los costos de producción (Zechinon *et al.*, 2005; Fulton *et al.*, 2009).

La pasteurelosis pulmonar bovina se considera la enfermedad económicamente más importante en bovinos productores de carne, la segunda, después de las enfermedades gastrointestinales, en becerras lecheras (Katsuda, 2007), y una de las principales causas de pérdidas en la industria ganadera bovina del mundo. Se calcula que representa el 30% de la mortalidad total en bovinos y al menos el 1% de las ganaderías de engorda, y está relacionada con pérdidas económicas por más de mil millones de dólares tan sólo en Norteamérica (Trigo, 1987; Highlander, 2001; Lo, 2001; Narayanan *et al.*, 2002). Además, es responsable de la morbilidad y pérdidas por no ganancia de peso en al menos un 10% adicional de estas ganaderías; consecuentemente, los costos por la enfermedad en la industria ganadera de los Estados Unidos de Norteamérica son de al menos 640 millones de dólares anuales (Highlander, 2001).

En México, los estudios de rastro realizados han revelado cifras del 8.7% para becerros Holstein (Jaramillo, 1987). En explotaciones de bovinos lecheros se ha encontrado en animales de desecho que la presencia de neumonías ha fluctuado del 13 al 31% entre 1976 y 1983. En un estudio donde se analizó la prevalencia de neumonías en ganado de carne a nivel de rastro, se encontró el 1.82% en un total de 4,715 bovinos (Blanco, 1995; García, 1988). En México hay muy pocos estudios que hayan evaluado el impacto económico de las enfermedades neumónicas en la industria bovina (Trigo, 1987). Pijoan y Chávez (2003) concluyeron que los costos directos variaron entre 83 y 501 pesos, y los costos indirectos entre 235 y 301 pesos, por becerra nacida en establos de Tijuana, Baja California.

La transmisión de los agentes infecciosos responsables de esta enfermedad multifactorial (virus, micoplasmas y bacterias) sucede a través de microgotas que contienen los diversos microorganismos. Sin embargo, es necesario puntualizar que tanto *Mannheimia haemolytica* como *Pasteurella multocida* constituyen parte de la flora nasofaríngea del bovino.

En México los serotipos de *Mannheimia haemolytica* involucrados en neumonías de bovinos son: A_1 (68%), A_2 (14%) y no tipificables (18%); los serotipos de *Pasteurella multocida* únicamente incluyen al serotipo A. En otro estudio reciente se encontró 58% del serotipo A_1, 17% de los serotipos A_2 y A_6 y 8% no tipificables de *Mannheimia haemolytica*, así como 77% del serotipo A y 23% del serotipo D de un total de 26 aislamientos de *Pasteurella multocida*. Con referencia a los antígenos somáticos, el 77% correspondieron al serotipo 3, 8% al 4, 4% a los serotipos 7 y 12, y 8% fueron no tipificables (Blanco,1995).

Recientemente, Jaramillo *et al.* (200?) caracterizaron aislamientos de *Mannheimia haemolytica* y *Pasteurella multocida* a partir de pulmones de bovinos con neumonía en dos rastros de México. De 52 aislamientos de *M. haemolytica*, 33% fueron serotipo 1, 17.6% serotipo 6 y 49% no tipificables. De los 79 aislamientos de *P. multocida*, 98.7% fueron del biotipo A y 1.2% del biotipo D.

6.2.3 Patogénesis

Al presentarse una infección viral del pulmón, el virus lesiona principalmente a las células epiteliales de los bronquios, bronquiolos y alveolos, alcanzando la máxima proliferación viral entre los 3 y 5 días posinfección. El título viral va descendiendo progresivamente, de tal forma que para el día nueve posinfección ya no se aíslan virus. De no ocurrir infección bacteriana secundaria, el pulmón se encuentra totalmente normal a las cuatro semanas de iniciada la infección. Se sabe que durante la fase aguda de la infección viral en el pulmón los mecanismos bactericidas se encuentran esencialmente normales; sin embargo, aproximadamente una semana después de la infección viral, la actividad antibacteriana pulmonar se suprime marcadamente, de tal forma que las bacterias pueden proliferar. Para el día 12 posinfección la actividad antibacteriana vuelve a la normalidad (Wilkie, 1982).

Con el reconocimiento de que el macrófago alveolar juega el papel más importante en la defensa del pulmón contra infecciones bacterianas, se determinó que la proliferación bacteriana en el pulmón se debe a anormalidades en la ingestión e inactivación intracelular de bacterias por parte del macrófago alveolar. Por ejemplo, se sabe que macrófagos alveolares infectados con virus muestran disminución de receptores en su membrana celular para la porción Fc de IgG, IgM, así como para la porción C3b del complemento, con lo cual no pueden utilizar eficientemente estas opsoninas. Sin embargo, ahora se conoce que esta disfunción temporal del macrófago alveolar no se debe exclusivamente a la infección viral. Estudios con anticuerpos fluorescentes indicaron que el antígeno viral se localiza en el árbol respiratorio en las etapas agudas de la infección viral, para después situarse en los macrófagos alveolares. Esto se debe a que estos fagocitan restos de células epiteliales contaminadas con virus, por lo cual pueden infectarse. Ahora bien, la presencia del antígeno viral en los macrófagos alveolares ocurre del día seis al 10 posinfección viral, o sea cuando hay disfunción del macrófago. Simultáneamente, en estos días es cuando la respuesta inmune humoral y celular empieza a ser significativa y por consiguiente la infección viral comienza a disminuir. Por lo tanto, resulta paradójico que cuando la respuesta inmune alcanza su máxima intensidad, es cuando los mecanismos de defensa pulmonares antibacterianos se encuentran más disminuidos. Esto se debe a que los macrófagos alveolares contienen antígeno viral, por lo que son destruidos por el sistema inmune, con lo cual por un lado se eliminan a las células que contienen virus, aunque por otro lado se deja al pulmón temporalmente sin suficientes macrófagos funcionales. Del día 12 posinfección viral en adelante, la actividad antibacteriana del pulmón vuelve a recuperarse, en parte debido a que para entonces ya existen nuevos macrófagos alveolares provenientes de monocitos sanguíneos o de células intersticiales pulmonares (Trigo, 1987; Wilkie, 1982).

Los mecanismos de patogenicidad de algunos miembros de la familia *Pasteurellaceae* no están aún muy claramente definidos, particularmente la patogénesis de la pasteurelosis neumónica bovina, ya que algunos de los mecanismos que le permiten a *Mannheimia haemolytica* establecerse y diseminarse durante la infección no están del todo claros. Además, existe la posibilidad de que haya diferencias en dichos mecanismos entre las cepas aisladas de diversos cuadros neumónicos, así como de cepas procedentes de animales sanos (Highlander y Fedorova, 2000; Highlander, 2001; Lo, 2001).

En las cepas de *Mannheimia haemolytica* que afectan a los rumiantes se han identificado diversos mecanismos de expresión de su patogenicidad a través de diversos antígenos, que incluyen: una leucotoxina (Lkt) con actividad específica contra leucocitos de rumiante, lipopolisacáridos (LPS) con sus conocidos efectos sistémicos proinflamatorios, proteínas de membrana externa (PME), proteínas reguladas por hierro (PRH), fimbrias, diversas enzimas (neuraminidasa, proteasas, metaloglicoproteasas), antígenos aglutinantes serotipo-específico y adhesinas; además de la cápsula y plásmidos de resistencia a antibióticos (Lo, 2001; Marciel y Highlander, 2001; Jeyaseelan *et al.*, 2002; Leite *et al.*, 2002). Todos estos mecanismos juegan un papel fundamental en la patogénesis de la enfermedad, sin embargo, la leucotoxina es considerada como el factor más importante (Fedorova y Highlander, 1997; Highlander *et al.*, 2000; Marciel y Highlander, 2001; Narayanan *et al.*, 2002).

6.2.4 Signología

Las manifestaciones clínicas incluyen depresión y anorexia, incremento de secreción conjuntival serosa, con fiebre entre 40 y 41 °C, y taquicardia. Aparece una rinitis mucopurulenta junto con tos. Inicialmente la frecuencia respiratoria se incrementa, aunque después se presenta disnea severa que llega a causar respiración oral. Los animales afectados extienden el cuello y abducen los miembros anteriores para expandir el volumen de la cavidad torácica. A la auscultación se detectan ruidos bronquiales que progresan a ronquidos, los cuales son al principio húmedos y después secos; también se pueden apreciar ruidos de fricción pleural. Todos los animales presentan pérdida de peso y en algunos hay diarreas. El curso clínico por lo general dura de 2 a 4 días. Si los animales son tratados pronto, la mejora clínica se observa en 24 a 36 horas. Fallas en el tratamiento resultan en muertes o neumonías crónicas que continúan con anorexia y pérdida de peso.

Los periodos de incubación reportados son muy variables, fluctuando desde dos hasta 14 días. Por lo general los animales afectados severamente mueren en los primeros 25 días del inicio de la enfermedad; o bien pueden recuperarse en una semana o desarrollar un proceso crónico. La morbilidad fluctúa del 5 al 40%; mientras la mortalidad varía del 5 al 20%.

6.2.5 Patología macroscópica y microscópica

La patología macroscópica inducida por *Mannheimia haemolytica* incluye una extensa deposición de fibrina en los pulmones y en las superficies pleurales. Se acumula un líquido ámbar en la cavidad pleural, aunado a exudado purulento en los conductos aéreos mayores. Los septos interlobulillares se encuentran dilatados por la deposición de edema y fibrina. Las áreas pulmonares afectadas muestran una consolidación roja y consistencia firme, comúnmente distribuidas anteroventralmente. La imagen histológica es de pleuroneumonía fibrinosa. Los septos interlobulillares se muestran edematosos, con linfáticos distendidos y frecuentemente trombosados. Los bronquios y bronquiolos se encuentran inflamados, al igual que los alveolos, con un exudado rico en células mononucleares agregadas y con un patrón fusiforme. Los vasos sanguíneos y linfáticos pueden mostrar inflamación y trombosis (Trigo, 1998; Boyce *et al.*, 2004; McGavin y Zachary, 2007).

Por otro lado, la patología producida por *Pasteurella multocida* no comprende la deposición de fibrina, el exudado en los conductos aéreos es de tipo purulento. La tráquea y bronquios posiblemente estén necrosados y hemorrágicos. La pleura, por lo general, no se encuentra involucrada. El cuadro histológico es de una bronconeumonía, con los bronquios presentando necrosis y descamación de las células epiteliales. No se observa la presencia de trombosis linfática o sanguínea. Es importante señalar que con frecuencia estas bacterias pueden afectar simultáneamente al pulmón del bovino, con lo cual la patología observada es de carácter mixto (Trigo, 1998; Boyce *et al.*, 2004; McGavin y Zachary, 2007; Fulton *et al.*, 2009)).

6.2.6 Diagnóstico clínico

Mediante el examen clínico de una infección viral del aparato respiratorio del bovino no es posible establecer con certeza el agente involucrado, por lo que se requiere el apoyo del laboratorio. En el caso de la infección por pasteurelas o mannheimias, sí es posible concluir que el animal padece un cuadro neumónico agudo o crónico, aunque sin saber cuál bacteria se encuentra involucrada.

6.2.7 Diagnóstico de laboratorio

Para establecer la etiología del virus involucrado en el animal vivo, se pueden realizar improntas del exudado nasal y practicar en ellas un diagnóstico por inmunofluorescencia; también recolectar muestras pareadas de suero para detectar, por la prueba de virus-seroneutralización, si existe seroconversión (Gentry, 1985).

Si se cuenta con muestras de pulmón de un animal al que se le practicó la necropsia, se puede intentar el aislamiento del agente viral en cultivo de tejidos; o bien, practicar la técnica de inmunofluorescencia o de inmunoperoxidasa para detectar antígeno viral en el pulmón.

Con referencia a las pasteurelas o mannheimias, se aíslan en agar sangre y se practica la caracterización bioquímica correspondiente. Además es conveniente realizar la serotipificación del aislamiento. Para esto se emplean técnicas de hemoaglutinación mediante la utilización de antisueros de referencia específicos para los 17 serotipos reconocidos.

La variabilidad y complejidad de las características fenotípicas y genotípicas de los generos *Pasteurella* y *Mannheimia* dificultan en gran medida la clasificación de los aislamientos a través de las técnicas de laboratorio convencionales, tales como la biotipificación, serotipificación, determinación de patrones de susceptibilidad a antibióticos y fagotipificación, ya que están limitadas por la capacidad de las bacterias de alterar de manera impredecible la expresión de algunas de sus características; además, algunos de estos métodos se ven limitados por la cantidad de cepas que no son tipificables (Maslow y Mulligan, 1993; Versalovic y Lupski, 2002). Apartir de lo anterior se han desarrollado varios sistemas basados en métodos de extracción y uso del ADN, y cuya aplicación se ha difundido ampliamente a la práctica clínica (Maslow y Mulligan, 1993).

Para la genotipificación se cuenta con diversas técnicas como: hibridización de ADN-ADN; electroforesis de enzimas multilocus (EEML); ensayo de ADN polimórfico ampliado al azar (APAA), también llamado PCR, iniciado arbitrariamente; análisis de restricción para detección de genes del ARNr o ribotipificación; y secuenciación del ADN. Todos estos métodos tienen como base el estudio del polimorfismo del ADN bacteriano y se ha demostrado su alto poder de discriminación para la diferenciación de cepas, muy superior a los métodos convencionales de tipificación fenotípica (Maslow y Mulligan, 1993; Versalovic y Lupski, 2002; Angen *et al.*, 1999; Liu *et al.*, 1999).

6.2.8 Diagnóstico diferencial

Como fue comentado en la sección de epizootiología, la pasteurelosis pulmonar bovina constituye la causa más común de patología pulmonar en los becerros y animales en crecimiento en nuestro medio, por lo cual debe de constituir siempre la primera opción. Otros tipos de neumonías, como las parasitarias y las micóticas, sólo deben considerarse en aquellas situaciones epizootiológicas que justifiquen su aparición.

6.2.9 Tratamiento

Se recomienda iniciar la terapia antibacteriana lo antes posible, ya que si animales con neumonía severa no son tratados rápidamente, difícilmente responderán de manera favorable. Por lo general animales con temperatura superior a 41 °C son tratados y se deben monitorear la temperatura y los signos clínicos de estos casos. La selección de los antibióticos más apropiados debe basarse en estudios previos de sensibilidad a estos por las bacterias predominantes en la región y a su concentración y penetración en el tejido pulmonar. En este sentido, antibióticos como: tilmicosina, trimetoprim, eritromicina y florfenicol mostraron la más alta penetración al tejido pulmonar; mientras sulfadimetoxina, espectinomicina y tilmicosina mostraron la más alta concentración (Howard y Smith, 1999). Si bien en ocasiones hay que tratar de urgencia animales enfermos y no hay tiempo de esperar el aislamiento bacteriano y el estudio de sensibilidad a antibióticos, se deben de aprovechar casos iniciales no urgentes para ir generando esta información vital para la explotación pecuaria. Estas muestras se deben obtener de hisopos nasales y de lavados bronquiales.

La combinación de diferentes antibióticos, o de estos con agentes anti-inflamatorios, no ha mostrado resultados eficaces en casos de neu-monías en bovinos (Howard y Smith, 1999). Se recomienda que el tra-tamiento continúe por lo menos 48 horas después de que los signos clínicos hayan desaparecido. Si no hay mejoría después de 48 horas de iniciado el tratamiento, se debe cambiar el medicamento. Si los anima-les enfermos no son tratados por el periodo requerido se promueve el desarrollo de cepas resistentes y de casos crónicos.

En un estudio realizado en México con cepas aisladas de pulmones neumónicos de bovinos, se encontró que *Mannheimia haemolytica* mostró resistencia a cefalosporina, tetraciclina y eritromicina; fue sen-sible a gentamicina, ácido nalidíxico, furadantina y sulfametoxasol-tri-metoprim. Por su parte *Pasteurella multocida* mostró resistencia a co-limicina, eritromicina, cloranfenicol y tetraciclina; susceptibilidad al ácido nalidíxico, gentamicina y sulfametoxasol-trimetoprim (Salas, 1987). En un estudio reciente realizado en los Estados Unidos con ais-lamientos realizados a partir de hisopos nasales de ganado lechero, se observó resistencia de *Mannheimia haemolytica* y *Pasteurella multo-cida* a tetraciclina y a ampicilina (McGuirk, 2008).

Para lograr efectos satisfactorios en la terapia antibacteriana se reco-mienda que los animales enfermos se alojen en instalaciones aisladas, con buena temperatura, adecuada ventilación y sin corrientes de aire; complementando con agua fresca y abundante, comida ligera y nutri-tiva. Estos casos serán regresados al resto del hato hasta que se en-cuentren totalmente recuperados. En las explotaciones de bovinos se deben esperar recuperaciones arriba del 85% y mortalidades por debajo del 5%.

6.2.10 Control y prevención

Para lograr un control y prevención satisfactoria de esta enfermedad en los bovinos, se recomienda utilizar los principios generales de manejo de hato, que incluyen el no mezclar animales de diferentes edades y estados inmunológicos, no mezclar animales de reciente adquisición con el resto del hato; separación de los animales enfermos del hato; establecer un sistema continuo de desinfección cuando sea apropiado y práctico; control eficaz de polvos, y evitar las corrientes dominantes de aire mediante una orientación adecuada del alojamiento de los animales (Radostits, 1999).

El uso profiláctico de antibióticos para evitar el desarrollo de neumonías se ha hecho común a la llegada de los animales a la nueva instalación pecuaria, por ejemplo con oxitetraciclina o tilmicosina, sobre todo cuando hay una morbilidad arriba del 10%. Sin embargo, el uso prolongado de esta estrategia puede favorecer el desarrollo de cepas resistentes (Howard y Smith, 1999).

Se ha generado bastante información sobre los productos biológicos que confieran protección para prevenir la pasteurelosis pulmonar bovina. A partir de la década de los cincuentas se empezaron a utilizar las bacterinas de *Mannheimia haemolytica y Pasteurella multocida* tanto comercial como experimentalmente. Cuando los virus, en particular el herpes virus 1 (rinotraqueítis infecciosa bovina) y el parainfluenza-3, fueron asociados con enfermedades respiratorias agudas de los bovinos, se desarrollaron vacunas virales en un intento por controlar la pasteurelosis pulmonar. Posteriormente fueron lanzadas al mercado las combinaciones de bacterinas y vacunas virales con el objeto de ofrecer un biológico con un margen más amplio de protección. Colectivamente, las bacterinas, vacunas virales y las combinaciones bacterinas-vacunas no redujeron consistentemente la pasteurelosis pulmonar bovina, ya fuera en estudios experimentales o en pruebas de campo (Radostits, 1999; Mosier, 1989). A partir de la década de los ochentas, algunos estudios utilizando vacunas vivas de *Pasteurella haemolytica,* hoy *Mannheimia haemolytica,* y *Pasteurella multocida,* fueron aplicados exitosamente en la reducción de la incidencia de la pasteurelosis pulmonar (Mosier, 1989). Posteriormente se desarrollaron bacterinas con toxoide (leucotoxina), extractos libres de bacterias y vacunas vivas modificadas. De todas éstas, la más utilizada es la dosis única de *Mannheimia haemolytica* con su toxoide. Independientemente de la vacuna o bacterina a utilizar, se recomienda que se aplique 2 a 3 semanas antes de que el animal vaya a ser movido de una instalación pecuaria a otra; esto con la idea de que al llegar a su nuevo lugar ya haya desarrollado la inmunidad humoral requerida.

LITERATURA CITADA

Angen, O. et al.: Taxonomic Relationships of the (Pasteurella) haemolytica Complex as Evaluated by DNA-DNA Hybridizations ans 16rRNA Sequencing with Proposal of Mannheimia haemolytica gen, comb. nov., Mannheimia granulomatis comb. nov., Mannheimia glucosida comb. nov., Mannheimia ruminalis comb. nov., and Mannheimia varigena sp. nov. Int. J. Syst. Bacteriol. 49: 67-86, 1999.

Blanco, F. J. et al.: Serotypes of Pasteurella multocida and Pasteurella haemolytica Isolated from Pneumonic Lesions in Cattle and Sheep from México. Rev. Lat-Amer Microbiol. 37: 121-126, 1995.

Boyce, J. D. et al.: Pasteurella and Mannheimia. In: Giles, C. L. et al. editors: Pathogenesis of Bacterial Infections in Animals. Blackwell Publishing, Carlton, Australia, 2004.

Confer, A. W., et al.: Bovine Pneumonic Pasteurellosis: Immunity to Pasteurella haemolytica. J. of the Am. Vet. Med. Assn. 193: 1308-1316, 1988.

Fedorova, N. D. y Highlander, S. K.: Generation of Targeted Nonpolar Gene Insertions and Operon Fusions in Pasteurella haemolytica and Creation of a Strain that Produces and Secretes Inactive Leukotoxin. Infect. Immun. 65: 2593-2598, 1997.

Fulton, R. W. et al.: Lung Pathology and Infectious Agents in Fatal Feddlot Pneumonias and Relationship with Mortality, Disease Onset, and Treatments. J. Vet. Diag. Invest. 21: 464-477, 2009.

García, H. E. et al.: Serotipos de Pasteurella multocida en bovinos productores de carne de México. Vet. Mex. 19: 199-204, 1988.

Gentry, M. J. et al.: Serum Neutralization of Cytotoxin from Pasteurella haemolytica Serotype 1 and Resistance to Experimental Bovine Pneumonic Pasteurellosis. Vet. Immunol. Immunopathol. 9: 239-250, 1985.

Highlander S.K., et. al.: Inactivation of Pasteurella (Mannheimia) haemolytica leukotoxin causes partial attenuation of virulence in a calf challenge model. Infect. Immun. 68: 3916-3922, 2000.

Highlander, S. K.: Molecular Genetic Analysis of Virulence in Mannheimia. Frontiers Bioscience 6:1128-1150, 2001.

Howard, J .L. y Smith, R. A.: Current Veterinary Therapy. 4th ed. WB Saunders, Philadelphia, 1999.

Jaramillo, A. C. J. et al.: Characterization of Mannheimia spp. and P. multocida Strains Isolated from Bovine Pneumonic Lungs in Two Slaughterhouses in Mexico. J. Anim. Vet. Adv. 6: 1398-1404, 2007.

Jaramillo, M. L., et al.: Serotipificación de Pasteurella haemolytica y determinación de los tipos capsulares de Pasteurella multocida, aisladas de pulmones neumónicos de becerros en México. Vet. Méx. 18: 185-188, 1987.

Jeyaseelan et al.: Role of Mannheimia haemolytica Leukotoxin in the Pathogenesis of Bovine Pneumonic Pasteurellosis. Anim. Health Res. Rev. 3: 69-82, 2002.

Katsuda, K. et al.: Serotyping of Mannheimia haemolytica Isolates from Bovine Pneumonia: 1987-2006. Artículo en prensa.

Leite, F. et al.: Inflammatory Cytokines Enhance the Interaction of Mannheimia haemolytica Leukotoxin with Bovine Peripheric Blood. Infect. Immun. 70: 4336-4343, 2002.

Lekeu, P.: Bovine Respiratory Disease Complex. Ann. Med. Vet. 140: 101-105, 1996.

Liu, S. L., et al: Bacterial Phylogenetic Clusters Revealed by Genome Structure. J. Bact. 181: 6747-6755, 1999.

Lo, R. Y. C.: Genetic Analysis of Virulence Factors of Mannheimia (Pasteurella) haemolytica A1. Vet. Microbiol. 83: 23-25, 2001.

Marciel, A. M. y Highlander S. K.: Use of Operon Fusions in Mannheimia haemolytica to Identify Environmental and Cis-Acting Regulators of Leukotoxin. Infect. Immun. 69: 6231-6239, 2001.

Maslow, J. N. y Mulligan, M. E: Molecular Epidemiology: Application of Contemporary Techniques to the Typing of Microorganisms. Clin. Infect. Dis. 17: 153-164, 1993.

McGavin, M. D. y Zachary J. F.: Pathologic Bases of Veterinary Disease. 4th. Ed. Mosby, St. Louis, 2007.

McGuirk, S.: Disease Management of Dairy Calves and Heifers. Vet. Clin. Food. Anim. 24: 139-153, 2008.

Mosier, D. A. et al.: The Evolution of Vaccines for Bovine Pneumonic Pasteurellosis. Res. Vet. Sci. 47: 1-10, 1989.

Narayanan, S. K. et al.: Leukotoxins of Gram Negative Bacteria. Vet. Microbiol. 84: 337-356, 2002.

Pijoan, P. et al.: Caracterización de los procesos neumónicos en becerros lecheros de la región de Tijuana, Baja California. Vet. Mex. 30: 149-155, 1999.

Pijoan, P. y Chávez D. J. A.: Costos provocados por neumonías en becerras lecheras para reemplazo mantenidas bajo dos sistemas de alojamiento. Vet. Mex. 34: 333-342, 2003.

Radostits, O. M.: Veterinary Medicine - A Textbook of the Diseases of Cattle, Sheep, Pigs, Goats and Horses. 9th ed. Bailliere Tindall, London, 1999.

Salas, T. E. et al.: Sensibilidad de aislamientos de Pasteurella haemolytica y Pasteurella multocida aisladas de bovinos y ovinos a varios agentes antimicrobianos. Tec. Pec. Mex. 25: 243-249, 1987.

Trigo, F. J.: El complejo respiratorio infeccioso de los bovinos y ovinos. Ciencia Veterinaria 4: 2-30, 1987.

Trigo, F. J.: Patología sistémica veterinaria. McGraw Hill Interamericana, México, D.F. 1998.

Versalovic, J. y Lupski J. R: Molecular Detection and Genotyping of Pathogens: More Accurate and Rapid Answers. Trends Microbiol. 10: 15-21, 2002.

Wilkie, B. N.: Respiratory Tract Immune Response to Microbial Pathogens. J. of the Am. Vet. Med. Assn. 181: 1074-1079, 1982.

Zechinon, L., et al.: How Mannheimia haemolytica Defeats Host Defense Through a Kiss of Death Mechanism. Vet. Res. 36: 133-156, 2005.

6.3 NEUMONÍA ENZOÓTICA DE LOS TERNEROS

Mario Medina Cruz MVZ, MSc, DCV

6.3.1 Definición

Es una inflamación infecciosa de los pulmones de los terneros, caracterizada por exudación alveolar extensiva y atelectasis sin necrosis extensa, formación de abscesos o pleuritis fibrinosa que tipifica las neumonías bacterianas de becerros mayores, y que se presenta en becerros de dos a seis meses de edad en confinamiento; sin embargo, también ocurre en becerros desde una semana hasta un año de edad. El desarrollo de la neumonía enzoótica depende del equilibrio que se mantenga entre el hospedero y el medio ambiente. Algunos aspectos ambientales importantes son: el clima, densidad de población de animales y de patógenos, diseño de instalaciones. Como factores del hospedero deben incluirse: el estatus inmunológico, la nutrición, la edad, la raza y el sexo. Cuando el balance entre hospedero y ambiente es desfavorable, los patógenos respiratorios se establecen y surge la enfermedad (Smith, 1990).

6.3.2 Etiología

El virus de la parainfluenza 3 afecta principalmente las células ciliadas de los bronquiolos, bronquios y tráquea, produciendo una enfermedad desde subclínica hasta de mediana severidad. Experimentalmente produce alveolitos, con signos clínicos de neumonía; hay producción de un exudado serofibrinoso mezclado con detritus celular, macrófagos y neutrófilos, que pueden llegar a obstruir las vías aéreas y los sacos alveolares. El virus respiratorio sincicial bovino, como el virus de parainfluenza 3, infecta tanto células alveolares como vías aéreas.

Histopatológicamente ambos virus producen cambios similares, excepto que el respiratorio sincicial bovino tiene mayor tendencia a producir sincitios. Ninguno de los dos produce conjuntivitis, hiperemia de la mucosa nasal o úlceras mucosas oronasales en becerros, lo cual ayuda a la diferenciación de esta enfermedad de aquellas enfermedades que afectan ojos, nariz y boca.

Probablemente el virus herpes bovino-1, el virus de la diarrea viral bovina y los adenovirus no desempeñen un papel importante en el desarrollo de la neumonía enzoótica bovina; sin embargo su papel está bien determinado en otras condiciones, tales como fiebre de embarque o pasteurelosis neumónica.

Micoplasmas: Se ha demostrado que cuatro especies de micoplasma causan enfermedad respiratoria: *Mycoplasma dispar*, *Mycoplasma bovis*, *Mycoplasma bovigenitalium* y *Ureaplasma* (*Mycoplasma-T*). Los micoplasmas colonizan las células del tracto respiratorio poco después del nacimiento. *Mycoplasma dispar* interfiere con la motilidad ciliar. Experimentalmente se ha demostrado que el *Mycoplasma bovis* y *Ureaplasma* producen bronquiolitis catarral, atelectasis y recubrimiento peribronquiolar y perivascular. Posiblemente los micoplasmas tengan una acción sinérgica entre sí, con los virus y con las bacterias. Una infección subclínica por micoplasmas puede reducir por sí misma el desempeño animal en general.

Bacterias: En becerros con neumonía enzoótica la colonización de las vías aéreas inferiores por bacterias es secundaria a la infección viral o por micoplasmas, así como a los efectos estresores medioambientales. Las bacterias comúnmente asociadas con neumonía enzoótica en becerros incluyen: *Pasteurella* spp., *Haemophilus somnus, Actinomices pyogenes (Corynebacterium pyogenes), Streptococcus* spp. y *Salmonella* spp. *Mannheimia haemolytica* o *Pasteurella multocida,* los cuales son habitantes normales de la nasofaringe del bovino, pero bajo condiciones de estrés o infección proliferan y colonizan el pulmón inferior; su aislamiento a partir de pulmones es común en becerros con neumonía enzoótica. La pasteurelosis neumónica debe ser considerada como una entidad clínica y patológica diferente de la neumonía enzoótica de los terneros, dado que la pasteurelosis neumónica debida a *Mannheimia haemolytica* se caracteriza por una pleuroneumonía fibrinosa lobular, a diferencia la lesión producida por *Pasteurella multocida,* que consiste en una bronconeumonía fibrinosa fulminante. Otra bacteria asociada a la neumonía enzoótica de los terneros es *Haemophilus somnus,* la cual responde rápidamente al tratamiento con antibióticos cuando llega a causar neumonía, en un término de seis a 12 horas; sin embargo, en casos de neumonía enzoótica, la enfermedad crónica y subclínica no responde en forma tan rápida y completa (Kiorpes, 1988; Byrson, 1983).

6.3.3 Patogénesis

Los agentes infecciosos de neumonía enzoótica son residentes naturales en los becerros. La infección en los becerros ocurre poco después del nacimiento, mediante secreciones maternas o microgotas en forma de aerosol provenientes de adultos o becerros mayores. La neumonía enzoótica de los becerros puede variar en severidad desde la forma subclínica y crónica hasta la aguda y fulminante. La presentación es el resultado de la interacción entre virulencia y carga de patógenos, condiciones ambientales y estatus inmunológico del hospedero. Los virus de parainfluenza 3 y respiratorio sincicial bovino son capaces de replicarse dentro de las células bronquiales y traqueales ciliadas, y producir lisis de las mismas, así como también en las células bronquiolares lisas y ciliadas. El herpes virus bovino-1 y el virus de la diarrea viral bovina deprimen los sistemas ciliares de protección al árbol respiratorio.

6.3.4 Patología macroscópica y microscópica

Una diferencia patofisiológica entre la neumonía enzoótica y las neumonías bacterianas de becerros mayores, así como adultos, es la atelectasis extensiva que ocurre en la primera, contrastando con la necrosis diseminada, consolidación y pleuritis fibrinosa que se presentan en la segunda. Patológicamente, la neumonía enzoótica es una bronconeumonía lobular con pequeños focos de necrosis tisular. La exudación intraluminal de células inflamatorias obstruye las vías aéreas, causando una atelectasis cráneo-ventral; en becerros con casos severos puede producir una fibrosis peribronquiolar. A menos que la infección primaria sea fulminante o esté complicada con infecciones secundarias, como bacterias patógenas, la neumonía usualmente se resuelve mediante la regeneración de la mucosa de las vías aéreas y epitelio alveolar, así como la desintegración del material que obstruye los pasajes aéreos grandes y pequeños. Los lóbulos pulmonares previamente atelectásicos se vuelven a inflar con un mínimo de daño pulmonar residual. Esto contrasta con las bronconeumonías aguda e hiperaguda y las pleuroneumonías causadas por *Pasteurella*. Los becerros con esta forma de pasteurelosis presentan pleuritis fibrinosa y cambios severos en vías aéreas y en parénquima. La formación de abscesos pulmonares puede ser una característica de casos crónicos de neumonía bacteriana. A la necropsia, la atelectasis y la consolidación de los lóbulos pulmonares cráneo-ventrales son características importantes de la enfermedad (Smith, 1990; Kiorpes, 1988; Byrson, 1983; Castleman, 1985).

6.3.5 Signología y diagnóstico

La neumonía enzoótica de los becerros representa un problema de hato, aunque clínicamente puede presentarse como un problema de un solo animal. La enfermedad se caracteriza por una tos persistente y seca, que es estimulada o exacerbada mediante el ejercicio: neumonía recurrente de poca severidad que tiende a convertirse en resistente a la terapia, frecuentemente asociada a cambios ambientales en la temperatura; la presencia de la enfermedad también se refleja como una reducción en la ganancia de peso corporal, la estatura y en la eficiencia alimenticia. Es falso que todos los becerros sanos tosan. Un becerro afectado por neumonía enzoótica presenta depresión, polipnea (50-100 respiraciones/minuto), temperatura de 39.5 - 40.5 °C, una reducción muy marcada en el apetito, descarga nasal y una tos seca, áspera, fácilmente provocada mediante compresión traqueal. A la auscultación se escucha un incremento en la densidad de los sonidos bronquiales bilateralmente sobre la porción cráneo-ventral del pecho. En casos más avanzados frecuentemente hay una bronconeumonía cráneo-ventral severa, con o sin formación de abscesos múltiples (Kiorpes, 1988).

Los signos clínicos más evidentes se observan en becerros con atelectasis extensiva, afectando de un tercio a la mitad de la superficie pulmonar independientemente de la severidad de la bronconeumonía bacteriana secundaria; así como también en becerros con atelectasis, afectando desde un cuarto hasta un tercio del volumen pulmonar pero con bronconeumonía bacteriana secundaria. Los signos consisten en extensión de la cabeza y cuello con respiración por la boca, paroxismos de tos, inapetencia total y pérdida de peso. A la auscultación de la zona torácica frecuentemente se encuentran todo tipo de sonidos anormales. En hatos en donde el problema de neumonía enzoótica es severo, se evidencia una carencia de vaquillas de reemplazo, mientras que en hatos con problemas menos severos, a la edad madura pueden mostrar menor estatura en relación a los estándares de la raza.

6.3.6 Tratamiento

Debido a la naturaleza multifactorial de la enfermedad no hay un régimen terapéutico único en su tratamiento. En la Universidad de Winsconsin, EUA, se han empleado en forma exitosa gentamicina, así como la combinación de trimetoprim-sulfadiacina. Al principio, el uso de un antiInflamatorio no esteroidal como la flunixin meglumina reduce la severidad de la neumonía enzoótica; la dexametazona administrada a dosis de 0.4-0.8 mg/kg en algunas ocasiones resulta en una mejoría, sin embargo, se debe considerar que existe el riesgo de exacerbar infecciones virales subclínicas y de inmunosuprimir al hospedero.

6.3.7 Prevención

El sistema de crianza de becerros es sumamente importante, ya que en aquellos lugares en donde se permite que el becerro permanezca con la madre por 24 - 96 horas antes de ser separado a su becerrera individual, existen problemas variados de neumonía enzoótica dependiendo principalmente de la patogenicidad del agente causante, de la densidad de población, de las fluctuaciones de temperatura, de la época del año y del grado de inmunidad y nutrición del becerro (Brickert, 1985; Corbeil, 1984; Kiorpes, 1988; Klingborg, 1986).

Por otro lado, cuando el becerro se separa de la madre inmediatamente después del nacimiento y el calostro se administra por separado al becerro, el problema de neumonía enzoótica es prácticamente inexistente; sin embargo, hatos en donde los becerros son criados en las mismas instalaciones que el hato adulto o becerros mayores infectados, experimentan los problemas más severos de neumonía enzoótica. Esta enfermedad es casi inexistente en donde los becerros se crían en pastoreo. La vacunación contra neumonía enzoótica no es posible, sin embargo la vacunación contra parainfluenza 3 y el virus respiratorio sincicial bovino puede prevenir o atenuar la infección por estos virus, así como también la infección y colonización por otros virus, micoplasmas o bacterias; sin embargo, es importante aclarar que estas vacunaciones no previenen la neumonía enzoótica (Kiorpes, 1988; Miller, 1980).

El control de los factores ambientales es de primera importancia. Para controlar el problema frecuentemente resulta efectivo y económico cambiar la cría de becerreras hacia instalaciones fuera de los parideros o de la sala de lactancia. La crianza de becerras en corraletas al aire libre, con adecuada protección del viento, suficiente provisión de cama y nutrición apropiada, permite el correcto desempeño de los animales aun en climas fríos propios de la época de invierno. Considerando que la mayor parte de la crianza de reemplazos en México aún se realiza en instalaciones dentro de edificios, las siguientes consideraciones deben aplicarse a fin de proveer un medio ambiente lo más sano posible (Brickert, 1985; Radostits, 1985):

1.- Temperatura ambiental de 12 - 25 °C con una humedad relativa del 70%.

2.- Si durante el invierno las temperaturas bajan mas allá de 4 °C, lo cual es frecuente en muchas zonas del país, es útil y beneficioso procurar un tipo de aislamiento en paredes y techos de tal manera que se conserve el calor interno en las instalaciones; la posibilidad de una fuente de calor suplementario también debe considerarse.

3.- Control de humedad, a fin de que la capa de pelo permanezca seca.

4.- Un mínimo de cuatro cambios de aire por hora durante la época de invierno y durante la época de calor 30 cambios de aire por hora.

5.- Ventilación apropiada, evitando la formación de corrientes de aire, para lo cual se pueden considerar los siguientes puntos:

a) Mantenimiento de movimiento de aire que vaya de los animales más jóvenes hacia los animales más grandes.

b) Entradas de aire en la parte superior y salidas de aire en la parte cercana al piso a fin de conservar el aire caliente durante el invierno.

6.- Evitar el hacinamiento de animales, para lo cual se pueden considerar las siguientes superficies para animales de diferentes edades:

a) Becerros de menos de 6 semanas de edad: 6 m^2

b) Becerros de 6 - 12 semanas de edad: 10 m^2

c) Becerros de 12 - 16 semanas de edad: 15 m^2

7.- Proveer suficiente material de cama, limpio y seco.

8.- Mantener diferentes lotes de crecimiento por edades.

9.- Despoblación de casetas de crianza en lotes para permitir la limpieza y desinfección total antes de la introducción de nuevos animales.

10.- Asegurarse de que los becerros ingieran la cantidad y calidad suficiente de calostro a fin de tener un nivel de gamma globulinas lo suficientemente alto para la protección de enfermedades infecciosas. En adición, es pertinente y útil que cuando los becerros se compren en otra explotación se realice la prueba de precipitación en sulfito de sodio para determinar la cantidad de gamma globulinas calostrales presentes en el suero, esto como condición para la adquisición del becerro.

11.- Proveer una alimentación suficiente en calidad y cantidad.

12.- Establecer un sistema de monitoreo en forma regular que permita conocer el desempeño de los becerros en crianza, como lo es el sistema de pesaje por medio de una cinta en centímetros o pulgadas, y el uso de un instrumento para medir la estatura a la cruz (véase capítulo sobre crecimiento).

LITERATURA CITADA

Brickert, W. G. and Herdt, T. H.: Enviromental Aspects of Dairy Calf Housing. Comp. Cont. Educ. Pract. Vet. 7(5):309-316, 1985.

Byrson, D. G.; McNulty, M. S.; Logan, E. F. and Cush, P. F.: Respiratory Syncitial Virus Pneumonia in Young Calves: Clinical and Pathologic Findings. Am. J. Vet. Res. 44:1648-1655, 1983.

Castleman, W.L., Lay, J.C., Dubovi, E.J. and Slansen, D.O.: Experimental bovine respiratory syncitial virus infection in conventional calves: Light microscopic lesions, microbiology and studies on lavaged lung cells. Am. J. Vet. Res. 46:547-553, 1985.

Corbeil, L. A. B.; Watt, B.; Corbeil, R. R. et al.: Immunoglobulin Concentration in Serum and Nasal Secretions of Calves at the Onset of Pneumonia. Am. J. Vet. Res. 45:773-777, 1984.

Kiorpes, A. L.; Butler, D. G.; Dubielzig, R. R. and Beck, K. A.: Enzootic Pneumonia in Calves: Clinical and Morphologic Features. Compnd. Cont. Educ. Pract. Vet. 10(2):248-261, 1988.

Klingborg, D. J.: Preventing Calf Pneumonia. Compnd. Cont. Educ. Pract. Vet. 8:112-114, 1986.

MIller, W. M.; Harkness, J. W.; Richards, M. S. and Pritchard, D.G.: Epidemiological Studies on Calf Respiratory Disease in a Large Commercial Veal Unit. Res. Vet. Sci. 28:267-274, 1980.

Radostits, O. M.; Blood, D. C.: Herd Health. 1st ed. W. B. Saunders Co. Philadelphia, PA, USA. 1985.

Smith, J. A.: Diseases of Calves. In: Large Animal Internal Medicine. Smith B.P. 578-581. The C.V. Mosby Company, St. Louis Missouri, 1990.

6.4 INFECCIÓN POR MICOPLASMA

Geof Smith DVM, MS, PhD, Dipl. ACVIM

Mycoplasma bovis ha emergido como un patógeno importante de las becerras lecheras en Norteamérica. Varias enfermedades clínicas están asociadas a la infección por micoplasma en las becerras, incluyendo neumonía, otitis y artritis séptica. Las enfermedades clínicas asociadas a *M. bovis* con frecuencia son crónicas, debilitantes, y responden pobremente al tratamiento con antibióticos. Las medidas de control en la actualidad se dirigen principalmente a reducir la exposición a micoplasma a través de la leche contaminada u otras fuentes, así como a medidas de control no específicas para maximizar las defensas respiratorias de la becerra.

6.4.1 Etiología y patofisiología

Mycoplasma bovis pertenece a la clase *Mollicutes*, un grupo de bacterias así denominadas debido a que carecen de paredes celulares y en su lugar están envueltas por una membrana plasmática compleja. También se caracterizan por su tamaño físico pequeño y sus genomas pequeños. Debido a esta última característica, las bacterias *Mycoplasma* usualmente forman una asociación íntima con las células del hospedero para obtener los factores de crecimiento y nutricionales necesarios para su supervivencia (Rosengarten, 2000). Las micoplasmas habitan típicamente las superficies mucosas, incluyendo aquellas de los tractos respiratorio, urogenital y gastrointestinal, los ojos y la glándula mamaria (Rosengarten, 2000). Su relación con el hospedero varía desde patógenos primarios u oportunistas hasta organismos comensales.

Mycoplama bovis está bien adaptada para colonizar el tracto respiratorio superior (TRS), en donde puede permanecer por periodos de tiempo largos sin causar una enfermedad clínica (Bennett, 1977; Pfutzner, 1996). La enfermedad ocurre cuando se presentan factores en el hospedero y/o el patógeno que resultan en la replicación y diseminación hacia otros sitios (p. ej. del TRS al tracto respiratorio inferior [TRI] o al oído medio), y/o como resultado de una respuesta inflamatoria por parte del hospedero. La diseminación por vía sanguínea desde los sitios de la infección puede ocurrir, siendo las articulaciones un sitio frecuente de colonización secundaria.

La diseminación de una infección bacteriana al oído medio puede ocurrir por diferentes rutas posibles, incluyendo la expansión de infecciones del oído externo vía la membrana timpánica, la colonización de la orofaringe y la expansión dentro de la bula timpánica vía la trompa de Eustaquio (auditiva), o por diseminación hematógena (Morin, 2004). En los cerdos, la otitis media debida a *Mycoplasma hyorhinis* ocurre por la extensión de la infección del TRS al oído medio vía la trompa de Eustaquio. En becerras infectadas experimentalmente, la colonización de la trompa de Eustaquio por *M. bovis* ocurrió en casi todas las becerras que habían tenido colonización nasofaríngea, sugiriendo que la infección ascendente de la trompa de Eustaquio es la ruta primaria por la que *M. bovis* entra en el oído medio (Maunsell, 2009).

Se ha establecido claramente que *M. bovis* juega un papel primario en la presentación de neumonía, otitis media y artritis en becerros jóvenes.

Hay diversos reportes de brotes de enfermedad respiratoria en los que *M. bovis* fue la bacteria predominante aislada de los pulmones de los becerros afectados (Brown, 1998; Gourlay, 1989). Aunado a esto, aunque es raro que en la enfermedad respiratoria bovina esté involucrado un patógeno solo, los estudios sobre la infección experimental han demostrado que la inoculación con sólo *M. bovis* puede causar neumonía (Gourlay, 1976; Poumarat, 2001). Sin embargo, como ocurre con la mayoría de los patógenos respiratorios bovinos, la colonización en sí misma no siempre es suficiente para causar la enfermedad. *Mycoplasma bovis* puede aislarse del TRS, la tráquea y el TRI de becerros que no presentan una enfermedad clínica o lesiones macroscópicas (Bennett, 1977; Springer, 1982; Virtala, 1996), aunque su presencia en el TRI puede causar inflamación subclínica. A pesar de estos hallazgos, el aislamiento de *M. bovis* como el patógeno predominante en un gran número de brotes de enfermedad respiratoria, y la confirmación experimental de su habilidad para causar neumonía en los becerros, confirma su papel como un patógeno respiratorio importante.

Los casos de campo de enfermedad respiratoria causada por *M. bovis* en ocasiones se presentan con artritis, y se ha aislado a *M. bovis* en cultivo puro de las articulaciones sépticas, así como de los pulmones de los becerros con la enfermedad respiratoria concurrente (Adegboye, 1996; Butler, 2000; Stalheim, 1975). De manera consistente con las observaciones de la enfermedad natural, se ha inducido la presentación de artritis por inoculación con *M. bovis* en las articulaciones o en los pulmones, o en forma intravenosa (Gourlay, 1976; Ryan, 1983; Stalheim, 1975). Se ha reportado variación entre los aislamientos clínicos de *M. bovis* en cuanto a su habilidad para causar artritis en un modelo de infección experimental.

Además de causar enfermedad del TRI y artritis, *M. bovis* es el patógeno predominante aislado del oído medio de becerros jóvenes con otitis media (Francoz, 2004; Jensen, 1983; Lamm, 2004; Walz, 1997). Sin embargo, otras bacterias, incluyendo *Mycoplasma bovirhinis*, *Mycoplasma alkalescens*, *Mycoplasma arginini*, *Pasteurella multocida*, *Mannheimia hemolytica*, *Histophilus somni,* y *Arcanobacterium pyogenes,* son aisladas esporádicamente. En los últimos 15 años los brotes de otitis media en grupos de becerras lecheras en Norteamérica se han atribuido en gran medida a la infección por *M. bovis* (Lamm, 2004; Walz, 1997). En un estudio sobre la infección experimental en la Universidad de Florida, becerras inmunocompetentes fueron inoculadas entre los 7 y 10 días de edad, mediante la alimentación con un sustituto de leche que contenía una cepa de campo de *M. bovis* (Maunsell, 2009). Las becerras inoculadas fueron colonizadas consistentemente en el TRS y en las trompas de Eustaquio, y el 37% desarrollaron otitis media a las dos semanas post-inoculación. El único patógeno aislado de las becerras inoculadas fue *M. bovis*. Por lo tanto, *M. bovis* se ha visto implicado como un patógeno primario del oído medio en infecciones tanto naturales como experimentales.

6.4.2 Transmisión

Se cree que el *Mycoplasma bovis* es introducido a los hatos libres a través de ganado clínicamente sano portador de la bacteria (González, 2003). La diseminación puede ocurrir al momento de la introducción al hato o puede retrasarse hasta que se presente la eliminación por los animales infectados. Hay pocos datos publicados sobre la epidemiología de *M. bovis* en las poblaciones de becerras, pero hay varias rutas posibles de exposición inicial. Las becerras pueden infectarse de sus madres o de otras vacas adultas del área de maternidad que estén eliminando el micoplasma por el calostro, por secreciones vaginales o respiratorias (Pfutzner, 1996). Se ha reportado el aislamiento de *M. bovis* de las secreciones vaginales de las vacas al parto y la infección congénita de las becerras, aunque ambos eventos parecen ocurrir con poca frecuencia y probablemente no jueguen un papel mayor en la transmisión (Brown, 1998; Maunsell, 2009).

Se cree que una de las formas más importantes de transmisión a las becerras jóvenes es la ingestión de leche de vacas que estén eliminando *M. bovis* vía la glándula mamaria (Brown, 1998; Butler, 2000; Butler, 1997). La colonización del TRS por *M. bovis* ocurre más frecuentemente en becerras alimentadas con leche infectada que en las alimentadas con leche no infectada (Bennett, 1997) y se ha documentado la enfermedad clínica tras la alimentación con leche de desecho contaminada con *M.bovis* o en becerras que maman de vacas con mastitis causada por *M. bovis* (Brown, 1998; Butler, 2000; Stalheim, 1975; Walz, 1997). Debido a que en muchas de las producciones lecheras modernas la leche típicamente se junta en un lote para alimentar a las becerras, una sola vaca que esté eliminando *M. bovis* puede potencialmente exponer a un número grande de becerras a la infección, y las becerras pueden estar expuestas repetidamente durante el periodo de alimentación con leche. En un estudio de campo que se llevó a cabo para determinar el método de transmisión de *M. bovis* en un hato lechero de Florida, el 100% de las 50 becerras expuestas a leche de desecho contaminada con *M. bovis* presentaron colonización del TRS alrededor de los 14 días de edad (Brown, 1998). En las vacas a parto se hicieron cultivos de exudado nasal y vaginal, resultando positiva a *M. bovis* solamente una instancia en cada vaca. Esto condujo a los autores a concluir que el principal método de diseminación de *M. bovis* de la madre a la becerra fue a través de la leche de desecho contaminada. Esta hipótesis ha sido apoyada por otros estudios (Butler, 2000; Walz, 1997). Adicionalmente, en un estudio en el que se infectaron experimentalmente becerras jóvenes, se obtuvo como resultado en forma consistente la colonización del TRS y la presentación de la enfermedad clínica moderada alrededor de los 14 días postinoculación mediante la alimentación con sustituto de leche con un contenido de una dosis clínicamente relevante de *M. bovis* (Maunsell, 2009). Sin embargo, la alimentación con leche de desecho no pasteurizada evidentemente no es el único factor importante en la epidemiología de *M. bovis* en las becerras, ya que la enfermedad clínica puede ocurrir en hatos que son alimentados únicamente con sustituto de leche o en hatos que pasteurizan efectivamente la leche antes de administrarla a los becerros (Lamm, 2004). La importancia del calostro como una fuente de infección por *M. bovis* en becerros es desconocida, aunque en un estudio los investigadores no aislaron *M. bovis* de 50 muestras de calostro recolectadas durante un brote de enfermedad por micoplasma (Brown, 1998).

Cualquiera que sea el mecanismo por el cual los becerros se infectan, es muy probable que éstos comiencen a eliminar *M. bovis* en las secreciones respiratorias. Una vez que se ha establecido en un hato, esta bacteria es extremadamente difícil de erradicar, lo que sugiere que ocurre una transmisión continua de los animales de mayor edad hacia los becerros nuevos (Bennett, 1977). Se piensa que la transmisión es el resultado del contacto directo o indirecto de becerros no infectados con becerros que están eliminando *M. bovis* en las secreciones respiratorias (Bennett, 1977; Nicholas, 2003).

Los factores de riesgo potenciales de infección con *M. bovis* en becerros jóvenes incluyen: juntar becerros provenientes de diferentes lugares, un tamaño grande de hato, tener vacas adultas en el hato que presenten mastitis por *M. bovis*, el diseño de las corraletas (*hutches*), deficiente ventilación en el área en la que se encuentran los becerros, y la densidad en el alojamiento. También puede ocurrir la transmisión mecánica vía fómites de *M. bovis*, que es la forma en que se disemina de ubre a ubre. El ordeño de vacas no infectadas e infectadas al mismo tiempo aumenta el riesgo de la presentación de nuevos casos, y el equipo de ordeño, el sellador, las manos, las esponjas, las toallas de secado y la higiene deficiente durante la infusión intramamaria de antibióticos han estado implicados en la diseminación de *M. bovis* (González, 2003). Es posible que mecanismos similares de transmisión mecánica ocurran en las instalaciones en donde se encuentran los becerros. A pesar de estar envueltos en una membrana celular delgada, algunos micoplasmas sobreviven bien en el ambiente. Se reportó que *Mycoplasma bovis* sobrevive a 4 °C hasta 2 meses en esponjas y leche, más de dos semanas en madera y en agua, y 20 días en paja; aunque a temperaturas ambientales mayores la supervivencia disminuye considerablemente (Pfutzner, 1996). En general, sobrevive mejor bajo condiciones de frío y humedad. En estudios llevados a cabo en explotaciones lecheras en Florida, *M. bovis* fue aislado frecuentemente de los estanques de enfriamiento y de la tierra en las áreas de parición en los hatos que tenían una historia de cultivos positivos de *M. bovis* en la leche del tanque (Maunsell, 2009). Estos estudios demuestran que *M. bovis* puede sobrevivir bien en el ambiente del hato o centro de producción, y que teóricamente la transmisión mecánica vía fómites puede ocurrir entre los becerros. Sin embargo, se requieren más estudios que examinen el papel de los fómites en la epidemiología de la infección por *M. bovis* en las instalaciones de crianza de becerros.

En resumen, los becerros jóvenes pueden infectarse a una edad muy temprana por la ingestión de leche de vacas infectadas con *M. bovis*. También es probable que se infecten por la transmisión directa o indirecta de otros becerros que se encuentren eliminando *M. bovis* en las secreciones nasales. Sin embargo, además de la alimentación con leche infectada, se han identificado pocos factores de riesgo específicos, y los factores asociados con la diseminación del TRS al TRI, así como la expresión de la enfermedad clínica, se comprenden poco. Evidentemente, estudios epidemiológicos nuevos serían de ayuda para establecer los factores de riesgo y proveer lineamientos para que los productores de becerros puedan reducir las enfermedades provocadas por micoplasma.

6.4.3 La enfermedad clínica en las becerras

La enfermedad clínica asociada a la infección con *M. bovis* en los becerros jóvenes se presenta en forma típica como neumonía, otitis media, artritis o cualquier combinación de éstas (Brown, 1998; Francoz, 2004; Lamm, 2004; Stalheim, 1975; Walz, 1997). La edad a la que se presentan los primeros signos clínicos en los becerros afectados es típicamente entre las 2 y 6 semanas, pero se ha reportado tan temprano como a los 4 días de edad (Brown, 1998; Maunsell, 2009). La enfermedad clínica causada por micoplasma tiende a ser crónica, debilitante y no responde al tratamiento con antibióticos (Adegboye, 1995; Gourlay, 1989). Puede ocurrir tanto la enfermedad en forma crónica endémica, como brotes repentinos. La enfermedad respiratoria asociada a *Mycoplasma bovis* tiene una presentación clínica similar a otros tipos de neumonías de los becerros. Los signos clínicos reportados en forma típica son fiebre, pérdida de apetito, descarga nasal, tos, y tanto un incremento en la tasa como en el esfuerzo respiratorios, y pueden ocurrir casos concurrentes de otitis media y artritis (Adegboye, 1996; Brown, 1998; Francoz, 2004; Lamm, 2004; Walz, 1997). Así como en otras causas de neumonía en becerros, la auscultación pulmonar revela sonidos respiratorios anormales, incluyendo un aumento en el sonido bronquial, crepitaciones, silbidos y áreas de consolidación cráneo-ventral en los casos severos. Pueden presentarse tanto la enfermedad aguda como crónica, y las infecciones mezcladas son comunes (Gourlay, 1989; Poumarat, 2001; Virtala, 1996). Los becerros con neumonía crónica con frecuencia desarrollan disnea extrema y emaciación.

La otitis media ha sido reconocida cada vez más frecuentemente en los becerros en Norteamérica durante los últimos 15 años (Lamm, 2004; Walz, 1997). Los signos clínicos observados en la otititis media incluyen pérdida de apetito, fiebre, decaimiento, dolor en la oreja evidenciado por el sacudido y rascado o frotado de las orejas, epífora, vencimiento o caída de la oreja y signos de parálisis del nervio facial (Figura 3.10) (Brown, 1998; Francoz, 2004; Van Biervliet, 2004; Walz, 1997). Una o ambas bullas timpánicas pueden estar afectadas. En algunos casos se observa descarga purulenta del canal de la oreja tras la ruptura de la membrana timpánica (Francoz, 2004; Stalheim, 1975). Además, los becerros con otitis media con frecuencia presentan neumonía concurrente (Francoz, 2004; Lamm, 2004; Walz, 1997). La otitis interna es una secuela común a la otitis media en los becerros, y los animales afectados exhiben grados variables de disfunción vestíbulo coclear, incluyendo inclinación de la cabeza, nistagmo, tambaleo, caminado en círculos, pérdida de equilibrio y/o decúbito lateral (Figura 3.11) (Lamm, 2004; Van Biervliet, 2004). Puede presentarse meningitis como una complicación de la otitis interna (Francoz, 2004; Lamm, 2004; Van Biervliet, 2004).

Los casos clínicos de artritis causada por *M. bovis* en becerros pre-destetados tienden a ser esporádicos y están típicamente acompañados de enfermedad respiratoria en el hato, y con frecuencia en el mismo animal. Los signos clínicos son los típicos de una artritis séptica. Las articulaciones afectadas presentan dolor y están inflamadas, y los becerros exhiben grados variables de claudicación y pueden presentar fiebre durante la fase aguda de la enfermedad (Step, 2001). Las articulaciones grandes, tales como las del hombro, codo, carpo, cadera, babilla y corvejón, son las que están involucradas más frecuentemente (Adegboye, 1996; Step, 2001). Pueden estar afectadas una o varias articulaciones, y el ganado con artritis causada por *M. bovis* frecuentemente es desechado debido a una respuesta pobre al tratamiento (Adegboye, 1996). La artritis parece ser una manifestación menos frecuente de las infecciones por *M. bovis* en las becerras lecheras que en el ganado de engorda, sin embargo, se han reportado brotes de la enfermedad en becerras jóvenes en las que la artritis era la presentación clínica predominante (Butler, 2000).

6.4.4 Patología

Las lesiones macroscópicas asociadas a la enfermedad respiratoria causada por micoplasma con frecuencia varían, pero generalmente consisten en una consolidación cráneo ventral del pulmón, acompañada en ocasiones por focos necróticos múltiples (Gourlay, 1976; Maunsell) Los lóbulos pulmonares con frecuencia presentan un color rojo profundo y pueden presentar lesiones necróticas multifocales en los casos crónicos. Las lesiones necróticas pueden variar desde 1 - 2 mm hasta varios centímetros de diámetro, y contener material caseoso de color amarillento (Figura 3.12). Se diferencian de los abscesos pulmonares típicos en que usualmente no están rodeados por una cápsula fibrosa bien definida (Khodakaram-Tafti, 2004). En ocasiones se observa pleuritis difusa fibrinosa o pleuritis fibrosa crónica, y el septo interlobular puede contener edema fluido o lesiones necróticas lineales de color amarillo (Step,

2001). Histológicamente, las infecciones pulmonares por *M. bovis* se caracterizan por presentar hiperplasia linfoide peribroquiolar, con frecuencia acompañadas por una bronquiolitis supurativa aguda o subaguda, engrosamiento del septo alveolar debido a infiltración celular, atelectasia y, en algunos casos, focos de necrosis coagulativa (Gourlay, 1976; Maunsell, 2009).

Las lesiones en las articulaciones y las vainas tendinosas de los becerros con artritis causada por *M. bovis* se caracterizan por ser artritis fibrinosupurativas necrosantes o tenosinovitis (Ryan, 1983). Las lesiones macroscópicas varían de mínimas a severas, pero las articulaciones afectadas en forma crónica con frecuencia contienen exudado amarillo, que puede ser desde fibrinoso hasta caseoso, acompañado por un engrosamiento de la cápsula articular. Histológicamente, las articulaciones afectadas con frecuencia presentan una erosión severa del cartílago articular, hiperplasia y necrosis caseosa de la sinovia, y trombosis de los vasos subsinoviales (Ryan, 1983). Los tejidos blandos adyacentes con frecuencia están involucrados, incluyendo los ligamentos y tendones (Jensen, 1983). Se ha demostrado la presencia de grandes cantidades de antígeno contra *M. bovis* en la periferia de las lesiones necróticas y entre los exudados articulares, mediante tinciones inmunohistoquímicas de las articulaciones de bovinos con artritis causada por *M. bovis* tanto en forma natural como experimental (Adegboye, 1996).

En los becerros con otitis media asociada a *M. bovis*, las bulas timpánicas están llenas de exudado que puede ir desde fibrino-supurativo hasta caseoso (Lamm, 2004; Walz, 1997). Histológicamente, el exudado fibrino-supurativo llena la bula timpánica y la arquitectura normal puede obliterarse (Lamm, 2004; Walz, 1997). La mucosa timpánica puede tener áreas de ulceración y/o metaplasia escamosa, y está engrosada marcadamente debido a los infiltrados de macrófagos, neutrófilos y células plasmáticas, y a la proliferación de tejido fibroso. Usualmente hay osteolisis extensiva y/o una remodelación del hueso adyacente (Lamm, 2004; Van Biervliet, 2004; Walz, 1997). Se han observado grandes cantidades de antígeno de *M. bovis* entre el exudado necrótico, particularmente hacia los márgenes de las lesiones necróticas dentro de la bula timpánica. En los casos crónicos, las lesiones se extienden frecuentemente hacia el oído interno e incluyen una osteomielitis del hueso temporal (Lamm, 2004).

6.4.5 Diagnóstico

La ocurrencia de *M. bovis* generalmente es subestimada debido a diversas razones. Para comenzar, el cultivo de micoplasma requiere equipo y experiencia especializados. Aunque durante la última década ha aumentado el reconocimiento del papel de los micoplasmas en las enfermedades del ganado, muchos laboratorios no llevan a cabo un monitoreo de rutina para identificar a este microorganismo a menos que se solicite específicamente el cultivo de micoplasma. En las enfermedades respiratorias, con frecuencia se encuentran presentes múltiples patógenos. Debido a que otras bacterias, como *M. hemolytica* y *P. multocida* son más fáciles de cultivar, puede pasarse por alto la presencia de *M. bovis*. Estudios recientes sugieren que las enfermedades causadas por micoplasma son sub-diagnosticadas, quizá porque los veterinarios y los patólogos tienen fallas para reconocer la infección durante el examen de rutina, tanto físico como macroscópico y microscopico. En ocasiones *Mycoplasma bovis* se asocia con una serie de presentaciones clínicas poco comunes en las que su participación no está completamente reconocida, y por lo tanto no se solicitan las pruebas diagnósticas apropiadas.

Una historia clínica de enfermedad respiratoria que responde poco al tratamiento con antibióticos sugiere el involucramiento de *M. bovis*, especialmente cuando está acompañada de casos de artritis y/o de otitis media. Aunque la patología pulmonar asociada puede variar, la presencia de múltiples lesiones nodulares de necrosis caseosa son fuertemente sugerentes de la infección por *M. bovis* (Adegboye, 1995). Sin embargo, al no haber signos clínicos o patológicos que sean patognomónicos de las enfermedades causadas por micoplasma, el diagnóstico definitivo se basa en el aislamiento de *M. bovis* del sitio afectado y/o por demostración de su presencia en tejidos afectados por reacción en cadena de la polimerasa (PCR), por ensayo de inmunoabsorbencia ligado a las enzimas (ELISA) o por inmunohistoquímica (IHQ).

El cultivo de micoplasmas bovinos requiere del uso de medios nutritivos complejos, así como de una atmósfera húmeda enriquecida con dióxido de carbono. El crecimiento de *M. bovis* en el medio adecuado típicamente es aparente a las 48 h, pero puede llegar a serlo hasta en 10 días (Nicholas, 2003). Las colonias de micoplasma en medios sólidos son identificadas por su morfología característica (Figura 3.13); su crecimiento en caldo de cultivo está indicado por la turbidez, formación de películas y por un subcultivo en un medio sólido. Pueden aislarse diversos micoplasmas bovinos, tanto patógenos como no patógenos, del TRS o de los sitios que presentan alguna patología, tanto en forma individual como en infecciones mezcladas (Lamm, 2004; Nicholas, 2003). Muchos de éstos no pueden diferenciarse morfológicamente de *M. bovis*, por lo que es necesaria la identificación de la especie por métodos inmunológicos (por inmunofluorescencia directa o indirecta o por pruebas de inmunoperoxidasa) o por PCR.

En los becerros vivos que presentan signos clínicos de enfermedad respiratoria, el cultivo del líquido obtenido por lavados transtraqueales o bronco alveolares (LBA) es una muestra adecuada para el diagnóstico de las infecciones por *M. bovis* (Thomas, 2002; Virtala, 2000). Las comparaciones de los resultados de cultivos pareados de muestras obtenidas por hisopos nasofaríngeos y LBA de bovinos que presentan enfermedad respiratoria indican que, en los individuos, el aislamiento de *M. bovis* del TRS no está bien correlacionado con su presencia en el TRI o con la enfermedad clínica (Thomas, 2002). Por ejemplo, un estudio reporta que los hisopos nasales tuvieron una sensibilidad de sólo el 21% para predecir la enfermedad pulmonar asociada a *M. bovis*. Los hisopos nasofaríngeos pueden ser utilizados a nivel de grupo para indicar la presencia de *M. bovis* dentro de las instalaciones de los becerros (Bennett, 1977), aunque la sensibilidad de esto aún no ha sido determinada. En los becerros con artritis, las articulaciones afectadas y las vainas tendinosas pueden ser aspiradas para obtener un cultivo. Debido a las dificultades para tener acceso al sitio de la infección, generalmente no se toman muestras de la bula timpánica en los becerros vivos con otitis media.

El cultivo de micoplasma a partir de especímenes a la necropsia puede llevarse a cabo en forma directa de homogenados de cultivos frescos, aspirados, hisopos de las lesiones y lavados (Thomas, 2002). Así como ocurre en el caso de otras enfermedades, los becerros que son seleccionados para realizar la necropsia para diagnosticar un problema en el hato deben de ser representativos de los casos observados en dicho grupo. El cultivo de muestras de LBA recolectadas a la necropsia puede preferirse al cultivo de tejido pulmonar cuando este tejido no pueda ser procesado en forma inmediata. Los micoplasmas permanecen viables en fluidos de LBA durante meses a temperaturas de -20 °C a -70 °C, durante unos cuantos días a 4 °C, y durante varias horas a temperatura ambiente; mientras las tasas de aislamiento a partir de tejido pulmonar disminuyen en forma marcada unas pocas horas después de la toma de la muestra debido a la liberación de inhibidores de los micoplasmas a partir del tejido. Se ha reportado una concordancia completa en cultivos de micoplasma a partir de fluidos de LBA recolectados a la necropsia y que corresponden al tejido pulmonar cultivado inmediatamente después de la colección de la muestra de ganado en el que se realizó la eutanasia al reportarse con enfermedad respiratoria (Thomas, 2002). Generalmente se recomienda enviar hisopos de tejido junto con muestras de pulmón si habrán de pasar más de unas cuantas horas para que se procesen las muestras de tejido enviadas al laboratorio de diagnóstico para cultivo de micoplasma.

El manejo y el transporte de las muestras son particularmente importantes para asegurar la supervivencia de *M. bovis*. Los hisopos deben colectarse en medios de transporte tales como Ames (sin carbón) o medio de Stuart. Las muestras de hisopos, fluidos de lavados, aspirados, leche y calostro, deben ser refrigeradas; las muestras de tejido deben ser colectadas lo más pronto posible tras la muerte, empacadas en bolsas de plástico, selladas y colocadas sobre hielo. Las muestras deben transportarse al laboratorio dentro de las primeras 24 h (Biddle, 2003; Biddle, 2004). En el caso de muestras tales como la leche, que se almacenen en congelamiento, deben enviarse al laboratorio dentro de los primeros 7 a 10 días después de su colecta, ya que un almacenamiento prolongado trae como resultado una disminución significativa de la posibilidad de aislamiento de *M. bovis* (Biddle, 2004).

Para resolver en parte la frustración generada por las técnicas de cultivo convencionales, se han desarrollado una variedad de sistemas de diagnóstico de infecciones por *M. bovis* mediante técnicas de PCR (Ayling, 1997; Bashiruddin, 2005; Pinnow, 2001). El método de PCR puede ser utilizado para identificar las especies de micoplasmas que hayan sido aisladas por los métodos de cultivo de rutina (Ayling, 1997), así como por la detección directa de *M. bovis* en muestras clínicas (Pinnow, 2001). Sin embargo, el método de PCR realizado directamente a partir de muestras clínicas puede tener una sensibilidad variable, y algunos estudios han reportado que las muestras que contienen $< 10^2$ unidades formadoras de colonia/ml fueron detectadas frecuentemente como negativas por este método (Maunsell, 2009). Este nivel de detección no es mejor que los procedimientos de cultivo estándar.

La demostración inmunohistoquímica del antígeno contra *M. bovis* en los tejidos es una forma sensible y específica de determinar la presencia de *M. bovis* en las lesiones macroscópicas e histológicas (Khodakaram-Tafti, 2004; Radaelli, 2008). Las ventajas de la IHQ son que funciona bien cuando se utilizan tejidos fijados en formalina y embebidos en parafina, y puede llevarse a cabo en forma retrospectiva, especialmente cuando otros hallazgos sugieren una infección por *M. bovis* pero el cultivo es negativo. Una ventaja adicional de la IHQ es que revela la localización de *M. bovis* dentro de las lesiones.

Han sido descritos una variedad de métodos para la detección de anticuerpos específicos contra *M. bovis* en el suero y en otros fluidos corporales, incluyendo una prueba de hemoaglutinación indirecta (HAI) y una ELISA indirecta. La inmunoglobulina sérica (Ig) específica contra *Mycoplasma bovis* es detectable desde los 6 (IgM) a los 10 (IgG) días después de la inoculación experimental con *M. bovis* en el tracto respiratorio (Le Grand, D.; 2002). Las concentraciones de inmunoglobulinas séricas específicas permanecen elevadas desde meses hasta años después de la infección con *M. bovis*, por lo tanto un título alto no necesariamente es indicativo de una exposición muy reciente (Nicholas, 2003). Los anticuerpos maternos también pueden dar como resultado niveles elevados de anticuerpos en becerros jóvenes, y aunque tienen una vida media de 12 a 16 días, típicamente desaparecen después de unos cuantos meses de edad. Virtala *et al.* reportaron que de 75 becerros menores de tres meses de edad en los que se aisló *M. bovis* de muestras de lavados traqueales, sólo el 57% tuvo un incremento de 4 veces o más en los títulos de anticuerpos séricos contra *M. bovis* detectados mediante la técnica de HAI (Virtala, 2000). Los autores concluyeron que las muestras pareadas de suero no eran un buen predictor de la enfermedad respiratoria asociada a *M. bovis*, posiblemente debido a la presencia de los títulos de anticuerpos maternos. Otros investigadores tampoco encontraron una correlación entre los títulos de anticuerpos séricos contra *M. bovis* y la enfermedad respiratoria asociada a *M. bovis* en individuos infectados en forma natural (Martin, 1989). Sin embargo, los becerros con enfermedad respiratoria crónica severa debida a *M. bovis* generalmente tienen títulos altos de IgG (Radaelli, 2008). Por lo tanto, la serología tiene un valor diagnóstico limitado en los individuos y en realidad es más útil en la vigilancia epidemiológica de los hatos (Le Grand, D.; 2002).

6.4.6 Tratamiento

El hecho de que las especies de micoplasma carezcan de una pared celular tiene implicaciones importantes en lo que respecta al tratamiento, pues significa que los antibióticos beta-lactámicos no son efectivos (Taylor, 1997). Las especies de micoplasma también son naturalmente resistentes a las sulfonamidas. Los antimicrobianos que tienen teóricamente eficacia contra *M. bovis* incluyen la tulatromicina, la enrofloxacina, el florfenicol, la oxitetraciclina, la espectinomicina, la tilmicosina y la tilosina. Evidencia reciente sugiere que la resistencia a los antibióticos utilizados tradicionalmente para el tratamiento de las infecciones por micoplasma está aumentando en los *M. bovis* aislados en campo en Norteamérica (Francoz, 2005; Rosenbusch, 2005) y en Europa (Ayling, 2000; Thomas, 2003). Los aislamientos de ambos continentes muestran una resistencia ampliamente extendida a las tetraciclinas y a la tilmicosina, y los aislamientos europeos muestran una resistencia en incremento a la espectinomicina. Aunque los perfiles de susceptibilidad in vitro de *M. bovis* pueden ser útiles para hacer generalizaciones sobre la resistencia a los antibióticos, no se han publicado datos sobre la relevancia de estos perfiles en cuanto a la eficacia clínica a nivel individual o de grupo. Se encontró que los perfiles de susceptibilidad de aislamientos pareados de *M. bovis* obtenidos de muestras de hisopos nasales y LBA en becerros con enfermedad respiratoria diferían considerablemente entre animales, lo que sugiere que si se utilizan los perfiles de susceptibilidad, necesitan estar basados en aislamientos obtenidos del sitio de la infección (Ayling, 2000).

A pesar de la poca disponibilidad de antibióticos potencialmente efectivos, los antibióticos son utilizados ampliamente para tratar las enfermedades causadas por micoplasma. El tratamiento con frecuencia es poco redituable, requiriendo que el ganado afectado tenga un tratamiento de larga duración o que falle la respuesta a la terapia (Adegboye, 1996; Francoz, 2004; Pfutzner, 1996; Poumarat, 2001; Van Biervliet, 2004; Walz, 1997). Se reporta que los becerros con enfermedades crónicas y/o multisistémicas tienen una respuesta particularmente pobre al tratamiento (Adegboye, 1996). Hay pocos ensayos clínicos controlados que evalúen la eficacia de varios antibióticos disponibles para el tratamiento de las enfermedades causadas por micoplasma, y los pocos estudios publicados sobre la eficacia de los tratamientos deben ser interpretados con precaución, ya que la mayoría utilizan becerros experimentalmente infectados y el tratamiento es con frecuencia iniciado temprano durante el curso de la enfermedad (Godinho, 2005; Gourlay, 1989; Poumarat, 2001). En un estudio patrocinado por la industria, la tulatromicina fue un tratamiento efectivo contra la enfermedad respiratoria en becerras lecheras que habían sido infectadas experimentalmente con *M. bovis*, cuando el tratamiento fue iniciado a los 3 ó 7 días post inoculación (Godinho, 2005). De la misma manera, la tilmicosina administrada 6 horas previas a la inoculación o al momento de la aparición de la enfermedad clínica fue efectiva en reducir la colonización del pulmón por *M. bovis* en becerros que habían sido experimentalmente infectados con *M. hemolitica* y *M. bovis* (Gourlay, 1989). Sin embargo, el tratamiento con espectinomicina no alteró el curso clínico de la enfermedad en becerros con neumonía por *M. bovis* y *P. multocida* cuando el tratamiento se inició a los 6 días de la inoculación, aunque el número de *M. bovis* en el pulmón fue reducido en los becerros tratados (Poumarat, 2001).

Hay poca información disponible referente al tratamiento de micoplasma en condiciones de campo, y la mayoría de los estudios son de origen europeo. La marbofloxacina, un antibiótico del grupo de las fluoroquinolonas, fue un tratamiento efectivo para la enfermedad respiratoria de ocurrencia natural asociada a *M. bovis* (Thomas, 1998). Las terapias disponibles que han dado como resultado una mejoría clínica en becerros con enfermedad respiratoria asociada a *M. bovis* en pruebas de campo incluyen la oxitetraciclina, la tilmicosina, o una combinación de lincomicina y espectinomicina (Picavet, 1991). Sin embargo, debido a la evidencia reciente de que la resistencia contra estos fármacos está aumentando, puede ser que estos antibióticos ya no sean las opciones apropiadas. Sin otros datos para guiar la elección de un antibiótico, se recomienda con frecuencia que la selección de un régimen de tratamiento específico de la lista de antibióticos potencialmente efectivos esté basada en el comportamiento pasado del hato afectado (Step, 2001).

La irrigación del oído medio después de la ruptura de la membrana timpánica se ha recomendado para el tratamiento de la otitis media en los becerros (Morin, 2004). La punción de la membrana timpánica (miringotomía) seguida de la inserción de tubos de timpanostomía es comúnmente utilizada en niños con otitis media crónica o recurrente, y algunos veterinarios han promovido la miringotomía a ciegas utilizando un objeto punzocortante como una aguja de tejer en el tratamiento de la otitis media en los becerros. No se han publicado estudios sobre los riesgos y la eficacia de este procedimiento en los casos clínicos. Los beneficios potenciales de la miringotomía son la liberación de la presión y el alivio del dolor causados por la acumulación de exudado en el oído medio, así como el acceso al oído medio para su irrigación. No queda claro si este procedimiento puede proveer alivio a becerros que presentan el exudado espeso, caseoso, característico de la otitis media causada por *M. bovis*. En un estudio reciente en el que se utilizaron cadáveres de becerros, los investigadores reportaron que la inserción a ciegas de una aguja de tejer recta de 3.5 mm de diámetro, aproximadamente unos 3 cm dentro del canal de la oreja, para perforar el tambor del oído, era anatómicamente posible (Villarroel, 2006). Para resumir, el tratamiento con antibióticos de las enfermedades causadas por micoplasma con frecuencia es poco redituable, especialmente en becerros con infecciones crónicas o multisistémicas. Se reportan mejorías eficaces en los estudios de infecciones experimentales cuando el tratamiento es iniciado en forma temprana durante el curso de la enfermedad, sugiriendo que la intervención temprana, o quizá la terapia metafiláctica en becerros en alto riesgo, puede ser más redituable. Por ejemplo, cuando se está tratando con una otitis media es probable que la iniciación del tratamiento a la presencia de los primeros signos clínicos (tales como rascado de orejas o sacudido de cabeza acompañados por fiebre) será más exitosa que esperar hasta que la enfermedad esté más avanzada y se presente una caída de oreja evidente. Frecuentemente se recomiendan terapias antimicrobianas de larga duración para las enfermedades causadas por micoplasma, sin embargo existe una marcada necesidad de pruebas clínicas mejor controladas para evaluar los regímenes de antibióticos terapéuticos y metafilácticos actuales para el tratamiento de los becerros con enfermedad respiratoria y/o con otitis.

6.4.7 Control y prevención

Los resultados de los estudios epidemiológicos de la mastitis micoplásmica sugieren que la mejor forma de prevenir la infección por *M. bovis* es mantener un hato cerrado o hacer un barrido y cuarentena de los animales adquiridos. Los resultados de dichos estudios también sugieren que las mastitis causadas por micoplasma pueden eliminarse en forma efectiva del hato lechero a través de una vigilancia y selección agresivas de las vacas infectadas (Brown, 1990; Fox, 2003). Las explotaciones lecheras que se encuentran en crecimiento y los centros de recría de becerros que adquieren animales provenientes de diferentes lugares obviamente no pueden mantener hatos cerrados; además, los centros de recría generalmente no pueden evaluar a los becerros nuevos antes de introducirlos a las instalaciones. La prevención de las enfermedades causadas por micoplasma en los centros de recría de becerras está acotada por el entendimiento extremadamente limitado que hay sobre su epidemiología y factores de riesgo.

Las recomendaciones actuales para la prevención de micoplasma en las instalaciones de crianza de becerras se basan en reducir la exposición a la bacteria. Las fuentes de exposición potenciales que pueden ser controladas incluyen la leche no pasteurizada del tanque o la leche de desecho, el calostro, y el contacto directo o indirecto con aerosoles respiratorios de becerros infectados. La exposición al *M. bovis* de la leche puede limitarse desechando del hato a las vacas infectadas o evitando la alimentación con leche de vacas infectadas en los hatos en los que se monitorea el estado de *M. bovis* en las vacas lecheras. Un método más práctico de reducir la exposición a *M. bovis* es pasteurizando la leche antes de darla como alimento, o utilizando sustituto de leche (Butler, 2000; Stabel, 2004; Walz, 1997). La pasteurización de leche de desecho a 65 °C durante una hora o a 70 °C durante 3 minutos (Butler, 2000), o el uso de un pasteurizador de alta temperatura y tiempo corto, inactivará a las especies de micoplasma (Stabel, 2004). El monitoreo frecuente mediante el cultivo de muestras de leche pasteurizada para asegurar que la pasteurización ha sido efectiva es importante en cualquier programa de pasteurización dentro del centro de producción.

Los becerros con una infección clínica por micoplasma eliminan grandes cantidades de bacterias en las secreciones respiratorias (Bennett, 1977; Pfutzner, 1996). De ahí que se haya recomendado segregar a los becerros afectados de los becerros sanos, aunque frecuentemente esto es poco práctico (Step, 2001). Otras recomendaciones que se han hecho incluyen tomar las precauciones adecuadas para prevenir la transmisión potencial de *M. bovis* entre los becerros por el personal o el equipo (Nicholas, 2003). Los chupones, botellas, sondas de alimentación y cubetas deben de ser limpiadas y desinfectadas adecuadamente, y los corrales desinfectados entre becerros. *M. bovis* sobrevive sorprendentemente bien en el ambiente, pero es altamente susceptible al calor y a la mayoría de los desinfectantes a base de cloro, clorhexidina, ácido o yodo que son comúnmente utilizados (Boddie, 2002).

El uso profiláctico o metafiláctico de antibióticos generalmente no es deseable, pero puede justificarse cuando se presentan niveles elevados de morbilidad y mortalidad. Se ha demostrado claramente que el tratamiento en forma estratégica con antibióticos de los becerros que se encuentran en un alto riesgo de presentar enfermedad respiratoria a su llegada a los lotes de engorda, reduce la incidencia y severidad de la enfermedad respiratoria. Adicionalmente, la alimentación con niveles metafilácticos de antibióticos en el sustituto de leche a las becerras lecheras reduce la incidencia de enfermedades y retrasa el establecimiento de la enfermedad clínica durante el periodo previo al destete (Berge, 2005). Para el *Mycoplasma bovis*, la respuesta al tratamiento cuando se administran antibióticos antes de, o en la fase inicial durante el curso de la enfermedad inducida experimentalmente, es con frecuencia mejor que las tasas de respuesta reportadas en casos de campo. Esto sugiere que el tratamiento metafiláctico puede ser más exitoso que iniciar el tratamiento después de que la enfermedad es clínicamente aparente.

Vacunación: La mayoría de los desafíos de vacunación dirigidos a prevenir la enfermedad causada por *Mycoplasma bovis* en los becerros no han tenido éxito hasta la fecha. Por ejemplo, en un estudio, becerras lecheras de 2 meses de edad fueron vacunadas con una bacterina inactivada con formalina, preparada con dos cepas de *M. bovis* (Rosenbusch, 1988). Las becerras recibieron un solo refuerzo a las 3 semanas post-vacunación, y fueron desafiadas por la inoculación transtorácica de *M. bovis*. La vacunación exacerbó la enfermedad en cuatro de las cinco becerras vacunadas, en comparación a una sola de las cinco becerras del grupo control, la cual desarrolló enfermedad respiratoria severa. Una exacerbación similar de la enfermedad se observó en becerros vacunados con un purificado parcial de las proteínas de membrana de *M. bovis*; al ser más severos la enfermedad clínica y la patología tras el desafío con aerosol en los becerros vacunados que en los becerros del grupo control. En un estudio de campo, en el que se utilizaron 330 becerras lecheras neonatas en dos hatos de Florida en los que se presentaba la enfermedad por M. *bovis* en forma endémica, las becerras fueron vacunadas a los 3, 14 y 35 días de edad utilizando una bacterina de *M. bovis* comercialmente disponible (Maunsell, 2009). La vacuna no fue eficaz en reducir la morbilidad o la mortalidad debidas a la enfermedad respiratoria, la otitis media o la artritis en estos hatos. La respuesta a la vacunación fue dependiente del hato, con una mayor incidencia de otitis media asociada a la vacunación en un hato. La mayoría de las becerras en el estudio fueron colonizadas por *M. bovis* en las primeras 2 semanas de vida, y la mayoría de las enfermedades clínicas se presentaron entre las 3 y las 6 semanas de edad. La edad temprana a la que las becerras pueden infectarse con *M. bovis* en las instalaciones infectadas en forma endémica representa quizá el mayor reto en el desarrollo de una vacuna efectiva contra *M. bovis* para ser utilizada en becerros jóvenes.

A pesar de la información limitada en el campo de la eficacia de las vacunas contra *M. bovis*, existen alrededor del mundo una variedad de vacunas autorizadas para su comercialización. Sin embargo, se reporta hasta la fecha que las vacunas no previenen la colonización del tracto respiratorio superior por el micoplasma y que la vacunación puede inducir efectos dañinos. Un mejor entendimiento de la inmunología del becerro neonato, especialmente respecto a su habilidad para responder a diferentes antígenos, el tipo de respuestas que se producen, y la modulación de estas respuestas por los adyuvantes mucosos y sistémicos, puede mejorar nuestra habilidad para producir vacunas eficaces contra *M. bovis*, si es que realmente la vacunación del becerro muy joven contra *M. bovis* es posible.

6.4.8 Resumen

Mycoplasma bovis ha emergido como un patógeno importante de los becerros lecheros en Norteamérica. Una variedad de enfermedades clínicas se asocian a las infecciones de los becerros con *M. bovis*, incluyendo enfermedades respiratorias, otitis media, artritis y algunas presentaciones menos comunes. La enfermedad clínica asociada a *M. bovis* con frecuencia es crónica, debilitante y responde poco al tratamiento con antibióticos. Las medidas de control actuales se centran en reducir la exposición a *M. bovis* a través de la leche contaminada u otras fuentes, así como a medidas de control no específicas para maximizar las defensas respiratorias del becerro. Sin embargo, estas estrategias de manejo con frecuencia fallan en controlar la enfermedad clínica. El desarrollo de estrategias preventivas, de control y tratamiento mejoradas para la enfermedad causada por micoplasma en becerros jóvenes, está obstaculizada por una falta de entendimiento de la epidemiología de las infecciones por *M. bovis* en becerros jóvenes y de las interacciones hospedero patógeno involucradas en el establecimiento de la infección y desarrollo de la enfermedad clínica.

AGRADECIMIENTOS

Partes de este capítulo fueron adaptadas, en su mayoría de un artículo de revisión sobre las infecciones en becerros jóvenes por *Mycoplasma bovis* escrito por los doctores Fiona Maunsell y Art Donovan de la Universidad de Florida (Maunsell, 2009).

LITERATURA CITADA

Adegboye, D. S.; Hallbur, P. G.; Cavanaugh D. L. et al.: Immunohistochemical and Pathological Study of Mycoplasma bovis-Associated Lung Abscesses in Calves. J Vet Diagn Invest 7:333-337, 1995.

Adegboye D. S.; Halbur, P. G.; Nutsch R. G. et al.: Mycoplasma bovis-Associated Pneumonia and Arthritis Complicated with Pyogranulomatous Tenosynovitis in Calves. J Am Vet Med Assoc 209:647-649, 1996.

Ayling, R. D.; Nicholas, R. A.; Johansson, K. E.: Application of the Polymerase Chain Reaction for the Routine Identification of Mycoplasma bovis. Vet Rec 141: 307-308, 1997.

Ayling, R. D.; Baker, S. E.; Peek, M. L. et al.: Comparison of in vitro Activity of Danofloxacin, Florfenicol, Oxytetracycline, Spectinomycin and Tilmicosin against Recent Field Isolates of Mycoplasma bovis. Vet Rec 146:745-747, 2000.

Bashiruddin, J. B.; Frey, J.; Konigsson, M. H. et al.: Evaluation of PCR Systems for the Identification and Differentiation of Mycoplasma agalactiae and Mycoplasma bovis: A Collaborative Trial. Vet J 169:268-275, 2005.

Bennett, R. H.; Jasper, D. E.: Nasal Prevalence of Mycoplasma bovis and IHA Titers in Young Dairy Animals. Cornell Vet 67:361-373, 1977.

Berge, A. C.; Lindeque, P.; Moore, D. A. et al.: A Clinical Trial Evaluating Prophylactic and Therapeutic Antibiotic Use on Health and Performance of Preweaned Calves. J Dairy Sci 88:2166-2177, 2005.

Biddle, M. K.; Fox, L. K.; Hancock, D. D.: Patterns of Mycoplasma Shedding in the Milk of Dairy Cows with Intramammary Mycoplasma Infection. J Am Vet Med Assoc 223:1163-1166, 2003.

Biddle, M. K.; Fox, L. K.; Hancock, D. D. et al.: Effects of Storage Time and Thawing Methods on the Recovery of Mycoplasma Species in Milk Samples from Cows with Intramammary Infections. J Dairy Sci 87:933-936, 2004.

Boddie, R. L.; Owens, W. E.; Ray, C. H. et al.: Germicidal Activities of Representatives of Five Different Teat Dip Classes against Three Bovine Mycoplasma Species Using a Modified Excised Teat Model. J Dairy Sci 85:1909-1912, 2002.

Brown, M. B.; Shearer, J. K.; Elvinger, F.: Mycoplasmal Mastitis in a Dairy Herd. J Am Vet Med Assoc 196:1097-1101, 1990.

Brown, M. B.; Dechant, D. M.; Donovan, G. A.: Association of Mycoplasma bovis with Otitis Media in Dairy Calves. IOM Lett 12:104-105, 1998.

Butler, J. A.; Sickles, S. A.; Johanns, C. J. et al.: Pasteurization of Discard Mycoplasma Mastitic Milk Used to Feed Calves: Thermal Effects on Various Mycoplasma. J Dairy Sci 83:2285-2288, 2000.

Fox, L. K.; Hancock, D. D.; Mickelson, A. et al.: Bulk Tank Milk Analysis: Factors Associated with Appearance of Mycoplasma sp. in Milk. J Vet Med B Infect Dis Vet Public Health 50:235-240, 2003.

Francoz, D.; Fecteau, G.; Desrochers, A. et al.: Otitis Media in Dairy Calves: A Retrospective Study of 15 Cases (1987 to 2002). Can Vet J 45:661-666, 2004.

Francoz, D.; Fortin, M.; Fecteau, G. et al.: Determination of Mycoplasma bovis Susceptibilities Against Six Antimicrobial Agents Using the E Test Method. Vet Microbiol 105:57-64, 2005.

Godinho, K. S.; Rae, A.; Windsor, G. D. et al.: Efficacy of Tulathromycin in the Treatment of Bovine Respiratory Disease Associated with Induced Mycoplasma bovis Infections in Young Dairy Calves. Vet Ther 6:96-112, 2005.

González, R. N.; Wilson, D. J.: Mycoplasmal Mastitis in Dairy Herds. Vet Clin Food Anim 19:199-221, 2003.

Gourlay, R. N.; Thomas, L. H.; Howard, C. J.: Pneumonia and Arthritis in Gnotobiotic Calves Following Inoculation with Mycoplasma agalactiae subsp bovis. Vet Rec 98: 506-507, 1976.

Gourlay, R. N.; Thomas, L. H.; Wyld, S. G.: Increased Severity of Calf Pneumonia Associated with the Appearance of Mycoplasma bovis in a Rearing Herd. Vet Rec 124: 420-422, 1989.

Gourlay, R. N.; Thomas, L. H.; Wyld, S. G. et al.: Effect of a New Macrolide Antibiotic (tilmicosin) on Pneumonia Experimentally Induced in Calves by Mycoplasma bovis and Pasteurella hemolytica. Res Vet Sci 47:84-89, 1989.

Jensen, R.; Maki, L. R.; Lauerman, L. H. et al.: Cause and Pathogenesis of Middle Ear Infection in Young Feedlot Cattle. J Am Vet Med Assoc 182:967-972, 1983.

Khodakaram-Tafti, A.; López, A.: Immunohistopathological Findings in the Lungs of Calves Naturally Infected with Mycoplasma bovis. J Vet Med A Physiol Pathol Clin Med 51:10-14, 2004.

Lamm, C. G.; Munson, L.; Thurmond, M. C. et al.: Mycoplasma Otitis in California Calves. J Vet Diagn Invest 16:397-402, 2004.

Le Grand, D.; Calavas, D.; Brank, M. et al.: Serological Prevalence of Mycoplasma bovis Infection in Suckling Beef Cattle in France. Vet Rec 150:268-73, 2002.

Martin, S. W.; Bateman, K. G.; Shewen, P. E. et al.: The Frequency, Distribution and Effects of Antibodies, to Seven Putative Respiratory Pathogens, on Respiratory Disease and Weight Gain in Feedlot Calves in Ontario. Can J Vet Res 53:355-362, 1989.

Maunsell, F. P.; Donovan, G. P.: Mycoplasma bovis Infections in Young Calves. Vet Clin Food Anim 25:139-177, 2009.

Morin, D. E.: Brainstem and Cranial Nerve Abnormalities: Listeriosis, Otitis Media/Interna, and Pituitary Abscess Syndrome. Vet Clin Food Anim 20:243-273, 2004.

Nicholas, R. A.; Ayling, R. D.: Mycoplasma bovis: Disease, Diagnosis, and Control. Res Vet Sci 74:105-112, 2003.

Pfutzner, H.; Sachse, K.: Mycoplasma bovis as an Agent of Mastitis, Pneumonia, Arthritis and Genital Disorders in Cattle. Rev Sci Tech 15:1477-1494, 1996.

Picave, T; Muylle, E.; Devriese, L. A. et al.: Efficacy of Tilmicosin in Treatment of Pulmonary Infections in Calves. Vet Rec 129:400-403, 1991.

Pinnow, C. C.; Butler, J. A.; Sachse, K. et al.: Detection of Mycoplasma bovis in Preservative-Treated Field Milk Samples. J Dairy Sci 84:1640-1645, 2001.

Poumarat, F.; Le Grand, D.; Philippe, S. et al.: Efficacy of Spectinomycin against Mycoplasma bovis Induced Pneumonia in Conventionally Reared Calves. Vet Microbiol 80:23-35, 2001.

Radaelli, E.; Luini, M.; Loria, G. R. et al.: Bacteriological, Serological, Pathological and Immunohistochemical Studies of Mycoplasma bovis Respiratory Infection in Veal Calves and Adult Cattle at Slaughter. Res Vet Sci 85:282-290, 2008.

Rosenbusch, R. F.: Test of an Inactivated Vaccine Against Mycoplasma bovis Respiratory Disease by Transthoracic Challenge with an Abscessing Strain. IOM Lett 5:185, 1988.

Rosenbusch, R. F.; Kinyon, J. M.; Apley, M. et al.: In vitro Antimicrobial Inhibition Profiles of Mycoplasma bovis Isolates Recovered from Various Regions of the United States from 2002 to 2003. J Vet Diagn Invest 17:436-441, 2005.

Rosengarten, R.; Citti, C.; Glew, M. et al.: Host-Pathogen Interactions in Mycoplasma Pathogenesis: Virulence and Survival Strategies of Minimalist Prokaryotes. Int J Med Microbiol 290:15-25, 2000.

Ryan, M. J.; Wyand, D. S.; Hill, D. L. et al.: Morphologic Changes Following Intraarticular Inoculation of Mycoplasma bovis in Calves. Vet Pathol 20:472-487, 1983.

Springer, W. T.; Fulton, R. W.; Hagstad, H. V. et al.: Prevalence of Mycoplasma and Chlamydia in the Nasal Flora of Dairy Calves. Vet Microbiol 7:351-357, 1982.

Stabel, J. R.; Hurd, S.; Calvente, L.; Rosenbusch, R. F.: Destruction of Mycobacterium paratuberculosis, Salmonella spp., and Mycoplasma spp. in Raw Milk by a Commercial On-Farm High-Temperature, Short-Time Pasteurizer. J Dairy Sci 87:2177-2183, 2004.

Stalheim, O. H.; Page, L. A.: Naturally Occurring and Experimentally Induced Mycoplasmal Arthritis of Cattle. J Clin Microbiol 2:165-168, 1975.

Step, D. L.; Kirkpatrick, J. G.: Mycoplasma Infection in Cattle. I. Pneumonia-Arthritis Syndrome. Bovine Practitioner 35:149-155, 2001.

Taylor-Robinson, D.; Bebear, C.: Antibiotic Susceptibilities of Mycoplasmas and Treatment of Mycoplasmal Infections. J Antimicrob Chemother 40:622-630, 1997.

Thomas, A.; Dizier, I.; Trolin, A. et al.: Comparison of Sampling Procedures for Isolating Pulmonary Mycoplasmas in Cattle. Vet Res Commun 26:333-339, 2002.

Thomas, A.; Nicolas, C.; Dizier, I. et al.: Antibiotic Susceptibilities of Recent Isolates of Mycoplasma bovis in Belgium. Vet Rec 153:428-431, 2003.

Thomas, E.; Madelenat, A.; Davot, J. L. et al.: Clinical Efficacy and Tolerance of Marbofloxacin and Oxytetracycline in the Treatment of Bovine Respiratory Disease. Rec Med Vet Ec Alfort 174:21-27, 1998.

Van Biervliet, J.; Perkins, G. A.; Woodie, B. et al.: Clinical Signs, Computed Tomographic Imaging, and Management of Chronic Otitis Media/Interna in Dairy Calves. J Vet Intern Med 18:907-910, 2004.

Villarroel, A.; Heller, M.; Lane, V. M.: Imaging Study of Myringotomy in Dairy Calves. Bovine Practitioner 40:14-17, 2006.

Virtala, A. M. K.; Mechor, G. D.; Grohn, Y. T et al.: Epidemiologic and Pathologic Characteristics of Respiratory Tract Disease in Dairy Heifers during the First Three Months of Life. J Am Vet Med Assoc 208:2035-2042, 1996.

Virtala, A. M.; Grohn, Y. T.; Mechor, G. D. et al.: Association of Seroconversion with Isolation of Agents in Transtracheal Wash Fluids Collected from Pneumonic Calves Less Than Three Months of Age. Bovine Practitioner 34:77-80, 2000.

Walz, P. H.; Mullaney, T. P.; Render, J. A. et al.: Otitis Media in Preweaned Holstein Dairy Calves in Michigan Due to Mycoplasma bovis. J Vet Diagn Invest 9:250-254, 1997.

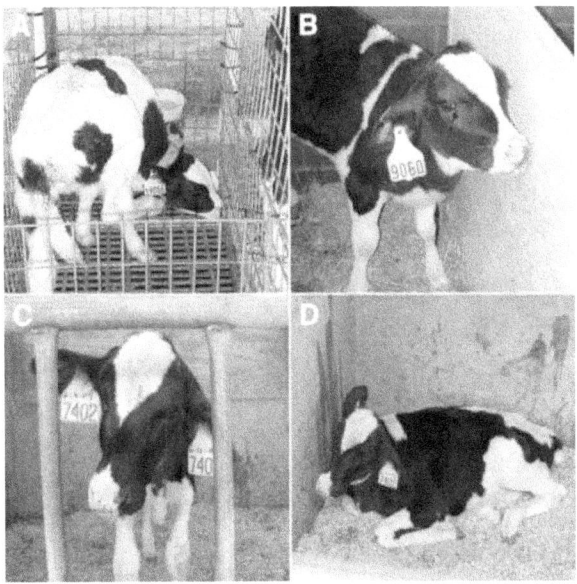

Figura 3.10 Ejemplos de manifestaciones clínicas de otitis por *Mycoplasma bovis* en las becerras. El rascado de la oreja es frecuentemente uno de los primeros signos clínicos (A), seguido de epífora uni o bilateral (B) y caída de la oreja (C, D).

Figura 3.11 Inclinación de la cabeza, trastabilleo, caída y caminata en círculos son indicativos de otitis interna y de que la enfermedad clínica se encuentra avanzada.

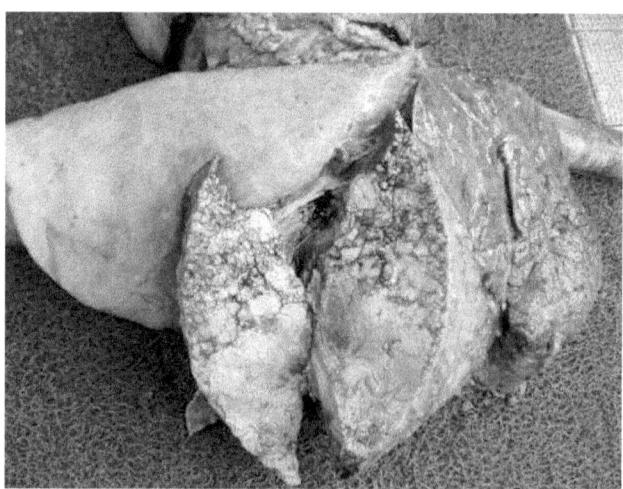

Figura 3.12 Neumonía por *Mycoplasma bovis*. Los pulmones pueden contener numerosos focos de necrosis caseosa.

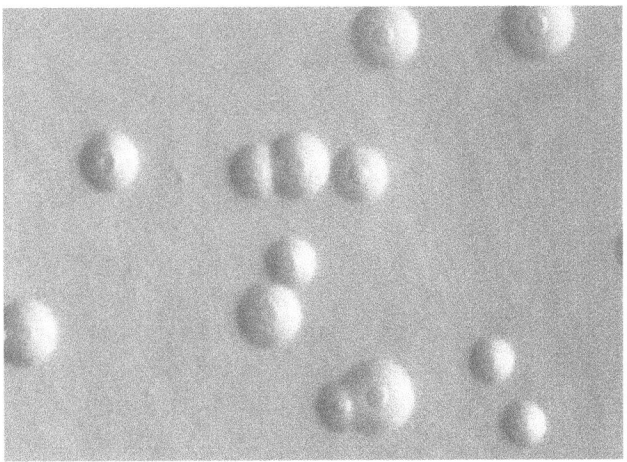

Figura 3.13 Las colonias de Mycoplasma bovis en medio sólido tienen la morfología de huevo frito, que es típica de muchas especies de mycoplasma cuando se ven en un microscopio estereoscópico (magnificación 40x).

7 SISTEMA DIGESTIVO

7.1 FISIOPATOLOGÍA DE LA CANALADURA ESOFÁGICA

Mario Medina Cruz MVZ, MSc, DCV

El cierre de la canaladura esofágica en el prerrumiante permite que la leche sobrepase los preestómagos a lo largo de la canaladura en su porción reticular y a lo largo del canal omasal hasta llegar al abomaso. La presencia de leche en la cavidad bucal produce el reflejo por medio del estímulo químico a receptores localizados en la cavidad, en la faringe y en el esófago craneal, desde donde por conductividad nerviosa del vago viajan impulsos hacia la médula. El cierre de la canaladura esofágica es mediado predominantemente por el nervio vago, y para que ésta ocurra los líquidos deben ser ingeridos en forma completamente voluntaria y en pequeñas cantidades. Aun así, se ha notificado que en becerras normales a las que se suministró agua por medio de un biberón, en promedio del 10 al 15% de volumen del líquido cayó en el rumen y en el retículo (Aragon, 1980; Levy *et al.*, 1990). La leche como tal es la que produce el mejor estímulo de cierre, pero ésta no debe tener olores ni sabores desagradables (Dirksen, 1987). Una vez que el reflejo se ha establecido, los estímulos sensoriales como el visual, auditivo y olfatorio, pueden producir el cerrado de la canaladura esofágica sin que ocurra el contacto de la leche con los quimiorreceptores (Constable, 1990). Por el contrario, el consumo de alimento sólido inhibe el reflejo del cierre de la canaladura esofágica y permite el paso del alimento al rumen y al retículo (Dirksen, 1987; Hegland *et al.*, 1957; Roy, 1972; Pounden *et al.*, 1955).

Wise y Anderson (1984) encontraron, trabajando con becerros Guernsey y Holstein con edades de 106 días al inicio del experimento y 184 días al final, que la succión produjo un cerrado de la canaladura esofágica más duradero en comparación con la bebida a partir de la cubeta. También encontraron que la succión inmediatamente antes de la bebida produjo un cierre más consistente de la canaladura esofágica. Bajo condiciones naturales, después del paso del alimento por la canaladura esofágica el tiempo requerido para la relajación de los pilares varía desde diez segundos hasta más de un minuto entre diferentes animales y entre diferentes alimentaciones en un mismo animal.

El estado físico de la ingesta y su lugar de depósito han sido estudiados. En becerras, la administración de cápsulas en líquidos produjo el cerrado de la canaladura esofágica, mientras que de 256 cápsulas administradas sin líquidos, 251 fueron depositadas en retículo (Hegland *et al.*, 1957). Lateur-Rowet y Breukink (1983) trabajando con becerros de hasta tres semanas de edad, también demostraron que ningún líquido administrado por alimentador esofágico inducía el cierre de la canaladura esofágica, depositándose los líquidos en los preestómagos. De igual manera, cuando se estimuló la succión en el becerro durante la alimentación con el alimentador esofágico, no se produjo el cierre de la canaladura esofágica.

El reflejo de la canaladura esofágica continúa operando durante y después del desarrollo de un rumen funcional siempre y cuando el animal continúe recibiendo leche. El fenómeno del cierre de la canaladura esofágica ha sido observado en ganado hasta de dos años de edad.

Chapman *et al.* (1986) encontraron que empleando un alimentador esofágico, o bien una sonda nasogástrica, para la administración de fluidos o sustancias radiopacas, no se estimuló el cierre de la canaladura esofágica, indicado por la presencia de éstos en el retículo en el 93% de los casos; sin embargo, observó que a partir de la administración de 400 ml se producía un derrame del rumen-retículo hacia el abomaso. Si el propósito de la alimentación oral es asegurar que la administración de líquidos alcance el abomaso, entonces deben administrarse cantidades superiores a los 400 ml. En este sistema se observó la absorción de glucosa y electrolitos al torrente sanguíneo a los 30 minutos de su administración, indicando el paso de los líquidos hacia el abomaso y su posterior absorción entérica.

La administración de calostro por medio del alimentador esofágico produce el derrame de éste desde los preestómagos hacia el abomaso e intestino delgado. El vaciado del contenido ruminal ocurre en las siguientes tres horas, a excepción del saco ruminal ventral, en donde puede permanecer hasta por 24 horas. No obstante esto, la administración de calostro por este método constituye una forma práctica para promover una absorción eficiente de gamma globulinas en los becerros recién nacidos.

En borregos adultos la administración de 5 ml de una solución de sulfato de cobre al 10% produce consistentemente el cerrado de la canaladura esofágica, lo que se mantiene al menos por 15 segundos, tiempo durante el cual una segunda administración oral a base de líquidos pasará totalmente hacia el abomaso.

El cerrado de la canaladura esofágica en ganado menor de dos años puede inducirse mediante la administración de soluciones de cloruro de sodio, bicarbonato de sodio o azúcar. De 100 a 250 ml de una solución de bicarbonato de sodio al 10% produjeron el cerrado de la canaladura esofágica en el 93% del ganado. El cerrado es inmediato y consistente durante uno a dos minutos, por lo cual una segunda solución administrada durante este tiempo pasa directamente al abomaso, evitando el factor de dilución en el rumen (Riek, 1954; Wester, 1930). Clínicamente se puede hacer uso de este reflejo, especialmente cuando se tratan úlceras abomasales en becerros jóvenes mediante la administración de hidróxido de magnesio o soluciones de caolín y pectina vía oral inmediatamente después de la administración de la solución de bicarbonato de sodio (Constable, 1990).

LITERATURA CITADA

Aragon, B.; Hachet; T. H.: Mesure du transit des aliments liquides an reveau de la gouttière oesophagienne chez le veau prerumiant a l'aide de capteurs thermiques. Ann. Rech. Vet. 11(4):333-339, 1980.

Chapman, H. W.; Butler, D.G.; Newel, M.: The Route of Liquids Administered to Calves by Esophageal Feeder. Can. J. Vet. Res. 50:84-87 (1986).

Constable, P. D.; Hoffsis, G. F.; Rings, M. D.: The Reticulorumen: Normal and Abnormal Motor Function. Part II. Secondary Contraction Cycles, Rumination and Esophageal Groove Closure. Comp. Cont. Educ. Pract. Vet. 12(8):1169-174 (1990).

Dirksen, G. U.; Garry, F. B.: Diseases of the Foresomachs in Calves. Part I. Compendium of Continuing Education Pract. Vet. 9:140-147 (1987).

Hegland, R. B.; Lambert, M. R.; Jacobson, N. L.; Payne, L. C.: Effect of Dietary and Managemental Factors on Reflex Closure of the Esophageal Groove in the Dairy Calf. J. Dairy Sci. 40:1107-1113 (1957).

Lateur-Rowet, H. J. M.; Breukink, H. J.: The Failure of the Esophageal Groove Reflex when Fluids are Given with an Esophageal Feeder to Newborn and Young Calves. Vet. Quart. 5:68-74 (1983).

Levy, M.; Merritt, A. M.; Levy, L. C.: Comparrison of the Effects of an Isosmolar and Hyperosmolar Oral Rehydratingg Solution on the Hydrration Status, Glycemia and Ileal Content Composition of Healthy Neonatal Calves. Cornell, Vet., 80:143-151, 1990.

Pounden, W. D.; Hibbs, J. W.; Conrad, H. R.: Rumen Content in Young Calves. Vet. Med. 50:435-440 (1955).

Riek, R. F.: The Influence of Sodium Salts on the Closure of the Esophageal Groove in Calves. Austr. Vet. J. 30:29-37 (1954).

Roy, J. H. B.: El ternero: Nutrición y patología.Vol. II. Ed. Acribia, España, 1972.

Wester, J.: The Rumination Reflex in the Ox. Br. Vet. J. 86:410 (1930).

Wise, H. G.; Anderson, W. G.: Relationship of Milk Intake by Suckling and by Drinking to Reticular-Groove Reactions and Ingestion Behavior in Calves. J. Dairy Sci. 67:1983-1992 (1984).

7.2 ESTOMATITIS PAPULAR BOVINA O ESTOMATITIS PROLIFERATIVA

Mario Medina Cruz MVZ, MSc, DCV

La Estomatitis Papular Bovina (EPB) es una enfermedad causada por un virus *Parapox* relacionado al virus del *Ectima* contagioso y al *pseudo-cowpox*.

7.2.1 Etiología

El virus pertenece al género *Parapox*, un virus que contiene DNA y que es inactivado por los solventes de los lípidos.

7.2.2 Epizootiología

Es una enfermedad con alta morbilidad, que puede llegar a ser del 100%; aunque generalmente con una baja mortalidad. En la severidad de la enfermedad, así como en la mortalidad, influyen factores como: deficiencias nutricionales, parasitismos, presencia de agentes infecciosos secundarios, estrés (como el que ocurre en animales recientemente transportados) (Crandell, 1981).

Comúnmente la enfermedad se observa en becerros de un mes a un año de edad, raramente en ganado adulto. La EPB se contagia de uno a otro animal por medio de contacto directo; tiene una distribución mundial y se presenta en igual forma durante todo el año.

7.2.3 Signología

La mayoría de los animales no presentan fiebre o signos clínicos evidentes; generalmente continúan comiendo en forma normal. Las lesiones no son vesiculares; además, no se presentan sobre la zona de los pies.

7.2.4 Patología macroscópica y microscópica

Las lesiones se localizan principalmente sobre el hocico, las fosas nasales, labios, encías, paladar duro, paladar blando y lengua. A la necropsia se encuentran lesiones sobre esófago, rumen, retículo y omaso, especialmente en animales jóvenes. Las lesiones generalmente se inician como un foco enrojecido que rápidamente se transforma en una pápula hiperémica de forma circular o elipsoidal, la cual aumenta de tamaño; paralelamente se presenta una necrosis central. Las lesiones persisten desde algunos días hasta una semana, después de lo cual experimentan una regresión, quedando únicamente una coloración café rojiza amarillenta, que permanece durante varias semanas. Las lesiones secundarias pueden estar presentes, en algunos casos hasta por varios meses. Las lesiones histológicas consisten en una degeneración hidrópica de las células epiteliales de la mucosa oral, hiperplasia de las papilas de la lámina propia e inclusiones eosinofílicas en el citoplasma de las células epiteliales en degeneración. Las lesiones ulcerativas muestran necrosis, invasión bacteriana y desprendimiento del epitelio (Smith, 1990).

7.2.5 Diagnóstico

Para su diagnóstico diferencial es necesario considerar otras enfermedades que producen lesiones orales como son: fiebre catarral maligna, diarrea viral bovina, fiebre añosa, peste bovina y estomatitis vesicular.

7.2.6 Tratamiento, control y prevención

Las lesiones sin complicaciones secundarias entran en regresión espontáneamente, sin ningún tratamiento; en casos severos, cuando haya infecciones secundarias, se recomienda el uso de antibióticos sistémicos. No hay vacunas para la prevención de esta enfermedad. Se recomienda un manejo adecuado, mejorar la nutrición, evitar las parasitosis así como los factores estresantes innecesarios. En hatos con un buen manejo las pérdidas son mínimas (Crandell, 1981; Smith, 1990).

La estomatitis papular bovina ha sido asociada con el síndrome de cola de rata en ganado en corrales de engorda. En este ganado se presentó un síndrome consistente de diarrea, salivación, pobre ganancia de peso y pérdida de pelo en la punta de la cola (Irwin, 1976). También se ha implicado a la sarcocistosis en la etiología del síndrome de la cola de rata.

En los humanos la estomatitis papular bovina es una zoonosis que produce lesiones cutáneas proliferativas y dolorosas. Los individuos afectados tienen historia reciente de haber examinado las cavidades bucales del ganado, frecuentemente con abrasiones o heridas en las manos. Las lesiones parecen estar circunscritas al sitio de inoculación.

LITERATURA CITADA

Crandell, R. A.: Bovine Papular Stomatitis. En: Current Veterinary The-rapy. Food Animal Practice, Editado por Howard, J.L. 583-585. W.B. Saunders Co., Philadelphia, PA, USA, 1981.

Irwin, M. R.; Brown, L. N.; Deyhle et al.: Association of Bovine Papular Stomatitis with the Rat Tail Syndrome of Feedlot Cattle. Southwestern Vet. 29(2): 120-124, 1976.

Smith, B. P.: Bovine Papular Stomatitis (Proliferative Stomatitis) In: Large Animal Internal Medicine. Editado por: Smith, B. P. 730-731 C. V. Mosby Co. St. Louis Missouri, USA, 1990.

7.3 ESTOMATITIS NECRÓTICA O NECROBACILOSIS ORAL

Mario Medina Cruz MVZ, MSc, DCV

7.3.1 Etiología

Es la infección de la cavidad oral provocada por *Actinomyces necrophorus,* que ocurre principalmente en becerros menores de tres meses de edad. Ésta es difícil de reproducir, aun en la presencia de *Actinomyces necrophorus,* lo cual sugiere la existencia de otros factores etiológicos, como el virus de la estomatitis papular bovina (Blood, 1989).

7.3.2 Epizootiología

Actinomyces necrophorus es un habitante común en el ambiente del ganado adulto y de los becerros; en condiciones poco sanitarias puede sobrevivir y diseminarse a través de utensilios, bebederos y comederos sucios, lo cual, aunado a abrasiones en la cavidad oral causadas por forrajes secos así como por la erupción dentaria, causan la enfermedad de estomatitis necrótica.

7.3.3 Signología, patología y diagnóstico

Los becerros afectados por estomatitis necrótica muestran un incremento moderado de temperatura (39.4 a 40 °C), depresión y anorexia, aliento fétido, salivación, y el animal frecuentemente tiene forraje colgando del hocico. Un aspecto clínico característico es la inflamación uni o bilateral de los cachetes o carrillos inmediatamente por detrás de las comisuras de los labios, dando la impresión de que el animal tiene uno o dos dulces dentro de los carrillos. Al abrir el hocico se encuentra una úlcera profunda en la mucosa del carrillo, la cual generalmente está saturada de una mezcla de material necrótico y restos alimenticios, adquiriendo la forma de un absceso. Puede encontrarse otra úlcera adyacente en la lengua, la que causa inflamación severa y protusión de la misma. En casos severos las lesiones avanzan hacia los tejidos faciales y de la garganta y llegan a los pulmones, causando una neumonía fatal. En ocasiones las lesiones también pueden presentarse en la cavidad orbitaria o en vulva. En otros casos la muerte se debe a toxemia.

7.3.4 Tratamiento, control y prevención

El tratamiento consiste en debridar las úlceras y aplicar localmente una solución de tintura de yodo, así como la administración parenteral de sulfametazina a la dosis de 150 mg/kg de peso corporal, seguido de 75 mg/kg de peso corporal durante cinco días. El control de la enfermedad está dirigido hacia la mejoría de la higiene y del manejo en la explotación, así como a evitar la administración de alimento en utensilios, comederos y bebederos sucios, también evitar la administración de forrajes duros y ásperos a los becerros (Smith, 1990).

LITERATURA CITADA

Blood, D. C. y Radostits, O. M.: Veterinary Medicine. A Textbook of the Diseases of Cattle, Sheep, Pigs, Goats and Horses. Séptima edición. Bailliere Tindall, London, 1989.

Smith, J. A.: Diseases of the Pharynx, Larynx and Trachea. In: Large Animal Internal Medicine. Editado por: Smith, B.P.: 565-570. The C. V. Mosby Co. St. Louis Missouri, USA, 1990.

7.4 PUTREFACCIÓN RUMINAL

Mario Medina Cruz MVZ, MSc, DCV

Breukink (1988) denomina a los animales con este problema "*ruminal drinkers*". Lo define como un término nuevo, usado para aquellas becerras alimentadas exclusivamente con leche, que por un mal cierre de la canaladura esofágica presentan un cuadro de indigestión crónica (Breukink, 1988; Dirksen, 1989). Ocurre debido a una falla en el cierre de la canaladura esofágica, con la entrada de leche al rumen y retículo, donde permanece por más de 48 horas y es parcialmente digerida, lo que impide la formación de un coágulo de caseína al llegar al abomaso (Bristol, 1990).

Houflund, citado por Dirksen (1987), indica que la ingesta puede acumularse en el rumen-retículo desde una edad tan corta como las tres semanas de vida; es decir, durante el período en el que la becerra está siendo alimentada principalmente con leche y cuando los preestómagos aún no están desarrollados. Este problema también es encontrado en becerras criadas con dietas libres de forraje, como los sistemas europeos y americanos de alimentación exclusivamente a base de leche por 15 semanas. Cuando la leche llega al rumen en cantidades mayores a lo normal, por escape de la canaladura esofágica o por contraflujo abomasal, posiblemente se produzca una descomposición putrefacta por bacterias proteolíticas (Breukink, 1988; Dirksen, 1989; Dirksen, 1987; Seren, 1975). Los factores que intervienen en esta enfermedad incluyen la administración rápida de leche en cubetas abiertas, el alto contenido de bacterias sacarolíticas en la leche y la pobre calidad higiénica de la misma (Breukink, 1988; Dirksen, 1989; Seren, 1975; Medina, 1989).

Las consecuencias clínicas de la putrefacción ruminal en becerras alimentadas con leche consisten en la transformación del rumen en un reservorio de agentes bacterianos entéricos, lo que da por resultado mala absorción, anemia, diarreas con heces arcillosas, pobre desarrollo, pelo hirsuto, timpanismos recurrentes, atrofia de vellosidades del intestino delgado y distensión abdominal (Breukink, 1988; Dirksen, 1989; Bristol, 1990; Dirksen, 1987; Seren, 1975; Radostits, 1981; Roeder, 1987).

La putrefacción ruminal también se presenta en el destete precoz. Éste es un caso poco frecuente, para el cual se requiere que el alimento contenga una alta concentración de proteína con un alto pH ruminal, así como un incremento de la flora del tipo de las bacterias putrefactivas a consecuencia de contaminación del alimento y del agua (Dirksen, 1987; Seren, 1975; Roeder, 1987). Los signos clínicos son los mismos que en becerras con putrefacción ruminal alimentadas con leche (Dirksen, 1987).

Las muestras de fluido ruminal de las becerras alimentadas con leche son de color gris oscuro; en las alimentadas con sólidos son de color café obscuro, con una consistencia espumosa, olor putrefacto y/o amoniacal y pH superior a siete. La prueba de reducción del azul de metileno tiene, en estos casos, resultados variables (Dirksen, 1989; Dirksen, 1987).

El problema básico de estas becerras es la mala absorción, que se comprueba por la atrofia de las vellosidades del intestino delgado. Houflund, citado por Dirksen (1987), recomienda primero eliminar la flora ruminal indeseable mediante la administración intrarruminal de antibióticos (500 mg de oxitetraciclina una vez/día) durante tres o cuatro días. Al mismo tiempo, en el caso de los animales alimentados exclusivamente con leche, la cantidad de ésta por toma debe ser reducida o, de ser posible, reemplazada temporalmente por una solución electrolítica comercial. La mejor forma de corregir el error alimenticio causal es cambiar, cuando sea posible, la alimentación exclusiva de leche por alimento sólido para estimular el desarrollo ruminal. Para corregir la falla en la alimentación se incrementa la proporción de carbohidratos fácilmente digestibles en la ración, se disminuye la cantidad de proteínas cuando se haga necesario y se inocula fluido ruminal de ganado sano (Dirksen, 1987).

LITERATURA CITADA

Breukink, H. J.; Wensing, T. H.; Van Weeren-Keverling Buis-Man, A.; Van Bruinessen-Kapsenberg, E. G. y De Visser, N. A. P. C.: Consequences of Failure of the Reticular Groove Reflex in Veal Calves Fed Milk Replacer. Vet. Quart., 10:126-135 (1988).

Bristol, D. G. y Fubini, S. L.: Surgery of the Neonatal Bovine Digestive Tract. Veterinary Clinics of NorthAmerica: Food Animal Practice 6(2):473-493 (1990).

Dirksen, G. U. y Aerry, F. B.: Diseases of the Forestomachs in Calves. Part I. Compend. Cont. Educ. Pract. Vet., 9:F140-F147 (1987).

Dirksen, G. U. y Dirr, L.: Oesophageal Groove Dysfunction as a Complication of Neonatal Diarrhea in the Calf. Bovine Pract., 24:53-60 (1989).

Dirksen, G. U. y Garry, F. B.: Diseases of the Forestomachs in Calves. Parte II. Compend. Cont. Educ. Pract. Vet., 9:F173-180 (1987).

Medina, C. M.: Case Report: Abomasal Displacement in an Indubrazil Zebú Bull. Bovine Pract., 24:157-158 (1989).

Radostits, O. M.: Diseases of the Rumiant Stomachs and intestines of Cattle. Proceedings 13th Annual Convention of the American Association of Bovine Practitioners, Toronto, Ontario, Canadá. 1980, 87-89. Frontier Printers. Stillwater Ok. USA (1981).

Roeder, B. L. y Chengappa, M .S.: Isolation of Clostridium Perfringens from Neonatal Calves with Ruminal and Abomasal Tympany, Abomasitis and Abomasal Ulceration. J. Am. Vet. Med. Ass., 190:1550-1555 (1987).

Seren, E.: Enfermedades de los estómagos de los bóvidos. Tomo II. Ed. Acribia, Zaragoza, España, 1975.

7.5 HIPERQUERATOSIS-PARAQUERATOSIS DE LA MUCOSA RUMINAL, RUMENITIS CRÓNICA HIPERPLÁSICA Y ACIDOSIS RUMINAL CRÓNICA LATENTE

Mario Medina Cruz MVZ, MSc, DCV

El estímulo para la proliferación de la mucosa y papilas ruminales es dependiente de los ácidos butírico y propiónico principalmente. Si éstos son producidos por el contenido ruminal en concentraciones altas durante varias semanas, se estimula la proliferación de la mucosa, provocando alteraciones en la cornificación tales como hiperqueratosis y paraqueratosis, así como agrupamiento papilar, descamación y lesiones causadas por penetración de plantas fibrosas y por irritación por bolas de pelo en el rumen. Estos traumatismos desencadenan un proceso inflamatorio intra y subepitelial (rumenitis crónica hiperplásica). Cambios en la mucosa como hiperqueratosis y paraqueratosis han ocurrido en becerras alimentadas exclusivamente con leche y con sustitutos de ésta, que por una falla en el cierre de la ranura esofágica caen en el rumen, produciendo la fermentación de los ácidos grasos y en consecuencia el crecimiento de la mucosa, lo que ocurre sin que el animal consuma alimento seco (Breukink, 1988; Dirksen, 1987)

Las becerras que se destetan precozmente pueden adquirir este problema si son alimentadas con poca fibra mientras consumen carbohidratos fácilmente digeribles (Dirksen, 1987). Si bien la proliferación de la mucosa y la paraqueratosis pueden ser consideradas como un proceso de adaptación al incremento de la producción de ácidos grasos, al principio sin consecuencias negativas, éstas pueden conducir a trastornos de la salud como baja ganancia de peso, apetito variable, lamido del pelo, apetito depravado (roer madera), timpanismo recurrente, diarrea y heces pálidas con un pH debajo de siete. Generalmente los fluidos ruminales tienden al grisáceo, con consistencia acuosa y maloliente y con un pH por arriba de siete, dependiendo del tipo y consumo del último alimento. La prueba del azul de metileno usualmente da resultados de reducción de menos de tres minutos (Dirksen, 1987).

La acidosis ruminal crónica latente y sus efectos en la mucosa ruminal son tratados incrementando la proporción de forraje fibroso de buena calidad en la ración, mientras se disminuye la cantidad de carbohidratos fácilmente digeribles. La adición de bufferantes al alimento al iniciar la terapia es de utilidad (Dirksen, 1987).

Como una regla, el reflejo patológico del ácido clorhídrico en el fluido abomasal es la secuela de una enfermedad postruminal primaria, lo cual se ataca identificando y corrigiendo la causa. Se pueden usar las medidas discutidas para estimular el desarrollo de los preestómagos como una terapia de soporte (Dirksen, 1987).

LITERATURA CITADA

Breukink, H. J.; Wensing, T. H.; Van Weeren-Keverling Buis-Man, A.; Van Bruinessen-Kapsenberg, E. G. y De Visser, N. A. P. C.: Consequences of Failure of the Reticular Groove Reflex in Veal Calves Fed Milk Replacer. Vet. Quart., 10:126-135 (1988).

Dirksen, G. U. y Aerry, F. B.: Diseases of the Forestomachs in Calves. Part I. Compend. Cont. Educ. Pract. Vet., 9:F140-F147 (1987).

Dirksen, G. U. y Garry, F. B.: Diseases of the Forestomachs in Calves. Part II. Compend. Cont. Educ. Pract. Vet., 9:F173-180 (1987).

7.6 ACIDOSIS HIDROCLORHÍDRICA LATENTE DE LOS PREESTÓMA-GOS POR REFLUJO ABOMASAL

Mario Medina Cruz MVZ, MSc, DCV

Estudios experimentales realizados con becerros y corderos alimentados exclusivamente con leche han probado que una pequeña cantidad de leche o caseína coagulada con suero en el abomaso puede regresar paulatinamente al rumen-retículo. El mecanismo responsable aún es poco claro. Se teoriza que este reflujo es ocasionado cuando la capacidad del abomaso para retener leche es excedida; sin embargo, para el transporte postero-anterior de la leche acidificada se requiere un proceso activo de transporte (Dirksen, 1987).

Las consecuencias clínicas aparecen cuando los nutrientes degradados sirven de sustrato para el crecimiento de bacterias que colonizan los preestómagos, con lo que se inicia un proceso putrefactivo (Dirksen, 1987; Seren, 1975).

Además de este flujo de regreso, después del consumo de alimento líquido también pueden regresar los contenidos abomasales al rumen-retículo independientemente de la alimentación, debido a la inflamación abomasal o a obstrucciones. Al igual que los eventos que suceden en el ganado adulto, las consecuencias clínicas de este tipo de reflujo abomasal en becerras y ganado de engorda consiste principalmente en el agravamiento del problema primario. Los contenidos (ácido clorhídrico) abomasales, además de la paraqueratosis de la mucosa ruminal, pueden inducir rumenitis. La salud general del animal experimenta un deterioro debido al desbalance de electrolitos y a las alteraciones ácido-básicas, como hipocloremia y alcalosis, lo cual resulta del secuestro del ácido clorhídrico en el estómago (Dirksen, 1987; Seren, 1975).

Los signos clínicos dependen del problema primario. Entre los problemas primarios se encuentran: abomasitis, desplazamiento abomasal a la izquierda o a la derecha, obstrucción abomasal, peritonitis y otras. En ocasiones los fluidos ruminales muestran un pH normal y en otros un pH acidificado, pero generalmente tienen alto contenido de cloro (Dirksen, 1987), (Cuadro 2.2).

LITERATURA CITADA

Dirksen, G. U. y Aerry, F. B.: Diseases of the Forestomachs in Calves. Part I. Compend. Cont. Educ. Pract. Vet., 9:F140-F147 (1987).

Seren, E.: Enfermedades de los estómagos de los bóvidos. Tomo II. Ed. Acribia, Zaragoza, España, 1975.

7.7   TIMPANISMO Y TIMPANISMO RECURRENTE

Mario Medina Cruz MVZ, MSc, DCV

La distensión anormal del rumen es resultado de una acumulación excesiva de gas libre, es decir, una capa de gas en la parte dorsal, y sólo ocasionalmente es consecuencia de la formación de espuma (Figuras 2.1 y 3.14). Es frecuente en terneras en engorda y comúnmente es un signo de un problema primario. Algunas de las enfermedades que producen el timpanismo gaseoso recurrente en becerras son (Dirksen, 1987; Doll, 1989): insuficiencia de la flora y la motilidad de los preestómagos, putrefacción ruminal, paraqueratosis, rumenitis y acidosis ruminal, compresión, obstrucción y/o espasmo del cardias y/o del esófago, lesión al nervio vago, desplazamiento abomasal y dolor abdominal.

Entre las causas y patogénesis del timpanismo ruminal encontramos: un desarrollo insuficiente de los mecanismos del eructo; Roeder y col. (Dirksen, 1987) explican cómo una falla en la función normal de la ranura esofágica permite el paso de cantidades anormales de leche al rumen del neonato, lo que constituye un sustrato adecuado en un ambiente anaeróbico propicio para la proliferación de *Clostridium perfringens* (con mayor frecuencia del tipo A), con la producción de gran cantidad de gas que incrementa el timpanismo recurrente (Roeder, 1987).

El consumo de alimentos fibrosos de pobre calidad nutritiva impide el crecimiento de una adecuada flora ruminal, indispensable para la digestión microbiana, formándose una capa sólida de masa indigerible en el piso del rumen que debilita las contracciones del saco ruminal dorsal obstruyendo el eructo, y en consecuencia acumulándose gas en forma progresiva (Dirksen, 1987; Garry, 1987).

Algunas posibles causas del timpanismo son: la compresión mecánica u obstrucción del cardias y del esófago; laceraciones y traumatismos al esófago debidas a la ingestión de objetos extraños punzocortantes que forman abscesos, celulitis, compresión esofágica externa, pleuritis, mediastinitis o insuficiencia respiratoria secundaria (Bristol, 1990).

El timpanismo que se presenta aunado a problemas abomasales y otras condiciones dolorosas del abdomen probablemente es consecuencia de la inhibición del reflejo de la motilidad ruminal. Cuando las inflamaciones locales en la región retículo-abomasal o las úlceras pilóricas interfieren con el tránsito normal de la ingesta provocan un reflujo abomasal ruminal, lo que probablemente produzca un cuadro de timpanismo recurrente (Garry, 1987; Dirksen, 1986; Pounden, 1955).

Figura 3.14 Timpanismo recurrente con acumulación gaseosa en rumen de una vaquilla Holstein. Fotografia original de M. Medina C.

Se debe liberar el gas del rumen a través de una sonda, repitiendo la operación hasta por cuatro o cinco días. Es posible atacar el problema cambiando la forma de ingestión de alimento líquido (leche), de tal manera que el becerro succione o mame del chupón, ya sea que éste se encuentre fijo a la mamila o bien se ponga flotante en la cubeta o saliendo de ésta (Bristol, 1990). Se recomienda efectuar el sondeo por varios días, empleando un catéter de Foley que llegue hasta el rumen (100 a 110 cm en un animal de alrededor de 120 kg y 130 a 140 cm en uno de alrededor de 250 kg), equipado con un globo inflable en su extremo libre, de tal manera que mantenga a éste en la superficie del contenido ruminal (Pounden, 1955). Si estos métodos fallan, se realiza una fístula permanente con trocar de Buff, éste se mantiene hasta cuatro semanas o, si se requiere, por más tiempo (Doll, 1989; Dirksen, 1987). Para la colocación del trocar de Buff se recomiendan los siguientes pasos: el rumen debe estar timpanizado, de esta manera su pared estará firmemente colocada contra la pared abdominal cuando el trocar se ubique en su lugar (parte media de la fosa paralumbar izquierda). Se prepara el área asépticamente (lavado, rasurado, antisepsia y anestesia). Se hace una pequeña incisión en la piel y se introduce el trocar girándolo rápida y firmemente en el sentido de las manecillas del reloj. Se retira el estilete en tanto el canto exterior del trocar se mantiene bajo constante presión externa, de tal forma que la pared ruminal, durante y después de liberarse el gas, se mantenga estrechamente contra el peritoneo parietal por la última cuerda del trocar. Al fijar el trocar en esta posición se coloca una gasa mojada en solución de antibióticos alrededor de su mango, entre éste y la pared abdominal. De este modo es posible infiltrar intramuscularmente pequeñas cantidades de antibióticos alrededor de la perforación (Dirksen, 1987).

Puede prescindirse del trocar de Buff efectuando una fístula ruminal temporal. Para esto se realiza un bloqueo con anestesia local en el tercio superior de la fosa paralumbar izquierda y se amputa un círculo de cinco centímetros de piel. Los músculos abdominales se separan con los dedos y se incide el peritoneo. El rumen se sutura al tejido subcutáneo para evitar la contaminación abdominal, se corta el rumen en forma circular, los bordes de éste se suturan a la piel. Los músculos abdominales permiten el desalojo de gases cuando la presión intrarruminal aumenta, pero impiden la contaminación por el líquido ruminal. Esta fístula debe permanecer abierta por uno a dos meses (Bristol, 1990).

El timpanismo espumoso ocurre con poca frecuencia en el ganado joven. Éste es tratado mediante la administración oral de agentes surfactantes, así como con la corrección de la ración usualmente involucrada, la cual es alta en proteína y carbohidratos fáciles de digerir con poca cantidad en el forraje (Dirksen, 1987).

LITERATURA CITADA

Bristol, D. G. y Fubini, S. L.: Surgery of the Neonatal Bovine Digestive Tract. Veterinary Clinics of NorthAmerica: Food Animal Practice 6(2):473-493 (1990).

Dirksen, G. U. and Garry, F. B.: Diseases of the Forestomachs in Calves. Part II. Compend. Cont. Educ. Pract. Vet., 9:F173-180 (1987).

Dirksen, G. U. y Aerry, F. B.: Diseases of the Forestomachs in Calves. Part I. Compend. Cont. Educ. Pract. Vet., 9:F140-F147 (1987).

Dirksen, G. U. y Doll, K.: Ileus and Subileus in the Young Bovine Animal. Bovine Pract., 21:33-40 (1986).

Doll, K.: Bloat in Calves - Some Aspects of Diferential Diagnosis and Therapy. Bovine Pract., 24:49-52 (1989).

Garry, F. B. y Rings, D. M.: Forestomachs Inactivity with Recurrent Bloat in a Calf. Compend. Cont. Educ. Pract. Vet. 9:F272-F275 (1987).

Pounden, W. D.; Hibbs, J. W. y Conrad, H. R.: Rumen Content in Young Calves. Vet. Med., 50:435-440 (1955).

Roeder, B. L. y Chengappa, M. S.: Isolation of Clostridium Perfringens from Neonatal Calves with Ruminal and Abomasal Tympany, Abomasitis and Abomasal Ulceration. J. Am. Vet. Med. Ass., 190:1550-1555 (1987).

7.8 INSUFICIENCIA DE LA FLORA RUMINAL Y LA MOTILIDAD DE LOS PREESTÓMAGOS

Mario Medina Cruz MVZ, MSc, DCV

La función primaria de la flora de los preestómagos es la digestión de la celulosa. Para que se desarolle una flora celulolítica activa, el alimento debe contener cantidades adecuadas de proteína y/o almidón, y celulosa (lignina), ya que estos nutrientes estimulan su desarrollo. Cuando la ración no contiene suficientes nutrientes fácilmente digestibles, o cuando el animal prefiere henos o pajas de mala calidad, el desarrollo de la flora es muy pobre, presentándose un círculo vicioso (Dirksen, 1987; Howard, 1986).

La fibra no digerida se acumula en el sector rumino-reticular, por lo que el tamaño de los preestómagos y todo el abdomen se incrementa; a esto se le llama *hay belly* o panza de heno. Como resultado de la dilatación, las contracciones rumino-reticulares son demasiado débiles para expulsar el gas de la fermentación ruminal, lo que produce el timpanismo recurrente. Estos animales crecen pobremente, tienen el pelo hirsuto, sus heces son escasas y pastosas o pueden ser resecas, y frecuentemente contienen gran cantidad de plantas fibrosas no digeridas. La palpación del rumen revela un contenido firme, amasado en forma uniforme en la región ventral. Los fluidos ruminales colectados por sonda estomacal son de color café oscuro, de olor rancio y tienen un pH alrededor de siete; la prueba de reducción del azul de metileno se prolonga por más de seis minutos (Dirksen, 1987).

El tratamiento consiste en la reducción drástica de la porción de fibra de la dieta, la calidad de los alimentos fibrosos debe ser mejorada y la cantidad de concentrados debe incrementarse gradualmente. Sin embargo, la cantidad de fibra en relación a la materia seca de la ración no debe ser inferior a 10%. En un bovino adulto sano es conveniente estimular la digestión microbiana por inoculación frecuente vía sonda de fluido ruminal (Dirksen, 1987). El fluido ruminal puede ser suplementado con 5 a 10 gramos de propionato, con una preparación de minerales traza y complejo B. La administración de aceite mineral (uno a dos litros) o de dioctilsulfosuccinato sódico (DSS) (90 a 120 g en uno a dos litros de agua) administrado por sonda oral, con masaje suave de la parte ventral y lateral del abdomen, ayuda a disolver los contenidos firmes y fibrosos de la parte ventral del rumen y facilita el tránsito normal de la ingesta. El DSS puede matar a los protozoarios ruminales si se administra en cantidades mayores a las requeridas.

LITERATURA CITADA

Dirksen, G. U. y Aerry, F. B.: Diseases of the Forestomachs in Calves. Part I. Compend. Cont. Educ. Pract. Vet., 9:F140-F147 (1987).

Dirksen, G. U. y Garry, F. B.: Diseases of the Forestomachs in Calves. Part II. Compend. Cont. Educ. Pract. Vet., 9:F173-180 (1987).

Howard, J. L.: Current Veterinary Therapy. Food Animal Practice. Segunda edición. W.B. Saunders. Philadelphia, PA, 1986.

7.9 TRICOBEZOARES EN EL RUMEN

Mario Medina Cruz MVZ, MSc, DCV

Los tricobezoares son principalmente bolas de pelo que en ocasiones contienen considerables cantidades de plantas fibrosas, afectando a becerras alimentadas exclusivamente con leche o con dietas pobres en fibra. La mayor frecuencia de aparición es entre las 14 y 16 semanas de edad, aunque se pueden encontrar en algunos animales desde los 21 días. En muchos casos esta afección es el resultado de que las becerras se laman entre sí ingiriendo pelo (Dirksen, 1987; Kuman, 1982; Pounden, 1955; Seren, 1975).

En las becerras más grandes la acción de lamer se considera un impulso instintivo por consumir alimento sólido. El incremento de la sudoración debido al ambiente caluroso, el consumo de alimento con alta cantidad energética, el reflejo continuado de mamar después de la alimentación, la deficiencia de sal, el instinto de imitación, la piel irritada a causa de ectoparásitos y otros factores pueden intervenir también en este problema (Dirksen, 1987).

Muchas becerras alojan bolas de pelo en el rumen, pudiendo haber desde una hasta más de 20; algunas pesan arriba de un kilogramo y tienen un diámetro mayor a los 15 centímetros. Los efectos clínicos de los tricobezoares son poco frecuentes. La obstrucción del cardias, del orificio retículo omasal o del píloro por tricobezoares es infrecuente. Es más común el daño a la mucosa por irritación, lo que provoca paraqueratosis de la mucosa ruminal o erosión de la mucosa abomasal (Dirksen, 1987; Kuman, 1982; Pounden, 1955). Cuando los tricobezoares causan alteraciones clínicas, por ejemplo obstrucciones, requieren tratamiento quirúrgico, pero estos casos son excepcionales. Su desarrollo se previene con un sistema de recría adecuado. Por otro lado, la adición de pequeñas cantidades de fibra en la alimentación de becerras a las que sólo se les ha proporcionado leche no es el mejor tratamiento para prevenir el problema, ya que a veces provoca úlceras abomasales (Dirksen, 1987).

LITERATURA CITADA

Dirksen, G. U. y Aerry, F. B.: Diseases of the Forestomachs in Calves. Part I. Compend. Cont. Educ. Pract. Vet., 9:F140-F147 (1987).

Dirksen, G. U. y Garry, F. B.: Diseases of the Forestomachs in Calves. Part II. Compend. Cont. Educ. Pract. Vet., 9:F173-180 (1987).

Kuman, A.; Tanwar, R. K.; Gahist, T. K. y Chauhan, D. S.: Trichophytobezoars in a Neonatal Calf. Mod. Vet. Pract., 63:382 (1982).

Pounden, W. D., Hibbs, J. W. y Conrad, H. R.: Rumen Content in Young Calves. Vet. Med., 50:435-440 (1955).

Seren, E.: Enfermedades de los estómagos de los bóvidos. Tomo II. Ed. Acribia, Zaragoza, España, 1975.

7.10 TIMPANISMO ABOMASAL EN BECERRAS JÓVENES

Geof Smith, DVM, MS, PhD, Dipl. ACVIM

El timpanismo abomasal junto con la hipernatremia son enfermedades frecuentemente relacionadas con errores en la alimentación con leche, con sustituto de leche y/o electrolitos orales a las becerras. Los factores de riesgo incluyen un mezclado inadecuado del sustituto de leche o productos con electrolitos orales, la alimentación de un alto volumen de leche en una sola alimentación al día, alimentación con leche fría (o sustituto de leche), falta de disponibilidad de agua para las becerras, horarios de alimentación variables y la falla en la transferencia de la inmunidad.

7.10.1 Definición

El timpanismo abomasal es un síndrome de becerras jóvenes caracterizado por anorexia, distención abdominal, timpanismo y con frecuencia muerte en 6 a 48 horas. Su incidencia parece estarse incrementando en los hatos lecheros. Ocurre más frecuentemente en forma individual, aunque esporádicamente se presentan brotes múltiples en algunos hatos.

7.10.2 Signos clínicos

Los signos clínicos frecuentemente incluyen diarrea, distensión abdominal moderada con presencia de líquidos y gas, chapoteo de líquidos a la sucusión abdominal y depresión moderada (Figura 3.15). En forma consistente se encuentran (Panciera *et al.*, 2007) hiperglicemia (190 - 500 mg/dl o 10.5 - 28 mmol/l) con glicosuria asociada (1,000-2,000 mg/dl ó 55-110 mmol/l).

En casos severos las becerras se encuentran deshidratadas, muestran signos de cólico, tienen distensión abdominal prominente, diarrea y posición en decúbito. A la necropsia la mayoría tiene timpanismo abomasal, edema de los preestómagos y del abomaso, hemorragia, necrosis de las mucosas y ocasionalmente enfisema mural. Las lesiones macroscópicas incluyen hemorragia, edema y necrosis de las mucosas abomasal y ruminal.

Ocasionalmente pueden encontrarse bolsas enfisematosas en la pared abomasal (Soger *et al.*, 2005). Entre los patógenos aislados se encuentran estreptococos alfa, otros e*streptococcos* spp. y *E. coli, Clostridium, Sarcina* y *Candida* spp. Recientemente el síndrome de timpanismo abomasal fue experimentalmente reproducido por medio del sondeo de becerros Holstein jóvenes con una mezcla rica en carbohidratos conteniendo sustituto de leche, almidón de maíz y glucosa mezclados en agua (Panciera *et al.*, 2007). Los autores propusieron que el factor principal dentro de patofisiología del timpanismo abomasal es una fermentación excesiva del contenido abomasal de alto contenido energético. Asimismo los autores consideran que las especies de bacterias productoras de gas como *Clostridium perfringens*, *Sarcina ventriculi* o *Lactobacillus* pueden tener también un papel en el desarrollo de este síndrome (Panciera *et al.*, 2007; Songer y MisKimins, 2005).

7.10.3 Patogenia

No obstante que la patogenia exacta del timpanismo abomasal no ha sido totalmente entendida, la enfermedad parece ser multifactorial en su origen.

La presencia de grandes cantidades de carbohidratos fermentables (de la leche, sustituto de leche o soluciones de electrolitos orales de alto contenido energético) en el abomaso, junto con la presencia de enzimas fermentativas (producidas por bacterias) probablemente conducirá a la producción de gas y timpanismo. Este proceso puede verse exacerbado por cualquier circunstancia que haga más lento el vaciado intestinal o que cause íleo gastrointestinal. De hecho, la alimentación con productos de electrolitos de alta osmolaridad y/o sustitutos de leche ha sido señalado como un factor de riesgo para el desarrollo de timpanismo abomasal en becerras en algunos hatos. La dilatación abomasal puede ser causada por la acumulación de alimento, líquidos o gas como resultado de la obstrucción mecánica del flujo del abomaso a nivel pilórico (ej. ulceración, cuerpos extraños) o por interferencia en la inervación de la rama ventral del nervio vago sobre la actividad muscular del abomaso. El incremento en la presión luminal abomasal reduce la circulación sanguínea hacia la mucosa y la submucosa abomasal a través de la compresión mecánica de la vasculatura, predisponiendo por lo tanto la mucosa gástrica a daño y ulceración debida a difusión de regreso de iones de hidrógeno (Constable, 1992).

7.10.4 Tratamiento

Generalmente incluye colocar a la becerra en decúbito dorsal e insertar una aguja o catéter dentro del abomaso para liberar el gas (Kümper, 1995). Es importante recordar que no es efectivo pasar una sonda estomacal para liberar el gas del abomaso de manera similar a como se hace con vacas adultas timpanizadas, debido a que el gas está atrapado en el abomaso. El pasar un tubo al rumen no evacuará el gas, y es imposible pasar un tubo a través de la boca y dentro del abomaso. El tratar de desinflar el timpanismo en una becerra generalmente no rinde resultados, ya que no evacua el gas del abomaso completamente y sí hay un riesgo significativo de que el líquido estomacal gotee en el abdomen, lo que puede resultar en complicaciones serias como peritonitis o indigestión vagal.

La terapia con antibióticos está indicada en estas becerras (penicilina procaínica I.M. o antibióticos β-lactámicos dirigidos a las bacterias del género *Clostridium*).

7.10.5 Prevención

Está enfocada en el establecimiento de un programa de alimentación consistente, especialmente en mantener un horario de alimentación fijo y estable, y siendo cuidadosos con el uso de sustitutos de leche o productos de electrolitos de muy alta osmolaridad que podrían disminuir la velocidad del vaciado abomasal, favoreciendo la fermentación en el abomaso (Nouri y Constable, 2006). Los sustitutos de leche o las soluciones de electrolitos que tengan osmolaridades superiores a 600 (mOsm/L) deben evitarse, ya que el riesgo de timpanismo abomasal se incrementa.

El autor ha medido la osmolaridad de sustitutos de leche empleados en más de 20 hatos lecheros con problemas de timpanismo abomasal y ha encontrado valores por encima de 1,000 mOsm/L. Sin embargo, no ha encontrado un sustituto de leche cuya osmolaridad fuera mayor de 600 mOsm/L una vez mezclada con agua según en las instrucciones de uso. Lo anterior indica que los errores en la preparación y mezcla de los sustitutos de leche son los responsables de valores de osmolaridad muy altos. Estos errores pueden ser accidentales o pueden ser cometidos a propósito para concentrar el soluto con el objeto de incrementar los ritmos de crecimiento, o para proveer energía adicional durante los meses de invierno, o al añadir sales de electrolitos a la leche sin agregar agua adicional. Otros factores de riesgo para el timpanismo son el suministro de un alto volumen de leche en una sola toma diaria, leche o sustituto de leche fríos, falta de disponibilidad de agua para las becerras, horarios de alimentación erráticos y la falla en la transferencia de la inmunidad. Por lo tanto, para hatos en donde hay problemas de timpanismo en becerras jóvenes, la recomendación es primero revisar el programa de alimentación. Verficar que la mezcla y la alimentación de los sustitutos de leche se hagan correctamente y a la temperatura apropiada. Es también importante establecer horarios fijos de alimentación. A pesar de que no hay muchos artículos científicos en esta área, la administración de un toxoide contra *Clostirdium perfringes* a las vacas secas es otra práctica que puede ayudar a prevenir el timpanismo abomasal en becerras jóvenes. Esto incrementará los niveles de anticuerpos en el calostro contra las enfermedades primarias causantes de diarrea en becerras, y puede ayudar a proveer alguna inmunidad contra organismos clostridiales, frecuentemente asociados con el timpanismo. Los anticuerpos calostrales son también absorbidos hacia la circulación sanguínea, donde circulan por varias semanas. A partir de allí pueden ser resecretados a través de la pared de la superficie del intestino durante un período de tiempo extendido, lo que ayuda a prevenir la diarrea.

No obstante que no se cuenta con evidencia científica para demostrar que el uso de estas vacunas protege contra el timpanismo abomasal a las becerras, la experiencia clínica sugiere que pueden ser de mucha utilidad.

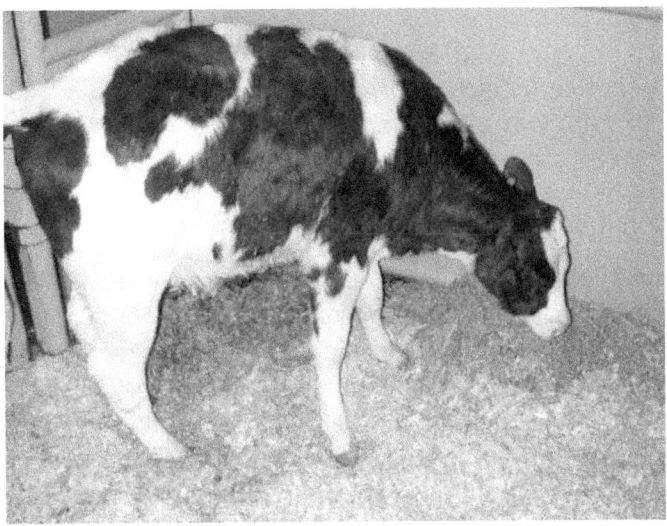

Figura 3.15 Becerra con signos típicos de timpanismo abomasal, incluyendo depresión y distensión abdominal.

LITERATURA CITADA

Constable, P. D.; St Jean, G.; Koenig, G. R.: Abomasal Luminal Pressure in cattle with Abomasal Volvulus or Left Displaced Abomasum. J Am Vet Med Assoc 201:1564-1568, 1992

Kumper, H.: A new Treatment for Abomasal Bloat in Calves. Bovine Pract 29:80-88, 1995

Noun, M.; Constable, P. D.: Comparison of Two Oral Electrolyte Solutions and Route of Administration on the Abomasal Emptying Rate of Holstein-Friesian Calves. J Vet Int Med 20:620-626, 2006.

Panciera, R. J.; Boileau, M. J.; Step, D. L.: Tympany, Acidosis, and Mural Emphysema of the Stomach in Calves: Report of Cases and Experimental Induction. J Vet Diagn Invest 19:392-395, 2007.

Songer, J. G.; Miskimins, D. W.: Clostridial Abomasitis in Calves: Case Report and Review of the Literature. Anaerobe 11:290-294, 2005.

7.11 HIPERNATREMIA

Geof Smith, DVM, MS, PhD, Dipl. ACVIM

Hipernatremia se define como concentraciones séricas de sodio ≥ 160 mEq/l o mmol/l, y es un problema ocasionalmente encontrado en becerras.

7.11.1 Etiología

La hipernatremia en los animales productores de alimento generalmente se debe a una de las siguientes causas: 1) Pérdida excesiva de agua libre (ej. falta de agua de bebida, estrés por calor); 2) Iatrogénica, consistente en la administración de soluciones cristaloides vía IV a animales que no tienen acceso a agua libre y 3) consumo excesivo de sodio sin el consumo correspondiente del volumen adecuado de agua. Este último es por mucho el síndrome más común en becerras. La mayoría de los casos de hipernatremia resultan de la mezcla inadecuada de soluciones de electrolitos y en algunas circunstancias la hipernatremia ha sido observada con sustitutos de leche de muy alta osmolaridad.

7.11.2 Patogenia

Durante los estados de hipernatremia el agua sigue los gradientes de concentración moviéndose hacia el líquido cefalorraquídeo (LCR) y el plasma. Esto resulta en deshidratación celular y en contracción del tamaño del cerebro debido a que las neuronas encogen cuando el agua fluye hacia afuera. Las células neuronales incrementarán su osmolaridad intracelular en un intento por minimizar le emanación de agua, sin embargo esta adaptación sólo puede compensar incrementos no severos en las concentraciones de sodio. La hipernatremia severa conduce a enfermedad neurológica en becerras.

7.11.3 Signos clínicos

Los signos iniciales de la hipernatremia incluyen letargo y depresión, los cuales en ausencia de estudios sanguíneos no pueden ser diferenciados de otros posibles diagnósticos como acidemia, deshidratación, hipoglicemia o hipotermia. Signos más avanzados de hipernatremia incluyen tics en los músculos faciales, rigidez muscular, temblores musculares y tirones musculares involuntarios (Angelos, 1999b). Antes de la muerte, las becerras muestran contracciones y/o coma (Figura 3.16).

7.11.4 Tratamiento

El tratamiento de la hipernatremia es muy difícil. Si la concentración de sodio es disminuida muy rápidamente, el agua sigue el gradiente de concentración y se mueve hacia el interior de las neuronas resultando en edema cerebral. Cuando las concentraciones de sodio son superiores a 160 mEq/l es muy probable producir edema cerebral con cualquier fluido isotónico, aun con aquellos que contienen sodio. Esto se debe a la gran diferencia que hay entre la concentración extracelular de sodio de la becerra y la concentración de sodio en los fluidos. Por lo tanto, es necesario añadir sodio suplementario a los fluidos estándar empleados. Los fluidos deben ser formulados para que la concentración de sodio sea igual o ligeramente inferior que la concentración de sodio de la becerra (Angelos, 1999b). La concentración de sodio de la becerra debe ser reevaluada cuando menos 1 a 2 veces por día y los fluidos reformulados. La meta es retornar a los niveles normales de sodio en un período de varios días, disminuyendo 3 - 4 mEq/l por día. Evidentemente es un tratamiento caro y no siempre exitoso, que requiere el uso de equipos, de análisis frecuentes de sangre para la reevaluación de la terapia de fluidos, y de atención médica intensiva. Muchas becerras desarrollan edema cerebral aun con terapia de fluidos cuidadosa. La solución salina hipertónica (7.2%) contiene sodio a una concentración de 1.2 mEq/ml. Algunos clínicos prefieren suplementar la solución salina normal (0.9%) con solución salina al 23.4% que contiene sodio a una concentración de 4 mEq/ml. El autor generalmente usa solución salina hipertónica debido a que es más fácil conseguirla que la solución salina al 23.4%. Por ejemplo, si una becerra tiene una concentración de sodio de 177 mEq/l, la meta sería darle fluídos con una concentración de sodio en el rango de (175 - 177 mEq/l). Debido a que la solución salina isotónica (0.9%) tiene una concentración de sodio de 154 mEq/l, el clínico necesitaría añadir 22 - 23 mEq/l de sodio adicional a cada litro de fluidos. Esto equivale a 19 ml de solución salina hipertónica por litro de solución salina isotónica (1.2 mEq/ml x 19 = 23), o 6 ml de solución salina al 23.4%. Después de aproximadamente 12 h de terapia de fluidos, el clínico debe revalorar la concentración de sodio y reformular los fluidos. El uso de solución de dextrosa al 5% en cualquier becerra en que se sospeche de hipernatremia debe ser evitado en forma absoluta. Esta solución tiene una gran cantidad de agua libre y básicamente no sodio, y producirá un descenso rápido en la concentración del sodio extracelular y edema cerebral (Angelos, 1999a). Si la becerra está hipoglicémica, una opción mejor consiste en la adición de un bolo de 50% de dextrosa al litro de fluidos suplementados con sodio. Esto incrementará la osmolaridad de los fluidos a ser administrados, sin embargo, la concentración de sodio todavía será aproximadamente igual a la de la becerra. Si la becerra también presenta acidosis metabólica, entonces puede usarse bicarbonato de sodio isotónico (1.3%). En la práctica esto se puede hacer fácilmente añadiendo 13 g de bicarbonato de sodio ($NaHCO_3$) a un litro de agua estéril. Esta solución contiene una concentración de 156 mEq/l. Sodio suplementario (ej. solución salina hipertónica) puede ser añadido a cada litro de bicarbonato de sodio como se describió anteriormente para la solución salina isotónica. Si los signos neurológicos de la becerra empeoran en forma significativa una vez que la terapia de fluidos ha comenzado, entonces debe sospecharse de edema cerebral. El tratamiento del edema cerebral es difícil pero imperativo a fin de prevenir mayor daño cerebral o la muerte del individuo.

Normalmente los corticosteroides son la elección más fácil, pero son marginalmente efectivos en el tratamiento de casos moderados a severos de edema cerebral. El manitol (25%) y la glicerina han sido recomendados para casos severos de edema cerebral, pero pueden ser difíciles de obtener (Angelos, 1999a).

7.11.5 Pronóstico

El pronóstico en estas becerras, aun con un tratamiento agresivo, es de reservado a pobre, por lo que el tratamiento se sigue en la mayoría de los casos sólo en animales valiosos.

LITERATURA CITADA

Angelos, S. M.; Smith, B. P.; George, L. W. et al.: Treatment of Hypernatremia in an Acidotic Neonatal Calf. J Am Vet Med Assoc 214:1364-1367, 1999b.

Angelos, S. M.; Van Metre, D. C.: Treatment of Sodium Balance Disorders: Water Intoxication and Salt Toxicity. Vet Clin Food Anim 15:587-607, 1999a.

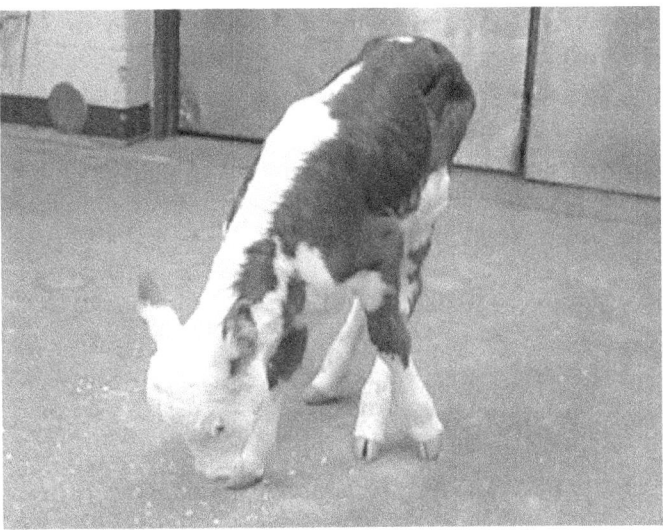

Figura 3.16 Becerra con signos neurológicos asociados a hipernatremia. Actitud mental anormal junto con comportamiento de presión con la cabeza, así como temblores musculares.

7.12 DESPLAZAMIENTO ABOMASAL A LA IZQUIERDA (DAI)

Mario Medina Cruz MVZ, MSc, DCV

El desplazamiento del abomaso a la izquierda (DAI) es una enfermedad del tracto digestivo ampliamente reconocida en ganado lechero adulto. Sin embargo, comparativamente existen pocos reportes de este problema en la crianza de becerros (Macleod, 1964; Medina, 1990), además de un caso reportado en un torete Cebú Indobrasil de 19 meses de edad (Medina, 1989).

7.12.1 Signología

Las becerras con DAI presentan como signos principales: reducción del apetito, pobre ganancia de peso, heces pastosas a líquidas con moco, temperatura corporal normal, frecuencia cardíaca normal (78%), raramente reducida (6%), a veces elevada (24%), la fosa paralumbar izquierda o el ijar aumentados de volumen (figuras 2.1 y 3.17), sonidos metálicos a la auscultación/percusión (figura 3.18) y de estrellado de líquidos al baloteo del flanco izquierdo (Medina, 1989; Dennis, 1984; Dirksen, 1986; Dirksen, 1987; Dirksen, 1987; Martin, 1964; Naylor, 1987; Rabson, 1964; Swarbrick, 1961). El timpanismo recurrente puede resultar de la acumulación de gas libre debido a la inhibición del reflejo de motilidad del rumen por la presencia de contenido abomasal en el rumen-retículo (cuadro 2.2) (Medina, 1990; Medina, 1989; Dirksen, 1987; Medina, 1985). Las becerras entre 6 y 14 semanas de edad son las más afectadas (Medina, 1990; Rabson, 1964; Dirksen, 1982; Hoffis, 1981); sin embargo, esta afección se ha reportado en animales aún más jóvenes (Medina, 1990; Swarbrick, 1961; Frazee 1984; Macleod, 1968). De acuerdo con los reportes, la mayoría de los desplazamientos abomasales se presentan en becerros; más frecuentemente en becerros en engorda (Macleod, 1968; Medina, 1990; Dennis, 1984; Dirksen, 1986; Martin, 1964; Rabson, 1964; Dirksen, 1982; Macleod, 1968).

7.12.2 Diagnóstico

En ocasiones el diagnóstico de la enfermedad no se realiza sino hasta la necropsia (Macleod, 1964; Medina, 1990; Swarbrick, 1961; Medina, 1985), y otras veces en el animal vivo. El desplazamiento ha sido diagnosticado usando la auscultación/baloteo y auscultación/percusión (Medina, 1990; Dennis, 1984; Dirksen, 1986; Dirksen, 1987; Martin, 1964;

Dirksen, 1982). Los desplazamientos abomasales en becerras han sido relacionados con neumonía. En las becerras la alcalosis metabólica hipoclorémica se da como resultado del secuestro de ácido clorhídrico en el abomaso y preestómagos, pudiendo producirse además una rumenitis (Medina, 1990; Dirksen, 1987; Dirksen, 1987; Medina, 1985).

Figura 3.17 Desplazamiento abomasal a la altura del ijar izquierdo diagnosticable a la inspección seguida de auscultación percusión. Fotografia original de M. Medina C.

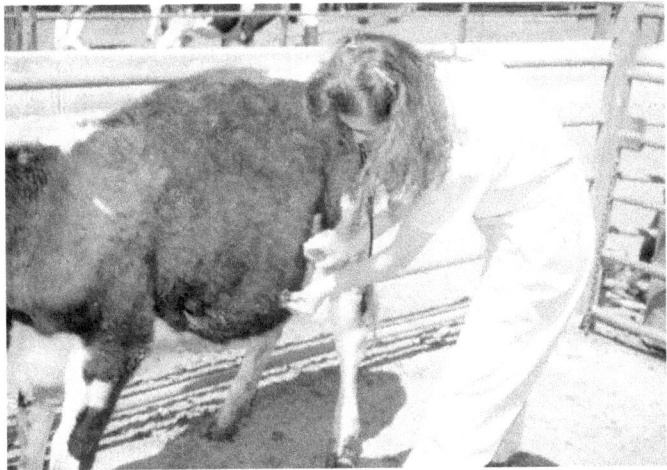

Figura 3.18 Desplazamiento abomasal hacia la izquierda en una becerra Holstein diagnosticado por auscultación/percusión. Fotografia original de M. Medina C.

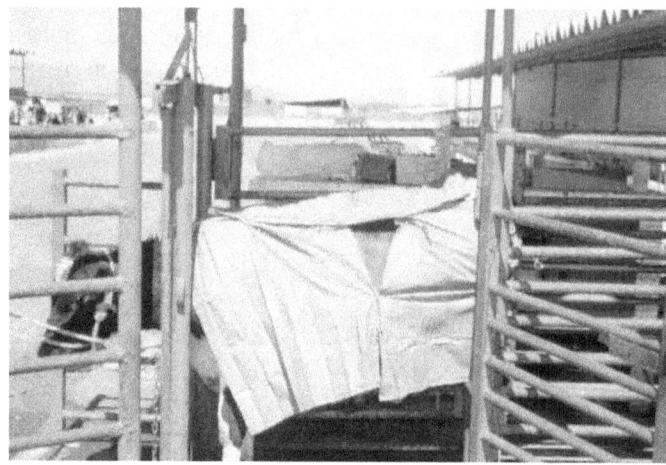

Figura 3.19 Preparación para la abomasopexia por el flanco izquierdo empleando campos quirúrgicos estériles. Fotografia original de M. Medina C.

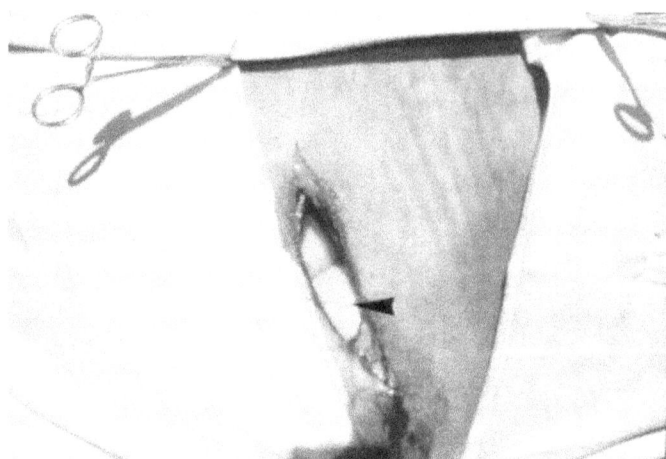

Figura 3.20 Incisión a través de piel, músculos y peritoneo, mostrándose el abomaso desplazado en primer plano (flecha) y el rumen en la parte posterior. Fotografia original de M. Medina C.

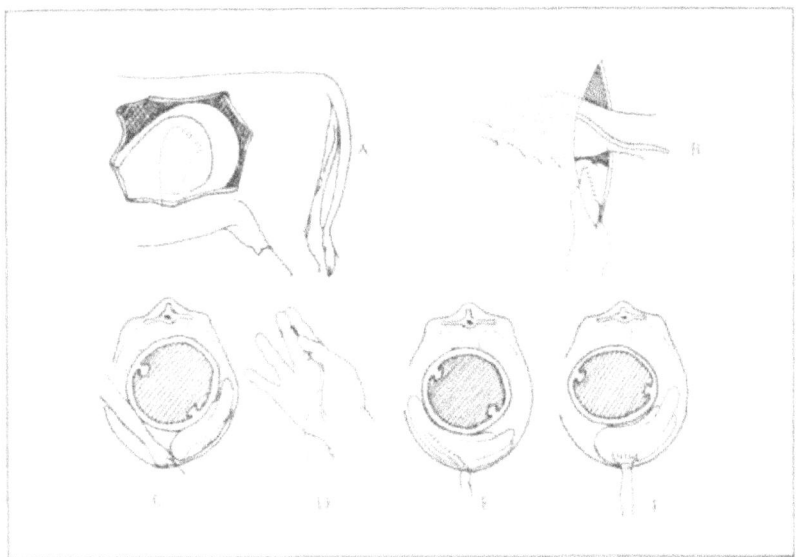

Figura 3.21 Secuencia de pasos para la abomasopexia por el flanco izquierdo;
A: surjete continuo sobre la curvatura mayor del abomaso. B: punción abomasal para extracción de gases. C: introducción de aguja y sutura por el interior
abdominal y su fijación al piso abdominal. D: protección de aguja en las manos
del cirujano. E: ambos cabos saliendo del abdomen. F: aabomaso fijo al piso
abdominal.

7.12.3 Tratamiento

El tratamiento es quirúrgico y tiene por objetivo reubicar el abomaso en
su posición natural. Las técnicas quirúrgicas más frecuentemente
empleadas son la abomasopexia por el flanco izquierdo y la abomasopexia paramedia derecha.

7.12.4 Abomasopexia por el flanco izquierdo

El uso de esta técnica en ganado adulto tiene un éxito entre el 80 y
100%; su aplicación es considerada la de mayor éxito cuando se trata de
vaquillas preñadas en el último tercio de la gestación. La observación del
abomaso desplazado durante la cirugía permite corroborar el diagnóstico, y generalmente cuando se han producido adherencias abomasales, éstas pueden desprenderse. Por otro lado, se requiere de un ayudante para emplear esta técnica, la cual debe realizarse en forma cuida-

dosa, ya que de lo contrario puede producirse una lesión a intestinos; asimismo, si la sutura abomasal perfora las paredes del órgano, existe el riesgo de producir fístulas y la muerte del paciente (Saint Jean, 1987).

Con el becerro de pie se rasura y se realiza la antisepsia de la fosa paralumbar izquierda, así como de la superficie ventral que se encuentra localizada cinco centímetros detrás de la apófisis xifoides del esternón, la cual tiene una longitud de 10 por 5 centímetros y se encuentra localizada a la derecha de la línea media. Se realiza la analgesia del campo operatorio infiltrando Xilocaína[6] o lidocaína al 2%, primero en el tejido subcutáneo y posteriormente en los planos musculares en forma profunda. Se realizan tres pases de antisepsia, alternando yodo orgánico con alcohol etílico al 70% y empleando torundas de gasa, después de lo cual se aplica yodo metálico al 5% por aerosol sobre el área operatoria. Se emplean guantes quirúrgicos, campos quirúrgicos y de ser posible una manga de hule látex. Los campos se colocan sobre el paciente para aislar el área quirúrgica, en donde previamente se ha hecho la antisepsia (figura 3.19). Se realiza una incisión en la piel en dirección paralela a la última costilla, comenzando aproximadamente 10 centímetros por debajo de las apófisis lumbares y extendiéndose por 15 centímetros, se realiza la incisión sobre los músculos y al llegar al peritoneo el bisturí se cambia por tijeras. Una vez abiertos los planos musculares y el peritoneo se expone el abomaso (figura 3.20), el cual se extrae empleando dos gasas estériles empapadas en solución salina fisiológica. Una vez fuera de la cavidad abdominal se coloca una sutura de jareta no perforante que incluya serosa y muscular sobre la curvatura mayor del abomaso, empleando material absorbible y dejando un cabo libre de aproximadamente 70 a 80 centímetros de longitud. Entre cinco y siete centímetros por detrás de esta jareta se coloca una segunda jareta en la misma forma. En vez de dos jaretas también puede emplearse un tramo de 1.6 metros de Catgut número 2, con el cual se coloca un surjete continuo sobre el abomaso de aproximadamente cinco a siete centímetros de longitud, dejando dos extremos libres para su fijación abdominal (figura 3.21 A). Se extraen el gas y los líquidos abomasales empleando una aguja

---

[6] Xilocaína. ASTRA Chemicals, S. A.

del número 14 por una pulgada de largo (figura 3.21 B). La perforación en abomaso, una vez que se ha extraído el gas, se cierra por medio de una pequeña jareta. La primera sutura colocada (cabo anterior) se enhebra a una aguja S itálica; se hace lo mismo con la segunda sutura (cabo posterior). Protegiendo la aguja correspondiente al cabo anterior dentro de la mano del cirujano, se introduce la aguja por el interior de la pared abdominal izquierda, respetando en todo momento los órganos y vísceras abdominales, hasta llegar a un punto localizado aproximadamente cinco centímetros detrás de la apófisis xifoides y cinco centímetros a la derecha de la línea media, que es el punto que previamente se preparó mediante el rasurado y la asepsia (figuras 3.21 C y 3.21 D). Un ayudante puede señalarnos este punto desde el exterior del becerro haciendo presión con una pinza quirúrgica con el fin de localizar el sitio correcto en forma rápida y precisa. En ese punto introducimos la aguja desde el interior hasta que atraviese todos los planos y salga por la piel, desde donde va a ser jalada por un ayudante para que atraviese la pared abdominal. Repetimos la operación con el cabo posterior introduciendo la aguja en un punto localizado de cinco a siete centímetros detrás del punto donde emergió la aguja del cabo anterior (figura 3.21 E). Un ayudante jala las dos suturas al mismo tiempo y en forma simultánea el cirujano empuja el abomaso por el interior del abdomen hasta que éste alcance su posición normal, dejando un espacio aproximadamente de un centímetro entre la pared abdominal y la pared abomasal (figura 3.21 F). Las dos suturas son sujetas a otra, valiéndose para ello de una gasa o un botón para evitar la necrosis de la piel. Se cierran los músculos abdominales empleando material absorbible para los planos musculares y material no absorbible para la piel en la forma descrita en el tema "Laparotomía" (Hoffis, 1981).

7.12.5 Abomasopexia paramedia derecha

Es una técnica con 83 a 94% de éxito en ganado adulto. Mediante ésta es posible realizar la amputación de úlceras abomasales en caso de estar presentes. Esta técnica, sin embargo, requiere adietar a la becerra por 12 - 24 horas antes de la cirugía. En adición, la exposición de los órganos abdominales es pobre, por lo que una exploración por palpación es muy limitada (Saint Jean, 1987).

Para la realización de esta técnica es necesario derribar a la becerra y colocarla en decúbito dorsal, para ello puede utilizarse un tranquilizante como el hidrocloruro de xilazina. Es sumamente importante que al tirar a la becerra o vaquilla ésta ruede sobre su lado derecho, a fin de que el abomaso, que es un órgano lleno de gas, alcance su posición normal a medida que el animal rueda sobre el lado derecho primero y después es colocado en decúbito dorsal. Se realiza la antisepsia y se rasura la región comprendida entre la apófisis xifoides del esternón y la cicatriz umbilical, la línea media y una línea paralela a ésta, 10 centímetros hacia la derecha del animal. Se infiltra la anestesia local empleando xilocaína o lidocaína, realizando primeramente el bloqueo en el tejido subcutáneo en una línea recta a la derecha de la línea media, seguido de la infiltración profunda en planos musculares. Nuevamente se realiza la antisepsia empleando para ello tres pases de yodo orgánico alternados con tres pases de alcohol etílico al 70%, seguido de yodo metálico al 5% por aerosol. Se emplean guantes quirúrgicos así como campos quirúrgicos. Se realiza una incisión de 15 a 20 centímetros de longitud 5 cm a la derecha de la línea media, empezando 5 cm detrás de la apófisis xifoides (figura 3.22); al llegar al abdomen, el abomaso se encuentra generalmente en la línea de incisión. Empleando material absorbible del número dos o tres se ponen de cuatro a cinco puntos de fijación del abomaso (colchonero horizontales), los cuales se inician en los músculos abdominales, continúan con la serosa y la muscular abomasal y regresan perforando nuevamente los músculos. Esto tiene el objeto de lograr una fijación adecuada del abomaso a su posición natural. En ocasiones no es necesaria la extracción de gases o líquidos del abomaso, ya que éste se fija directamente en su posición normal, sin embargo, si la acumulación de gases es abundante, éstos deberán extraerse.

Los músculos abdominales se cierran con material absorbible del número dos o tres empleando puntos en X o el surjete llamado lejos-cerca-cerca-lejos, que proporciona una fuerza de tracción aún mayor, con la que se puede asegurar la incisión abdominal con gran fruerza (Figura 3.23 A). La piel se sutura con puntos horizontales de colchonero, lo que da gran fuerza de sostén, empleando material no absorbible como el nylon para pescar (Figura 3.23 B) (Hoffsis, 1981).

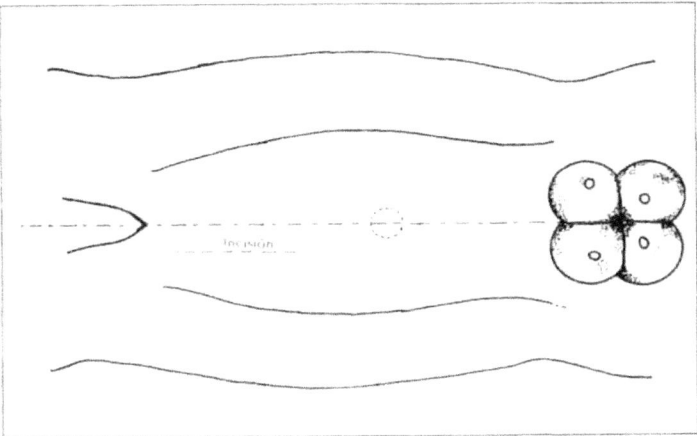

Figura 3.22 La incisión de 15 a 20 centímetros de longitud, se inicia a cinco centímetros del esternón y a cinco centímetros a la derecha de la línea media.

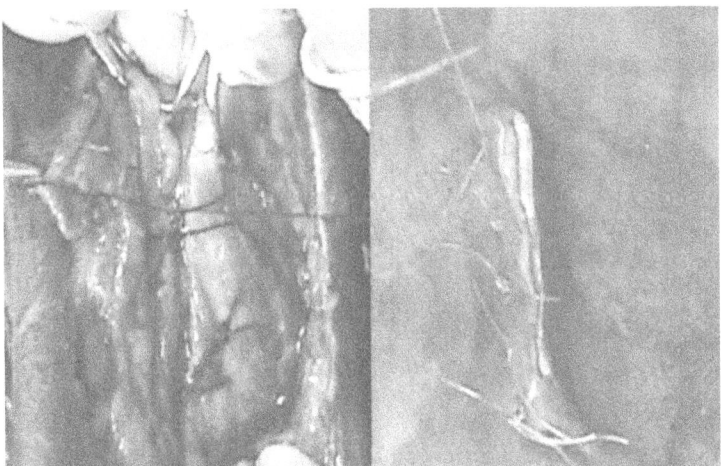

Figura 3.23 A. Puntos de lejos-cerca-cerca-lejos para suturar músculos abdominales en su porción ventral; **B** Puntos de colchonero separados en piel. Fotografias originales de M. Medina C.

LITERATURA CITADA

Albert, F.; Tand Ramey, B. D.: Abomasal Torsion and Ulceration in Two Calves. J. Am. Vet. Med. Ass., 150:408-411 (1967).

Dennis, R.: Abomasal Displacement and Tympany in a Nine Week Old Calf. Vet. Rec. 114:218-219 (1984).

Dirksen, G. U. y Aerry, F. B.: Diseases of the Forestomachs in Calves. Part I. Compend. Cont. Educ. Pract. Vet., 9:F140-F147 (1987).

Dirksen, G. U. y Doll, K.: Ileus and Subileus in the Young Bovine Animal. Bovine Pract., 21:33-40 (1986).

Dirksen, G. U. y Garry, F. B.: Diseases of the Forestomachs in Calves. Part II. Compend. Cont. Educ. Pract. Vet., 9:F173-180 (1987).

Dirksen, G. U.: Left Abomasal Displacement in Calves. Bovine Pract. 17:75-79 (1982).

Frazee, L. S.: Torsion of the Abomasum in a One Month Old Calf. Can. Vet. J., 25:293-295 (1984).

Hoffis, G. F., McGuirk, S. M.: Diseases of the Abomasum and Intestinal Tract. In: Current Veterinary Therapy Food Animal Practice. Edited by: Howard, J.L. 891-910. W.S. Saunders Co. Philadelphia, PA, 1981.

Macleod, N. S. M.: Dilatation and Torsion of the Abomasum in a 10 Day Old Calf. Vet. Rec. 83:101-102 (1968).

Macleod, N. S. M.: Displacement with Pardal Rotation of the Abomasum in a 6 Week Old Calf. Vet. Rec, 76:223-224 (1964).

Martin, A. J.: Dilatation with Torsion of the Abomasum in a Six Week Old Calf. Vet. Rec, 76:298-299 (1964).

Medina, C. M., Pérez-Grovas, R. A., García, E. R. M. y Sánchez, R. M.: Description of Abomasal Displacement in Dairy Calves. Bovine Pract. 25:95-98 (1990).

Medina, C. M.: Aspectos clínico-nutricionales y de manejo durante el proceso de recría. Memorias del Curso de Actualización sobre Producción Intensiva de Ganado Lechero en el Altiplano. Querétaro, Qro. 1985. 2-13. Fac. de Med. Vet. y Zoot. UNAM. México, D.F., 1985.

Medina, C. M.: Case Report: Abomasal Displacement in an Indubrazil Zebu Bull. Bovine Pract., 24:157-158 (1989).

Naylor, M. J. y Bailey, V. J.: A Retrospective Study of 51 Cases of Abdominal Problems in the Calf: Etiology, Diagnosis and Prognosis. Can. Vet. J., 28:757-662 (1987).

Rabson, W. M. J. B.; Aclellan, M. y Leitch, I. D. C. M.: Displacement with Partial Rotation of the Abomasum in a 6 Week Old Calf. Vet. Rec, 76:331 (1964).

SainT Jean, GD.; Hull, B. D.; Hoffsis, G. F.; Rings, M. D.: Comparison of the Different Surgical Techniques for Correction of Abomasal Problems. Comp. Cont. Educ. Pract. Vet. 9(11):F377-F384, 1987.

Swarbrick, O.: Torsion of the Abomasum in a Guernsey Calf. Vet. Rec, 73:913 (1961).

7.13 DESPLAZAMIENTO ABOMASAL A LA DERECHA (DAD)

Mario Medina Cruz MVZ, MSc, DCV

Este problema se presenta en becerras que generalmente son alimentadas con sustitutos de leche en intervalos muy espaciados y en cada toma consumen grandes cantidades (Radostits, 1999; Dirksen, 1986; Taylor, 1987; Radostits, 1981). Consiste en una dilatación gaseosa hiperaguda del abomaso a consecuencia de la proliferación de microorganismos, que producen una cantidad excesiva de gas que no puede escapar del abomaso debido a que el duodeno se dobla hacia arriba sobre sí mismo, bloqueando el escape del gas; esto causa un aumento del tamaño dorso-caudal a lo largo de la pared abdominal derecha (figura 2.1). Como resultado se crea una severa distensión que comprime las vísceras torácicas y abdominales y vasos sanguíneos, lo cual puede producir asfixia y falla cardíaca aguda. Este problema también causa la formación de úlceras que llegan a ser perforantes (Radostits, 1999; Dirksen, 1986).

Los signos en los casos típicos se manifiestan como una alteración en el estado general del animal, intranquilidad, cólico, tenesmo, trata de patearse el abdomen, aumento de volumen del lado derecho o por ambos lados, taquicardia (más de 120/minuto), taquipnea, así como un sonido metálico a la auscultación/percusión y de estrellado de líquidos al baloteo por el lado derecho de la pared abdominal (Cuadro 2.2). El tipo de heces varía. Hay deshidratación moderada a severa y puede presentarse alcalosis sanguínea severa (Dirksen, 1986).

Se usa una aguja larga para realizar la paracentesis y liberar el gas abomasal por la parte caudal del arco costal derecho, también se hace la abomasotomía. Se practica además una terapia de soporte mediante espasmódicos y/o drogas analgésicas. Asimismo, se realiza un reemplazo de la alimentación cambiando la leche por soluciones electrolíticas durante dos o tres días (Dirksen, 1986).

LITERATURA CITADA

Dirksen, G. U. y Doll, K.: "Ileus and Subileus in the Young Bovine Animal". *Bovine Pract.*, 21:33-40 (1986).

Naylor, M. J. y Bailey, V. J.: "A Retrospective Study of 51 Cases of Abdominal Problems in the Calf: Etiology, Diagnosis and Prognosis". *Can. Vet. J.*, 28:757-662 (1987).

Radostits, O. M.: "Diseases of the Rumiant Stomachs and intestines of Cattle". *Proceedings 13th Annual Convention of the American Association of Bovine Practitioners, Toronto, Ontario, Canada*. 1980, 87-89. Frontier Printers. Stillwater Ok. USA (1981).

Radostits, O. M.: *Veterinary Medicine*, 9th ed. Bailliere and Tindall, London, 1999.

7.14 TORSIÓN ABOMASAL

Mario Medina Cruz MVZ, MSc, DCV

La torsión abomasal es reconocida como una causa común de distensión abdominal severa en becerras jóvenes (Frazee, 1984). Usualmente la torsión en la becerra ocurre por un llenado anormal, con el consecuente alargamiento del órgano. Las torsiones siguen predominantemente el sentido de las manecillas del reloj cuando se ve a la becerra desde atrás (Frazee, 1984; Dirksen, 1986).

7.14.1 Signos

Éstos dependen del grado de la torsión. Cuando es de 360 grados, el curso es hiperagudo, con severos cólicos y aumento de volumen de la pared abdominal derecha; a la auscultación/baloteo se escuchan sonidos de chapoteo, y en ocasiones sonidos timpánicos a la auscultación/percusión. Hay marcada taquicardia, más de 140 por minuto, y moderada taquipnea, más de 40 por minuto; frecuentemente se reduce la defecación, hay deshidratación moderada a severa, generalmente hay alcalosis metabólica y en ocasiones, acidosis (Cuadro 2.2) (Frazee, 1984; Dirksen, 1986).

7.14.2 Tratamiento

Durante la fase hiperaguda consiste en la laparotomía por el lado derecho ventralmente, aunado al mantenimiento circulatorio a base de electrolitos en forma continua (Frazee, 1984; Dirksen, 1986).

LITERATURA CITADA

Dirksen, G. U. y Doll, K.: Ileus and Subileus in the Young Bovine Animal. Bovine Pract., 21:33-40 (1986).

Frazee, L. S.: Torsion of the Abomasum in a One Month Old Calf. Can. Vet. J., 25:293-295 (1984).

7.15 ÚLCERAS ABOMASALES

Mario Medina Cruz MVZ, MSc, DCV

Por muchos años las úlceras se han reconocido como hallazgo común en becerras (Taylor, 1987; Tulleners, 1980; Welchman, 1987). Se han encontrado con mayor frecuencia a nivel de rastro en aquellas becerras alimentadas exclusivamente con leche durante las primeras 15 semanas de vida; en el animal vivo cuando tiene entre 3 y 5 meses de edad, y en becerras recién destetadas (Welchman, 1987; Pearson, 1987). Las lesiones se localizan principalmente en el píloro (95%) y ocasionalmente en la región fúndica del abomaso (7.8%). Además, se sabe que las úlceras acompañan a ciertas enfermedades infecciosas, como las producidas por *Clostridium perjringens,* particularmente tipo A, y a la ingestión de algunas drogas y agentes tóxicos (Welchman, 1987; Roeder, 1987).

La presencia de úlceras se ha asociado a cambios bruscos de alimentación, ya sea al proporcionar alimento fibroso irritante a la mucosa abomasal o debido al proceso de destete, así como a la presencia de tricobezoares en el abomaso (Welchman, 1987; Roeder, 1987; Seren, 1975). Dammrich, citado por Welchman (Seren, 1975), asocia la presencia de úlceras al consumo de grandes cantidades de leche aunado a métodos erróneos de alimentación; a factores psicosomáticos, como el estrés que sufren los animales durante el transporte; y a la mezcla de grupos de animales (Breukink, 1988; Dirksen, 1987). Las úlceras abomasales han ocurrido también a consecuencia de torsiones abomasales y hernias (Albert, 1967; Fubini, 1984; Hawkins, 1986).

Probablemente la ulceración se deba a problemas circulatorios en la mucosa abomasal, como hipoxia localizada de la mucosa, que puede predisponer a hemorragias; o a erosiones superficiales, que al progresar se convierten en úlceras que dañan la capa muscular de la mucosa (Seren, 1975). Además, se han mencionado como otras causas: el "pica", problemas secundarios a una enteritis crónica, estrés ambiental, hiperacidez, deficiencia de vitamina E, acidosis láctica, infecciones micóticas y un bajo nivel de inmunidad asociado a deficiencias de cobre (Roeder, 1987).

Como una consecuencia de timpanismo recurrente, la carga bacteriana producida pasa al abomaso en cantidades importantes, lo que provoca que la laceración se convierta en úlcera y ésta se perfore, complicando el estado general del animal (Roeder, 1987).

7.15.1 Signología

Puede variar, aunque en su mayoría las úlceras se manifiestan de maneras subclínicas y no hemorrágicas; sólo en casos extremos ocurre la perforación (Tulleners, 1980).

7.15.2 Diagnóstico

A partir de los signos clínicos es importante realizar algunas pruebas, como la biometría hemática, donde se observará una cuenta elevada de leucocitos con desviación a la izquierda y proteínas totales bajas (Tulleners, 1980; Welchman, 1987). Cuando ocurre la perforación del abomaso los becerros se postran y en unas horas son incapaces de levantarse, hay depresión, deshidratación, inapetencia, hipotermia y taquicardia; asimismo distensión abdominal moderada y dolor abdominal (Fubini, 1990).

La paracentesis proporciona un líquido oscuro con moderada cantidad de proteínas y al menos en 90% de los casos hay neutrófilos maduros, típicos de un proceso inflamatorio. Es necesario verificar la presencia de bacterias intracelulares, indicativo de un proceso séptico (Tulleners, 1980; Fubini, 1990).

7.15.3 Tratamiento

Antes de iniciar la cirugía se efectúa la terapia de fluidos con solución de Ringer para restituir el estado de hidratación normal, y se lleva a cabo la terapia antimicrobiana con 10 millones de UI de penicilina G cristalina. Se usa analgesia regional paracostal con lidocaína al 2% por el lado derecho. Se expone, se examina el abomaso y se localizan las úlceras, que generalmente tienen un diámetro de uno a cuatro centímetros. Se revisa el abomaso para asegurarse de que no existen tricobezoares, en cuyo caso se deben extraer. Probablemente haya contaminación del peritoneo con pelo, leche coagulada, tierra o líquido oscuro. Se realiza la amputación de la porción ulcerada del abomaso y se sutura el órgano con catgut del cero en un surjete continuo de Lembert o de Utrecht. Para reducir la contaminación se lava la cavidad peritoneal con solución salina fisiológica; el abdomen se sutura en la forma acostumbrada (Tulleners, 1980). El grado de peritonitis, la factibilidad de la extracción del abomaso y la amputación de sus úlceras determinan las posibilidades de éxito; sin embargo, posteriormente a la intervención pueden formarse adherencias que obstruyan el intestino (Fubini, 1990). El pronóstico es reservado ya que frecuentemente existe una peritonitis difusa.

LITERATURA CITADA

Albert, F. T. y Ramey, B. D.: Abomasal Torsion and Ulceration in Two Calves. J. Am. Vet. Med. Ass., 150:408-411 (1967).

Breukink, H. J.; Wensing, T. H.; Van Weeren-Keverling Buisman, A.; Van Bruinessen-Kapsenberg, E. G. y De Visser, N. A. P. C.: Consequences of Failure of the Reticular Groove Reflex in Veal Calves Fed Milk Replacer. Vet. Quart., 10:126-135 (1988).

Dirksen, G. U. y Aerry, F. B.: Diseases of the Forestomachs in Calves. Part I. Compend. Cont. Educ. Pract. Vet., 9:F140-F147 (1987).

Fubini, S. L.: Surgical Management of Gastrointestinal Obstruction in Calves. Comp. Cont. Educ. Pract. Vet. 12(4):591-599, 1990

Hawkins, C. D.; Fraser, D. M.; Bolton, J. R.; Wyburn, R. S.; McGill, C. A. y Pearse, B. H.: Left Abomasal Displacement and Ulceration in an Eight Week Old Calf. Austr. Vet. J., 63:53-55 (1986).

Naylor, M. J. y D Bailey, V. J.: A Retrospective Study of 51 Cases of Abdominal Problems in the Calf: Etiology, Diagnosis and Prognosis. Can. Vet. J., 28:757-662 (1987).

Pearson, G. R.; Welchman, D. de B. y Wells, M.: Mucosal Changes Associated with Abomasal Ulceration in Veal Calves. Vet. Rec, 121:557-559 (1987).

Roeder, B. L. y Chengappa, M. S.: Isolation of Clostridium perfringens from Neonatal Calves with Ruminal and Abomasal Tympany, Abomasitis and Abomasal Ulceration. J. Am. Vet. Med. Ass., 190:1550-1555 (1987).

Seren, E.: Enfermedades de los estómagos de los bóvidos. Tomo II. Ed. Acribia, Zaragoza, España, 1975.

Tulleners, E. P. y Hamilton, G. F.: Surgical Resection of Perforated Abomasal Ulcers in Calves. Can. Vet. J. 21:262-264 (1980).

Welchman, D. y Dbaust, G. N.: A Survey of Abomasal Ulceration in Veal Calves. Vet. Rec, 121:586-590 (1987).

7.16 IMPACTACIÓN ABOMASAL

Mario Medina Cruz MVZ, MSc, DCV

La impactación abomasal se define como la acumulación anormal de ingesta sólida en el abomaso a causa de fallas en la musculatura lisa o de la ingestión de alimentos demasiado fibrosos o difíciles de digerir. La impactación abomasal es más común en ganado de engorda; también se presenta en el ganado productor de leche. Las formas específicas de impactación se clasifican de la siguiente manera (Howard, 1986):

Impactación abomasal primaria: Como resultado de la ingestión excesiva de fibra o forrajes indigeribles. Se presenta más en las temporadas de invierno o de escasez de forrajes adecuados. Los animales que comen heno cortado tardíamente, paja y maíz durante el invierno, son particularmente susceptibles. Estos alimentos indigeridos se acumulan en el abomaso y llenan el retículo y el rumen (Howard, 1986). Los becerros subnutridos, especialmente aquellos alimentados con sustitutos de leche de pobre calidad, en ocasiones se comen el material de cama y forrajes ásperos provocando la impactación del abomaso (Howard, 1986). Becerras cuyo crecimiento es deficiente o aquellas infectadas por piojos (Figura 3.24) se lamen entre sí, ingiriendo grandes cantidades de pelo, las cuales se pueden transformar en tricobezoares en el abomaso y provocar la impactación (Howard, 1986).

Impactación abomasal secundaria: Consistente en una deficiencia de los movimientos abomasales, se suscita en casos de indigestión vagal. El abomaso se llena de material semisólido provocando la impactación (Howard, 1986)

7.16.1 Signología

Generalmente la condición del animal es pobre; hay distensión del abdomen por la acumulación de ingesta, que le da una apariencia de gordura. La enfermedad puede avanzar y muchas veces el animal muere antes de que el dueño se percate del problema. Además existe deshidratación. En muchos casos las heces son escasas y duras; la temperatura, pulso y respiración son normales (Howard, 1986).

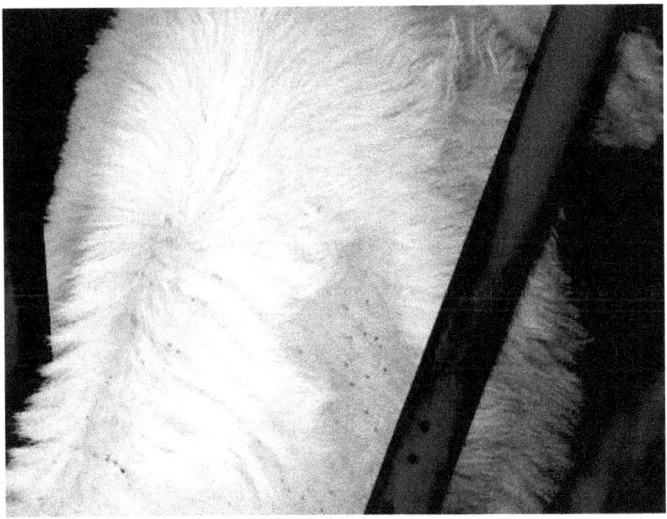

Figura 3.24 Becerra Holstein infestada por piojos. Fotografia original de M. Medina C.

7.16.2 Patología clínica

Posiblemente se presente la alcalosis metabólica hipoclorémica, pero ésta no es frecuente. El estado catabólico tiende a producir acidosis metabólica, lo cual puede modificar por completo el estado ácido-básico del animal. La deshidratación, el hematocrito y las proteínas totales aumentan; sin embargo, éstos probablemente estén enmascarados por la anemia y la hipoproteinemia resultante de la inanición, de tal forma que los valores parezcan normales (Howard, 1986).

7.16.3 Diagnóstico

La impactación abomasal produce una distensión característica que debe ser diferenciada de la indigestión vagal, que provoca una distensión similar. El baloteo determina los contenidos fluidos del abomaso y del rumen en la indigestión vagal, a diferencia de los contenidos firmes que se presentan cuando hay impactación abomasal. La historia del inicio gradual de los signos clínicos, aunado al consumo de forrajes de pobre calidad, ayuda a confirmar el diagnóstico de impactación abomasal. En casos de indigestión vagal, el examen rectal (cuando el tamaño del animal lo permite) hace posible palpar la ingesta firme en el rumen con forma de L (Figura 2. ID), en cambio es muy difícil alcanzar el abomaso en casos de impactación abomasal, (Howard, 1986; Fubini, 1990).

7.16.4 Tratamiento

Cuando se realiza en las fases iniciales del problema es efectivo. Se emplean catárticos salinos, como hidróxido de magnesio o sulfato de magnesio para evacuar el abomaso. Los ablandadores de las heces como el dioctilsulfosuccinato sódico (DSS) también pueden reblandecer la masa de la ingesta. En casos avanzados el rumen puede ser evacuado por medio de rumenotomía, y el abomaso medicado directamente a través de una sonda nasorruminal. La sonda se dirige manualmente desde el rumen a través del orificio reticuloomasal para administrar aceite mineral o DSS (Howard, 1986).

LITERATURA CITADA

Fubini, S. L.: Surgical Management of Gastrointestinal Obstruction in Calves. Comp. Cont. Educ. Pract. Vet. 12(4):591-599, 1990

Howard, J. L.: Current Veterinary therapy. Food Animal Practice. Segunda edición. W.B. Saunders. Philadelphia, PA, 1986.

7.17 DIARREA NEONATAL

Geof Smith, DVM, MS, PhD, Dipl. ACVIM

La diarrea continúa siendo el desafío de salud más grande en la crianza de becerras de reemplazo para la industria lechera. A pesar del progreso significativo en la comprensión de la patofisiología de la diarrea de los becerros, ésta persiste en ser una causa mayor de pérdidas económicas. El Sistema Nacional para el Monitoreo de la Salud Animal de los Estados Unidos (National Animal Health Monitoring Survey - NAHMS) en su reporte del 2007 dio a conocer que la diarrea es la responsable de casi el 60% de la mortalidad de los becerros durante la lactancia. El objetivo de este capítulo es discutir brevemente la etiología, la patofisiología, el tratamiento y el control de la diarrea en las becerras.

7.17.1 Etiología y patofisiología

Hay cinco causas principales de diarrea en las becerras de reemplazo menores de 21 días de edad: *E. coli* enterotoxogénica (ECET), rotavirus, coronavirus, *Cryptosporidium parvum* y serovariedades de *Salmonella enterica*.

7.17.1.1 *E. coli* enterotoxigénica

Estudios epidemiológicos en becerras de razas lecheras y cárnicas han implicado a la *E. coli* enterotoxigénica (ECET) como la causa principal de la diarrea neonatal cuando ésta se presenta en los primeros cuatro días de vida. Sin embargo, raras veces provoca diarrea en becerros de mayor edad o en ganado adulto (Acres, 1985). Inmediatamente después del nacimiento, la exposición oral a los coliformes presentes en las heces fecales produce la colonización gástrica por flora comensal normal, y estos microorganismos continúan moviéndose caudalmente dentro del tracto gastrointestinal. Cuando la contaminación ambiental es alta, se ingieren organismos de ECET en ese mismo momento, los cuales son capaces de producir la enfermedad debido a la presencia de dos factores de virulencia: pelos, o fimbria K99 y una toxina termoestable. Una vez ingerida, la ECET sobrevive al pH del abomaso en las becerras al nacimiento, que es entre 6 y 7. Este pH abomasal disminuye hasta menos de 2 alrededor de los cinco días de edad, lo cual es lo suficientemente bajo como para matar a las bacterias ECET.

La adherencia de las bacterias al epitelio intestinal es un requerimiento absoluto para producir diarrea. La adherencia le permite al microorganismo alojarse dentro del intestino delgado y multiplicarse, en vez de ser arrastrado con el paso de la ingesta. Esta adherencia está determinada por la presencia de los antígenos fímbricos en la bacteria, y el antígeno más comúnmente asociado con la diarrea provocada por ECET en las becerras es el K99, comúnmente denominado como F5 (Foster, 2009). La habilidad de la ECET K99 para adherirse al epitelio del intestino delgado es dependiente de la edad, y disminuye gradualmente entre las 12 horas de edad y las 2 semanas de edad. Sin embargo, no hay una caída abrupta en esta habilidad para adherirse que explique la resistencia a la ECET relacionada con la edad (Runnels, 1980). La adherencia de la ECET permite a la bacteria colonizar el íleon, proliferar y diseminarse proximalmente a través del intestino delgado. Una vez establecida en el tracto gastrointestinal, la ECET produce una toxina termoestable que ocasiona diarrea secretoria.

La producción de la toxina termoestable (TTa) es el mecanismo principal mediante el cual la ECET produce diarrea en los becerros. La TTa es un péptido aminoácido secretado por muchas cepas de ECET, cuya producción puede variar hasta en 1,000 veces entre cepas cuando se cultivan bajo condiciones idénticas. Una vez secretada la TTa, ésta induce una cascada de eventos que conduce a un incremento en las secreciones de cloro y bicarbonato. Esta sobrerregulación en la secreción de electrolitos introduce por osmosis agua al lumen intestinal, y cuando la habilidad de absorción de las vellosidades es sobrepasada, se presenta la diarrea.

7.17.1.2 Rotavirus

El rotavirus se identificó como una de las primeras causas virales de diarrea en los becerros neonatos, e inicialmente se le conoció como virus de la diarrea neonatal del becerro (VDNB). Subsecuentemente se le ha encontrado en todo el mundo y se ha identificado como un patógeno importante en los niños y en la mayoría de los demás mamíferos. Los becerros se infectan tras ingerir el virus del ambiente contaminado con heces, ya que el virus permanece bastante estable si la temperatura no baja cerca del grado de congelación del agua. El virus afecta típicamente a los becerros menores de tres semanas de edad, con un pico de incidencia a los seis días de edad. Después de la ingestión del virus, el periodo de incubación es de aproximadamente 24 horas, con la resolución de la diarrea en dos días en los casos sin complicaciones (Chinsangaram, 1995). Usualmente se cree que la diarrea es en principio una diarrea por mala absorción, pero evidencia reciente indica que también hay un componente secretor mediado por toxinas.

El rotavirus tiene preferentemente como blanco los enterocitos de las vellosidades maduras y no las células epiteliales de las criptas, lo que causa un daño moderado a las vellosidades intestinales. El virus se adhiere a estas células por medio de receptores específicos y las invade a través de un mecanismo desconocido. El virus se replica dentro de las células, llevando al enterocito a su destrucción, y es entonces cuando se presenta la mala absorción. Adicionalmente, la secreción de fluidos de las criptas aumenta la cantidad de fluido en el lumen intestinal en relación a la absorción de las vellosidades, lo que provoca la diarrea (Chinsangaram, 1995). Sin embargo, la severidad de los signos clínicos no siempre se correlaciona con el daño histológico a las vellosidades. Esto ha llevado a la especulación de que debe de haber otro mecanismo que contribuya a la diarrea observada en las infecciones por rotavirus, y que el daño de los enterocitos es menos crítico de lo que se había considerado.

Hacia mediados de los 1990´s se demostró que una enterotoxina viral era crucial en la patogénesis de la diarrea por rotavirus (Morris, 2001). Se encontró que la proteína del rotavirus, glicoproteína no estructural 4 (PNE4), inducía una diarrea dependiente de la dosis y de la edad, y que era clínicamente similar a la diarrea por rotavirus. La exposición extracelular e intracelular a la PNE4 causa cambios severos en el movimiento de los nutrientes y del agua a través del epitelio, lo que produce la mala digestión y la mala absorción observadas en la diarrea por rotavirus, y que probablemente sea más importante como parte de la patogenia que el daño histológico al epitelio.

7.17.1.3 Coronavirus

La epidemiología y patofisiología de la diarrea por coronavirus en las becerras se traslapan significativamente con las de rotavirus. Los anticuerpos contra coronavirus son ubicuos en el ganado, y el virus se encuentra frecuentemente tanto en heces normales como en heces diarréicas de las becerras. El coronavirus afecta típicamente a las becerras durante las tres primeras semanas de vida y el pico de incidencia ocurre entre los días siete y diez. El virus es ingerido del ambiente contaminado por otros becerros o por ganado adulto. Los signos clínicos se presentan aproximadamente dos días después y continúan durante tres a seis días. La diarrea secundaria a coronavirus se debe principalmente a la pérdida de células epiteliales del intestino y a la mala absorción. Este virus también ha sido implicado en brotes de enfermedad respiratoria en becerros de mayor edad, así como en diarrea en ganado adulto (disentería del invierno).

La infección por coronavirus comienza en el intestino delgado proximal, pero después con frecuencia se disemina a través del yeyuno, íleon y colon. Inicialmente el virus se adhiere al enterocito y entra a la célula. La diarrea comienza al momento de la entrada del virus a la célula (antes de que ocurra la muerte celular), pero se desconoce si es debido a la secreción, a mala absorción, o a ambas. La pérdida de células infectadas es significativa alrededor de dos días después del inicio de la diarrea, ocurriendo la pérdida de vellosidades. Las células maduras de las vellosidades son el blanco primario del virus, pero también se afectan los enterocitos de las criptas. Así como ocurre con las infecciones por rotavirus y por *Cryptosporidium parvum*, la mala digestión y la mala absorción derivan en diarrea. Ya que los enterocitos de la cripta y los colonocitos pueden ser afectados por el coronavirus, los signos clínicos con frecuencia tienen mayor duración en comparación con el rotavirus.

7.17.1.4 *Cryptosporidium parvum*

Cryptosporidium parvum es uno de los patógenos gastrointestinales más comúnmente aislados en las becerras de reemplazo. La infección ocurre cuando los oocistos son ingeridos en el medio ambiente. Una vez en el hospedero, el organismo pasa por un ciclo de vida complicado que involucra varias etapas. Éste comienza con la exposición al ácido gástrico y a las sales biliares, lo que lleva al desenquistado del oocisto en la primera etapa de vida, el esporozoito. El esporozoito invade las células epiteliales intestinales del íleon, donde la infección se concentra típicamente, pero puede infectar el tracto gastrointestinal en cualquier lugar desde el abomaso hasta el colon. Los esporozoitos se transforman en merozoitos y ocurre una reproducción asexual formando merodontes Tipo I. Los merozoitos son entonces liberados al lumen. Estos organismos pueden formar adicionalmente merodontes Tipo I o merodontes Tipo II, los cuales forman micro y macrogametos (macrogametocitos).

Los micro y macrogametos se reproducen sexualmente para crear oocistos de pared delgada y de pared gruesa. Los oocistos de pared delgada provocan la autoinfección, mientras los oocistos de pared gruesa salen junto con las heces para contaminar el ambiente. Estos oocistos son infectivos inmediatamente y permanecen viables en el medio ambiente durante periodos extensos de tiempo. La eliminación de oocistos de *C. parvum* ocurre tan pronto como los tres días de edad, presenta un pico a las dos semanas de edad y puede continuar ocurriendo en el ganado adulto. Sin embargo, la diarrea debida a *C. parvum* raramente se presenta después de los tres meses de edad. Después de la infección, los signos clínicos presentan un pico a los 3 ó 5 días, y prevalecen por 4 a 17 días. Algunos estudios han demostrado que hasta el 100% de las becerras de reemplazo se infectan con *C. parvum* y se convierten en la mayor fuente de contaminación ambiental, puesto que las becerras eliminan hasta 10^7 oocistos por gramo de heces. Las becerras parecen ser resistentes a infecciones subsecuentes después del episodio inicial de diarrea por *C. parvum*. La incidencia de signos clínicos y la severidad de la diarrea en las becerras que están eliminando oocistos puede variar dentro y entre los centros de producción, lo que lleva a cuestionarse la verdadera importancia de *C. parvum* en su papel de patógeno primario; sin embargo, *C. parvum* se ha aislado repetidamente independientemente de otros patógenos conocidos en los casos clínicos (De Graaf, 1999).

Se ha demostrado que la infección por *C. parvum* induce a la atrofia severa en las vellosidades de los becerros y de otras especies de producción debido a la pérdida de enterocitos de las vellosidades. También ocurre una hiperplasia de las criptas en un esfuerzo de reemplazar a las células epiteliales perdidas. Además, tanto los modelos en cultivo celular como en animales han demostrado un incremento en la permeabilidad epitelial después de la infección por *C. parvum*. A pesar de esta consecuencia bien reconocida de la infección por *C. parvum*, los mecanismos precisos de pérdida celular continúan siendo difíciles de esclarecer. Aún no se comprende si la pérdida celular es un efecto del patógeno o es parte de la respuesta del hospedero en un esfuerzo para eliminar la infección. Una descripción más detallada de la patofisiología de la diarrea producida por ECET, rotavirus, coronavirus y *Cryptosporidium parvum* puede ser encontrada en una revisión reciente (Foster, 2009).

7.17.1.5 Salmonela

Los organismos del género *Salmonella* son endémicos en la mayoría de los centros grandes de producción intensiva, y la salmonelosis es una causa común de diarrea y mortalidad en los becerros neonatos. Los becerros pueden infectarse con una variedad de serotipos de salmonela dentro de las primeras horas después del nacimiento. Las manifestaciones subsecuentes de la enfermedad son variables, reflejando el balance entre la inmunidad del hospedero, la dosis de patógeno y su virulencia. Los brotes de diarrea se observan frecuentemente en becerros entre 4 y 18 días de edad, sin embargo, los becerros de mayor edad también pueden afectarse (Anderson, 2001). La consistencia de las heces varía desde acuosa, voluminosa y profusa, hasta mucofibrinosa y hemorrágica. Se observan diferencias entre las infecciones causadas por diferentes serovariedades, y potencialmente entre diferentes cepas de la misma serovariedad. Esto es el resultado de las diferencias en los factores de virulencia que pueden ocurrir entre las cepas infectantes. La *Salmonella enteritica* serovariedad *Typhimurium* es comúnmente incriminada en los brotes de enfermedad entérica en los becerros menores de 2 meses de edad. En contraste, la *Salmonella enteritica* serovariedad *Dublin* es asociada con la presentación de la enfermedad con similar frecuencia en ganado joven y en adultos.

La transmisión oral vía ingesta de heces es la principal vía de infección; sin embargo se han reportado otras vías, como son la mucosa del tracto respiratorio superior y la conjuntiva. Tras ser ingerida, la salmonela coloniza el tracto intestinal e invade a través de células especializadas en el tejido linfoide del intestino llamadas células M, de enterocitos y de tejido linfoide de las tonsilas (Moler, 2009). En el tejido linfoide la salmonela entra en los fagocitos mononucleares y se disemina rápidamente por todo el cuerpo.

Los mecanismos de virulencia básicos de las especies de *Salmonella* incluyen: la habilidad de invadir la mucosa intestinal, de multiplicarse en los tejidos linfoides y de evadir los sistemas de defensa del hospedero, lo que lleva a la enfermedad sistémica. Se considera comúnmente que la diarrea asociada a la salmonelosis está mediada por la respuesta inflamatoria a la infección. La liberación de endotoxina, prostaglandinas y citocinas proinflamatorias tales como IL-1 y TNF-α también promueve la permeabilidad vascular y la hipersecreción. La pérdida de las células epiteliales del intestino genera hemorragia aguda, producción de fibrina, mala digestión y mala absorción. El estado hiperosmótico resultante dentro del lumen del intestino extrae fluido hacia adentro del tracto gastrointestinal contribuyendo a una pérdida neta de agua, sodio, potasio y bicarbonato. El daño a la mucosa también contribuye a la pérdida de proteína y a la hipoproteinemia.

Se ha demostrado una correlación positiva entre la severidad de las lesiones histopatológicas detectadas en la mucosa del íleon y el volumen de la secreción de fluido. Las salmonelas tienen diferentes factores de virulencia, incluyendo las "islas de patogenicidad de salmonela" y plásmidos genéticos que son responsables de regular procesos tales como la invasión celular, facilitar que la bacteria sobreviva intracelularmente, y establecer resistencia antimicrobiana. La patofisiología de la salmonelosis en los becerros se describe con mucho mayor detalle en una revisión reciente (Mohler, 2009).

7.17.1.6 Causas misceláneas

Aunque los patógenos enlistados son los principales causantes de la diarrea en becerros neonatos, hay otros organismos que potencialmente pueden encontrarse en forma ocasional. En adición a la *E. coli* enterotoxigénica hay varios tipos diferentes de *E. coli* que son patógenos potenciales en las becerras y caen dentro de la categoría amplia de *E. coli* adherente y arrasante (ECAA). Éstos se caracterizan por la presencia del gen *eae*, el cuál codifica a la proteína intimina, un componente clave de la membrana externa que media la adherencia al epitelio intestinal (Foster, 2009). Si estas bacterias no secretan enterotoxinas, son clasificadas como enteropatógenas (ECEP). Los organismos ECEP se adhieren al epitelio, rompen las microvellosidades y causan mala absorción. La importancia de las ECEP como patógenos en los becerros es debatible. Pueden encontrarse en muestras de heces anormales, pero también se encuentran frecuentemente en becerros sanos o ni siquiera se les encuentra. La *E. coli* enterohemorrágica (ECEH) se define típicamente como la que expresa el gen *eae* y la toxina *Shiga*. Muchos estudios epidemiológicos han demostrado que la ECEH se encuentra comúnmente en becerros tanto con heces normales como anormales. Sin embargo, los receptores a la toxina *Shiga* no se encuentran en el intestino de los becerros o del ganado adulto, y no se ha observado la presentación de diarrea tras la infección experimental (Pruimboom-

Brees, 2000), lo que pone en duda la aseveración de que estas bacterias son patógenos de los becerros.

La diarrea causada por *Clostridium difficile* parece ser un problema emergente tanto en humanos como en pacientes del veterinario. Esta diarrea es mediada por toxinas bacterianas que provocan la muerte de las células epiteliales, daño a los sitios de unión entre las células epiteliales e inflamación de la mucosa y la submucosa. *C. difficile* y sus toxinas pueden ser encontrados en las heces de becerras tanto normales como diarréicas, pero su papel como patógeno no se ha establecido claramente. Las toxinas purificadas causarán daño epitelial y un aumento en el fluido luminal en un modelo de asa intestinal de becerro, sin embargo, la infección experimental no se ha logrado con éxito (Rodríguez, 2007). El microorganismo conocido como *Giardia* puede encontrarse en las heces de los becerros con diarrea en todo el mundo, pero también se encuentra comúnmente en las heces de becerros normales. Algunos de estos estudios también encontraron, junto con la *Giardia*, otros patógenos, y ninguno era un experimento controlado. Únicamente un estudio ha documentado el intento experimental de infectar becerros con *Giardia*. En este estudio se encontraron cambios histológicos únicamente en 2 de 12 becerros, los signos clínicos se describieron simplemente como no severos y no se reportó la incidencia de diarrea (Uehlinger, 2007). Se ha documentado que la *Giardia* causa atrofia en las vellosidades de los becerros infectados en forma natural, y se sabe que causa una diarrea por mala absorción en otras especies. De ahí que se haya propuesto que no es una causa significativa de enfermedad, pero que aún así puede impactar negativamente el crecimiento del becerro. Esto tampoco ha sido probado experimentalmente. A pesar de que la *Giardia* se encuentra comúnmente en las heces de becerros, tanto de razas lecheras como cárnicas, se desconoce si es o no un patógeno verdadero.

A principios de los 1980's se identificó un agente infeccioso similar al coronavirus en un hato de ganado productor de carne en Estados Unidos. Inicialmente se le denominó virus Breda, pero subsecuentemente se le cambió el nombre a torovirus. Desde esa época se ha identificado en becerros tanto de razas lecheras como cárnicas a lo largo de todo el mundo, y el 94% del ganado adulto es seropositivo. El torovirus se encuentra en becerros con heces tanto normales como anormales, pero se ha aislado con más frecuencia de becerros con diarrea. La incidencia en becerros que presentaban diarrea varió en un rango del 5 al 35%, mientras que nunca se aisló en más del 12% de los becerros sin diarrea. Otros patógenos se encontraron frecuentemente, pero no siempre, al mismo tiempo que el torovirus, pero ninguno pareció estar asociado consistentemente a la infección por torovirus (Hoet, 2003). Después de la ingestión, el virus infecta el epitelio de la porción distal del yeyuno, el íleon y el colon. Aunque no se ha demostrado en forma concluyente, se esperaría que estas lesiones provocaran una diarrea por mala absorción. No hay información específica sobre el control del torovirus, pero así como sucede con otros virus, un alojamiento adecuado, la disminución en la exposición al ganado adulto y una buena higiene probablemente prevengan su diseminación.

Los organismos de *Eimeria* (*Coccidia*), ocasionalmente causan diarrea en becerros juveniles (>2 meses de edad), sin embargo, el uso generalizado de ionóforos ha reducido dramáticamente la prevalencia de la coccidiosis en las becerras. Los oocistos son ingeridos del medio ambiente e inicialmente producen una enteritis moderada en la porción distal del intestino delgado durante la fase de reproducción asexual del parásito. Ocurre una patología mucho más severa en el intestino grueso, asociada a la fase sexual del ciclo de vida. En ésta, se causa daño al ciego y al colon, dando como resultado una diarrea por la salida de fluidos, electrolitos y plasma del epitelio del intestino grueso. Los signos clínicos incluyen diarrea sanguinolenta con moco y/o trozos de la mucosa intestinal, y esfuerzo para defecar. El diagnóstico se realiza por conteo fecal cuantitativo, considerándose significativas concentraciones mayores de 2,000 oocystos/g de heces.

7.17.2 Signos clínicos y diagnóstico

La severidad de los signos clínicos en los becerros con diarrea depende de la dosis infectante, la virulencia del agente patógeno, la edad y el estado inmune del becerro. La diarrea acuosa que va del color amarillo al blanco generalmente se observa como un signo provocado por cualquiera de los agentes causales de diarrea, y hay muy poca información que pueda obtenerse de la apariencia macroscópica de las heces que pueda ayudar a establecer un diagnóstico específico. La presentación de grandes cantidades de diarrea sanguinolenta (disentería), con fiebre, dolor abdominal y esfuerzos por defecar, con frecuencia se ven únicamente en casos de salmonelosis. Los becerros con diarrea generalmente están deshidratados, débiles, pierden la capacidad de mamar y eventualmente desarrollan acidosis metabólica severa.

En la mayoría de los casos de becerras con diarrea, el objetivo es corregir la deshidratación, el estado ácido-básico, las anormalidades en los electrolitos y el balance energético negativo del animal hasta que el tracto intestinal haya sanado y la diarrea se haya resuelto. Es poco frecuente buscar la etiología de la diarrea neonatal, sin embargo esto puede ser necesario cuando se presentan brotes en el hato. La aproximación general para diagnosticar a los agentes patógenos en un brote de diarrea en los becerros incluye cultivo fecal (para *E. coli* y/o *Salmonella*), microscopía electrónica (para rotavirus y coronavirus) y citología (para *Cryptosporidium*). Resulta de mucha ayuda considerar la edad de los becerros afectados. Por ejemplo, si un lote específico tiene problemas de diarrea en los becerros de dos semanas de edad, entonces lo más probable es que no se trate de *E. coli* enterotoxigénica. Si hay becerros muertos se debe de llevar a cabo la necropsia, incluyendo el estudio histopatológico de los intestinos delgado y grueso, así como el análisis microbiológico del contenido intestinal. Con los becerros vivos, las muestras fecales de los becerros afectados pueden juntarse y enviarse para realizar estudios de cultivo fecal, microscopía electrónica y citología.

Hay muchas cepas "normales" de *E. coli* que son cultivadas con frecuencia a partir de las heces de los becerros, por lo tanto el llevar a cabo sólo el cultivo de estas bacterias a partir de los becerros con diarrea no indica específicamente un problema. Se necesitan más pruebas para verificar que las cepas específicas cultivadas de *E. coli* son patogénicas. Esto no pueda hacerse basándose en las características de la colonia de bacterias en crecimiento. Las pruebas bioquímicas tampoco son efectivas. Hay una prueba disponible de anticuerpos fluorescentes específicos que detecta al antígeno piloso F5 (K99), la cual puede llevarse a cabo en secciones del íleon o en los frotis con impronta del íleon. También hay una prueba de aglutinación en látex que detecta al antígeno piloso, (esta prueba no puede usarse en los animales que recibieron vacunas orales contra *E. coli* al nacimiento).

Para la microscopía electrónica se deben de remitir de 20 a 30 g de heces del becerro durante el inicio del curso de la enfermedad (las primeras 12 a 24 horas) y mantenerlos a 4 °C (refrigerados, NO congelados). Es importante recordar que tanto el coronavirus como el rotavirus usualmente sólo se eliminan durante el inicio de la infección, por lo tanto los becerros que hayan presentado diarrea durante varios días generalmente presentarán resultados negativos. Las pruebas diagnósticas de anticuerpos fluorescentes y ELISA también se encuentran disponibles para el rotavirus, sin embargo, en el caso del coronavirus estas pruebas no están disponibles en la mayoría de los países. Las infecciones por *Cryptosporidium* se diagnostican más frecuentemente mediante la detección de oocistos en las heces. Los oocistos son pequeños y difíciles de ver mediante microscopía con iluminación normal (400x); son redondos, miden de 4 - 6 μm de diámetro, con una membrana citoplásmica, y se ven como un punto negro prominente. Hay varios métodos de tinción que pueden utilizarse para identificar a los oocistos de *Cryptosporidium* en el frotis fecal. Estos incluyen:

- Tinción con yodo de heces frescas – los oocistos no se tiñen, las levaduras se tiñen de color café.

- Tinción ácida rápida del frotis fecal (Tinción Ziehl-Nielsen) – los oocistos se tiñen de rojo, las levaduras se tiñen de color azul-verde.

- Tinción de safranina-azul de metileno del frotis fecal

- Flotación con solución de azúcar de Sheather - concentra los oocistos para mejorar la sensibilidad de los frotis fecales. Esto se lleva a cabo colocando la muestra fecal en un tubo de centrífuga y llenándolo con una solución de azúcar hasta 1 cm antes de llegar al borde. Se centrifuga y se transfiere el sobrenadante a una laminilla de vidrio. Los oocistos se elevarán y aparecerán claramente.

El cultivo fecal es el principal método para diagnosticar *Salmonella* en los becerros. Esto usualmente involucra el uso de caldo enriquecido (tetrationato o selenito) y un medio selectivo (como agar verde brillante). Sin embargo, la dilución de la bacteria en la diarrea y la contaminación severa con otros organismos puede hacer que sea difícil que crezca el cultivo de *Salmonella*. Se ha reportado que la eliminación de *Salmonella* es intermitente, por lo que un cultivo negativo no siempre descarta la enfermedad. Los ensayos de PCR de salmonela son cada vez más disponibles en los laboratorios de diagnóstico veterinario y también pueden ser utilizados para detectar la presencia de bacterias en las muestras fecales.

7.17.3 Tratamiento

Independientemente de la causa de la diarrea o del mecanismo patofisiológico involucrado, la diarrea incrementa la pérdida de electrolitos y agua en las heces de los becerros y disminuye el consumo de leche. Esto trae como resultado deshidratación, acidosis por iones fuertes, anormalidades en los electrolitos (usualmente disminución de sodio e incremento o disminución de potasio), aumento en las concentraciones de D-lactato, y un balance energético negativo (debido a la anorexia y a la mala absorción de los nutrientes). Por lo tanto la diarrea es por mucho la causa más común para la indicación de terapia de fluidos en los becerros neonatos.

7.17.3.1 Deshidratación

La deshidratación en los becerros con diarrea va acompañada de grandes disminuciones en los volúmenes de fluido extracelular junto con pequeños aumentos en los volúmenes de fluido intracelular. La pérdida intestinal de electrolitos en estos becerros resulta en fluido extracelular hipo osmótico (en el plasma e intersticial), lo que provoca que el agua se mueva del fluido extracelular (FEC) al espacio del fluido intracelular (FIC) (incrementando por lo tanto el espacio de FIC). Por lo tanto el clínico, durante el examen físico, debe intentar estimar clínicamente el grado de pérdida de FEC en los becerros deshidratados.

Los intentos para estimar el grado de deshidratación basados en el examen físico han existido desde hace unos 40 años. En 1965, Watt evaluó el estado de deshidratación mediante la observación de la actitud del becerro, la posición del globo ocular, la elasticidad de la piel, el aspecto de las membranas mucosas, el tiempo de llenado capilar y la producción de orina; y clasificó la deshidratación como ligera, moderada y severa (Watt, 1965). Sin embargo, posteriormente se reconoció que estos lineamientos estaban sujetos a error. Los resultados de un estudio en el que se utilizaron becerros a los que se les indujo la presentación de diarrea en forma experimental, indicaron que los métodos más exactos para evaluar el grado de deshidratación en los becerros eran la recesión del globo ocular dentro de la órbita (grado de enoftalmia), el tiempo de duración del pliegue dérmico en la región del cuello y la concentración de las proteínas plasmáticas. Todos los otros métodos de evaluación son inferiores a éstos. El grado de enoftalmia se estima mediante la eversión cuidadosa del párpado inferior para estimar el grado de recesión del globo dentro de la órbita (Figura 3.25). La elasticidad de la piel se mide mejor en la región lateral del área cervical media, pellizcando un pliegue de la piel, rotándolo 90 grados y midiendo el tiempo que tarda el pliegue en desaparecer. Los datos de este estudio aportan el método más práctico y preciso para predecir el estado de hidratación en los becerros con diarrea (Cuadro 3.2).

7.17.3.2 Acidosis

El desarrollo de acidosis por iones fuertes (metabólica) es muy común en becerros con diarrea y otras enfermedades gastrointestinales. Esta acidosis en los becerros con diarrea ha sido atribuida desde hace mucho tiempo a 1) pérdida de iones de bicarbonato (HCO_3^-) por las heces, 2) disminución de la excreción renal de iones de hidrógeno (H^+) asociada a la deshidratación y a la disminución en el flujo renal, y 3) la presencia de ácidos orgánicos no identificados en el plasma. Hoy en día está claro que el aumento en la concentración de D-lactato explica la mayoría de la acidemia y de la elevación de la carencia de aniones presente en los becerros con diarrea.

Nuestra comprensión de la patofisiología de esta acidosis ha aumentado tremendamente durante la última década, principalmente debido a los descubrimientos hechos por investigadores en Europa y Canadá relacionados con la importancia del D-lactato en los becerros con alteraciones gastrointestinales. La importancia del D-lactato en la patofisiología de las enfermedades gastrointestinales de los becerros se ha descrito en diferentes estudios clínicos y experimentales. Recientemente se han publicado dos artículos de revisión extensivos acerca de este tema (Ewaschuk, 2005; Lorenz, 2009), sin embargo, aquí se ofrece una discusión breve. Durante años hemos sabido que los rumiantes adultos con acidosis ruminal aguda desarrollan acidosis D-láctica después de una sobrealimentación con granos. Sin embargo, sólo recientemente se identificó el incremento de las concentraciones de D-lactato como las responsables de una gran parte de la acidemia vista en los becerros con diarrea (Ewaschuk, 2003; Ewaschuk, 2004; Lorenz, 2004A; Lorenz, 2004B).

El D- y el L-lactato son los productos finales de los ácidos orgánicos que normalmente se producen en el tracto gastrointestinal mediante el metabolismo bacteriano de los carbohidratos sin tener consecuencias detrimentales para el animal. Se cree que en los becerros con diarrea el incremento en la producción de D- y probablemente L-lactato resultan de la atrofia de las vellosidades, con la subsecuente mala absorción y fermentación de los nutrientes por las bacterias intestinales. Tanto el L- como el isómero D- del ácido láctico pueden absorberse del tracto gastrointestinal, sin embargo, el metabolismo hepático y la excreción renal del D-lactato son significativamente más lentas en los rumiantes en comparación al L-lactato. Por lo tanto, con una producción y absorción aumentadas tanto de L- como de D-lactato, la acidosis metabólica que se desarrolla se debe principalmente al incremento en la concentración de D-lactato.

Los estudios realizados en Canadá y en Alemania han demostrado que frecuentemente se presentan incrementos en la concentración de D-lactato en becerros con diarrea más severa y deshidratación. Se encontró una concentración sanguínea de D-lactato mayor a 3 mmol/l en el 55% de 300 becerros con diarrea neonatal (Lorenz, 2004). La correlación entre la concentración de D-lactato y la deficiencia de base fue estadísticamente significativa, pero el grado en el que el D-lactato contribuía a la acidosis metabólica variaba de un becerro a otro. Los becerros con una acidosis metabólica severa (deficiencia de base sobre 25 mmol/l) siempre presentaban un incremento en las concentraciones de D-lactato, mientras que los becerros con una acidosis menos severa (déficit de base entre 10 y 25 mmol/l) tenían concentraciones de D-lactato que variaban de 0 a 18 mmol/l (Lorenz, 2004A; Lorenz, 2004B). El D-lactato acumulado puede ser eliminado por los riñones en forma efectiva en becerros no deshidratados. Por lo tanto, el papel de la terapia de fluidos para restablecer o mantener el estado de hidratación en los becerros enfermos también es importante para aumentar la velocidad de eliminación de D-lactato.

7.17.3.3 Terapia de administración de electrolitos orales

Las soluciones orales de electrolitos se han utilizado en forma clásica para reponer las pérdidas de fluidos, corregir las anormalidades ácido-básicas y de electrolitos, y para proveer apoyo nutricional, debido a que son baratas y fáciles de administrar en el centro de producción. Los objetivos de la terapia de fluidos son reponer las deficiencias de fluidos, ácido-básicas y de electrolitos y proveer soporte nutricional. Están indicadas en cualquier becerra con diarrea cuyo tracto gastrointestinal sea funcional, por lo menos parcialmente. Si los electrolitos orales son administrados a una becerra con íleo paralítico, el fluido se acumula en el rumen y trae como resultado distensión y acidosis ruminales. En general, un becerro con cualquier tipo de reflejo de succión o que demuestre cualquier acción de "masticación" puede considerarse que tolerará en forma segura la administración de fluidos orales.

Existe una variabilidad considerable en la calidad de las soluciones orales de electrolitos disponibles comercialmente hoy en día, y hay diversos factores importantes a tomar en cuenta cuando se va a decidir por un producto. La información actual indica que una solución oral de electrolitos debe de satisfacer los siguientes cuatro requerimientos: aportar sodio suficiente como para normalizar el volumen de fluido extracelular; proveer agentes (glucosa, acetato, propionato o glicina) que faciliten la absorción de sodio y agua del intestino; proveer un agente alcalinizante (acetato, propionato o bicarbonato) para corregir la acidosis metabólica; y proveer energía. Los factores a considerar cuando se está seleccionando una solución oral de electrolitos incluyen:

Concentración de sodio: Ya que el sodio es el principal factor determinante del volumen del espacio extracelular, debe estar presente en una solución oral de electrolitos para corregir rápidamente las pérdidas que hayan ocurrido con la deshidratación y la diarrea. La concentración ideal de sodio es de 90 a 130 mmol/l (Constable, 2001). Las soluciones orales de electrolitos que son bajas en sodio (<90 mmol/l) no son recomendadas debido a que no revitalizan adecuadamente a los becerros deshidratados.

Aminoácidos: Los aminoácidos neutrales tales como la glicina, alanina o glutamina son necesarios para facilitar la absorción de sodio y proveer energía. La mayoría de las soluciones orales de electrolitos contienen ya sea glicina o glutamina, y experimentalmente no parece haber ninguna diferencia entre los dos (Taylor, 1997).

Osmolaridad: Varía desde isotónica (300 mOsm/l) a hipertónica (700 mOsm/l). La osmolaridad efectiva en la punta de las vellosidades intestinales es alrededor de 600 mOsm/l, por lo que los fluidos marcadamente hipertónicos (>600 mOsm/l) deben de evitarse en animales con daño severo en las vellosidades. Por otro lado, los fluidos con baja osmolaridad (<350 mOsm/l) generalmente tienen un contenido energético inadecuado debido a que no tienen glucosa suficiente. Un estudio reciente demostró que el sustituto de leche mantiene mejor la concentración de glucosa sérica que las soluciones orales de electrolitos, tanto hiperosmóticas como isoosmóticas. Sin embargo, como era de esperarse, las soluciones orales de electrolitos rehidrataron a los becerros y previnieron el desarrollo de una acidosis metabólica más efectivamente que el sustituto de leche (Constable, 2001). Este estudio también demostró que tras la ausencia de sustituto de leche por 48 horas, las soluciones orales de electrolitos hiperosmóticas mantuvieron niveles más altos de glucosa sérica y concentraciones más bajas de β-OH butirato (cetona) de lo que lo hicieron las soluciones orales de electrolitos isoosmóticas. El autor del estudio recomendó una solución oral de electrolitos hiperosmótica (500-600 mOsm/l) si se va a retirar el consumo de leche o como un suplemento de la leche suministrado a una hora diferente que la alimentación normal (p. ej. leche en la mañana, solución oral de electrolitos hiperosmótica al medio día y leche nuevamente por la tarde). Sin embargo, si se van a suministrar soluciones orales de electrolitos a un becerro que esté mamando de la vaca o en conjunto con el sustituto de leche, se debe de utilizar una solución isoosmótica que no contenga bicarbonato o citrato.

Agente alcalinizante: El acetato, el propionato y el bicarbonato son considerados agentes alcalinizantes y con frecuencia se encuentran presentes en las soluciones orales de electrolitos. Los fluidos que contienen bicarbonato son muy efectivos para corregir una acidosis metabólica severa ya que el bicarbonato reacciona directamente con los iones de H^+ para formar CO_2 y H_2O. El acetato y el propionato, sin embargo, también son agentes alcalinzantes y se les prefiere por sobre el bicarbonato por varias razones:

- El acetato y el propionato estimulan la absorción de sodio y de agua en el intestino delgado del becerro, cosa que no sucede con el bicarbonato.

- El acetato y el propionato no alcalinizan el abomaso, mientras el bicarbonato sí lo hace – el pH abomasal bajo es un mecanismo de defensa natural contra la proliferación bacteriana.

- El acetato y el propionato inhiben el crecimiento de las especies de *Salmonella.*

- El acetato y el propionato producen energía cuando son metabolizados, mientras el bicarbonato no.

El acetato y el propionato se encuentran comúnmente en las soluciones orales de electrolitos que se venden en Europa, pero sólo se encuentran ocasionalmente en los productos vendidos en Norteamérica. Es importante que un producto de electrolitos de administración por vía oral que sea utilizado en los becerros con diarrea contenga un agente alcalinizante. Si no se puede identificar un producto oral de electrolitos con acetato, entonces deberá usarse uno con bicarbonato.

Psyllium: Se ha generado la hipótesis de que al añadir fibra dietética en forma de *psyllium* a las soluciones orales de electrolitos, se promoverá la absorción de nutrientes del tracto digestivo y mejorará la absorción de glucosa al reducir el vaciado gástrico. Sin embargo, las investigaciones han demostrado que la adición de *psyllium* a las soluciones orales de electrolitos produce, de hecho, una disminución transitoria en la absorción de glucosa, y no se recomiendan como aditivo en las soluciones orales de electrolitos (Cebra, 1998).

Diferencia de iones fuertes: Una forma relativamente nueva de enfocar la fisiología ácida-básica en relación a los becerros con diarrea es considerando el modelo de iones fuertes. En su forma más sencilla, el enfoque de iones fuertes indicará que los becerros con diarrea tienen un exceso de aniones fuertes (p. ej. D-lactato, bicarbonato u otros ácidos orgánicos) en relación a los cationes fuertes (principalmente el sodio y el potasio), lo que resulta en un estado de acidosis (Constable, 2005). Así es que cuando diseñemos un tratamiento, nuestro objetivo debe ser administrar un producto oral de electrolitos con un exceso de cationes fuertes (Na^+) en relación a la concentración de aniones fuertes (Cl^-). De ahí que algunos clínicos se abocaran a buscar la diferencia de iones fuertes (DIF) de las soluciones orales de electrolitos. Ésta puede calcularse simplemente de la forma siguiente: $[Na^+] + [K^+] - [Cl^-] = DIF$. Aunque no ha habido investigación definitiva alguna para determinar la cantidad mínima de la DIF que un producto oral de electrolitos debe contener, se recomendaría una DIF mínima de 60 - 80 mEq/l para un becerro deshidratado o deprimido.

En resumen, la solución oral de electrolitos ideal debe de tener una concentración de sodio entre 90 y 130 mmol/l, una concentración de potasio de 25 mmol/l, una concentración de cloro entre 40 y 70 mmol/l, de 40-80 mmol/l de una base metabolizable (no bicarbonato), y glucosa como fuente de energía. Desafortunadamente los productos que satisfacen estos "ideales" son muy raros en Norteamérica. Se puede encontrar más información en el uso de productos orales de electrolitos para becerros en un artículo reciente de revisión sobre el tema (Smith, 2009).

Administración de electrolitos orales: En general los electrolitos orales deben de suministrarse como una comida "extra" a los becerros con diarrea. Por ejemplo, si los becerros normalmente son alimentados dos veces al día (por la mañana y por la tarde), entonces los electrolitos orales pueden administrarse a mediodía. Si no hay disponibilidad de mano de obra adicional para suministrar esta comida extra, entonces los electrolitos pueden darse junto con la leche (particularmente aquellos productos que contengan acetato o concentraciones de bicarbonato muy bajas). Algunos centros de producción prefieren ofrecer a los becerros con diarrea acceso constante a electrolitos de baja osmolaridad durante todo el día. Independientemente del régimen de alimentación de los electrolitos, es mejor continuar administrando leche y/o sustituto de leche a estos becerros.

Algunos expertos han recomendado un "descanso del intestino" en el tratamiento de la diarrea en los becerros, sugiriendo que la alimentación continuada con leche empeorará la diarrea. Este concepto se basa en el principio de que la leche aportará nutrientes a los intestinos que las bacterias podrían utilizar como una fuente de energía, lo que incrementaría la mala digestión de los nutrientes y aumentaría la excreción de fluidos (por lo tanto habría más diarrea). Otros argumentos para retirar la administración de leche en los becerros con diarrea incluyen la mayor recuperación de los intestinos, menos oportunidad para la proliferación de bacterias dañinas en los intestinos, y una digestión y utilización de la leche y/o sustituto de leche deficientes. A pesar de estas ideas, la investigación ha demostrado que la alimentación con leche no prolonga o empeora la diarrea, ni tampoco acelera la recuperación de los intestinos. En un estudio realizado por (Garthwaite *et al.*, 1994) se separó en tres grupos a 42 becerros con diarrea ocurriendo en forma natural. En un grupo no se administró leche y los becerros fueron alimentados únicamente con electrolitos orales, con la reintroducción gradual al consumo de leche después de dos días. En el segundo grupo hubo un retiro parcial de la leche al suministrárseles a los becerros únicamente una pequeña cantidad (2.5% de su peso corporal por dos días, seguido de 5% de su peso corporal por dos días), junto con electrolitos orales. En el tercer grupo los becerros continuaron alimentándose con su ración completa de leche (10% de su peso corporal por día) junto con los electrolitos. No hubo diferencias en la severidad o duración de la diarrea entre ninguno de los grupos durante el estudio. Sin embargo, los becerros con diarrea a los que se les alimentó tanto con leche como con electrolitos orales ganaron más peso que los becerros a los que la leche se les retiró por uno o dos días (Garthwaite *et al.*, 1994). De hecho, los becerros que continuaron recibiendo leche ganaron peso durante el periodo del estudio, mientras los becerros en los otros dos grupos perdieron peso. La pérdida de peso en los becerros a los que se les limita únicamente al consumo de soluciones orales de electrolitos se ha reportado también en otros estudios. Aún los productos orales hipertónicos con concentraciones muy altas de glucosa no proveen energía en forma significativa para cubrir los requerimientos de mantenimiento y crecimiento de una becerra (Constable, 2001). Por lo tanto, la recomendación de descontinuar temporalmente la alimentación con leche en los becerros con diarrea no es apropiada. Los becerros deben mantenerse con su alimentación completa de leche y recibir los electrolitos orales siempre que sea posible. Si los becerros están deprimidos y se niegan a mamar, la leche puede retirarse durante una comida (12 horas) y sustituirse con un producto oral de electrolitos hipertónico. Sin embargo, la alimentación con leche siempre debe de retomarse a las 12 horas.

7.17.3.4 Terapia de fluidos intravenosos

Las principales indicaciones para la administración de una terapia de fluidos intravenosos (IV) en los becerros neonatos con diarrea son 1) deshidratación, 2) depresión severa, debilidad o inhabilidad para levantarse o permanecer de pie, 3) anorexia durante más de 24 horas, y 4) hipotermia <38.0 °C en becerros recién nacidos. Una deshidratación estimada de >8% del peso corporal del becerro es la indicación más aceptada para la administración de fluidos IV, aunque la evidencia experimental que apoya esto como el punto de intervención más apropiado no está disponible en la actualidad. Los becerros en decúbito, los severamente deprimidos o comatosos, y los becerros sin un reflejo de succión, también necesitan terapia de fluidos IV. Los becerros que presentan una deshidratación de progresión rápida y diarrea acuosa consistentemente profusa deben tratarse en forma intravenosa en vez de rehidratarlos con una administración continua de fluidos orales. Si el tratamiento con fluidos orales no es exitoso y sólo está presente un reflejo de succión débil, se prefiere la restauración inicial intravenosa de la deficiencia de fluidos y electrolitos. Los becerros deshidratados colapsados en choque hipovolémico severo no son capaces de absorber rápidamente cantidades suficientes de fluidos administrados en forma oral o subcutánea, y por lo tanto deben de ser rehidratados en forma intravenosa. Los fluidos intravenosos también son recomendados para becerros enfermos que muestran signos de depresión del sistema nervioso central (SNC) y otras enfermedades subyacentes. Los becerros severamente deprimidos en los que se sospecha de acidemia (más probablemente acidosis D-láctica) pero sin signos clínicos de deshidratación, necesitan fluidos alcalinizantes por vía intravenosa para restablecer un estado ácido-básico normal. Los tipos de fluidos comúnmente disponibles para terapia de fluidos en becerros incluyen:

Lactato de Ringer (SLR): Es un fluido isotónico tradicional que puede ser utilizado para corregir la deshidratación y las anormalidades de electrolitos en los rumiantes neonatos. El lactato es una base metabolizable y por lo tanto la SLR se considera un fluido alcalinizante (que puede incrementar el pH sanguíneo). Sin embargo, debido a que el lactato debe de ser metabolizado para producir un efecto alcalinizante, este tipo de fluido se considera un alcalinizante débil y no se recomienda para neonatos con acidemia severa (Kasari, 1985; Naylor, 1986). Aunque la SLR puede ser utilizada exitosamente para tratar la deshidratación y las anormalidades de electrolitos en neonatos, es difícil y cara para ser administrada en el campo, requiriéndose una cateterización intravenosa, equipo de administración de fluidos, contención del animal, grandes volúmenes de fluidos (de 2 a 4 litros en un becerro, dependiendo del tamaño y del grado de deshidratación), y supervisión. Por lo tanto la SLR no se utiliza comúnmente bajo condiciones de campo, sin embargo continúa siendo una elección efectiva para reemplazar la pérdida del volumen de fluidos perdidos.

Bicarbonato de sodio isotónico: Éste es el fluido alcalinizante de elección para becerros con acidosis metabólica severa (pH ≤ 7.2) y ha demostrado ser más efectivo que otras bases metabolizables (tales como el lactato), los precursores del bicarbonato, o las bases sintéticas (Naylor, 1986; Naylor, 1987). Puede prepararse fácilmente añadiendo bicarbonato ($NaHCO_3^-$) en agua estéril a una concentración de 13 gramos por litro (155 mEq/l HCO_3^-) y ser administrada vía catéter intravenoso. La cantidad de solución de bicarbonato isotónico requerido para corregir una acidemia se calcula mediante los valores totales de CO_2 o por medio de la concentración de bicarbonato, o conociendo los valores de exceso de base, pero usualmente va en un rango de 2 a 4 litros dependiendo del peso del becerro y de la severidad de la acidosis.

Solución salina hipertónica: Durante los últimos 10 años hemos descubierto que la solución salina hipertónica (2,400 mOsm/L) puede ser utilizada para expandir el volumen de plasma en forma rápida en un becerro severamente deshidratado (Constable, 1991; Walter, 1998). Cuando se administra en combinación con soluciones orales de electrolitos, esta terapia es tan efectiva para resucitar a los becerros severamente deshidratados como el administrar un volumen grande de lactato de Ringer, y es menos caro y mucho más fácil de administrar. Las soluciones salinas hipertónicas pueden adquirirse comercialmente en contenedores de 1,000 ml y deben de administrarse a una dosis de 4 a 5 ml por kg de peso corporal, en forma lenta en un periodo de 4 minutos. Hay que tener en mente, sin embargo, que la solución salina hipertónica no es un fluido alcalinizante y no corregirá una acidemia. La solución salina hipertónica también está indicada para el tratamiento de la hiperkalemia en los becerros. Es muy efectiva para disminuir rápidamente las concentraciones de potasio sérico y revertir las anormalidades electrocardiográficas asociadas con la hiperkalemia. Este efecto se debe probablemente al movimiento intracelular de potasio y al volumen de expansión extracelular.

Bicarbonato de sodio hipertónico: El uso de bicarbonato de sodio hipertónico (BSH) combinado con electrolitos orales puede ser recomendado eventualmente para la corrección de la acidosis metabólica y la deshidratación en rumiantes neonatos con diarrea. Un estudio reciente demostró que la administración rápida de 8.4% de BSH (5 ml/kg de peso corporal) era seguro cuando se administraba a becerros anestesiados (Berchtold, 2005). Fue efectivo para revertir una acidemia inducida experimentalmente y no causó que el pH del fluido cerebroespinal disminuyera (acidosis cerebral) como se había hipotetizado desde hacía mucho. En otro estudio reciente se administró BSH al 8.4% (10 ml/kg en 8 minutos) o solución salina hipertónica al 5.8% (5 ml/kg en 4 minutos) seguidos de la administración oral de electrolitos a becerros deshidratados con diarrea y acidosis severa (Koch, 2008). La administración de la solución de BSH dio como resultado mayores tasas de recuperación que la solución salina hipertónica. Aunque no se observaron efectos secundarios significativos, los autores advirtieron acerca del uso de BSH en becerros con enfermedad respiratoria concurrente, ya que estos becerros pueden ser incapaces de exhalar efectivamente el exceso de CO_2 generado en las reacciones de amortiguamiento (búfer). Aunque se necesita mayor investigación para evaluar la seguridad del uso del BSH bajo condiciones de campo y para determinar cuál sería la dosis óptima, el uso del BSH al 8.4% en dosis de 5 a 10 ml/kg de peso corporal puede serlo en becerras severamente deprimidas cuando no hay disponibilidad de bicarbonato de sodio isotónico.

Dextrosa: Éste es el único tipo de fluido no alcalinizante que se usa generalmente en rumiantes neonatos. De un 5 a 10% de dextrosa es utilizada a veces para contrarrestar el balance energético negativo en los becerros con diarrea, con o sin hipoglucemia. Sin embargo, en los becerros deshidratados una solución simple de dextrosa al 5% no es suficiente para corregir las deficiencias de fluidos extracelulares debido a que la solución no contiene sodio. Para proveer energía y rehidratar al neonato se pueden añadir de 25 a 50 gramos de dextrosa, o de 50 a 100 ml de solución de dextrosa al 50% por un litro de SLR o de bicarbonato de sodio isotónico, para elaborar una solución moderadamente hipertónica.

Resumiendo, los fluidos alcalinizantes son la elección apropiada para la terapia de fluidos intravenosos en los becerros con diarrea (Figura 3.25). Los becerros que se encuentran en decúbito probablemente tengan una acidemia severa y por lo tanto necesiten bicarbonato para corregir rápidamente tanto la acidosis y la deshidratación, como para restablecer la función celular normal. Cuando el reflejo de succión del becerro se ha restablecido se puede continuar con el tratamiento en forma oral. La corrección de la deshidratación mediante la administración de volúmenes pequeños de solución salina hipertónica (4 - 5 ml/kg peso corporal) revitaliza en forma exitosa al becerro deshidratado, pero no corrige la acidosis metabólica. Por lo tanto, la administración de las soluciones salinas hipertónicas debe de estar acompañada de la administración de bicarbonato de sodio vía IV en becerros severamente acidémicos, o por agentes alcalinizantes vía oral (acetato, propionato) en los becerros ligera o moderadamente acidémicos. Para información adicional se refiere al lector a revisiones más detalladas sobre la terapia de fluidos intravenosos en becerros con diarrea (Berchtold, 2009; Constable, 2003).

7.17.3.5 Terapia de antibióticos

Aunque algunos practicantes han considerado que el uso de antimicrobianos para tratar la diarrea en becerros es controversial y no indicada, una extensiva revisión de la literatura aportó fuerte evidencia de que los antibióticos específicos son eficaces en el tratamiento del becerro con diarrea (Constable, 2004). Los becerros con diarrea tienen una sobrepoblación de *E. coli* en el intestino delgado, independientemente de la causa de la diarrea, y del 20 al 30% de los becerros con enfermedad sistémica que presentan diarrea tienen bacteremia, predominantemente debida a *E. coli* (Constable, 2009). El tratamiento antimicrobiano para los becerros con diarrea y enfermedad sistémica debe de ser enfocado contra la *E. coli* en la sangre (debido a la bacteremia) y en el intestino delgado (debido a la sobrepoblación bacteriana), ya que estos constituyen los dos sitios de infección bacteriana. El cultivo fecal y las pruebas de susceptibilidad antimicrobianas no se recomiendan en los becerros con diarrea porque las poblaciones bacterianas de las heces no reflejan con precisión las poblaciones de bacterias del intestino delgado o de la sangre, y porque los valores de referencia en las pruebas de susceptibilidad no se han validado para las becerras con diarrea (Constable, 2004). La eficacia del antimicrobiano, por lo tanto, se evalúa mejor por la respuesta clínica al tratamiento.

Los antimicrobianos de primera elección para el tratamiento de la diarrea en becerros con enfermedad sistémica incluyen la amoxicilina parenteral o ampicilina (10 mg/kg IM, cada 12 horas), sulfonamidas potencializadas vía parenteral (25 mg/kg IV o IM, cada 12 horas), una cefalosporina de tercera generación, como ceftiofur (2.2 mg/kg, IM, cada 12 horas), o trihidrato de amoxicilina oral (10 mg/kg cada 12 horas), sola o en combinación con el inhibidor clavulanato de potasio (12.5 mg de la combinación/kg cada 12 horas). Los antimicrobianos de última elección son las fluoroquinolonas en aquellos países en los que la administración de fluoroquinolonas está permitida para tratar becerros con diarrea por *E. coli* y salmonelosis. Sin embargo, las fluoroquinolonas por vía parenteral deberán ser administradas únicamente para tratar becerros críticamente enfermos, tales como los becerros que requieren administración intravenosa de fluidos. Los aminoglicósidos no deberán administrarse tampoco vía oral debido a que son pobremente absorbidos del tracto gastrointestinal. Los aminoglicósidos no deben administrarse parenteralmente debido al tiempo prolongado de retiro para el sacrificio, a la nefrotoxicidad potencial en los becerros deshidratados, y a la mínima excreción en la bilis. Se refiere al lector a un artículo de revisión reciente para información adicional sobre el uso de antibióticos en becerros con diarrea, así como en los tratamientos auxiliares como son los fármacos antiinflamatorios, el uso de halofuginona para el control de la criptosporidiosis, probióticos, inmunoestimulantes y modificacores de la motilidad gastrointestinal (Constable, 2009).

7.17.4 Control

La diarrea en el becerro puede prevenirse mediante un programa eficiente de manejo de calostros (ver capítulo "Transferencia de la inmunidad y nutrientes a la becerra") y manteniendo la limpieza en el centro de producción en condiciones óptimas. Debido a que la principal ruta de contaminación para la mayoría de los patógenos es la fecal-oral, y las becerras infectadas son el reservorio de los patógenos entéricos, el limitar el contacto entre las becerras jóvenes es crítico. Los factores de riesgo para la diarrea en becerras incluyen parideros sucios, ingestión inadecuada de calostro, amamantamiento de tetas sucias, utensilios de alimentación contaminados o sucios (chupones, botellas), alojamiento en grupos, particularmente cuando hay movimiento continuo (no todo dentro, todo fuera), sobrepoblación y falla en el aislamiento de los becerros enfermos.

La vacunación de las vacas secas también puede ayudar a prevenir la diarrea en los becerros neonatos. Es muy recomendable que las vacunas que contengan rotavirus, coronavirus y toxoide de *E. coli* sean administradas a las vacas secas antes del parto en los hatos lecheros. Estas vacunas aumentarán los niveles de anticuerpos calostrales para algunos de los principales patógenos que causan la diarrea en los becerros. Aunque esto ciertamente no garantiza la protección completa contra la diarrea, se ha demostrado que los anticuerpos calostrales son la forma más efectiva de producir inmunidad contra estos patógenos. Estos anticuerpos proveen protección local en el tracto gastrointestinal al adherirse a bacterias y/o virus, previniendo que se adhieran a los enterocitos del intestino delgado. Las IgG calostrales también pueden ser absorbidas hacia la sangre al nacimiento y pueden ser resecretadas de vuelta a través de la superficie intestinal durante varias semanas. Las vacunas orales de rotavirus y/o coronavirus que están diseñadas para administrarse a los becerros al nacimiento no son tan efectivas. Varios estudios de campo que utilizaron estos productos han demostrado que son inefectivos para controlar la diarrea de los becerros en los centros de producción. En la actualidad no hay vacunas efectivas disponibles para prevenir la diarrea causada por *Cryptosporidia* y/o *Salmonella*.

LITERATURA CITADA

Acres, S. D.: Enterotoxigenic Escherichia coli Infections in Newborn Calves: A Review. J Dairy Sci 68:229-256, 1985.

Anderson, R. J.; House, J. K.; Smith, B. P. et al: Epidemiologic and Biological Characteristics of Salmonellosis in Three Dairy Herds. J Am Vet Med Assoc 219:310-322, 2001.

Berchtold, J. F.; Constable, P. D.; Smith, G. W. et al: Effects of Intravenous Hyperosmotic Sodium Bicarbonate on Arterial and Cerebrospinal Fluid Acid-Base Status and Cardiovascular Function in Calves with Experimentally Induced Respiratory and Strong Ion Acidosis. J Vet Intern Med 19:240-251, 2005.

Berchtold, J.: Treatment of Salf Diarrhea: Intravenous Fluid Therapy. Vet Clin Food Anim 25:73-99, 2009.

Cebra, M. L.; Garry, F. B.; Cebra, C. K. et al.: Treatment of Neonatal Calf Diarrhea with an Oral Electrolyte Solution Supplemented with Psyllium Mucilloid. J Vet Int Med 1998; 12:449-455.

Chinsangaram, J.; Schore, C. E.; Guterbock, W. et al.: Prevalence of Group A and Group B Rotaviruses in the Feces of Neonatal Dairy Calves from California. Comp Immunol Microbiol Infect Dis 18:93-103, 1995.

Constable, P. D.; Schmall, L. M.; Muir, W. W. III et al.: Hemodynamic Response of Endotoxemic Calves to Treatment with Small-Volume Hypertonic Saline Solution. Am J Vet Res 52:981-989, 1991.

Constable, P. D.; Walker, P. G.; Morin, D. E. et al.: Clinical and Laboratory Assessment of Hydration Status in Neonatal Calves with Diarrhea. J Am Vet Med Assoc 212:991-996, 1998.

Constable, P. D.; Thomas, E.; Boisrame, B.: Comparison of Two Oral Electrolyte Solutions for the Treatment of Dehydrated Calves with Experimentally-Induced Diarrhea. Vet J 162:129-140, 2001.

Constable, P. D.: Fluid and Electrolyte Therapy in Ruminants. Vet Clin Food Anim 19:557-597, 2003.

Constable, P. D.: Antimicrobial use in the Treatment of Calf Diarrhea. J Vet Intern Med 18:8-17, 2004.

Constable, P. D.; Stampfli, H. R.; Navetat, H. et al.: Use of a Quantitative Strong Ion Approach to Determine the Mechanism for Acid-Base Abnormalities in Sick Calves with or without Diarrhea. J Vet Int Med 19:581-589, 2005.

Constable, P. D.: Treatment of Calf Diarrhea: Antimicrobial and Ancillary Treatments. Vet Clin Food Anim 25:101-120, 2009.

De Graaf, D.C.; Vanopdenbosch, E.; Ortega-Mora, L.M. et al.: A Review of the Importance of Cryptosporidiosis in Farm Animals. Int J Parasitol 29:1269-1287, 1999.

Ewaschuk, J. B.; Naylor, J. M.; Zello, G. A.: Anion Gap Correlates with Serum D- and DL-lactate Concentration in Diarrheic Neonatal Calves. J Vet Intern Med 17:940-942, 2003.

Ewaschuk, J. B.; Naylor, J. M.; Palmer, R. et a.l: D-lactate Production and Excretion in Diarrheic Calves. J Vet Intern Med 18:744-747, 2004.

Ewaschuk, J. B.; Naylor, J. M.; Zello, G. A.: D-Lactate in Human and Ruminant Metabolism. J Nutr 135:1619-1625, 2005.

Foster, D. M.; Smith, G. W.: Pathophysiology of Diarrhea in Calves. Vet Clin Food Anim 25:13-36, 2009.

Garthwaite, B. D.; Drackley, J. K.; McCoy, G. C. et a.l: Whole Milk and Oral Rehydration Solution for Calves with Diarrhea of Spontaneous Origin. J Dairy Sci 77:835-843, 1994.

Gookin, J. L.; Nordone, S. K.; Argenzio, R. A.: Host Responses to Cryptosporidium Infection. J Vet Intern Med 16:12-21, 2002.

Hoet, A. E.; Nielsen, P. R.; Hasoksuz, M. et al.: Detection of Bovine Torovirus and Other Enteric Pathogens in Feces from Diarrhea Cases in Cattle. J Vet Diagn Invest 15:205-212, 2003.

Kasari, T. R.; Naylor, J. M.: Clinical Evaluation of Sodium Bicarbonate, Sodium L-lactate, and Sodium Acetate for the Treatment of Acidosis in Diarrheic Calves. J Am Vet Med Assoc 87:392-397, 1985.

Koch, A.; Kaske, M.: Clinical Efficacy of Intravenous Hypertonic Saline Solution or Hypertonic Bicarbonate Solution in the Treatment of Inappetent Calves with Neonatal Diarrhea. J Vet Intern Med 22:202-211, 2008.

Lorenz, I.: Investigations on the Influence of Serum D-lactate Levels on Clinical Signs in Calves with Metabolic Acidosis. Vet J 168:323-327, 2004.

Lorenz, I.: Influence of D-lactate on Metabolic Acidosis and on Prognosis in Neonatal Calves with Diarrhoea. J Vet Med A 51:425-428, 2004.

Lorenz, I.: D-lactic Acidosis in Calves. Vet J 179:197-203, 2009.

Mohler, V. L.; Izzo, M. M.; House, J. K.: Salmonella in Calves. Vet Clin Food Anim 25:37-54, 2009.

Morris, A. P.; Estes, M. K.: Microbes and Microbial Toxins: paradigms for Microbial-Mucosal Interactions. VIII, Pathological Consequences of Rotavirus Infection and its Enterotoxin. Am J Physiol Gastrointest Liver Physiol 281:G303-310, 2001.

Naylor, J. M.; Forsyth, G. W.: The Alkalinizing Effects of Metabolizable Bases in the Healthy Calf. Can J Vet Res 50:509-516, 1986.

Naylor, J. M.: Severity and Nature of Acidosis in Diarrheic Calves over and under One Week of Age. Can Vet J 28:168-173, 1987.

Naylor, J. M.: Leibel, T.; Middleton, D.M.: Effect of Glutamine or Glycine Containing Oral Electrolyte Solutions on Mucosal Morphology, Clinical and Biochemical Findings in Calves with Viral Induced Diarrhea. Can J Vet Res 61:43-48, 1997.

Pruimboom-Brees, I. M.; Morgan, T. W.; Ackermann, M. R. et al.: Cattle Lack Vascular Receptors for Escherichia coli O157:H7 Shiga Toxins. Proc Natl Acad Sci USA 97:10325-10329, 2000.

Rodríguez-Palacios, A.; Stampfli, H. R.; Stalker, M. et al.: Natural and Experimental Infection of Neonatal Calves with Clostridium difficile. Vet Microbiol 124:166-172, 2007.

Runnels, P. L.; Moon, H. W.; Schneider, R. A.: Development of Resistance with Host age to Adhesion of K99[+] Escherichia coli to Isolated Intestinal Epithelial Cells. Infect Immun 28:298-300, 1980.

Smith GW: Treatment of calf diarrhea: oral fluid therapy. Vet Clin Food Anim 25:55-72, 2009.

Uehlinger, F. D.; O'Handley, R. M.; Greenwood, S. J. et al.: Efficacy of Vaccination in Preventing Giardiasis in Calves. Vet Parasitol 146:182-188, 2007.

Walker, P. G.; Constable, P. D.; Morin, D. E. et al: Comparison of Hypertonic Saline-Dextran Solution and Lactated Ringer's Solution for Resuscitating Severely Dehydrated Calves with Diarrhea. J Am Vet Med Assoc 213:113-121, 1998.

Watt, J. G.: The Use of Fluid Replacement in the Treatment of Neonatal Diseases in Calves. Vet Rec 77:1474-1482, 1965.

Cuadro 3.2 Evaluación del estado de rehidratación en becerras con diarrea

Deshidratación	Actitud	Recesión del globo ocular	Duración del levantamiento del pliegue cutáneo
%		mm	segundos
< 5	Normal	ninguna	1-2
6-8	Ligeramente deprimido	2-4	2-5
8-10	Deprimido	4-6	5-10
10-12	Comatoso	6-9	> 10
> 12	Comatoso / Muerto	8-12	

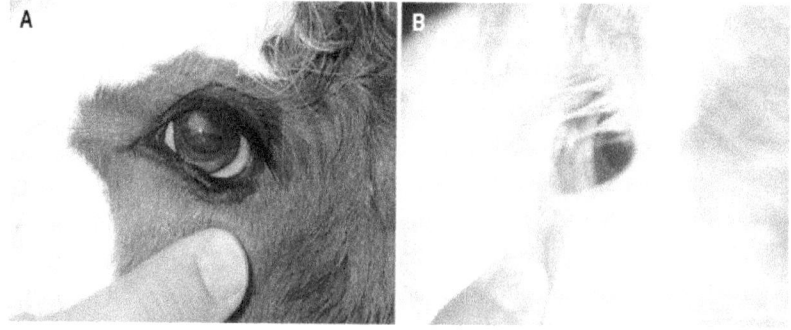

Figura 3.25 El becerro de la izquierda (A) tiene un estado de hidratación normal, no hay espacio entre el párpado y el globo ocular. El becerro de la derecha (B) está severamente deshidratado y el ojo se encuentra hundido por lo menos 7 a 8 mm dentro de la órbita.

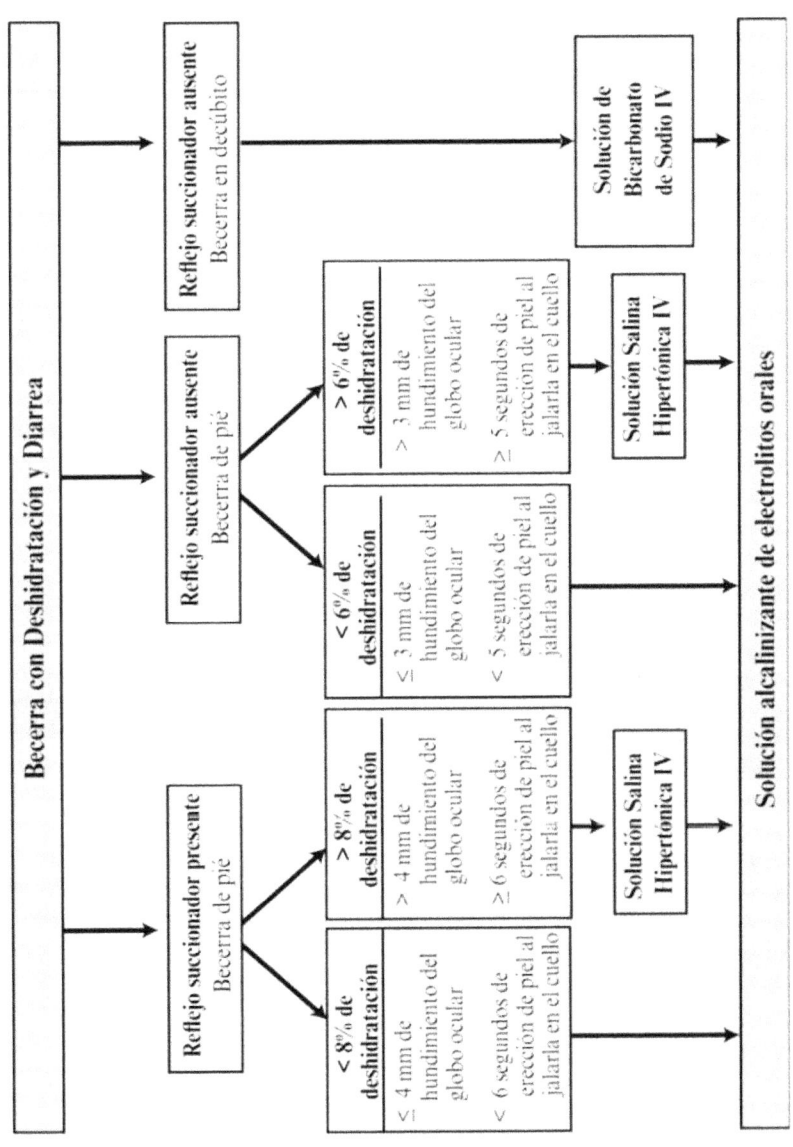

Figura 3.26 Algoritmo para la terapia de fluidos en becerras con diarrea.

7.18 ENTERITIS NECRÓTICA (ENTEROTOXEMIA HEMORRÁGICA NEONATAL)

Mario Medina Cruz MVZ, MSc, DCV

Es una enfermedad causada por las toxinas producidas por *Clostridium perfringens* tipo C en becerros, caracterizada por producir diarrea amarillenta, cafetosa, y en ocasiones muerte súbita sin la presentación de diarrea (Fleming, 1985).

7.18.1 Etiología

Es causada por *Clostridium perfringens* tipo C, que en su forma esporulada es un habitante ocasional del suelo, y en su forma vegetativa habita en el organismo. Produce tres tipos de toxinas: la toxina alfa (hemolítica) en bajas cantidades, la toxina beta que es la más importante, y la toxina delta. La toxina beta es responsable de los signos asociados con enteritis necrótica. No se ha esclarecido el efecto de la toxina delta.

7.18.2 Epizootiología

Es una enfermedad principalmente de neonatos. El becerro adquiere el *Clostridium perfringens* tipo C durante los primeros días de vida a través de contaminación ambiental producida por un portador asintomático, o bien por medio de alimento contaminado. Una vez establecida la enfermedad se puede convertir en endémica.

7.18.3 Patogénesis

La toxina beta causante de la enfermedad normalmente es destruida por las enzimas proteolíticas. El becerro neonato está especialmente predispuesto al ataque de esta toxina debido a la presencia de inhibidores de la tripsina en el calostro materno, cuya función natural es prevenir la degradación proteolítica de las inmunoglobulinas. La enfermedad ha sido experimentalmente reproducida en borregos adultos a los que se dosifican cultivos de *Clostridium perfringens* tipo C y harina de soya, la cual contiene en forma inherente inhibidores proteolíticos importantes. Paralelamente, una dieta rica en proteínas en un tracto intestinal deficiente en proteasas permite el crecimiento rápido de organismos *Clostridium perfringens* tipo C. La bacteria se adhiere a las vellosidades intestinales e inicia la elaboración de la toxina beta citotóxica, lo cual produce necrosis e invasión de las capas intestinales más profundas. La muerte puede sobrevenir como resultado de los efectos directos de una diarrea severa, a causa de bacteremia secundaria o por toxemias a partir de la barrera intestinal dañada (Fleming, 1985).

7.18.4 Signología

Los animales afectados pueden morir súbitamente sin presentar diarrea; sin embargo, comúnmente se manifiesta una diarrea amarillenta, cafetosa, en ocasiones mezclada con bandas de mucosa necrótica intestinal de color rojizo. Los animales afectados se deshidratan, están débiles, anémicos y moribundos a pesar de una terapia intensiva.

7.18.5 Patología macroscópica y microscópica

Se presenta necrosis de la mucosa del intestino delgado, especialmente en el yeyuno. El intestino grueso puede contener sangre sin presentar necrosis. Algunas veces el líquido peritoneal aumenta de volumen y los ganglios linfáticos mesentéricos están hemorrágicos. Microscópicamente hay hemorragia en la mucosa y submucosa, y las puntas de las vellosidades necróticas están cubiertas con bastones Gram+ grandes.

7.18.6 Diagnóstico

Esta afección debe considerarse dentro del cuadro de enfermedades que atacan a los becerros en crecimiento y debe diferenciarse principalmente de salmonelosis y de coccidiosis. La morbilidad y la mortalidad son altas, pero la enfermedad no es muy frecuente.

7.18.7 Tratamiento, control y prevención

Una vez que se detecta el caso clínicamente, el tratamiento suele fracasar debido a la naturaleza rápida y fulminante de la enfermedad. La antitoxina puede ser administrada en animales en riesgo durante un brote. *Clostridium perfringens* tipos C y D están incluidos en algunas vacunas multivalentes. La vacunación consiste de dos inyecciones que se aplican a intervalos de un mes, y una inyección final dos semanas antes del parto, seguidas de reforzamientos anuales. En ranchos problema los becerros deben vacunarse a los dos, tres y cuatro meses de edad.

7.19 SALMONELOSIS

Mario Medina Cruz MVZ, MSc, DCV

Es una enfermedad causada por bacterias del género *Salmonella,* de la que se conocen más de 2,200 serovariedades. Prácticamente todas son patógenas para animales y humanos.

7.19.1 Etiología

Las bacterias del género *Salmonella* se encuentran clasificadas en serogrupos del A al Z y del 51 al 65, dependiendo de sus antígenos de pared celular. Son bacterias entéricas Gram negativas, parásitos intracelulares facultativos. La mayoría de las serovariedades no tiene especificidad. *Salmonella dublin* está adaptada a un huésped específico que es el bovino, donde se preserva mediante portadores verdaderos (Wray, 1977).

7.19.2 Epizootiología

La infección por *Salmonella dublin* puede ocurrir en forma endémica en becerros, debido a animales portadores que eliminan la bacteria a través de heces o de la leche. La infección también se mantiene por medio de becerros infectados, así como por contaminación ambiental. Un solo animal infectado eliminando *Salmonella dublin* puede producir 10^6 organismos por gramo de heces fecales. Los parideros deben ser lavados y desinfectados entre uno y otro parto. La leche bronca puede ser una fuente de infección por *Salmonella dublin,* en ésta existen concentraciones desde 10^2 hasta 10^6 organismos por mililitro de leche (Smith, 1989). La contaminación ambiental es difícil de eliminar, ya que la salmonela sobrevive durante meses en condiciones de humedad, fuera de la luz solar directa, así como en áreas encharcadas y húmedas.

7.19.3 Patogénesis

Salmonella es un género de microorganismos invasores que penetran las membranas mucosas intestinales, orales, nasales y oculares. La infección por salmonela se transmite por contaminación fecal oral y por alimentación con fuentes de proteína animal, como son las harinas de pescado, de carne, de hueso o de pluma, de las cuales 40% se encuentra contaminada en los Estados Unidos. *Salmonella dublin* puede ser acarreada en forma de infecciones intestinales crónicas y es eliminada a través de heces, o bien puede ser acarreada por medio de infecciones intramamarias y ser eliminada por medio de leche contaminada. Una vez ingerida, la salmonela se adhiere a las células epiteliales, lo cual se ve favorecido especialmente con la presencia de estasis gastrointestinal, o bien cuando la flora natural ha sido destruida. Una vez adherida, la salmonela causa la degeneración de las células epiteliales y penetra tanto a través de las microvellosidades como por las uniones de las células epiteliales, para posteriormente llegar a la lámina propia, donde estimula una respuesta inflamatoria y es fagocitada por macrófagos y neutrófilos (Takeuchi, 1967). La bacteria, una vez englobada por los elementos de defensa, llega a los nódulos linfáticos mesentéricos y a las placas de Peyer. Algunas cepas de *Salmonella* son capaces de sobrevivir dentro de los tejidos del huésped y aún multiplicarse como parásitos intracelulares facultativos dentro de los macrófagos y de las células retículoendoteliales. En los animales portadores la salmonela sobrevive dentro de las células, aun en presencia de altos títulos de inmunoglobulinas extracelulares específicas. *Salmonella* intracelular también puede evadir la acción de drogas antimicrobianas, así como del complemento. El estrés provoca que una infección latente recrudezca y se elimine a través de las heces fecales o de la glándula mamaria, o motive la presentación clínica de la enfermedad.

7.19.4 Signología

La infección por *Salmonella* produce diversos signos; los más comunes son fiebre y diarrea después de un período de incubación de uno a cuatro días a partir de la exposición, o del crecimiento de la infección en un animal portador. Las heces pueden ser desde acuosas hasta mucoides, con sangre y con estrías de fibrina, que dan la impresión de mucosa que se ha desprendido. Las heces tienen olor putrefacto debido a la presencia de proteínas plasmáticas por el fenómeno inflamatorio severo. También se pueden encontrar efectos sistémicos ocasionados por la producción de endotoxinas que son absorbidas a partir de la mucosa intestinal dañada, cuyas manifestaciones son: anorexia, depresión, fiebre y shock. La bacteremia se produce rápidamente, especialmente en neonatos que han ingerido *Salmonella dublin* o *Salmonella tiphymurium.* En el becerro la septicemia aguda o hiperaguda produce lesiones de embolia en muchos órganos. La infección se puede presentar en animales desde una semana hasta seis meses, aunque generalmente los becerros afectados tienen entre uno y dos meses de vida. Éstos ocasionalmente presentan diarrea, pero más frecuentemente problemas respiratorios, disnea y muerte súbita. Llos cultivos sanguíneos son generalmente positivos.

7.19.5 Patología macroscópica y microscópica

El diagnóstico definitivo de la salmonelosis requiere del cultivo post mórtem del organismo a partir de heces fecales, sangre y tejidos. En la forma entérica se observan las mucosas del íleon, colon y ciego engrosadas y hemorrágicas, con placas fibrinonecróticas adheridas al epitelio, especialmente abundantes en las áreas de las placas de Peyer. El contenido intestinal es acuoso, posiblemente con sangre y fibrina. El abomaso contiene líquido color café. Generalmente los nodulos linfáticos mesentéricos están hipertrofiados y oscurecidos.

En la forma septicémica se encuentran petequias subcutáneas diseminadas en todo el organismo. Frecuentemente el bazo hipertrofiado y los pulmones edematosos, con focos diseminados de hemorragia y congestión. La pared de la vesícula biliar está engrosada y probablemente hemorrágica, comúnmente el contenido biliar forme un coágulo firme. En ocasiones se encuentran lesiones como cistitis, ictericia, osteomielitis, meningitis y artritis; las lesiones gastrointestinales pueden estar o no presentes.

7.19.6 Diagnóstico

Necesariamente el diagnóstico de la salmonelosis se basa en las características de la enfermedad, y debe diferenciarse en su presentación entérica de enfermedades comunes de los neonatos, principalmente de la diarrea indiferenciada aguda y de la coccidiosis. La salmonelosis septicémica en becerros de cuatro a ocho semanas de edad debe ser diferenciada por medio del cultivo de la pasteurelosis neumónica.

7.19.7 Tratamiento

Las infecciones por bacterias Gram negativas deben ser tratadas tomando en cuenta tres aspectos fundamentales, que son: antimicrobianos, fluidos con electrolitos y antiinflamatorios no esteroidales. La terapia antimicrobiana adecuada depende de los resultados de sensibilidad antimicrobiana. En términos generales, las bacterias del género *Salmonella* son sensibles a trimetoprim, gentamicina, amikacina y nitrofuranos. La sensibilidad a la ampicilina, sulfas y tetraciclinas es muy variable; generalmente hay resistencia a penicilina, estreptomicina, eritromicina y tilosina. Los antimicrobianos que alcanzan niveles intracelulares aceptables y que tienen amplio volumen de distribución, como trimetoprim y sulfas, parecen lograr mayor efectividad que aquellos que no alcanzan niveles intracelulares aceptables, como la gentamicina y la amikacina. Las cefalosporinas y la amoxicilina son buenas opciones en la terapia contra la salmonelosis. Considerando que la bacteremia frecuentemente acompaña a la salmonelosis, la terapia antimicrobiana sistémica generalmente es practicada en esta enfermedad.

La terapia de fluidos por vía intravenosa se aplica para mantener la presión sanguínea y corregir los desbalances electrolíticos y ácido-básicos, los que son importantes en cualquier animal deshidratado o en shock. Los fluidos orales y los electrolitos también pueden ser suplementos efectivos.

7.19.8 Control y prevención

Los becerros deben ser tratados tan pronto como se detecte la enfermedad, y es necesario implementar los procedimientos que eviten la propagación de la infección. Estos procedimientos incluyen el aislamiento de becerros enfermos en áreas no contaminadas, la desinfección de corrales contaminados, el lavado y desinfección de botas y manos del personal que alimenta a los animales así como de las cubetas y utensilios de alimentación. La descontaminación se realiza efectivamente llevando a cabo el sistema "todo dentro, todo fuera", el cual consiste en sacar todos los animales de un corral determinado a un mismo tiempo, para posteriormente limpiar y desinfectar las instalaciones con un desinfectante fenólico. Esta práctica previene la contaminación de los nuevos becerros que entran a los corrales. El sistema de monitoreo ambiental, que consiste en cultivos frecuentes a partir de las instalaciones, es eficiente para conocer la efectividad del programa de limpieza y desinfección.

Los dos mayores problemas asociados al uso de bacterinas de *Salmonella* son: reacciones adversas y falta de eficacia. Se observó que las bacterinas comerciales en hidróxido de aluminio, administradas a becerros entre dos y cuatro semanas de edad, no confirieron protección cuando éstos fueron retados a las seis semanas de edad. El uso de las bacterinas en vacas secas produce títulos de anticuerpos de muy corta duración (dos a cuatro semanas), de tal manera que el tiempo de aplicación antes del parto es crítico si el objeto de la bacterinización es incrementar el título de inmunoglobulinas antisalmonela en el calostro. Experimentalmente, los becerros alimentados con calostro de vacas bacterinizadas no recibieron protección contra el reto oral a las tres semanas de edad (Smith, 1980).

LITERATURA CITADA

Smith, B. P.; Habasha, F. G.; Reina-Guerra, M. et al.: Immunization of Calves against Salmonellosis. Am. J. Vet. Res. 41:1947-1951, 1980.

Smith, B. P.; Oliver, D. F.; Singh, P. et al.: Detection of Salmonella dublin Mammary Gland Infection in Carrier Cows Using an Enzyme Linked Immunosorbent Assay for Antibody in Milk and Serum. Am. J. Vet. Res. 50:1352-1360, 1989.

Takeuchi, A.: Electron Microscope Studies of Experimental Salmonella Infection, I. Penetration into the Intestinal Epitelium by S. Typhimurium. Am. I. Pathol 50:109-119, 1967.

Wray, C. y Sojka, W. J.: Bovine Salmonellosis. J. Dairy Res. 44:383-425, 1977.

7.20 CRIPTOSPORIDIOSIS, GIARDIOSIS Y COCCIDIOSIS

Sonia Vázquez Flores MVZ, MSc, DC

El impacto de las parasitosis en becerras de reemplazo no es un problema de una explotación lechera en particular, es un problema ecológico y ambiental, en donde están involucrados alimentos, agua y diversas especies animales además del hombre. De esta manera se presentan de manera cíclica, están relacionadas con condiciones climáticas y con la introducción de cambios en el manejo y alimentación. En los últimos años las características de distribución de los parásitos han cambiado, presentándose como parásitos emergentes y reemergentes en las diversas poblaciones animales y humanas por cambios en su interacción. Los problemas parasitarios, entonces, no son sólo relativos a las características individuales de la becerra, están relacionados con factores epidemiológicos y de inmunidad más complejos, por lo que no deben verse nada más como problemas de excepción, sino como manifestaciones poblacionales. Dependiendo de la edad en la que se presentan las parasitosis en las becerras de reemplazo, de las asociaciones con bacterias y parásitos, y con la inmunidad del animal, serán los efectos en las etapas productivas posteriores. Este tema abarcará los factores de riesgo, particularidades de cada parásito, tratamiento, y control para la presentación de las principales parasitosis en becerras de reemplazo, como son criptosporidiosis, giardiosis, y coccidiosis. Los agentes patógenos responsables de estos padecimientos son: *Cryptosporidium* spp., *Giardia* spp. y *Eimeria* spp. respectivamente.

La criptosporidiosis en el bovino puede ser causada por cinco especies: *Cryptosporidium parvum* (Xiao, 2009), *Cryptosporidium bovis* (Fayer, 2005), *Cryptosporidium ryanae* (Fayer, 2008), *Cryptosporidium felis* (Bornay-Linares, 1999) de ciclo intestinal (Fayer, 2005), y *Cryptosporidium andersoni* de ciclo gástrico (Lindsay, 2000). Se transmiten por vía fecal-oral, por oocistos resistentes a las condiciones del ambiente que han sido secretados en el estiércol y que contaminan la tierra, el suelo, el agua y otras vías de infección de la cadena alimenticia (Slifko, 2000).

7.20.1 Factores de riesgo

Las etapas de mayor presencia de parasitosis gastrointestinales durante el desarrollo de una becerra son de 0 a 3 semanas de vida, de 3 semanas a 2 meses de edad, y posteriores al destete hasta los 6 meses de edad (Brand, 2001). La presencia de parasitosis depende en gran medida de la inmunidad pasiva y activa de las becerras. En las primeras horas de vida la ingestión de calostro, la higiene durante el proceso de parto y de la sala de ordeña, además de la incorporación de la becerra a un ambiente limpio y una becerrera individual, son determinantes (Guterbock, 1996). La presencia de trofozoítos y quistes de *Giardia* spp. y oocistos de *Cryptosporidium* spp. tiene lugar en las primeras etapas de la vida de las becerras. La contaminación por estos protozoarios se puede dar durante el periodo de nacimiento vía fecal-oral, a través del calostro, leche materna, agua contaminada, instrumentos de alimentación y por antropozoonosis (del humano al animal). Una de las causas de contaminación de protozoarios gastrointestinales en animales son las aguas de riego contaminadas con aguas de drenaje de poblaciones humanas (Craun, 1984; Kent, 1988). En un estudio reciente realizado en los años 2007 a 2009 en varios estados de la República Mexicana (Oaxaca, Veracruz, Estado de México, Jalisco, Guanajuato, San Luis Potosí, Aguascalientes, Coahuila y Chihuahua), se analizaron 513 muestras de bovinos de hatos lecheros de distintas edades. Se identificó la presencia en becerras con diarrea de *Giardia* spp. y *Cryptosporidium* spp.

en 78% de las muestras, con una mayor frecuencia en el periodo de lactancia, considerado de 0 a 60 días de edad; el resto de las muestras presentaron tres especies de coccidias: *E. zuernii*, *E. bovis* y *E. alabamensis*. En la etapa de crecimiento, considerado de 60 a 120 días de edad, la presencia de *Giardia* spp. y *Cryptosporidium* spp. disminuyó a un 55 % de los casos de diarrea, siendo el resto de los casos por *Eimeria zuernii*, *E. alabamensis* y *E. bovis*. En la etapa de desarrollo, 120 días a 12 meses de edad, en casos de diarrea las principales causantes fueron *E. bovis* con un 35%, *E. zuernii* con 26% y *E. alabamensis* con 9%, con presencia menor de *Giardia* spp. y *Cryptosporidium* spp. En etapa adulta, considerada vaquillas de primer parto a vacas en producción, se encontraron en mayor proporción *Giardia* spp. (36 %) y *E. bovis* (31 %), aunque estuvieron presentes los otros tipos de *Eimeria* spp. y *Cryptosporidium* spp. En la mayoría de los casos de *Eimeria* spp., ésta no fue una especie única, sino que estuvo asociada a otras especies u otros parásitos y hongos (Figura 3.27) (Vázquez-Flores 2009).

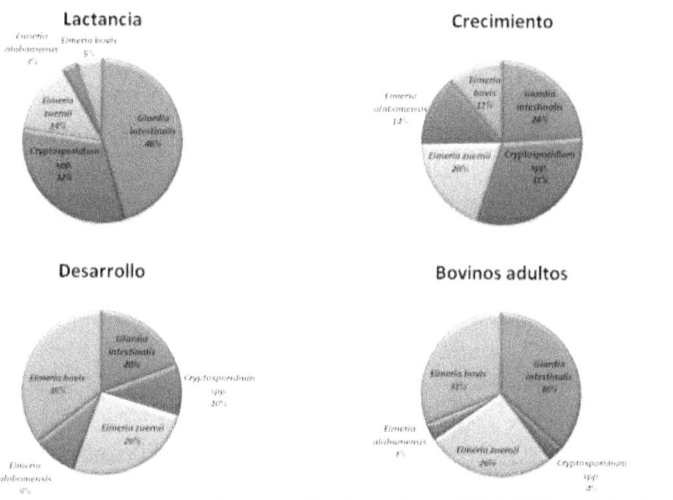

Figura 3.27 Distribución de *Giardia* spp., *Cryptosporidium* spp., *E. zuernii*, *E. bovis* y *E. alabamensis* en cuatro etapas de producción en varios estados de la República Mexicana en los años 2008 y 2009.

Las áreas del establo en donde se puede dar la transmisión de los principales protozoarios gastrointestinales en becerros neonatos son las zonas de parto y crianza. Los acontecimientos alrededor del parto incrementan la exposición a protozoarios, puesto que su presencia se encuentra relacionada con el grado de limpieza de la vaca, con la baja inmunitaria de la madre durante el periodo pre y posparto, con la ingestión de oocistos a través del canal de parto, en la sala de partos o en el corral, y con el amamantamiento directo de la vaca (Fayer 2000).

En la sala de crianza se da la transmisión en las becerreras continuas, donde los becerros tienen contacto con el piso de tierra, los ambientes cerrados y húmedos, los utensilios de alimentación (mamilas, sondas esofágicas, cubetas, etc.) con higiene deficiente, y el personal que maneja a los becerros, que puede estar infectado por *Cryptosporidium parvum* o *Giardia intestinalis* (*G. lamblia*) y es fuente de contamiación potencial (Mohammed, 1999; Faubert, 2000; Sischo, 2000). A continuación se describirán los tres protozoarios mas frecuentemente encontrados en la República Mexicana (Vázquez-Flores, 2009).

7.20.2 Criptosporidiosis

La criptosporidiosis es una infección parasitaria producida por tres especies distintas causantes de infección gastrointestinal: *Cryptosporidium parvum* (Xiao, L.; 2009), *Cryptosporidium bovis* (Fayer, R.; 2005), *Cryptosporidium ryanae* (Fayer, 2008; Fayer, 2005) y por una especie causante de infección gástrica: *Cryptosporidium andersoni*, (Lindsay, 2000). En 1999 una cuarta especie fue identificada en bovinos por un grupo de investigadores del Centro para el Control de Enfermedades (CDC) de los EU y de España, *Cryptosporidium felis*, cuya morfología y localización es similar a *C. bovis*; hasta el momento no se ha demostrado la patogenia de ese parásito (Bornay-Llinares, 1999). Haas y Rose, en 1994, realizaron un modelo matemático donde encontraron que la dosis infectante de un solo oocisto de *Cryptosporidium* spp. resulta en una probabilidad de 0.5% de infección. En el caso de becerros, dado que eliminan grandes cantidades de oocistos por gramo de heces (1×10^8 en los periodos de mayor susceptibilidad), se requiere una pequeña cantidad de oocistos en las heces para que se produzca una infección que ponga en riesgo la vida de un becerro susceptible (Angus, 1983; Haas, 1994). En México sólo se ha identificado genéticamente a *C. bovis* y *C. parvum* hasta el momento (Vázquez-Flores, 2009), tanto en becerros como en ganado adulto. El protozoario ha sido reportado en la delegación Milpa Alta en el Distrito Federal, y en diversos establos de los estados de México, Querétaro, Guanajuato, Hidalgo, Veracruz, Coahuila, Zacatecas, Chihuahua, Jalisco y Nayarit (González Morteo, 1983; Saltijeral, 1997; Maldonado-Camargo, 1998; Vázquez-Flores, 2005; García,

2009). *C. andersoni* ha sido reportado primordialmente en ganado adulto en Estados Unidos, el Reino Unido, Polonia, Japón, China y República Checa (Anderson, 1991; Lindsay, 2000; Kvác M., 2003; Satoh, 2003; Liu, 2009). *C. andersoni* solamente se ha comprobado genéticamente en ganado bovino, camélidos y ovejas (Xiao, 2004). Debido a su reciente clasificación genética, hasta el momento *C. ryanae* se ha reportado en ganado joven y adulto solamente en EUA. El protozoario presenta parte de su ciclo biológico formando una vacuola parasitófora que le da la característica de ser intracelular y extracitoplasmático, por lo que la inmunidad local no lo identifica como un organismo extraño hasta que eclosiona, liberando merozoitos al ambiente y rompiendo la vellosidad intestinal. Esto ocasiona problemas de destrucción de las vellosidades, problemas de absorción, producción de mucosidad, y las estrías sanguinolentas que se observan en heces (Medema, 2006).

En un brote epidémico de criptosporidiosis en un establo de Hidalgo se encontró que el 90% de los becerros presentaron evacuaciones diarreicas. La mortalidad fue del 10% en animales calostrados no obstante que las condiciones de limpieza y cuidado de los becerros se podrían considerar de buenas a excelentes (Vázquez-Flores, 2005). La frecuencia tan elevada de criptosporidiosis intestinal puede estar dada por la virulencia y patogenicidad del parásito, pero hasta el momento no se ha encontrado evidencia genética para determinar cuáles son los factores involucrados con la morbilidad de *C. bovis* (Faubert, 2000; Xiao L., 2004). En establos de ocho estados de la República Mexicana la prevalencia promedio se ubicó en 47% en becerros neonatos, lo que es consistente con un estudio realizado en EUA que la determina en 50% (Santin, 2004; Vázquez-Flores, 2005).

Entre las pruebas para el diagnóstico de *Cryptosporidium* spp. se cuentan desde las simples y económicas, como las tinciones ácido-resistentes, hasta las sofisticadas, como el diagnóstico por PCR y la secuenciación. Los procedimientos diagnósticos dependen del tipo de estudio que se esté realizando. Si se requiere un diagnóstico rápido acerca de la presencia de *Cryptosporidium* spp. en muestras individuales o de un grupo de animales que cursan un cuadro diarreico, lo más indicado es realizar pruebas de tamizaje rápidas y eficientes como son las tinciones. Estos procedimientos tienen la ventaja de ofrecer un diagnóstico oportuno y las tinciones se pueden almacenar de manera permanente para hacer revisiones históricas acerca del caso. Las más utilizadas son las tinciones ácido resistentes modificadas de Ziehl-Neelsen o Kinyoun. En el Hospital Infantil de México "Federico Gómez" utilizaron la prueba de tinción con Conatín para teñir materia fecal con muy buenos resultados, evidenciando hasta los trofozítos (Ramírez-Hernández, 1988). La cuantificación de los oocistos se realiza por medio de métodos de concentración, particularmente con la solución modificada de Sheather's, cloruro de cesio, para leerse posteriormente en la cámara de Neubauer. Otros métodos menos económicos pero de diagnóstico rápido son: el uso de coproantígenos o de identificación de oocistos por medio de anticuerpos monoclonales fluorescentes (Sterling, 1986), y existe una prueba comercial para aplicación en el campo con tiras reactivas para determinar la presencia de *Cryptosporidium* spp. por medio de anticuerpos. Esta prueba presenta el inconveniente de que sólo detecta casos cercanos al pico de excreción (14 a 16 días de edad), aunque su especificidad es del 93.3% (Vázquez-Flores, 2008) (Figura 3.28).

7.20.3 Giardiosis

La giardiosis se reconoció desde 1681 por Antony van Leewenhoek, investigador que se diagnóstico a sí mismo, identificando la forma de trofozoíto (Filice, 1952). *Giardia* spp. es un protozoario binucleado, flagelado, que presenta dos etapas: la vegetativa, conocida como trofozoíto, y la forma de quiste, que es la resistente a las condiciones medioambientales. Presenta un disco en la porción ventral que se adhiere al intestino delgado del hospedero para alimentarse. *Giardia intestinalis* es sinónimo de *G. duodenalis* y *G. lamblia*, se encuentra ampliamente distribuido en poblaciones humanas y animales. Existen semejanzas en la transmisión de la *G. intestinalis* entre humanos y animales. Desde el punto de vista de su clasificación genómica, *Giardia intestinalis* se ha caracterizado por tener varios genotipos que afectan a bovinos, entre los que están los *"assemblages"* A, B y E (*Giardia bovis*), los tres transmitidos al humano (Thompson, 2008; Xiao, 2008).

La transmisión es por vía oral. Una vez ingeridos los quistes, al contacto con los jugos gástricos del estómago se transforman en trofozoítos. En el transcurso de dos horas los trofozoítos se encuentran en el duodeno y yeyuno, causando daño epitelial, atrofia de las microvellosidades, hipertrofia en criptas y una extensa infiltración celular de la lámina propia por linfocitos, células plasmáticas y neutrófilos (Murrel, 1996).

CICLO BIOLÓGICO DE *Cryptosporidium* spp.

Figura 3.28 Ciclo biológico de *Cryptosporidium* spp.

Se presenta en mamíferos de manera sintomática o asintomática, cursando a veces con diarrea aguda o crónica, esteatorrea, siendo las evacuaciones generalmente fétidas, abundantes y con estrías de sangre. *Giardia* spp. produce cierta intolerancia a la lactosa, con molestias abdominales, distensión y flatulencia (Olsen 2001). El diagnóstico debe hacerse identificando los quistes o trofozoítos, con muestreos en días alternos y fijando la muestra rápidamente con formalina al 10%. La prueba de coproantígenos identifica la presencia de cantidades mínimas del protozoario, requiere de un microscopio de fluorescencia y es 90% sensible y específica (Arcari, 2000).

La giardiosis es una enfermedad frecuente en ganado lechero y de carne. Se han reportado prevalencias hasta del 100% (Xiao L., 1994). Debido a que se presenta por largos periodos desde el nacimiento hasta la etapa adulta, puede llegar a afectar al 100% del ganado (Xiao L., 1994). Se piensa que la presentación de *Giardia* spp. se convierte en crónica si el animal no es tratado cuando tiene las manifestaciones clínicas, permitiendo que se perpetúe el protozoario en las producciones ganaderas (Olson, 1997).

El diagnóstico debe hacerse identificando los quistes o trofozoítos con muestreos en días alternos y fijando la muestra rápidamente con formalina al 10%. Se puede observar en frotis directo y en frotis teñido con Giemsa y Tricrómica de Whitley's. El uso de pruebas que detectan antígenos de superficie son las más sensibles, superando a las técnicas microscópicas. Existen productos comerciales de inmunodiagnóstico que están basados en el uso de anticuerpos monoclonales marcados con FITC (isotiocianato de fluoresceína), este sistema puede detectar quistes de *Giardia* spp. solo o en combinación con *Cryptosporidium* spp. La prueba de coproantígenos identifica la presencia de cantidades mínimas del protozoario, requiere de un microscopio de fluorescencia (Arcari, 2000). Para la determinación de los genotipos de *Giardia* que afectan humanos y animales se requiere hacer PCR, PCR-RFLP y secuenciación (Syed, 2003; Xiao L., 2008). Se espera que en breve se determine la nueva nomenclatura para referirse a los diferentes genotipos de *Giardia* spp. en animales y humanos (Figura 3.29).

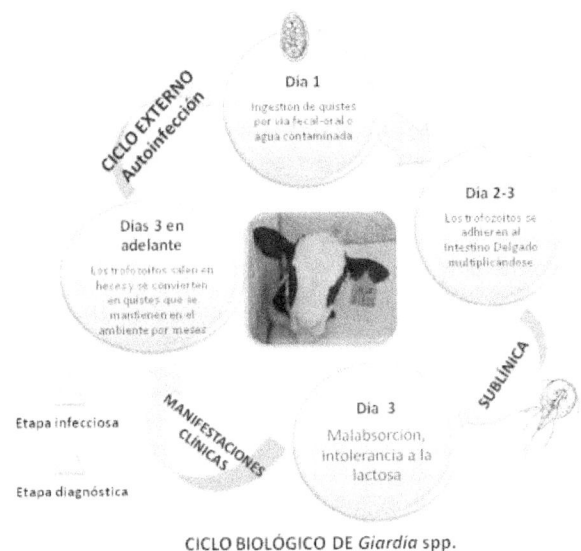

CICLO BIOLÓGICO DE *Giardia* spp.

Figura 3.29 Ciclo biológico de *Giardia* spp.

7.20.4 Coccidiosis

Eimeria spp. es un organismo que se encuentra frecuentemente en ganaderías de leche y carne, aunque no siempre se manifiesta clínicamente. La contaminación se da por ingestión de los oocistos de la tierra, agua o alimentos contaminados con excretas que los contengan. Las manifestaciones clínicas dependen de la edad de los animales, inmunidad, densidad de población y dosis infectante. Se puede presentar en animales sanos, jóvenes y adultos, de manera asintomática (Marsh, 1938; Fayer R., 2000). Se calcula que solamente el 5% de los animales afectados presentan signos clínicos, pasando desapercibido el resto (Muirhead, 1989).

Los signos clínicos incluyen diarrea, heces poco consistentes con estrías de sangre, baja condición corporal y pobre ganancia de peso. Las manifestaciones clínicas se presentan después de un periodo de estrés, como cambio climático, movimiento de corral, transportación o limpieza deficiente en corrales. *Eimeria* spp. daña principalmente el intestino delgado, el ciego y el colon, produciendo rompimiento de las microvellosidades intestinales, tiflitis e inflamación. En infecciones severas se puede observar prolapso rectal, heces diarreicas acuosas con mucosidad intestinal y grandes cantidades de sangre. Dependiendo de la severidad será el grado de deshidratación y pérdida de peso (Hammond, 1966; Xiao L., 1994).

La edad en la que se presenta la coccidiosis depende del tipo de ambiente y convivencia con otros becerros. Cuando los becerros son alojados en casetas individuales, donde el piso es removido una vez que se da el destete y se desinfecta para recibir a otro individuo, es posible que el ciclo biológico se rompa. En este caso la presentación de coccidia será después del destete, cuando se agrupe a los becerros en corrales con piso de tierra o en pastoreo. Si el becerro continúa mamando de su madre por periodos largos y convive en corrales con piso de tierra, o se alimenta durante el pstoreo, la presencia de coccidias se dará en forma tan temprana como las dos semanas de vida (Bowman, 2008). Los oocistos infectantes se transmiten vía fecal-oral, por lamerse, tomar agua o alimento contaminado (Daugschies, 2005). La coccidiosis puede estar asociada a otras enfermedades, como salmonelosis, problemas respiratorios e intoxicación por micotoxinas inmunosupresoras (T2 y DON) (Vázquez-Flores, 2009).

La prevalencia de coccidiosis varía con base en la edad y condiciones de manejo, pudiendo presentarse desde brotes epidémicos con el 100% de los animales afectados hasta pasar desapercibida. Se han reconocido 22 especies de *Eimeria* spp. que infectan al ganado bovino. En México se presentan con mayor frecuencia tres especies de *Eimeria* spp. además de *E. zuernii, E. bovis* y *E. alabamensis*, aunque se han identificado también *E. subespherica* y *E. ellipsoidalis* en cantidades mínimas (Becker, 1929; Vázquez-Flores, 2009). Las reconocidas como las más patógenas son *E. zuernii* y *E. bovis* (Ernst, 1986), con periodos prepatentes y patentes de 16 días y 21 días respectivamente (Mundt, 2005). Se pueden demostrar los oocistos de las diferentes especies en muestras fecales por frotis directo, o mejor aún en sistemas de concentración con soluciones de sal saturada o Sheather's modificado, y leerse en la cámara de McMaster (Henriksen, 1984), o en la cámara de Neubauer si se pretende clasificar las especies de *Eimeria* spp. (Vázquez-Flores, 2009). Se pueden encontrar diferentes fases del ciclo biológico, en ocasiones merozoitos, gametocitos y frecuentemente oocistos no esporulados. El ciclo biológico se completa en áreas húmedas y sin luz, particularmente en estratos como tierra, estiércol o pasto (Figura 3.30).

CICLO BIOLÓGICO DE *Eimeria bovis* y *E. zuernii*

Figura 3.30 Ciclo biológico de *Eimeria bovis* y *E. zuernii*.

Desde el punto de vista experimental el conteo de oocistos por gramo de heces es un buen parámetro. Sin embargo, dado que en el campo no se toman las muestras siempre a la misma hora, este número puede no ser representativo. El número de oocistos estará en relación a la especie o especies involucradas en la infección, así como a la parte del ciclo biológico por la que esté atravesando el animal investigado. Lo ideal sería que el clínico siempre muestreara a la misma hora, de preferencia en la primera evacuación de la mañana después de comer. De esta manera es posible relacionar los datos de un sitio con otro (Figuras 3.31, 3.32 y 3.33).

7.20.5 Tratamiento y control

Hasta el momento la mejor medida profiláctica conocida, común para los tres protozoarios, es la higiene para prevenir el contagio. El becerro debe recibir calostro dentro de las primeras cuatro horas del nacimiento y ser aislado en su corral o en una becerrera individual para evitar el contacto con la madre y el medio ambiente contaminado (Garber, 1994; Faubert, 2000).

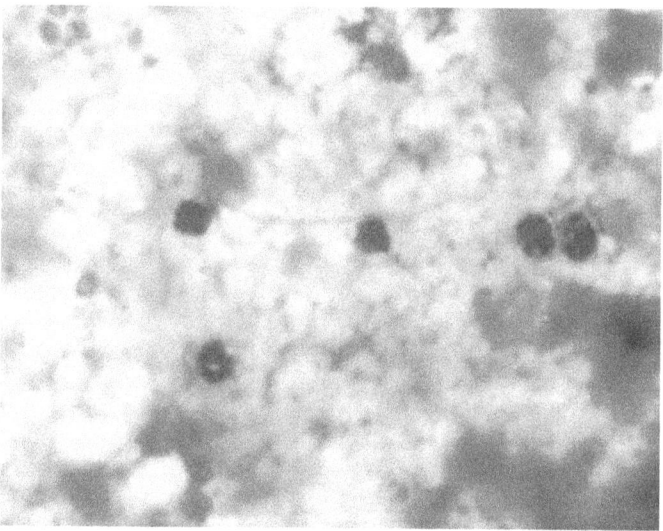

Figura 3.31 Oocistos de *Cryptosporidium parvum* 100X aumento. Tinción Ziehl-Neelsen modificada. Fotografías originales S. Vázquez.

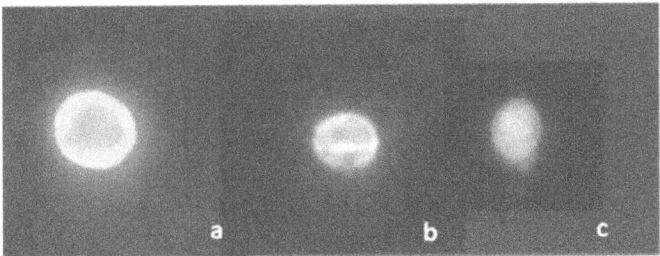

Figura 3.32 Imagen compuesta con oocistos de *Cryptosporidium andersoni* (a) origen bovino adulto; *Cryptosporidum parvum* (b) origen becerro; y *Cryptosporidium muris* (c) origen ratón, teñidos con anticuerpos monoclonales fluorescentes. Fotografías originales S. Vázquez.

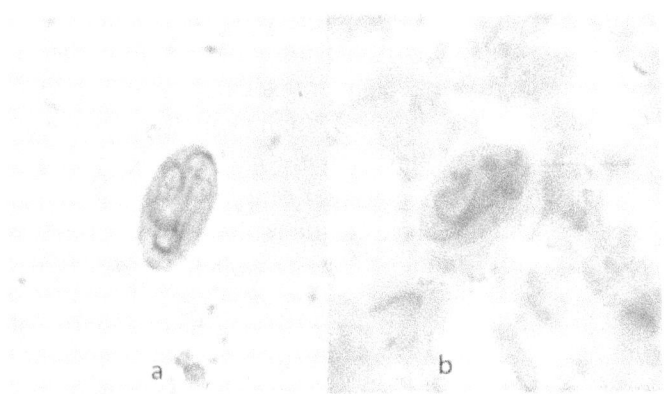

Figura 3.33 Quistes *de Giardia intestinalis* teñidos con lugol (a) y tinción tricrómica (b). 100X aumento. Fotografías originales bajo permiso de DPDx, CDC, Atlanta, GA.

Una característica de *Cryptosporidium* spp. que lo distingue de *Eimeria* spp. es que carece de la estructura conocida como apicoplasto y presenta una proto-mitocondria (Toso, 2007). Esto determina la diferencia en las características de tratamiento para unos y otros. Al apicoplasto se le reconoce como un organelo en el esporozoíto que sirve como blanco para ciertos fármacos. *Cryptosporidium* spp. es una gregarina, y al no presentar este organelo, los productos utilizados para tratar coccidiosis no encuentran un sitio de acción (Coombs, 2002).

Se han probado más de 200 medicamentos, incluyendo antibióticos y antiparasitarios (Fayer R., 1993). También se ha ensayado con muy poco éxito calostro con anticuerpos específicos anti-*Cryptosporidium parvum* de vacas híper inmunizadas como auxiliar para becerros que no recibieron calostro (Harp J. A., 1989).

La nitaxozanida (NTZ) es un producto comercial destinado para uso humano, pero con aplicación en ganado. La NTZ penetra la vacuola parasitófora por difusión y es reducida por la enzima piruvato-NAD oxidoreductasa (PNO), produciendo un radical libre biotóxico que daña al oocisto (Coombs, 2002). Sin embargo, la NTZ puede provocar problemas digestivos si hay intolerancia al producto y tiene efectos teratogénicos, por lo que no se recomienda durante la gestación (Ali, 2003).

El lactato de halofuginone (producto comercial para ganado en Europa) se utiliza en becerros a partir de las 24 hrs de edad para prevención de diarrea por *Cryptosporidium* spp. Es un producto que requiere ciertos cuidados para su manejo dado que causa alergia en piel en humanos, por lo que debe manipularse con guantes. En el becerro debe ser administrado en la dosis adecuada a la edad, habiendo algún alimento en el estómago, o administrarse junto con electrolitos en cantidad de medio litro. Puede causar diarrea, heces con sangre, deshidratación, apatía y anorexia. Una desventaja clínica es que realmente no disminuye la diarrea, solamente la excreción de oocistos (Jarvie B. D., 2005).

El sulfato de paramomicina en dos dosis de 100 mg diarias vía oral a partir de los 11 días reduce la cantidad de oocistos, con el efecto adverso de producir diarrea, lo que no permite diferenciar entre la diarrea debida a la infección y al tratamiento (Fayer R., 1993).

Otro tratamiento comercial es el uso de carbón activado y vinagre líquido de madera, que contiene ácidos orgánicos. De los árboles *Castanopsis cuspidata* y *Quercus acuta*, bajo cierto procedimiento se obtiene un producto comercial japonés llamado *Nekka-Rich*. En el artículo por Watarai *et al.* (2008) se publica el experimento realizado en seis animales; en tres controló la diarrea y la adherencia de *Cryptosporidium* spp. a la vellosidad intestinal además de controlar verotoxinas de *E. coli*. Dado el número de animales involucrados, el estudio no parece conclusivo (Watarai, 2008).

Otro tratamiento que ha tenido resultados controversiales es el uso de ionóforos. Se han realizado estudios con Lasalocid desde el año 1982 en becerros (Moon, 1982). El mecanismo de acción de Lasalocid es mediante la formación de complejos lipofílicos con cationes alcalinos metálicos que son transportados a través de las membranas, lo que restringe los estadios extracelulares (Armson, 2003); la efectividad del tratamiento es limitada.

El decoquinato no es tóxico para los becerros. Se han probado dosis elevadas sin ocasionar daños, aunque el control de criptosporidiosis no ha sido contundente. Actúa sobre la mitocondria de *Eimeria* spp. al usarse como preventivo desde el primer día de edad. Una de las razones por las que es probable que no funcione adecuadamente es porque los decoquinatos afectan al metabolismo de la mitocondria del esporozoíto en *Eimeria* spp., sin embargo *Cryptosporidium* no presenta este organelo. Algunos fragmentos codifican para lo que se denomina una proto-mitocondria (Seeber F., 2008; de Souza W., 2009). No obstante, es probable que se logre una mejor eficiencia del producto en ganado adulto durante el periodo seco para prevenir la transmisión de criptosporidiosis a la becerra, esto se demostró con decoquinato en cantidad de 1.25 mg/kg de peso (Cameron, 2008).

También se han realizado intentos de tratamiento para cryptosporidiosis con toltrazuril, con resultados limitados (Armson, 1999). Las alternativas para control de criptosporidiosis en humanos incluyen a los macrólidos, como espiramicina y azitromicina, con efectos variables y deficientes durante la duración del tratamiento (Armson, 2003).

Uno de los sitios dentro del grupo de apicomplexa que se considera como blanco para uso de fármacos es el apicoplasto. Este organelo es la consecuencia de la fusión de un alga roja o verde durante la evolución de algunos protozoarios. Durante el análisis genómico de las secuencias de ADN relacionadas con el plástido o apicoplasto de *Cryptosporidium* spp., se determinó que este protozoario carece del mismo (Zhu, 2000). Se están identificando otros sitios para control del parásito, entre los más prometedores al momento, *in silica* e *in vitro*, está el atacar ß-tubulina en diferentes fases biológicas de *Cryptosporidium* spp. (Armson 2003).

Para tratamiento de giardiosis los fármacos más utilizados son fenbendazol (7.5 mg/kg 3 días) y albendazol (20 mg/kg 2 días), que se pueden utilizar en animales gestantes y durante la lactancia (O'Handley, 1997; Uelinger, 2007). Ningún tratamiento garantiza que se elimine al 100% (Gardner T. B., 2001; Cameron, 2008; Vázquez-Flores, 2009). Siendo una zoonosis, se debe ser muy cauteloso en el uso de antibióticos y antiparasitarios en el control de giardiosis. Se sabe que nitazoxanida es útil para el tratamiento en humanos. Se probó una vacuna contra giardiosis en becerros producida en trofozoítos que no demostró eficacia (O' Handley, 1997; Uelinger, 2007).

Para el control y tratamiento de coccidiosis, el producto ideal debe permitir el control de *Eimeria* spp., evitar las manifestaciones clínicas y permitir que el animal desarrolle inmunidad a coccidias. Primero se debe determinar el ciclo de presentación dentro de la producción para hacer más eficiente el uso y rotación de los productos utilizados. La coccidiosis se puede prevenir mediante el uso de monensina sódica, 50 a 360 mg/cabeza/día en adultos, y en becerros 0.3 - 0.9 mg/kg de peso; Lasalocid en adultos y en becerros 1.0 mg/kg de peso; amprolio, 5 mg/kg en agua o alimento por 21 días; decoquinato en cantidad de 0.5 mg/kg de peso en adultos y becerros por 28 días. (Radostis, 2008); http://www.fda.gov/).

Como tratamiento se puede acudir al amprolio en agua o alimento, en cantidad de 10 mg/kg. También a sulfonamidas en el alimento en cantidad de 25 a 35 mg/kg por dos semanas (Radostis, 2008); sulfaquinoxalina 2.72 mg/kg de peso por 3 a 5 días, y sulfametazina 110 mg/kg de peso por 5 días (Mass).

Toltrazuril se ofrece en cantidad de 15 mg/kg de peso en dosis única durante el periodo prepatente (10 a 14 días después de la infección), para producir oocistos inviables que confieren inmunidad pero no son infectantes. Se puede usar como preventivo y tratamiento (Mundt, 2005).

7.20.6 Medidas profilácticas generales

Una vez manifiesta la criptosporidiosis, el tratamiento debe ser de mantenimiento. El becerro debe seguir su alimentación habitual tomando leche en cantidad de 10% de su peso corporal, y se le ofrecerán soluciones con electrolitos y substancias protectoras de la mucosa. Evitar antibióticos orales. Se pueden ofrecer antibióticos parenterales para evitar infecciones agregadas. Las medidas higiénicas en los utensilios de alimentación y su entorno deben incrementarse para evitar contagios con los otros becerros y los humanos que conviven con ellos (Fayer R., 1989). Otro agregado que facilita la recuperación de los becerros con diarrea ocasionada por cualquier patógeno son los manano-oligosacáridos (MOS) y *Sacharomyces cerevisiae* (levadura) (Vázquez-Flores, 2008).

En los establos las medidas higiénicas como limpieza de becerreras, lavado con agua caliente de utensilios destinados para la alimentación, así como la administración correcta en calidad y cantidad de calostro en las primeras horas de vida, contribuyen a prevenir la transmisión a becerros neonatos.

Por otro lado, las medidas de bioseguridad básicas en animales que presentan signología diarreica incluyen su tratamiento y el aislamiento de los eneseres de limpieza para evitar que tanto humanos como instrumentos se conviertan en vehículos de transmisión de patógenos. En el caso de que se trate de un grupo en corral donde sólo un porcentaje menor de animales presente diarrea, es necesario hacer el diagnóstico de laboratorio a todos, ya que puede suceder que la manifestación ocurra sólo en los animales más susceptibles y los demás sean casos subclínicos, y el tratamiento profiláctico y terapéutico deba hacerse a todo el grupo. Al valorar las causas de la diarrea se deben descartar cambios en la alimentación, acidosis, micotoxinas y resistencia a los coccidiostatos y antimicrobianos.

LITERATURA CITADA

Ali, S.; Hill, D. R. (2003): Giardia intestinalis Curr Opin Infect Dis 16: 453-460.

Anderson, B. (1991): Prevalence of Cryptosporidium Muris-Like Oocysts among Cattle Populations of the United States: Preliminary Report. J. Protozool. 38(6): 14S-15S.

Angus, K. (1983).: Cryptosporidiosis in Man, Domestic Animals and Birds: A Review. J.R. Soc. Med 76(1): 62-70.

Arcari, M.; Baxendine, A.; Bennett, C. E. (2000): Diagnosing Medical Parasites through Coprological Techniques. University of Southampton.

Armson, A.; Meloni, B. P.; Reynoldson, J. A.; Thompson, R. C. A. (1999): Assesment of Drugs against Cryptosporidium parvum Using a Simple in vitro Screening Method. FEMS Microbiology Letters 178: 227-233.

Armson, A.; Thompson, R. C. A.; Reynoldson, J. A. (2003): A Review of Chemotherapeutic Approaches to the Treatment of Cryptosporidiosis. Expert Rev. Anti-infect. Ther. 1(2): 297-305.

Becker, E.; Frye, W. W. (1929): Eimeria ellipsoidalis nov. spec., a New Coccidium of Cattle. Journal of Parasitology 15: 175-177.

Bornay-Llinares, F.; Da Silva, A. J.; Moura, I. N.S .; Myjak, P.; Pietkiewicz Kruminis-Lozowska, W.; Graczyk, T. K.; Pieniazek, N. J. (1999): Identification of Cryptosporidium felis in a Cow by Morphologic and Molecular Methods. Appl. Environment. Microbiol 65: 1455-1458.

Bowman, D. (2008): Georgis' Parasitology for Veterinarians. Philadelphia, PA, W.B. Saunders Co.

Brand, A.; Noordhuizen, J. P. T. M.; Schukken, Y. H. (2001): Herd Health and Production Management in Dairy Practice. Wagenigen, Wagenigen Pers.

Cameron, C.; Richard, A. (2008): Practical Uses of Decoquinate to Control Cryptosporidiosis Infection in Single Suckled Calves by Medicating the Cow Diets Pre and Post Calving in Scotland. Proceeding of the 25th World Buiatrics Congress, Budapest, Hungary.

Castro-Hermida, J.; Freire Santos, F.; Oteiza López, A. M.; Vergara Castiblanco, C. A.; Ares-Mazás, M. E. (2000): In vitro and in vivo Efficacy of Lasalocid for Treatment of Experimental Cryptosporidiosis. Veterinary Parasitology 90: 265-270.

Coombs, G.; Müller, S. (2002): Recent Advances in the Search for New Anti-Coccidial Drugs. International Journal for Parasitology 32: 497-508.

Craun, G. (1984): Waterborne Outbreaks of Giardiasis: Current Status. New York, Plenum.

Chalmers, R.; Sturdee, A. P.; Bull, S. A.; Miller, A.; Wright, S. E. (1997): The Prevalence of Cryptosporidium parvum and C. muris in Mus domesticus, Apdemus sylvaticus and Cletrionomys glareolus in an Agricultural System. Parasitol Res 83: 478-482.

Daugschies, A.; Najdrowskii, M. (2005): Eimeriosis in Cattle: Current Understanding. Journal of Veterinary Medicine Series B-Infectious Diseases and Veterinary Public Health 52(10): 417-427.

De Souza, W. A.; M, Rodriguesa, J. C. F. (2009): Particularities of Mitochondrial Structure in Parasitic Potists (Apicomplexa and Kinetoplastida). Int J Biochem Cell Biol.

Duffield, T.; Bagg, R. N. (2000): Use of Ionophores in Lactating Dairy Cattle: A Review. Can Vet J 41: 388-394.

Ernst, J.; Benz, G. W. (1986): Intestinal Coccidiosis in cattle. Philadelphia, PA, W.B. Saunders Co.

Faubert, G.; Litvinsky, Y. (2000): Natural Transmission of Cryptosporidium parvum between Dams and Calves on a Dairy Farm. J. Parasitol 86(3): 495-500.

Fayer, R; A. C., Ungar, B. L.; Blagburn, B. (1989): Efficacy of Hyperimmune Bovine Colostrum for Prophylaxis of Cryptosporidiosis in Neonatal Calves. J. Parasitol 75: 393-397.

Fayer, R.; Santin, M.; Xiao, L. (2005): Cryptosporidium bovis n.sp. (Apicomplexa: Cryptosporidiidae) in Cattle (Bos taurus). J. Parasitol 91: 624-629.

Fayer, R.; Santín, M.; Trout, J. M. (2008): Cryptosporidium ryanae n. sp. (Apicomplexa: Cryptosporidiidae) in Cattle (Bos taurus). Veterinary Parasitology 156 (3-4): 191-198

Fayer, R.; Trout J.; Graczyk, T. K.; Lewis, E. J. (2000): Prevalence of Cryptosporidium, Giardia and Eimeria Infections in Post-Weaned and Adult Cattle on Three Maryland Farms. Veterinary Parasitology 93: 103-112.

Fayer, R.; W. E. (1993): Paramomycin is Effective as Profilaxis for Cryptosporidiosis in Calves. J Parasitol 79(5): 771-771.

Filice, F. (1952): Studies on the Cytology and Life Story of Giardia from Laboratory Rat. University of California, Publications in Zoology 57: 53-146.

Garber, L.; Salman, M. D.; Hurd, H. S.; Keefe, T.; Schlater, J. L. (1994): Potential Risk factors for Cryptosporidium Infection in Dairy Calves. J. Am. Vet. Med. Assoc. 205: 86-91.

Garcia, M;, Cruz-Vázquez, C.; Quezada, T.; Silva, E.; Valdivia, A.; Vázquez-Flores, S.; Ramos, M. (2009): Cryptosporidiosis in Dairy Calves from Aguascalientes, Mexico: Risk Infection in Relation with the Season and Months of Sampling. Journal of Animal and Veterinary Advances 8(8): 1579-1583.

Gardner, T. B. et al. (2001): Treatment of Giardiasis. Clinical Microbiology Reviews 14(1): 114-128.

Giacometti, A.; Cirioni, O.; Barchiesi, F. and Scalise, G. (2000): Anticryptosporidial Activity of Ranalexin, Lasalocid and Azithromycin Alone and in Combination in Cell Lines. Journal of Antimicrobial Chemotherapy 45: 375-377.

Göbel, E. (1987): Diagnose und Therapie der akuten Kryptosporidiose beim Kalb. Tierärztl 42(11): 863-866.

González Morteo, C.; Gómez, E. S.; De Aluja, S. A. (1983): Cryptosporidiosis en bovinos lactantes (histopatología, microscopía electrónica y de barrido). Vet. Mex. 14: 12-22.

Guterbock, W. (1996): The Art of Raising Calves.

Haas, C.; Rose, J. B. (1994): Reconciliation of Microbial Risk models and Outbreak Epidemiology: Tha case of the Milwaukee Outbreak. Proceedings of the American Water Works Association: 517-523.

Hammond, D.; Fayer, R.; Miner, M. L. (1966): Amprolium for Control of Experimental Coccidiosis in Cattle. Am J Vet Res 27(199-206).

Harp, J. A.; W. D.; Moon, H. W. (1989): Effects of Colostral Antibody on Susceptibility of Calves to Cryptosporidium parvum infection. Am J Vet Res 50(12): 2117–2119.

Henriksen, S.; Jorkholm, H. (1984): Parasitologisk undersøgelse af fæcesprover. Dansk Veterinær Tidsskrift 67: 119-1196.

Jarvie, B. D.; T-W, L. A.;, McKnight, D. R.; Leslie, K. E.; Wallace, M. M.; Todd, C. G.; Sharpe, P. H.; Peregrine, A. S. (2005): Effect of Halofuginone Lactate on the Occurrence of Cryptosporidium parvum and Growth of Neonatal Dairy Calves. J. Dairy Sci 88: 1801-1806.

Kart, A.; Bilgili, A. (2008): Ionophore Antibiotics: Toxicity, Mode of Action and Neurotoxic Aspecto of Carboxylic Ionophores. Journal of Animal and Veterinary Advances 7(6): 748-751.

Kent, G.; Greenspan, J. R.; Herndon, J. L.;, Mofenson, L. M.; Harris, J. A.; Eng, T. R; Waskin, H. A. (1988): Epidemic Giardiasis Caused by a Contaminated Water Supply. American Journal of Public Health 78: 139-143.

Kvác, M. V. J. (2003): Prevalence and Pathogenicity of Cryptosporidium andersoni in One Herd of Beef Cattle. J. Vet Med. B Infect. Dis. Vet. Public Health 50(9): 451-457.

Lemeteil, D.; Roussel, F.; Favennec, L.; Ballet, J. J.; Brasseur, P. (1993): Assessment of Candidate Anticryptosporidial Agents in an Immunosuppressed Rat Model. J. Infect. Dis 167: 766-768.

Lindsay, D.; Upton, S. J.; Owens, D. S.; Morgan, U. M.; Mead, J. R.; Blagburn, B. L. (2000). Cryptosporidium andersoni n. sp. (Apicomplexa: Cryptosporiidae) from Cattle, Bos taurus. J Eukaryot Microbiol 47: 91-95.

Liu, A.; Wang, R.; Li, Y.; Zhang, L.; Shu, J.; Zhang, W.; Feng, Y.; Xiao, L.; Ling, H. (2009): Prevalence and Distribution of Cryptosporidium spp. in Dairy Cattle in Heilongjiang Province, China. Parasitology Research Published ahead of print.

Maldonado-Camargo, S.; Atwill, E.; Saltijeral-Oaxaca, J. A.; Herrera-Alonso, L. C. (1998): Prevalence of and Risk Factors for Shedding Cryptosporidium parvum in Holstein Friesian Dairy Calves in Central México. Prev. Vet. Med 36: 95-107.

Marsh, H. (1938): Healthy Cattle as Carriers of Coccidia. JAVMA 45: 184-194.

Mass, J.: Livestock Health. Fact Sheet No. 10 Volume, DOI:

Medema, G.; Teunis, P.; Blokker, M.; Deere, D.; Davison, A.; Charles, P.; Loret, J. L. (2006): Cryptosporidium. WHO Guidelines for Drinking Water Quality Volume, 1-138 DOI:

Mohammed, H.; Wade, E.; Schaaf, S. (1999): Risk Factors Associated with Cryptosporidium parvum Infection in Dairy Cattle in Southeastern New York State. Vet. Parasitol 83: 1-13.

Moon, H.; Woode, G. N.; Ahrens, F. A. (1982): Attempted Chemoprophylaxis of Cryptosporidiosis in Calves. The Veterinary Record 110(8): 181.

Muirhead, S. (1989): Coccidiosis Infections Often go Undetected in Beef and Dairy Cattle. Feedsuffs 15: 87.

Mundt, N.; Bangoura, B.; Rinke, M.; Rosenbruch, M.; Daugschies, A. (2005): Pathology and Treatment of Eimeria zuernii Coccidiosis in Calves: Investigations in an Infection Model. Parasitology International 54: 223-230.

Murrel, K. D.; Cross, J.H. and Chongsupahajaisiddhi, T. (1996): The Importance of Food-Borne Parasitic Zoonoses. Parasitology Today 12(5): 171-173.

O'Handley, R.; Olson, M. E.; McAllister, T. A.; Morck, D. W.; Jelinski, M.; Royan, G.; Cheng, K. J. (1997): Efficacy of Fenbendazole for Treatment of Giardiasis in Calves. Am J Vet Res 58(4): 384-388.

Olsen, W. (2001): Zoonotic Diseases. Tutorial Department of Pathobiological Sciences. School of Veterinary Medicine, University of Wisconsin-Madison.

Olson, M.; Guselle, N. J.; O'Handley, R. M.; Swift, M. L.; McAllister, T. A.; Jelinski, M. D.; Morck, D. W. (1997): Giardia and Cryptosporidium in Dairy Calves in British Columbia. Can Vet J 1997 38: 703-706.

Radostis, O. (2008): The Merck Veterinary Manual. C. M. Kahn. Whitehouse Station, NJ USA, Merck & Co., Inc.

Ramírez-Hernández, E.; Bernal-Arredondo, R. (1988): Conatín, método para la identificación de ooquistes de Cryptosporidium spp. en materia fecal. Revista Mexicana de Parasitología 1(1): 34.

Saltijeral, J. A.; Martínez, R. I.; Perezcovarrubias, J. (1997): Presencia de Criptosporidium en becerras de 1 a 30 días de edad en establos de Lagos de Moreno, Jalisco. Taller Internacional: La Cryptosporidiosis: un problema de Salud Pública y Salud Animal, México, D.F., UAM-Xochimilco.

Santin, M.; Trout, J. M.; Xiao, L.; Zhou, L.; Greiner, E.; Fayer, R. (2004): Prevalence and Age-Related Variation of Cryptosporidium Species and Genotypes in Dairy Calves. Vet. Parasitol 122(103-111).

Satoh, M.; Hikosaka, K.; Sasaki, T.; Suyama, Y.; Yanai, T.; Ohta, M.; Nakai, Y. (2003): Characteristics of a Novel Type of Bovine Cryptosporidium andersoni. Applied and Environmental Microbiology 69(1): 691-692.

Seeber, F.; L. J.; Soldati-Favre, D. (2008): Apicomplexan Mitochondrial Metabolism: A Story of Gains, Losses and Retentions. Trends Parasitol. 24(10): 468-78.

Sischo, W.; Atwill, E. R.; Lanyon, L. E.; George, J. (2000): Cryptosporidia on Dairy Farms and the Role these Farms May Have in Contaminating Surface Water Supplies in the Northeastern United States. Prev. Vet. Med 43: 253-267.

Slifko, T.; Smith, H. V.; Rose, J. B.; (2000): Emerging Parasitic Zoonoses Associated with Water and Food. Int J Parasitol 30: 1379-1393.

Sterling, C.; Arrowood, M. J. (1986): Detection of Cryptosporidium spp. Infections Using a Direct Immunofluorescent Assay. Pediatr Infect Dis. 5(1 Suppl): 139-142.

Syed, A.; Hill, D. R. (2003): Giardia intestinalis. Curr Opin Infect Dis 16: 453-460.

Thompson, R.; Palmer, C. S.; O'Handley, R. (2008): The Public Health and Clinical Significance of Giardia and Cryptosporidium in Domestic Animals. The Veterinary Journal 177 18-25.

Toso, M.; Omoto, C. H. K. (2007): Gregarina niphandrodes may Lack Both a Plastid Genome and Organelle. J. Eukaryot. Microbiol 54(1): 66-72.

Uelinger, F.; O'Handley, R. M.; Greenwood, S. J.; Guselle, N. J.; Gabor, L. J.; Van Velsen, C. M.; Steuart, R. F. L.; Barkema, H. W.; (2007): Efficacy of Vaccination in Preventing Giardiasis in Calves. Vet Parasitol 146: 182-188.

Vázquez-Flores, S. (2005): Epidemiología molecular para la diferenciación de las especies de Cryptosporidium spp. que afectan al ganado bovino de la República Mexicana. Ciencias Biológicas. México, Universidad Autónoma Metropolitana campus Xochimilco. PhD: 125.

Vázquez-Flores, S. (2009): Micotoxinas en becerros lactantes. Curso Avimex de Salud y Productividad: Bovinos de Leche Crianza y Salud de hato 2009, Aguascalientes, Ags.

Vázquez-Flores, S. (2009): Parasitosis de mayor importancia en becerras de reemplazo. México, D.F., Editorial Uteha-Limusa.

Vázquez-Flores, S.; De la Torre, D. (2009): Principales protozoarios en infecciones gastrointestinales en becerras de reemplazo. Académicos en prensa.

Vázquez-Flores, S.; Esquivel, G. J. M. (2008): Validación de la prueba Bio-K 155 para la determinación de Cryptosporidium spp. Mexico City, ITESM-CQ.

Vázquez-Flores, S.; Kissinger, J.; Da Silva A. J.; Hernandez-Castro, R. (2009): Cryptosporidium bovis and Cryptosporidium parvum in Cattle: Epidemiological Study in Mexico. Journal of Parasitology in preparation.

Vázquez-Flores, S.; Martínez, A.; Guerrero, M.J. (2008): Los manano-oligosacáridos en el control de enteropatógenos. Congreso de Investigación y Desarrollo del Tecnológico de Monterrey.

Watarai, S.; Tana; Koiwa, M. (2008): Feeding Activated Charcoal from Bark Containing Wood Vinegar Liquid (Nekka-Rich) Is Effective as Treatment for Cryptosporidiosis in Calves. J. Dairy Sci 91: 1458-1463.

Xiao, L. (2009): Molecular Epidemiology of Cryptosporidiosis: An Update. Experimental Parasitology.

Xiao, L.; Fayer, R.; Ryan, U.; Upton, S. (2004): Cryptosporidium taxonomy: Recent Advances and Implications for Public Health. Clin Microbiol Rev 17(1): 72-97.

Xiao, L.; Fayer, R. (2008): Molecular Characterisation of Species and Genotypes of Cryptosporidium and Giardia and Assessment of Zoonotic Transmission. International Journal for Parasitology 38 1239-1255.

Xiao L, H. R. (1994): Infection patterns of Cryptosporidium and Giardia in Calves. Veterinary Parasitology 55: 257-262.

Zhu, G.; Marchewka, M. J.; Keithly, J. S. (2000): Cryptosporidium parvum Appears to Lack a Plastid Genome. Microbiology 146: 315-321.

7.21 DESPLAZAMIENTO DEL INTESTINO A LA IZQUIERDA DEL RUMEN

Mario Medina Cruz MVZ, MSc, DCV

En este caso la masa intestinal se ha cambiado hacia el lado izquierdo del rumen, como resultado, el intestino delgado y el grueso están en estrecho contacto con la pared abdominal izquierda. El rumen es empujado hacia la mitad derecha de la cavidad abdominal y es girado hacia la derecha (Dirksen, 1986).

La condición general del animal se altera, dependiendo de la duración del caso y de la severidad del bloqueo resultante. El contorno de la pared abdominal se incrementa en el lado izquierdo o bilateralmente y la defecación se reduce ligera o severamente. En algunos casos a la auscultación/percusión se detectan sonidos metálicos en la fosa paralumbar izquierda; además hay sonidos de golpeo de líquidos. En algunos animales parte del abomaso experimenta un desplazamiento hacia la izquierda. La frecuencia respiratoria y cardíaca se mantienen dentro de los rangos normales. El tratamiento es quirúrgico y consiste en una laparotomía, con la reposición manual de la masa intestinal a su posición normal (Dirksen, 1986).

LITERATURA CITADA

Dirksen, G. U. y Doll, K.: Ileus and Subileus in the Young Bovine Animal. Bovine Pract., 21:33-40 (1986).

7.22 TORSIÓN DE LA RAÍZ DEL MESENTERIO INTESTINAL

Mario Medina Cruz MVZ, MSc, DCV

La torsión de la masa intestinal sobre su raíz mesentérica se presenta súbitamente en las becerras. Esta es una de las causas más comunes de obstrucción intestinal en la recría; es menos frecuente en los adultos (Dirksen, 1986; Tulleners, 1981).

Tiene una presentación súbita, severo cólico abdominal, el animal trata de patearse el abdomen, se tira y se rueda. A estos signos les siguen los de shock en poco tiempo. Hay aumento de volumen del lado derecho o de ambos como resultado del timpanismo (Cuadro 2.2). A la auscultación se detectan sonidos de golpeo de líquidos y metálicos; en ocasiones existe dilatación gaseosa del ciego, donde se escuchan sonidos metálicos. No hay defecación, hay presencia de moco en recto, anorexia marcada, taquicardia (más de 140/minuto), y moderada taquipnea (más de 50 por minuto) (Dirksen, 1986; Tulleners, 1981; Radostits, 1981).

Dentro de los casos reportados, la edad de aparición del problema es de 12 horas a nueve días. Como auxiliares de diagnóstico se usaron espasmolíticos y no hubo respuesta satisfactoria. Por otra parte, no hay mejoría en la distensión cuando se pasa una sonda estomacal, además se pueden encontrar anomalías en el líquido peritoneal obtenido por medio de la paracentesis (Dirksen, 1986). Por los hallazgos, generalmente sólo se diagnostica un problema intestinal de origen desconocido; es necesario practicar una laparotomía para confirmar el diagnóstico (Tulleners, 1981). Si las becerras no son atendidas inmediatamente médica y quirúrgicamente, usualmente mueren dentro de las 24 horas (Tulleners, 1981).

La cirugía, una laparotomía por el flanco derecho y la terapia de fluidos a base de solución de Ringer y/o corticosteroides, tienen un pronóstico favorable cuando se realizan en las fases iniciales del problema (Tulleners, 1981). Generalmente es necesario descomprimir el intestino antes de manipularlo. Para corregir la torsión es posible exteriorizar la mayor parte del intestino en forma cuidadosa, dirigiendo la mano hacia la raíz mesentérica para asegurar que recupera su posición natural, y regresando el intestino al abdomen. El abdomen se sutura en la forma acostumbrada. Si el intestino tiene vitalidad, la defecación se reinicia en un lapso de 12 a 24 horas; las heces adquieren una apariencia normal en 3 ó 4 días, con una recuperación rápida en el paciente. Si el intestino no es viable será necesaria la amputación de una parte; esta práctica se complica cuando hay peritonitis (Fubini, 1990).

LITERATURA CITADA

Dirksen, G. U. y Doll, K.: Ileus and Subileus in the Young Bovine Animal. Bovine Pract., 21:33-40 (1986).

Fubini, S. L.: Surgical Management of Gastrointestinal Obstruction in Calves. Comp. Cont. Educ. Pract. Vet. 12(4):591-599, 1990.

Radostits, O. M.: Diseases of the Rumiant Stomachs and intestines of Cattle. Proceedings 13th Annual Convention of the American Association of Bovine Practitioners, Toronto, Ontario, Canadá. 1980, 87-89. Frontier Printers. Stillwater Ok. USA (1981).

Tulleners, E. P.: Surgical Correction of Volvulus of the Root of the Mesentery in Calves. J. Am. Vet. Med. Ass., 179:998-999 (1981).

7.23 DESPLAZAMIENTO CECAL CON TORSIÓN DEL COLON ESPIRAL

Mario Medina Cruz MVZ, MSc, DCV

Esta condición es poco frecuente; se presenta esporádicamente en becerras bien alimentadas de pocas semanas de edad. La causa aún no ha sido especificada, pero experimentalmente el aumento de la concentración de ácidos grasos volátiles en el ciego causa atonía cecal (Dehghani, 1982).

Un incremento en la concentración de ácidos grasos volátiles en el tracto gastrointestinal provoca un descenso del pH y atonía. Aunque la torsión cecal ha sido raramente reportada en becerras, la presencia de grandes cantidades de alimentos altos en proteína y energía en el tracto gastrointestinal puede ocasionar la atonía (Dehghani, 1982).

Dehghani (1982) y Dirksen (1986) afirman que los signos más prevalentes son: Curso agudo o hiperagudo, en algunos casos la temperatura y la frecuencia cardíaca se elevan pero la frecuencia respiratoria se mantiene en los niveles normales. Hay deshidratación del 10%, anorexia y a veces cólico, así como aumento de volumen abdominal por producción de gases en la fosa paralumbar derecha (figura 2.1). Por medio de percusión se detecta un *ping* distintivo. Mediante la sucusión sobre el abdomen derecho se producen ondas y sonidos de líquidos. En la paracentesis el líquido peritoneal suele tener un color amarillento; contiene células inmaduras y macrófagos con algunos neutrófilos.

Después de aplicar una terapia de emergencia y sostenida con suero y corticosteroides, se practica la cirugía; para iniciar ésta se prepara la zona asépticamente y se realiza la incisión en la fosa paralumbar derecha. Al llegar a la cavidad abdominal inmediatamente aparece la porción distal del ciego torcido, expuesta por la incisión. El ciego y la porción proximal del colon ascendente son exteriorizadas. Éste y la parte proximal del colon espiral pueden hallarse torcidos en 360 grados en dirección de las manecillas del reloj viendo al animal desde atrás; probablemente la parte terminal del íleon envuelva al ciego, esté oscurecida y congestionada. En una becerra el ciego puede llegar a distenderse hasta 1.37 metros de longitud y 30 centímetros de diámetro debido a la producción de gas. El ciego se incide longitudinalmente, drenando su contenido y el de la porción proximal del colon espiral. El órgano es lavado en su interior con una solución salina estéril, se sutura usando el surjete de Utrecht o surjete de Connell y Cushing, y se regresan los órganos al interior de la cavidad ruminal (Dehghani, 1982; Smith, 1984). Las atonías de rumen y abomaso se tratan con masajes; la cavidad abdominal se sutura en forma convencional (Dehghani, 1982; Fubini, 1990). El posoperatorio consiste en terapia a base de fluidos intravenosos, como la solución de Ringer, así como de terapia antimicrobiana a base de oxitetraciclina 10 mg/kg de peso corporal vía intravenosa por cinco días (Dehghani, 1982). El pronóstico, como en otras intervenciones abdominales, depende en gran parte de la funcionalidad del intestino así como de la presencia o ausencia de peritonitis (Fubini, 1990).

LITERATURA CITADA

Dehghani, S. y Towsand, H. G. G.: Cecal Torsión in a Six Month Old Holstein-Friesian Steer. Can. Vet. J., 23:217-218 (1982).

Dirksen, G. U. y Doll, K.: Ileus and Subileus in the Young Bovine Animal. Bovine Pract., 21:33-40 (1986).

Fubini, S. L.: Surgical Management of Gastrointestinal Obstruction in Calves. Comp. Cont. Educ. Pract. Vet. 12(4):591-599, 1990.

Smith, F. D.: Bovine Intestinal Surgery. Mod. Vet. Pract., 65:705-710 (1984).

7.24 INTUSSUSCEPCIÓN INTESTINAL

Mario Medina Cruz MVZ, MSc, DCV

Existen importantes diferencias entre la intussuscepción que ocurre en becerras y en ganado adulto. En el caso de las becerras, los diferentes segmentos intestinales se pueden ver afectados, incluyendo una alta proporción de invaginaciones que se presentan en colon, lo cual establece la diferencia. Estos segmentos incluyen zonas poco frecuentes, como las áreas ileocecal y cecocólica. En la mitad de los casos el problema se presenta en becerras alimentadas exclusivamente con líquidos (leche, sustitutos de leche o fluidos electrolíticos nutritivos) (Dirksen, 1986). La diarrea es uno de los primeros signos.

El reconocimiento de la intussuscepción intestinal en las becerras presenta mayores dificultades que en los bovinos adultos (Cuadro 2.2). Esto no sólo se refiere a la imposibilidad de realizar el examen rectal en animales menores de seis meses de edad, sino también a la ausencia de signos clínicos específicos del problema, así como al enmascaramiento de los signos inespecíficos por la presencia de diarrea frecuente. Rara vez el animal presenta signos de depresión, anorexia, cólico moderado, ausencia de la defecación y melena. Generalmente el contorno y la tensión de la pared abdominal están inalterados. Las heces pueden estar recubiertas de moco o tener una apariencia aterronada (Fubini, 1990). En ocasiones se detectan sonidos metálicos y de chapoteo a la auscultación/percusión y sucusión, sin embargo, su origen, ya sea intestinal, cavidad abdominal, rumen o abomaso, no es identificable. El grado de deshidratación y el balance ácido-básico sanguíneo varían, según se dé la presencia o ausencia de diarrea, así como en función de los tratamientos aplicados. La frecuencia cardíaca y la respiratoria están entre 60 - 160/minuto y 20 - 68/minuto respectivamente. Cuando la condición es diagnosticada en forma tardía las probabilidades de éxito del tratamiento quirúrgico son relativamente bajas (Dirksen, 1986; Tulleners, 1981). Se realiza una laparotomía por el flanco derecho con el animal de pie para localizar la intususcepción, la cual se extrae del abdomen. Se realiza una anastomosis término-terminal. En un período de 24 a 48 horas el becerro deberá reiniciar la defecación. El pronóstico es bueno si al momento de la cirugía no hay complicaciones como peritonitis (Fubini, 1990).

LITERATURA CITADA

Dirksen, G. U. y Doll, K.: Ileus and Subileus in the Young Bovine Animal. Bovine Pract., 21:33-40 (1986).

Fubini, S. L.: Surgical Management of Gastrointestinal Obstruction in Calves. Comp. Cont. Educ. Pract. Vet. 12(4):591-599, 1990.

Tulleners, E. P.: Surgical Correction of Volvulus of the Root of the Mesentery in Calves. J. Am. Vet. Med. Ass., 179:998-999 (1981).

7.25 VÓLVULUS DEL YEYUNO

Mario Medina Cruz MVZ, MSc, DCV

El curso puede ser agudo o hiperagudo, comúnmente acompañado de cólico. Hay un incremento de la tensión de la pared abdominal; en algunos animales se presenta aumento de volumen hacia la izquierda o hacia ambos lados de la cavidad abdominal. A la auscultación con baloteo y percusión, se escuchan sonidos de fluidos y/o metálicos. Frecuentemente las heces fecales tienen consistencia pastosa, algunas veces acompañadas de moco o sangre. Ocasionalmente no hay heces. Comúnmente la frecuencia cardíaca es de 100 por minuto y la respiración de 32 - 56 por minuto (Dirksen, 1986).

Generalmente el pronóstico en casos de vólvulus es pobre debido a la desvitalización tan rápida del tracto digestivo y la consecuente intoxicación por shock a causa de la estrangulación e incarceración (Dirksen, 1986; Tulleners, 1981).

LITERATURA CITADA

Dirksen, G. U. y Doll, K.: Ileus and Subileus in the Young Bovine Animal. Bovine Pract., 21:33-40 (1986).

Tulleners, E. P.: Surgical Correction of Volvulus of the Root of the Mesentery in Calves. J. Am. Vet. Med. Ass., 179:998-999 (1981).

7.26 CONSTIPACIÓN CON OBSTRUCCIÓN DEL INTESTINO

Mario Medina Cruz MVZ, MSc, DCV

Los signos reflejan una marcada alteración del estado general del animal, ausencia de defecación, rigidez en la pared abdominal y cólico. Considerando estos signos, el diagnóstico se debe comprobar por medio de una laparotomía. Al realizar ésta se libera la acumulación de los contenidos intestinales en el yeyuno. El pronóstico es bueno (Dirksen, 1986).

LITERATURA CITADA

Dirksen, G. U. y Doll, K.: Ileus and Subileus in the Young Bovine Animal. Bovine Pract., 21:33-40 (1986).

7.27 ÍLEO PARALÍTICO

Mario Medina Cruz MVZ, MSc, DCV

Por definición el íleo paralítico se considera una alteración de la fisiología intestinal, que puede ser causada por parálisis u obstrucción de los intestinos y que conlleva la interrupción del paso del contenido intestinal a través del sistema digestivo, lo que en ocasiones produce cólicos severos (Dehghani, 1982; Dirksen, 1987; Frazee, 1984; García, 1983).

El curso es hiperagudo, con un rápido deterioro del estado del animal, reducción o suspensión de la defecación y presencia de exudado gris blanquecino pastoso en el recto; cólico, aumento de la tensión de la pared abdominal, con distensión y sonido timpánico a la auscultación, taquicardia (100/minuto) y moderada o severa deshidratación (Dirksen, 1986).

Sólo la laparotomía exploratoria es decisiva en el diagnóstico. La laparotomía confirma el diagnóstico y permite el tratamiento adecuado (Dirksen, 1986).

LITERATURA CONSULTADA

Dehghani, S. y Towsand, H. G. G.: Cecal torsion in a Six Month Old Holstein-Friesian Steer. Can. Vet. L, 23:217-218 (1982).

Dirksen, G. U. y Doll, K.: Ileus and Subileus in the Young Bovine Animal. Bovine Pract., 21:33-40 (1986).

Dirksen, G. U. y Garry, F. B.: Diseases of the Forestomachs in Calves. Part II. Compend. Cont. Educ. Pract. Vet., 9:F173-180 (1987).

Frazee, L. S.: Torsion of the Abomasum in a One Month Old Calf. Can. Vet. 1^25:293-295 (1984).

García Pelayo y Gros, R.: Pequeño Larousse Ilustrado. Ed. Larousse., México, D. F. 1983.

8 SISTEMA LINFOPOYÉTICO

8.1 LEUCOSIS ESPORÁDICA BOVINA

Mario Medina Cruz MVZ, MSc, DCV

Este complejo, que incluye tres presentaciones, tiene características diferentes de la leucosis enzoótica bovina, como son el no ser causado por el virus de la leucemia bovina y ocurrir al azar en ganado menor de tres años de edad. Incluye las formas juvenil, tímica y cutánea (Aluja, 1975; Medina, 1988; Ferrer, 1982; Stober, 1981).

Forma juvenil: Se presenta en becerros menores de seis meses; consiste en una tumoración generalizada y simétrica de todos los ganglios linfáticos externos e internos. El hígado y el bazo están afectados por tumoraciones abundantes, y en el 50 % de los casos hay leucemia.

Forma tímica: Se observa en ganado de seis meses a dos años de edad; se caracteriza por una tumoración marcada del timo, así como de los nodulos linfáticos preescapulares y mediastínicos. El becerro presenta una inflamación en la porción anterior del mediastino, comprimiendo posteriormente el esófago, vasos y corazón. Hay edematización ventral, hidrotórax y posteriormente falla circulatoria.

Forma cutánea: Afecta casi exclusivamente a animales adultos. Las lesiones aparecen sobre la piel y se irritan con facilidad, sangran al menor roce despidiendo un olor fétido, y crecen hasta el tamaño de un puño. La mayoría de los nódulos linfáticos presenta tumoraciones. La biometría hemática muestra leucemia en el 33% de los casos aproximadamente. Una peculiaridad de esta presentación es la desaparición casi espontánea de las tumoraciones y la recuperación del animal. Para su diagnóstico diferencial es necesario considerar la dermatosis y los tumores malignos de las células cebadas.

LITERATURA CITADA

Aluja, A. S.: Linfosarcoma Bovino. Vet. Mex. 6:73-77 (1975).

Ferrer, J. F.: Bovine Lymphosarcoma. Comp. Cont. Educ. 2:235-242 (1982).

Medina, C. M.: Leucosis Bovina. Estudio recapitulativo. Vet. Mex. 19:151-159 (1988).

Stober, M.: The Clinical Picture of the Enzootic and Sporadic Forms of Bovine Leucosis. Bov. Pract. 16:119-129 (1981).

CAPÍTULO IV

TRANSFERENCIA DE INMUNIDAD PASIVA Y DE NUTRIENTES A LA BECERRA

Autor y editor del capítulo: Mario Medina Cruz, MVZ, MSc, DCV

La placenta del bovino es del tipo epiteliocorial, por lo cual separa la circulación materna de la fetal previniendo la transmisión *in útero* de inmunoglobulinas protectoras. Como resultado la becerra es totalmente agammaglobulinémica y el calostro es el medio natural para la transferencia de inmunidad. La absorción de inmunoglobulinas maternas a través del intestino delgado durante las primeras 24 horas después del nacimiento protege a la becerra contra organismos patógenos comunes hasta que su propio sistema inmune madure y se convierta en funcional.

Por definición se considera como Falla en la Transferencia de las Inmunoglobulinas (FTI) cuando las becerras titulan menos de 10 mg de IgG/ml en suero al ser muestreadas entre 24 y 48 h de vida (NAHMS - Dairy, 1996). Lograr una ingestión adecuada de calostro de alta calidad en un momento temprano después del nacimiento es el factor de manejo más importante que determina la salud y la sobrevivencia de la becerra recién nacida (Weaver *et al.*, 2000). Se han llevado a cabo varios estudios que establecen la relación entre la susceptibilidad a la enfermedad así como la mortalidad, con la concentración de inmunoglobulinas circulantes adquiridas por medio del calostro (Rea, 1996; Gay, 1983; Blood, 1989; Boyd, 1972; Howard, 1981; Logan, 1975; Radostits, 1985; Selman, 1971). Esta relación ha sido establecida para la colisepticemia. También se ha demostrado la relación entre enfermedad entérica y las concentraciones bajas de inmunoglobulinas séricas en algunos estudios (Gay, 1983; Logan, 1974; McBeath, 1977), sin embargo, en otros estudios no se ha demostrado esta relación, lo cual puede deberse a que en la diarrea indiferenciada aguda o diarrea neonatal intervienen varios agentes etiológicos, así como a la influencia de otros factores no considerados, tales como: manejo de parto, densidad de población y concentración de patógenos en el ambiente. A pesar de que la determinación de la concentración de inmunoglobulinas del tipo G es una referencia para determinar la ocurrencia de la FTI, es probable que las inmunoglobulinas totales, considerando todas las clases de éstas, sean importantes.

El calostro debe ser ingerido antes de la llegada de bacterias patógenas al epitelio intestinal, de lo contrario la *E. coli* se adhiere a las células epiteliales del intestino, inhibiendo la absorción y la adherencia de los anticuerpos del calostro (Logan, 1974; McBeath, 1977; Staley, 1985), lo que llega a causar septicemias durante la etapa neonatal. El mecanismo mediante el cual las inmunoglobulinas circulantes influyen sobre la severidad de la diarrea y sobre la mortalidad puede ser indirecto, ya que la presencia de concentraciones bajas de inmunoglobulinas séricas es un reflejo de que la cantidad de inmunoglobulinas calostrales fue insuficiente para la protección local a nivel intestinal (Hancock, 1985). Adicionalmente a la colisepticemia y a la enfermedad entérica, se ha establecido la relación entre la ocurrencia de la FTI y la subsecuente susceptibilidad a neumonía, onfalitis, onfaloflebitis, uraquitis, artritis séptica, peritonitis y mortalidad (Hancock, 1985; Thomas, 1973). Las becerras con baja titulación de anticuerpos deben protegerse de la exposición a agentes patógenos manteniendo el medio ambiente en donde se crían lo más limpio posible.

La prevalencia de la FTI varía, dependiendo de la región geográfica e inclusive del hato (Selman, 1971). En ganado lechero ésta puede alcanzar hasta un 40%; en ganado de carne se ha encontrado en niveles mucho menores, en alrededor de un 5% de las becerras.

Robison (1988) señala que al estudiar la relación entre las Ig séricas determinadas por inmunodifusión radial entre las 24 y 48 h de vida, y la sobrevivencia y el crecimiento de 1,000 becerras Holstein hasta el sexto mes de vida, encontró que las becerras con menos de 12 mg de Ig séricas tuvieron 6.8 % de mortalidad, mientras las becerras con más de 12 mg/ml tuvieron 3.3 % de mortalidad. Posiblemente concentraciones de Ig deficientes de las 24 a las 48 h de vida exijan una mayor respuesta por parte de la becerra antes de que sea inmunológicamente capaz de manejar una invasión de organismos patógenos. Esta invasión de patógenos desvía el crecimiento normal y el desarrollo de la becerra. Por el contrario, las becerras con Ig séricas adecuadas con frecuencia son capaces de inactivar invasiones de patógenos antes que las becerras con niveles inferiores de Ig, las cuales deben montar una respuesta inmune para su propia defensa. Con base en lo anterior, las becerras con Ig séricas adecuadas continuarán creciendo normalmente y no serán afectadas en su crecimiento como sucede con las becerras con insuficientes Ig.

El aumento en la mortalidad, junto con el mayor nivel de desecho y menor ganancia diaria de peso en vaquillas con niveles deficientes de Ig poco después del nacimiento, hacen que las inmunoglobulinas adquiridas del calostro sean un factor importante para el crecimiento y la producción subsecuentes.

De acuerdo con De Nise *et al.* (1989), la concentración sérica de IgG entre las 24 y 48 h de vida fue un factor importante en la variación de la producción de leche en equivalente de madurez, y de la producción de grasa en equivalente de madurez en la primera lactancia. Por cada mg de Ig de aumento por arriba de los 12 mg/ml como becerras, produjeron 8.5 kg de leche y 0.28 kg de grasa en equivalente de madurez en la primer lactancia, aunque la edad al primer parto no fue afectada por el nivel de inmunoglobulinas alcanzado después del nacimiento. Posiblemente las becerras que reciben y absorben cantidades adecuadas de Ig al nacimiento estén también recibiendo otros factores en el calostro que influencien el crecimiento y la producción subsecuente, o posiblemente las becerras que reciben adecuada protección contra patógenos a edad temprana pueden desarrollar sistemas metabólicos que contribuyan al crecimiento y a la producción (De Nise *et al.*, 1989). Por lo tanto, las Ig adquiridas a partir del calostro inmediatamente después del nacimiento pueden ser un indicador del crecimiento subsecuente y de la producción.

Asimismo, otros beneficios asociados en el largo plazo con la transferencia de la inmunidad exitosa son: disminución de la mortalidad en el posdestete, mayor ganancia de peso y eficiencia en la conversión alimenticia, menor edad al primer parto, mayor rendimiento de leche en la primera y segunda lactancia y menor probabilidad de desecho durante la primera lactancia (De Nise *et al.*, 1989; Wells *et al.*, 1996; Faber *et al.*, 2005).

Adicionalmente, se ha observado que en los animales que cuentan con una buena inmunidad pasiva se reduce la presencia de enfermedades a nivel respiratorio durante los primeros meses de vida. Es por eso que el proporcionar una adecuada transferencia de inmunoglobulinas a través del calostro a las becerras determinará un comienzo saludable de la vida productiva del animal.

La transferencia de inmunoglobulinas de la vaca a la becerra está determinada por una amplia gama de factores, algunos de los cuales son factores inherentes a la vaca, otros a la becerra y otros son propios del ambiente y, frecuentemente, éstos ineractúan de tal manera que la FTI no es el resultado de deficiencias en una sola área, sino en varias (Howard, 1981).

1 CALOSTROGÉNESIS Y COMPOSICIÓN DEL CALOSTRO

El calostro del bovino consiste en una mezcla de componentes séricos sanguíneos con secreciones de la glándula mamaria, cuya formación se inicia aproximadamente 2 a 3 semanas antes del parto, bajo la influencia de diferentes hormonas, y concluye cerca del momento del parto. Entre los constituyentes importantes del calostro se encuentran las inmunoglobulinas séricas y secretoras, otras proteínas séricas, nutrientes, leucocitos maternos, factores de crecimiento y factores antimicrobianos. Se pueden transferir hasta 500 g de inmunoglobulinas a la glándula mamaria semanalmente, llegando a su máximo justo antes del parto debido a la acción de la prolactina (McGuirk, 2004). Para producir 10 kg de calostro el día del parto la vaca requiere 11 Mcal de energía, 140 g de proteína, 23 g de calcio, 9 g de fósforo y 1 g de magnesio, que deben ser suplidos a través de la ración o a partir de las reservas corporales. Estos requerimientos exceden por mucho las necesidades diarias para sostener una gestación avanzada, que son de 0.82 Mcal de energía, 117 g de proteína, 10.3 g de calcio, 5.4 g de fósforo y 0.2 g de magnesio. La alta demanda de nutrientes impuesta sobre el organismo de la vaca por la actividad incrementada de la glándula mamaria no siempre puede ser satisfecha, con el consecuente desarrollo de enfermedades metabólicas como la hipocalcemia y el complejo cetosis-hígado graso (Goff, 1997).

La proporción de IgG1, IgG2, IgA e IgM en el calostro es aproximada y respectivamente del 80%, 8%, 5% y 7% de las Ig totales. Las IgG1 e IgG2 son transferidas al calostro a través de la glándula mamaria por medio de receptores en las células epiteliales alveolares mamarias a partir del líquido extra celular, por medio de un fenómeno de endocitosis, y liberadas con las secreciones en el lumen de la glándula mamaria; este fenómeno termina con la lactancia. Las IgA e IgM son sintetizadas por los plasmocitos en la glándula mamaria, y las IgE en pequeñas cantidades son transferidas con el objeto de proveer protección contra parásitos intestinales (Larson, 1980).

El calostro bovino contiene entre 1,000,000 y 3,000,000 de leucocitos/ml, entre los que están macrófagos, linfocitos B y T y neutrófilos inmunológicamente activos (Larson, 1980). Esto significa que cada litro de calostro de primer ordeño contiene entre 1,000,000,000 y 3,000,000,000 de leucocitos protectores. Parte de los leucocitos calostrales se absorbe a través del epitelio de las placas de Peyer en yeyuno y en íleon. Una vez en la circulación, los leucocitos maternos viajan a los tejidos neonatales no linfoides y a los tejidos linfoides secundarios, desapareciendo de la circulación neonatal entre 24 y 36 h después de la alimentación con calostro. Estos leucocitos calostrales estimulan respuestas inmunes humorales, incrementan la habilidad destructiva bacteriana e incrementan la fagocitosis de los linfocitos de la becerra (Donovan, 2007).

Otros componentes importantes del calostro son la lactoferrina, lisosima, lactoperoxidasa, hormona de crecimiento, factor de crecimiento beta-2 e insulina. El factor del crecimiento calostral, parecido a la insulina, estimula el crecimiento de las mucosas, el desarrollo de enzimas en el borde veteado del intestino, la síntesis de ADN intestinal, el crecimiento de las vellosidades intestinales y una mayor captación de glucosa (Godden, 2008). El factor inhibidor de la tripsina se encuentra en una concentración 100 veces mayor en el calostro que en la leche, y sirve para proteger a las IgG y otras proteínas de la degradación proteolítica en el intestino de la becerra.

El calostro de primer ordeño contiene una concentración de casi 24% de sólidos totales, lo cual casi duplica la concentración de la leche, que es del 12.5%. El contenido de proteína es aproximadamente cuatro veces mayor en el calostro que en la leche. El contenido de grasa cruda del calostro de primer ordeño casi duplica al de la leche. Esta alta concentración de nutrientes, aunada a la concentración de lactosa en el calostro, son críticas para la termogénesis y la regulación de la temperatura corporal de la becerra. La concentración de vitamina A es nueve veces más alta que en la leche y es la fuente más importante de ésta para la becerra (Foley, 1978).

Las concentraciones de estos componentes son máximas en el calostro de primer ordeño, y después declinan en forma progresiva en los siguientes siete ordeños, dando paso a lo que se llama calostro o leche de transición, para después alcanzar la composición de la leche entera para venta (Foley 1978).

2 COMPONENTES DE UN PROGRAMA DE MANEJO DE CALOSTROS

2.1 CONCENTRACIÓN DE INMUNOGLOBULINAS EN EL CALOSTRO

La variable principal en la evaluación de la calidad del calostro es su concentración de inmunoglobulinas. El calostro de alta calidad tiene una concentración IgG mayor a 50 g/l (McGuirk, 2004). Esta concentración puede variar significativamente entre vacas. De acuerdo con un estudio, en ganado Holstein la concentración de IgG en el calostro osciló de 9 a 186 g/l con una media de 76 g/l (Swan, 2007). Las vacas que producen calostro de calidad sobresaliente tienen altas probabilidades de volver a producir calostro de la misma calidad año con año, lo cual puede deberse a un mayor número y afinidad de los receptores asociados con la transferencia de IgG_1 a la ubre. Aún más, existen diferencias en la concentración de inmunoglobulinas en el calostro en función de la raza, y el amamantamiento tardío de pequeños volúmenes de calostro es la causa más importante de la FTI en sistemas de amamantamiento naturales.

La masa total de inmunoglobulinas que requiere el neonato para alcanzar niveles adecuados de inmunoglobulinas circulantes como mínimo es de 100 a 150 gramos (Gay, 1988; McEwan, 1970a; McEwan, 1970b; McEwan, 1970c). Tomando en cuenta que, en promedio, bajo condiciones de amamantamiento natural una becerra se alimenta con dos y medio litros de calostro, se requiere una concentración de 40 a 60 gramos de IgG_1/ml de calostro para alcanzar una masa de inmunoglobulinas de 100 - 150 gramos. La mayoría del calostro producido en establos lecheros no contiene esta concentración, por lo que muchas becerras ingieren volúmenes de calostro inferiores al promedio.

2.2 RAZA DE LA VACA

Existen diferencias en la concentración de inmunoglobulinas en el calostro atribuibles a efectos de dilución y/o diferencias genéticas. De acuerdo con un estudio (Muller, 1981), la concentración de Ig totales fue significativamente más alta para la raza Jersey (90 g/l) y para la raza Ayrshire (81 g/l), que para las razas Pardo Suizo (66 g/l), Guernsey (63 g/l) y Holstein (56 g/l). Asimismo, se notó que entre las razas productoras de carne es de (113.4 g/l), y entre las razas especializadas en la producción de leche es de (42.7 g/l) (Guy *et al.*, 1994).

2.3 NÚMERO DE PARTO

Casi todos los estudios han reportado la tendencia de las vacas de varias lactancias a producir calostro de mayor concentración de Ig debido a que han tenido un período más largo de exposición a patógenos específicos del hato. Tyler *et al.* (1999) reportaron una concentración media de inmunoglobulinas en vacas Holstein de primera, segunda o tercera y mayores lactancias, de 66, 75 y 97 g/l respectivamente. Moore *et al.* (2005) encontraron concentraciones medias de IgG de 132 g/l en los calostros ordeñados dos horas posparto, que fueron significativamente superiores a las concentraciones de 100 g/l y de 95 g/l encontradas en vaquillas de segundo y primer parto respectivamente. Adicionalmente, el número de lactancia puede influenciar el volumen de calostro producido; este efecto consiste en una cantidad inferior de calostro en las vaquillas de primer parto en comparación con las adultas, a lo que se le llama (Kruse, 1970) el efecto de la vaquilla de primer parto. Aún así, este calostro debe ser colectado y administrado en la forma en que se indica en este capítulo.

2.4 NUTRICIÓN DURANTE EL PERIODO PREPARTO

La alimentación a la que se someten las vacas durante el preparto tiene un marcado efecto sobre la producción de calostro. La subalimentación durante el preparto no afecta la concentración de inmunoglobulinas (g/l) en el calostro en forma significativa, pero el volumen de calostro producido (ml) sí se afecta negativamente de manera significativa, y en consecuencia la masa total de inmunoglobulinas producidas o disponibles se ve disminuida (Logan, 1977). Este efecto es característico en razas productoras de carne, y aún más crítico en vaquillas de primer parto (Gay, 1988; Odde, 1988).

2.5 ESTACIÓN DE PARTO

En un grupo de vaquillas de primer parto, la estación calurosa se relacionó con menores concentraciones medias de IgG e IgA, de proteína total, caseína, lactoalbúmina, grasa y lactosa en los calostros de primer ordeño (Nardone *et al.*, 1997). Los animales expuestos a altas temperaturas tienen menor consumo de materia seca, produciéndose una restricción nutricional y menor irrigación sanguínea a la glándula mamaria, lo que a su vez se traduce en una reducción en el nivel de transferencia de IgG y de nutrientes del torrente sanguíneo a la ubre, y en una menor reactividad inmune de los plasmocitos de la glándula mamaria productores de IgA (Nardone *et al.*, 1997). Lo anterior significa que las mismas medidas de mitigación del estrés calórico que se aplican a las vacas en producción deben aplicarse a las vacas secas, a las vaquillas en el último tercio de la gestación y a ambos grupos después del parto.

2.6 VOLUMEN DE CALOSTRO PRODUCIDO

En vacas lecheras el volumen o peso de calostro de primer parto producido al parto, es extremadamente variable, con un rango de 2.5 a 26.5 l. El autor ha encontrado en México en observaciones personales un rango de 2 a 8 l, con una media de 3.9 l. Volúmenes inferiores a 8.5 kg de calostro en el primer ordeño han sido relacionados con mayor concentración de inmunoglobulinas y viceversa, aunque ésta es sólo una tendencia y no una regla confiable.

Cuando las vacas tienen 40 días de período seco producen en promedio 2.2 kg de calostro menos al primer ordeño que las vacas con período seco convencional de 60 días, y si las vacas tienen únicamente 21 días de período seco, la concentración de IgG se reduce significativamente (Grusenmeyer, 2006).

2.7 MASTITIS

La mastitis clínica al momento del parto reduce la disponibilidad de calostro para las becerras, ya que este calostro no debe alimentarse debido a que se inocularían de manera inmediata grandes cantidades de bacterias y virus. La incidencia de mastitis clínica al momento del parto dependerá del programa de control de mastitis en el hato, y cada caso representa una pérdida para los inventarios de calostro totales. La incidencia, que puede variar desde el 1% a un 5, 10 ó 15%, estará en función del nivel de manejo y del programa de control de mastitis en el hato. La infección intramamaria persistente durante el período seco ha sido relacionada con una reducción en el volumen de calostro producido.

2.8 VACUNACIÓN DE LA VACA SECA

La vacunación de la vaquilla o de la vaca seca entre 8 semanas preparto y hasta 2 a 3 semanas preparto, con base en el programa de inmunización elaborado para el hato, produce un incremento de anticuerpos en el calostro y mayores títulos de transferencia de la inmunidad a becerras de vacas vacunadas (Godden, 2008). La vacunación contra antígenos específicos es importante para determinar la habilidad protectora del calostro, como es el caso de las vacunaciones contra *E. coli*, coronavirus, rotavirus, *Salmonella typhimurium* y *Mannheimia haemolytica*, que incrementan la concentración de anticuerpos específicos en el calostro. El repertorio de anticuerpos maternos transferidos por medio del calostro definirá la amplitud de la protección conferida por la vaca a la becerra (Mallard *et al.*, 1998). La deficiencia de anticuerpos específicos puede explicar la razón por la cual algunas becerras con una titulación aparentemente adecuada de Ig totales, mueren como resultado del ataque de organismos patógenos (Robison, 1988).

2.9 LONGITUD DEL PERIODO SECO

Como ya se mencionó, vacas con períodos secos cortos de 40 días produjeron en promedio 2.2 kg menos de calostro que las vacas con un período seco convencional de 60 días (Grusenmeyer, 2006). En otro estudio, los porcentajes de proteína en el calostro fueron significativamente inferiores (P<0.01) en vacas sin período seco, en comparación con vacas con períodos secos de 28 días y de 56 días (9.54, 12.38 y 12.58% respectivamente). El contenido de IgG en el calostro fue significativamente inferior (P<0.01) en vacas sin período seco en comparación con vacas de 28 días (49.8 y de 77.9 g/l), y aunque los autores no lo reportan, se puede suponer que las vacas con 28 días no difirieron significativamente de las vacas con 56 días (Rastani *et al.*, 2005).

En estudios hechos en México considerando más de 3,400 lactancias de vacas Holstein, se encontró que cuando los períodos secos oscilaron entre 55 y 57 días se obtuvo una producción de leche adicional de 180 kg en la siguiente lactancia (Medina, 1979)

2.10 NÚMERO DE ORDEÑOS DE CALOSTRO

El calostro ordeñado inmediatamente después del parto contiene la mayor concentración de gamma globulinas en comparación con los calostros que se obtienen subsecuentemente (Gay, 1988; Stott, 1981). El calostro obtenido dentro de las 2 horas posparto mostró una concentración de 130 mg/ml. El calostro obtenido a las 12 horas, a las 24 y a las 36 horas, mostró concentraciones muy inferiores a lo obtenido en el primer ordeño posparto (Hoerlein, 1977). Esta disminución de anticuerpos a medida que se ordeña la vaca se da para los 3 tipos de anticuerpos presentes: IgG, IgM e IgA. Lo anterior significa que el goteo de calostro antes del parto, o el ordeño del mismo, priva a la becerra de la concentración de inmunoglobulinas requerida. Los tres tipos de inmunoglobulinas disminuyen, así, a las 60 h posparto la concentración de anticuerpos es aproximadamente del 5% en comparación con la concentración de anticuerpos en el calostro al parto.

2.11 RETRASO EN EL ORDEÑO DEL PRIMER CALOSTRO

En un estudio reciente (Moore, 2005) se ordeñó el calostro de cada cuarto de una misma vaca a las 2, 6, 10 y 14 horas posparto, y se determinó el contenido de IgG por medio de la inmunodifusión radial. Las concentraciones de IgG en cada ordeño fueron de 113, 94, 82 y 76 g/l, siendo estas diferencias significativas con referencia al ordeño a las 2 horas posparto (P<0.05). Esto posiblemente se debió a la destrucción o la reabsorción de inmunoglobulinas dentro de la ubre. Las prácticas de manejo en el hato deben adaptarse a fin de maximizar la calidad del calostro obtenido y minimizar la prevalencia de la FTI en becerras de razas lecheras. Esto incluye el ordeño inmediatamente después del parto, aun si éste ocurrió durante el período nocturno, e incluye a aquellas vacas que gotean o chorrean calostro antes del parto, en cuyo caso deben ordeñarse y su calostro refrigerarse hasta que ocurra el parto.

2.12 MEZCLA DE CALOSTROS

No es recomendable mezclar los calostros debido al alto riesgo de propagar infecciones prevalentes en el hato adulto a la nueva generación de becerras, como *Campylobacter* spp., *Listeria monocytogenes, Salmonella* spp., *Mycobacterium avium* subsp. *paratuberculosis (MAP), Mycobacterium bovis,* otros *Mycobacteria, Mycoplasma* spp., *Staphylococcus* spp., *Streptococcus uberis* y *Escherichia coli* (Medina *et al.,* 2008). Adicionalmente, el mezclar calostros voluminosos con bajo contenido de Ig diluirá los calostros de bajo volumen y con alto contenido de Ig (Weaver *et al.,* 2000).

2.13 VOLUMEN DE CALOSTRO CONSUMIDO EN LA PRIMERA ALIMENTACIÓN

Para asegurar una transferencia de inmunidad exitosa, una becerra Holstein promedio debe consumir una masa mínima de 100 g y preferentemente de 150 ó 180 g de IgG en su primera alimentación con calostro. El volumen a administrar dependerá de la concentración de IgG en cada litro de calostro. Morin *et al.* (1997) produjeron niveles medios significativamente más altos de 31.1 mg/ml de IgG a las 24 h de vida en becerras alimentadas a las 0 h de vida con 4 litros de calostro con alto contenido de Ig, seguidos de 2 litros adicionales a las 12 h de vida, en comparación con niveles de 23.5 mg/ml de IgG en becerras alimentadas a las 0 h de vida únicamente con 2 litros de calostro, seguidos de 2 litros a las 12 h de vida (Cuadro 4.1).

Faber *et al.* (2005) alimentaron a un grupo experimental de becerras de la raza Pardo-Suiza en la primera hora de nacidas con 4 litros de calostro de alta calidad, y al grupo testigo lo alimentaron con 2 litros de calostro; subsecuentemente a ambos grupos con 2 litros de calostro entre las 5 y 12 horas posteriores. En ambos casos el calostro se administró mediante mamila hasta por un lapso de 10 min, y si para entonces no había sido consumida la totalidad del calostro, se empleó un alimentador esofágico para completar el volumen asignado. Al emplear un alimentador esofágico el calostro cae al rumen directamente debido a que no se cierra la canaladura esofágica, pero en un lapso de 3 horas el calostro transita desde el retículo-rumen hasta el abomaso sin efectos adversos observados. Para ambos grupos, y en las siguientes cuatro alimentaciones, se emplearon calostros mezclados de transición del segundo y tercer ordeños. Desde el día 4 hasta el día 14 de vida las becerras fueron alimentadas con leche de descarte en volúmenes de 2 litros por la mañana y 2 litros por la tarde, a la que se añadió una taza de 250 ml de calostros de transición mezclados (también llamados leche de transición). El grupo que recibió 4 litros al nacimiento registró 4 casos de coronavirus y un caso de onfalitis, mientras el grupo que recibió 2 litros al nacimiento registró 3 casos de neumonías, 2 casos de úlceras y 3 casos de mala salud, lo que resultó significativamente más alto. Mientras la edad a concepción no varió en forma significativa, la ganancia diaria de peso sí fue significativa ($P<0.05$), de 1.030 kg para el grupo de 4 litros y de 0.800 kg para el grupo de 2 litros. El grupo que recibió 4 litros produjo en su primera lactancia, a 305 días en equivalente de madurez, 9.907 kg de leche, y el grupo de 2 litros produjo 8.952 kg. En la segunda lactancia produjeron 11.294 kg y 9.642 kg respectivamente. Estas diferencias resultan significativamente distintas ($P<0.05$) entre ambos grupos para las dos lactancias (Cuadro 4.2.).

Cuadro 4.1 Efecto de la alimentación con diferentes volúmenes de calostro al nacimiento sobre la titulación de inmunoglobulinas a las 24 h de vida (Morin *et al.*, 1997).

A las 0 hs de vida L (% del peso corporal)	A las 12 hs de vida L (% del peso corporal)	Titulación de IgG séricas (mg/ml)
4 (10%)	2 (5%)	31.1
2 (5%)	2 (5%)	23.5

Los sistemas de alimentación manual de calostro a becerras de razas lecheras permitirán la ingestión de una masa elevada de inmunoglobulinas siempre que se utilicen calostros seleccionados por medio de la prueba de calostrometría y se administren volúmenes altos de calostro a la becerra.

El volumen de calostro que puede ser administrado por medio de una mamila y chupón a una becerra es limitado. En promedio se lleva 20 minutos alimentar 2.5 litros de calostro, y aproximadamente una tercera parte de las becerras puede llegar a tardar más de una hora para ingerir esta cantidad. Lo anterior está en función de aspectos como atención competente al parto o grado de acidosis en el neonato. Al emplear mamila o alimentador debe cuidarse que los chupones y todas las partes de los equipos estén en óptimo estado de uso y limpieza, ya que las rupturas o cuarteadoras albergan microorganismos patógenos para las becerras, por lo que deben cambiarse por nuevos (Figura 4.1.A). Igualmente, el agrandar el orificio de respiración de los chupones hace que la leche o calostro goteen mientras la becerra succiona, pudiendo llegar hasta los pulmones y provocar una bronconeumonía por aspiración.

Cuadro 4.2 Efecto de la alimentación con diferentes volúmenes de calostro al nacimiento y a las 12 horas de vida, Faber et al. (2005).

Calostro de calidad superior			Enfermedades		Concepción	GDP*	1ª lactación	2ª lactación
1 h (l)	12 h (l)	n	Tipo (n)	Costo trat. $	Meses de edad	kg	305 EM kg	305 EM kg
4	2	31	Coronavirus (4) Onfalitis (1)	200	13.5^x	1.03^x	$9,907^w$	$11,294^x$
2	2	37	Neumonías (3) Úlceras (2) Mala salud (3)	350	14^x	0.80^y	$8,952^y$	$9,642^z$

GDP = ganancia diaria de peso.
Xy - valores con diferente superíndice dentro de la misma columna difieren estadísticamente (P<0.001).
wxyz - medias con diferentes superíndices dentro de la misma columna o línea difieren estadísticamente (P<0.05).

El uso de un alimentador esofágico permite la administración de grandes volúmenes de calostro en un período de tiempo corto (Figura 4.1.B). Sin embargo, el calostro administrado mediante este método es absorbido por la becerra en forma menos eficiente en comparación con la succión, probablemente debido a la retención durante varias horas de parte del volumen administrado en el saco ventral ruminal del pre-rumiante. Por esta razón, cuando se utilice un alimentador esofágico deben de administrarse volúmenes cuando menos de 3 litros, y preferentemente 4 litros para una becerra Holstein.

De ser posible, la primera opción debe ser la alimentación con mamila, seguida de la administración del volumen de calostro aún no ingerido por medio de un alimentador esofágico (Brignole, 1980; McGuirk, 1989; Molla, 1978). La administración de calostro por medio de un alimentador esofágico es un método eficiente para evitar la FTI en ganado lechero.

Figura 4.1 A. Chupones rotos y deteriorados que deben reemplazarse ya que en las irregularidades se cultivan microorganismos patógenos **B.** Vaciando calostro en el alimentador esofágico para sondear a la becerra. Fotografía original de M. Medina C.

2.14 TIEMPO EN HORAS A LA PRIMERA ALIMENTACIÓN DE CALOSTRO

El factor principal que define la eficiencia en la absorción de Ig es la edad de la becerra a la primera alimentación con calostro. La eficiencia en la absorción de inmunoglobulinas calostrales es máxima dentro de la primera hora de vida de la becerra, es óptima en las primeras 4 horas y disminuye en forma significativa después de 6 horas; y en tanto transcurre el tiempo, esta eficiencia se va reduciendo (Godden, 2008; Stott, 1979a; Stott, 1979b). A las nueve horas de nacida la becerra absorbe únicamente el 50% de las inmunoglobulinas que pudo haber absorbido una hora después de su nacimiento, y a las 24 horas de edad la eficiencia para la absorción de inmunoglobulinas es cercana al 0%.

Se conoce como la ventana de oportunidad, o período de absorción, a la absorción no selectiva por medio de la pinocitosis de grandes moléculas, como las inmunoglobulinas, a través de los enterocitos neonatales del intestino delgado. A partir de allí las moléculas de Ig son transportadas a través de la célula y liberadas en los linfáticos por medio de la exocitosis, después de lo cual entran al sistema circulatorio por medio del ducto torácico.

El término de cerrado se refiere a la total inhabilidad del epitelio intestinal de la becerra para la absorción de Ig calostrales, lo que ocurre aproximadamente a las 24 horas de vida (Weaver, 2000b). En 24 horas las células epiteliales de tipo fetal han sido reemplazadas en su totalidad por células incapaces de absorber inmunoglobulinas (Morilla, 1982). En promedio, las IgG dejan de absorberse 27 horas después del nacimiento, las IgM a las 16 horas y las IgA a las 22 horas.

Por lo tanto, la ingestión del calostro debe suceder inmediatamente después del nacimiento, dentro de la primera hora de vida para maximizar la absorción de anticuerpos maternos, y como límite máximo no más allá de las 6 horas de vida (Godden, 2008).

Adicionalmente, las inmunoglobulinas absorbidas sistémicamente son resecretadas al interior del intestino en una proporción del 2.5% de las Ig existentes en la circulación; por lo tanto, a mayor absorción de éstas, mayor la cantidad resecretada al interior del intestino (Besser *et al.*, 1988b). Éste es un mecanismo de defensa del organismo contra los patógenos entrantes por vía oral, y es especialmente positivo e importante en el caso de rotavirus (Besser *et al.*, 1988a).

Por otro lado, si bien la alimentación con calostro después de que el intestino se ha cerrado no tiene ningún efecto sobre la absorción de Ig hacia la circulación, sí provee inmunidad local en el epitelio intestinal. A diferencia de lo que se creía en el pasado, cuando se suponía que se daba una destrucción total de las inmunoglobulinas a nivel digestivo, hoy se sabe que tanto las IgG como las IgA son parcialmente resistentes a la digestión y protegen a nivel local al tracto gastrointestinal.

2.15 INFLUENCIA DE LA VACA

La presencia materna puede mejorar la eficiencia en la absorción de inmunoglobulinas a través de un fenómeno de reducción del estrés. Sin embargo, la presencia de la madre con la becerra por más de una hora permite la transferencia por contacto directo de bacterias y virus, además de la posibilidad de que se produzcan lesiones traumáticas en la becerra, por lo que la mortalidad puede ser mayor en animales que permanecieron con su madre por más de 24 horas en comparación con becerras que fueron separadas al nacimiento. Por esta razón se recomienda separar a la becerra de la vaca inmediatamente después del nacimiento y proporcionarle la atención adecuada, que incluye el secado del cuerpo y la estimulación de la circulación sanguínea mediante frotado del cuello y las costillas con un trapo limpio o con toallas desechables, además de la administración de calostro en cantidad, calidad y tiempo óptimos.

2.16 MÉTODO DE ALIMENTACIÓN

En ganado lechero, entre el 25% y 34% de las becerras no maman calostro materno antes de las seis horas de vida, y 18% no lo hacen antes de las 18 horas de vida. En sistemas de amamantamiento natural (ganado lechero en pastoreo, ganado de doble propósito o ganado productor de carne), la inhabilidad para obtener el calostro a consecuencia de falta de vigor de la cría causado por frío excesivo, síndrome del becerro débil, distocia, deficiencia nutricional de la madre o vencimiento de la ubre, aunados a un pobre instinto materno, constituyen los factores más importantes que determinan la ocurrencia de FTI (Gay, 1983; Gay, 1988; Odde, 1988). Una conformación y posición deficiente en la vaca lechera tiene influencia negativa sobre la habilidad de la cría para mamar y abastecerse de calostro directamente de las tetas. Según una comunicación técnica, el tiempo transcurrido del parto a la obtención del primer calostro fue de 2 horas para las becerras de madres que tenían las ubres aproximadamente 7 cm o más por arriba de la articulación del corvejón; de tres y media horas en aquellos animales nacidos de vacas cuyas ubres estaban a la altura de la articulación del corvejón, y de más de 5 horas en aquellas becerras cuyas madres tenían las ubres más de 7 cm por debajo de la articulación del corvejón. Este aumento de tiempo para la obtención del primer calostro repercute negativamente sobre la habilidad del becerro neonato para absorber inmunoglobulinas. Generalmente las ubres por debajo de la articulación del corvejón son el resultado de sobrepeso al momento del parto a consecuencia de un excesivo edema en la ubre, y se observa más frecuentemente en vacas con varios partos.

En vaquillas productoras de carne de primer parto se observó que, a mayor dificultad en el parto, el becerro requiere más tiempo para ponerse de pie y amamantarse; las becerras con menor dificultad al nacimiento absorben mayores cantidades de inmunoglobulinas que los de parto difícil (IgG$_1$: 2.401 vs 1.919 mg/dl; IgM: 195 vs 136 mg/dl) (Odde, 1988).

En ganado especializado en la producción de leche se recomienda la separación inmediata de la becerra de la vaca después del nacimiento para evitar la transmisión de microorganismos comunes y de microorganismos altamente infecciosos contra los cuales existen campañas oficiales de control, como son los casos de la tuberculosis y la brucelosis, donde la alimentación manual o el amamantamiento natural no se recomiendan.

El porcentaje de ganaderías que separan a la becerra de la vaca dentro de una a dos horas después del nacimiento ha aumentado del 68% en el año 1992, al 76.2% en el año 2002, por lo que el método de alimentación reviste importancia. No hay diferencias en la eficiencia de la absorción de Ig cuando el calostro se alimenta por medio de mamila y chupón o cuando se alimenta con alimentador esofágico. Al emplear éste es preferible aumentar el volumen de la primera alimentación a 4 litros porque parte queda atrapado en el sector rumino-reticular del prerumiante, de donde tarda en promedio 3 horas para ser expulsado hacia el abomaso, digerirse y absorberse.

2.17 ALTERACIONES METABÓLICAS

En las becerras con insuficiencia respiratoria nacidas de partos prolongados se ha encontrado un mayor porcentaje de FTI. Se considera que esto se debe a un retraso en la habilidad de la becerra para ponerse de pie y succionar el calostro, más que a una deficiencia en la capacidad de absorción de IgG en becerras hipóxicas en comparación con becerras normóxicas (Weaver, 2000).

2.18 CLIMAS EXTREMOS

El frío extremo puede interferir en forma directa en la absorción de Ig, disminuyendo su absorción intestinal y su transporte, así como también en forma indirecta al dificultar la puesta en pie de la becerra para succionar. El calor extremo puede llegar a producir efectos similares, aunque esto no es una constante ya que la becerra suele ingerir mayor volumen de calostro como un mecanismo para saciar la sed.

3 AVANCES TECNOLOGICOS QUE PREVIENEN LA FALLA EN LA TRANSFERENCIA DE INMUNOGLOBULINAS

3.1 PRUEBA DE CALOSTROMETRÍA

Esta prueba se lleva a cabo en muchas explotaciones lecheras como una práctica establecida de medicina preventiva. La prueba de la calostrometría se basa en la alta correlación que existe entre la gravedad específica del calostro y el contenido total de inmunoglobulinas, proteína total y sólidos totales (Fleenor, 1980). Mediante esta prueba es posible la alimentación selectiva de calostros de alto contenido de anticuerpos a la becerra recién nacida (Fleenor, 1980). A mayor densidad del calostro, mayor concentración de anticuerpos, y viceversa.

Pritchett *et al.* (1994) reportaron que la sensibilidad y la especificidad del calostrómetro en la detección de calostros de baja calidad fueron de 0.32 y 0.97 respectivamente, lo que significa que el calostrómetro clasificaría incorrectamente a dos de cada tres calostros de baja calidad como aceptables. Esta desventaja puede ser superada si se administra un volumen lo suficientemente grande, por ejemplo 3.78 litros en la primera alimentación, y algunos sugieren que en estas condiciones podría prescindirse del uso del calostrómetro. A pesar de sus limitaciones, el calostrómetro puede ser útil para diferenciar calostros de alta y baja calidad y asignarlos para la primera o subsiguientes alimentaciones respectivamente (Figura 4.2 A y B).

El calostrómetro es un lactodensímetro especialmente diseñado para medir la gravedad específica del calostro de la vaca, y por lo tanto el contenido de inmunoglobulinas IgG, IgM e IgA. El calostrómetro es un instrumento de vidrio que debe manejarse con cuidado. Para la realización de la prueba:

1.- El calostro de primer ordeño debe enfriarse hasta que alcance una temperatura promedio de 22 °C, con un rango aceptable de 20 a 24 °C.

2.- Se llena una probeta de 250 ml con el calostro de primer ordeño hasta que derrame ligeramente y se desecha la espuma formada (Figura 4.3 A y B).

3.- Se pone a flotar el calostrómetro en la muestra y se espera unos segundos hasta que se estabilice.

4.- Se leen la escala cualitativa (en colores) y la cuantitativa (g/l) del calostrómetro en el punto de la columna que emerge del calostro, y se anotan las lecturas (Figura 4.2. A).

5.- Se repite la lectura dos veces más para confirmar los resultados.

6.- El calostrómetro se lava con agua tibia, se seca y se guarda.

El calostro se clasifica en tres categorías:

Superior: Calidad en el color verde, con gravedad específica de 1.047 a 1.075 y con una concentración de anticuerpos de 50 a 123 mg/ml de calostro (50 - 123 g/l). Este tipo de calostro constituye la mejor opción para alimentar a la becerra al nacimiento. Alimentando con calostros de calidad superior el becerro adquiere la cantidad de inmunoglobulinas necesarias para su protección durante las primeras tres semanas de vida. Este tipo de calostro se considera como "oro líquido" por sus efectos protectores contra enfermedades.

Intermedia: Calidad en el color amarillo, con gravedad específica de 1.035 a 1.047 y con una concentración de inmunoglobulinas de 20 a 50 mg/ml de calostro (20 a 50 g/l). Este tipo de calostro difícilmente llenará los requerimientos mínimos de anticuerpos del neonato, sin embargo se puede dar a la becerra 12 horas después de que ha ingerido el primer calostro con alta concentración de anticuerpos. Esto provee una cantidad adicional de las inmunoglobulinas necesarias. Por otro lado, aún en este caso es preferible usar el calostro con calidad superior.

Inferior: En el rojo de la escala, con gravedad específica inferior a 1.035 y con una concentración de inmunoglobulinas menor a 20 mg/ml de calostro (20 g/l). Este tipo de calostro deberá darse fresco a las becerras de 2 a 4 días de edad o utilizarse fermentado para la crianza de becerras. De ninguna manera debe administrarse a la becerra recién nacida, ya que no confiere protección alguna contra enfermedades infecciosas.

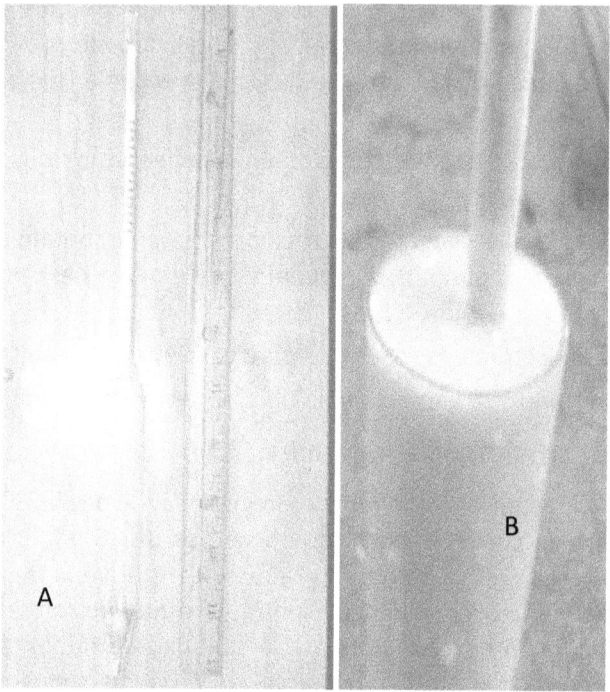

Figura 4.2 A. Calostrómetro que es un lactodensímetro modificado **B.** Prueba de calostrometría mostrando la parte verde del vástago, lo que indica que se trata de un calostro de alto contenido de inmunoglobulinas de más de 50 g/l. Fotografías originales de M. Medina C.

El calostrómetro ha sido específicamente diseñado para medir la densidad y el contenido de anticuerpos en el calostro bovino, por lo que la lectura que se obtiene en la leche (1.032) no refleja su contenido real de anticuerpos. A una densidad de 1.032 el contenido de inmunoglobulinas del calostro es de 14 mg/ml (14 g/l), mientras el de la leche a la misma densidad es de 0.5 mg/ml (0.5 g/l) (Fleenor, 1980).

3.2 PRUEBA DE INMUNOENSAYO

Una alternativa para diferenciar entre calostros de alto y bajo contenido de inmunoglobulinas es el kit de inmunoensayo, con el que se puede realizar una prueba al lado de la vaca que permite diferenciar los calostros en el nivel de los 50 g/l. La sensibilidad y la especificidad de esta prueba para identificar calostros de calidad inferior fueron de 0.93 y

0.76 respectivamente, por lo que clasificaría incorrectamente uno de cada cuatro calostros de alta calidad como inaceptable (Chigerwe, 2005). Además tiene un costo elevado, aproximadamente $ 4.00 dólares americanos por correr cada muestra, y tarda aproximadamente 20 minutos.

Figura 4.3 A. Enfriando el calostro por medio de baño maría hasta que la temperatura llegue a 22 °C. **B.** Decantando el calostro en una probeta de 250 ml. Fotografías originales de M. Medina C.

3.3 CONTROL DE LA CONTAMINACIÓN BACTERIANA DEL CALOSTRO

Siendo el calostro la fuente de nutrientes e inmunoglobulinas más importante para las becerras, puede presentar niveles altos de contaminación por patógenos, como los coliformes fecales, entre otros, que pueden causar enfermedades como diarrea o septicemia. Entre los patógenos específicos que se transmiten por medio del calostro están *Mycobacterium avium* subsp. *paratuberculosis (MAP)* (Streeter *et al.,* 1995), *Mycobacterium bovis* (Grant *et al.,* 1966; Walz *et al.,* 1997), *Mycoplasma* spp., *Staphylococcus* spp., *Escherichia coli* (Clarke *et al.,* 1989), *Estreptococcus uberis, Campylobacter* spp. (Lovett *et al.,* 1983), *Listeria monocytogenes* (Farbel *et al.,* 1988) y *Salmonella* spp. (Giles *et al.,* 1989). La contaminación bacteriana del calostro puede interferir con la absorción de inmunoglobulinas (Godden, 2008).

En un estudio (Stewart, 2005), el calostro ordeñado directamente de la glándula mamaria tuvo un media geométrica de 27.5 UFC/ml, que indica un altísimo grado de higiene, pero después de ser vertido en una cubeta tuvo una media geométrica de 97,724 UFC/ml, indicando una severa contaminación postordeño. Igualmente, cada vez que se cambia a un nuevo recipiente, se incremente de manera notable la contaminación. En establos donde se han construido salas para recibir equipos de ordeño moderno más eficientes, con frecuencia el ordeño de calostro se realiza en la sala de ordeño descontinuada, donde existen muchas deficiencias en el equipo; esto es totalmente inaceptable. Frecuentemente las mangueras por donde pasa el calostro o por donde pasa el aire se encuentran fuertemente contaminadas por bacterias u hongos (Figura 4.4. A y B) debido a que no se lavan.

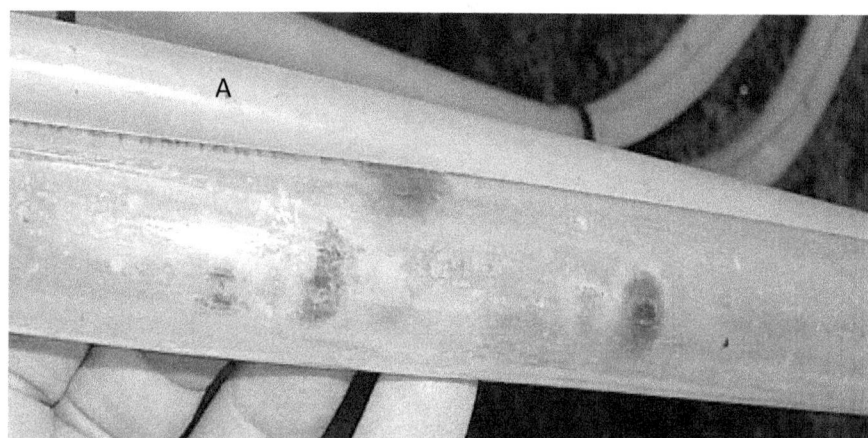

Figura 4.4 A y B Mangueras por donde pasa al aire, la leche o el calostro, fuertemente contaminadas por bacterias y hongos. Fotografías originales de M. Medina C.

Todos los procedimientos de higiene que se siguen durante el ordeño de leche que se va a entregar con un conteo de células somáticas bajo, deben seguirse y de ser posible mejorarse cuando se ordeña y se colecta el calostro para las becerras.

De acuerdo con McGuirk (2004), el nivel máximo de contaminación para el calostro fresco que se alimenta a las becerras no debe rebasar las 100,000 UFC/ml para conteo bacteriano total y las 10,000 UFC/ml para el conteo de coliformes totales. Se recomienda congelar muestras de calostro en forma periódica y enviarlas a un laboratorio para cultivo microbiológico, lo que permite monitorear el programa de higiene durante la colección y alimentación del calostro. De acuerdo con Poulsen (2002), el 82% de las muestras de calostro del primer ordeño excedieron el límite máximo de 100,000 UFC/ml en conteo bacteriano total. En un estudio realizado en México, González (2006) encontró que el 66% de las de muestras de calostros de primer ordeño en un sistema de ordeño a mano excedieron el límite de 100,000 UFC/ml de conteo bacteriano total, con una media aritmética elevada de 240,000 UFC/ml de conteo bacteriano total.

El grado de contaminación bacteriana del calostro es función del nivel de contaminación ambiental, principalmente del nivel de higiene durante el ordeño, de las tetas, de las manos del ordeñador, uso o carencia de guantes, del nivel de infección de las glándulas mamarias, de la mezcla de calostros, así como del nivel de sanitización de los utensilios y equipos que entran en contacto con el calostro. Entre los utensilios y equipo se incluyen las pezoneras, las mangueras de leche y de aire, el bote recibidor o en su caso la cubeta. Adicionalmente, los calostros rojizos por contaminación de sangre son portadores de multitud de bacterias, por lo que no deben alimentarse a las becerras y deben desecharse aun cuando ya hayan sido congelados (Figuras 4.5 A y B).

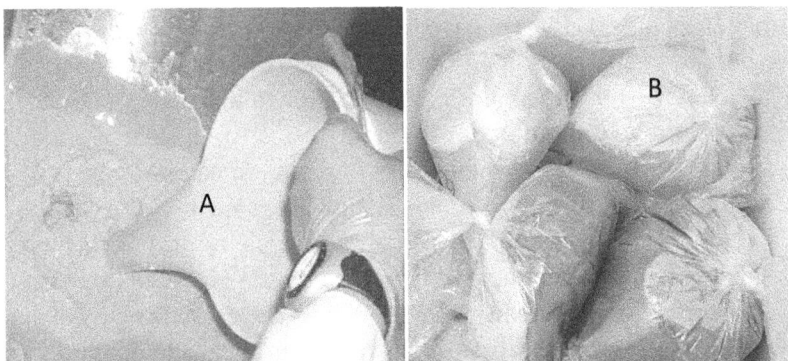

Figura 4.5 A. Desecho de calostros sanguinolentos. **B.** Dos bolsas de calostros sanguinolentos ya congelados que deben desecharse para impedir su alimentación a las becerras. Fotografías originales de M. Medina C.

3.4 REFRIGERACIÓN DEL CALOSTRO

Cuando el calostro permanece o es almacenado a temperatura ambiental (21 °C) el contenido de bacterias coliformes se duplica cada hora, aunque el de otras bacterias se lleve a cabo un poco más lentamente, especialmente si el procedimiento de ordeño no contempló un alto nivel higiénico. Al cabo de 12 horas se pueden tener conteos bacterianos que excedan 1,000,000 de UFC/ml. El calostro debe ser refrigerado, o en su caso congelado, dentro de los primeros 30 minutos, y máximo dentro de la primea hora después de su ordeño. En el calostro refrigerado las IgG se mantienen estables y se preserva la viabilidad durante una semana, y aún más si se combina la refrigeración con el uso de sorbato de potasio. El sorbato de potasio es un inhibidor de las coliformes y con su uso las unidades UFC/ml se sostienen por debajo de 100,000, especialmente si se mantiene en refrigeración. Se mezclan 100 g de sorbato de potasio de calidad alimenticia con 100 ml de agua y se añaden 5 ml de esta solución por cada litro de calostro inmediatamente después de ordeñada la vaca, mezclándolos perfectamente. El sorbato de potasio se almacena en un recipiente limpio, donde puede tener una duración de hasta 6 meses. El uso combinado de sorbato de potasio con la refrigeración alarga la vida útil del calostro, especialmente si el calostro alcanza una temperatura de 15 °C en los primeros 30 minutos después de ordeñado y se mantiene en refrigeración a 4 °C posteriormente.

3.5 CONGELACIÓN DE CALOSTROS

La congelación de calostros permite lau conservación por tiempo prolongado sin afectar su calidad nutricional, pero requiere facilidades de congelación y almacenamiento. Para el congelamiento se vierte en forma aséptica un volumen de 2 litros de calostro de calidad superior, previamente seleccionado mediante la prueba de calostrometría, dentro de una bolsa transparente de plástico grueso con cierre integrado para congelación de alimentos. Se anota en su exterior con plumón indeleble el número o identificación de la vaca, la fecha de recolección, el volumen contenido en litros, el resultado de la prueba de calostrometría en g/l, el número de bolsa entre las obtenidas de ese ordeño y, por supuesto, que la vaca donante es negativa a las enfermedades infectocontagiosas mencionadas anteriormente. Las bolsas ya cerradas se depositan en forma horizontal en el congelador. Se recomienda intercalar entre las bolsas alguna barrera que impida que se rompan al frotarse congeladas, como puede ser cartón o papel grueso (Figura 4.6 A y B). Como todos los líquidos, el calostro adquirirá la forma del recipiente que lo contiene, que en este caso será la de una tableta o figura aplanada. El calostro congelado a -20 °C no sufre cambios en el pH, contenido de grasas, sólidos totales, nitrógeno total, nitrógeno no protéico o vitamina A, y se dará una pérdida aproximada del 6% de los carotenos en un período de congelación de 6 meses (Carlson, 1977; Foley, 1978).

Al descongelar por contacto con agua la forma aplanada o de tableta del calostro ofrecerá mayor superficie de contacto, lo que permitirá una descongelación más uniforme y eficiente en comparación con la de calostros congelados en guantes de palpación o dentro de las mamilas. Para el descongelamiento del calostro se extrae del congelador el número de bolsas a utilizarse y se preparan dos recipientes con agua entre 50 y 55 °C verificadas con un termómetro. Se introducen las bolsas dentro del agua y se aguarda alrededor de 10 minutos, al cabo de los cuales el agua se ha enfriado y el calostro se encuentra prácticamente descongelado. Se extraen las bolsas y se introducen en un segundo recipiente cuya agua estará alrededor de los 50 °C, y se aguarda otros 10 minutos. El calostro alcanzará una temperatura aproximada de 38 °C, entonces se vacía en mamilas y se alimenta a las becerras.

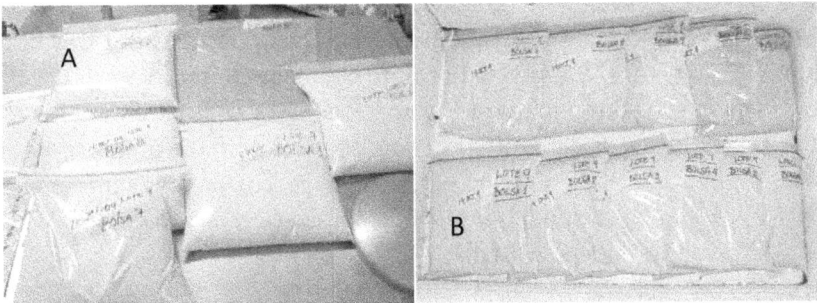

Figura 4.6 A Bolsas con calostro fresco **B** Las bolsas dentro de un congelador. Fotografías originales de M. Medina C.

La pérdida de inmunoglobulinas durante el proceso de congelamiento-descongelamiento es reducida, por lo que se recomienda como práctica de manejo para proveer inmunidad pasiva a la becerra siempre y cuando se lleve a cabo con calostros previamente seleccionados (Fleenor,1980). La adición de agentes químicos al calostro, como el ácido fórmico, ha sido usada por algunos investigadores para preservar el contenido de inmunoglobulinas (Maidment, 1982; Sundrum, 1988).

3.6 PASTEURIZACIÓN DE CALOSTROS

La pasteurización del calostro permite la destrucción de los patógenos mencionados con anterioridad, que se pueden transferir desde la vaca a la becerra, y permite también la preservación de casi la totalidad de las inmunoglobulinas vitales para la sobrevivencia de las becerras.

Los métodos más eficientes para la pasteurización del calostro son: pasteurización lenta a 63 °C con agitación permanente por 30 minutos, y el llamado calentamiento, consistente en mantener la temperatura a 60 °C por 60 minutos, igualmente con agitación constante (Medina, 2008; Godden, 2003; Godden, 2008; Quigley, 2003; Quigley, 2004). Los dos métodos pueden realizarse con equipo automatizado o en forma casera en baño maría, monitoreando la temperatura y agitando constantemente el calostro para que el calentamiento sea uniforme.

Medina *et al.* (2008) pasteurizaron calostros de primer ordeño con más de 50 g de inmunoglobulinas/l a 63 °C por 30 minutos, los congelaron en bolsas herméticas transparentes de plástico grueso con cierre integrado para congelación de alimentos a -20 °C por al menos 24 h, los descongelaron en agua a 55 °C y los alimentaron a becerras, inicialmente dentro de la primera hora de nacimiento y después por tres ocasiones durante las primeras 24 horas de vida, obteniendo 5.92 g/100 ml de proteína sérica en comparación con los 6.53 g/100 ml obtenidos en el grupo de becerras alimentadas con calostro fresco. En ambos grupos se logró un transferencia de inmunidad exitosa, con niveles superiores a los 5.5 g/100 ml. Adicionalmente, la pasteurización destruyó el 99 % de las UFC presentes en el calostro.

Johnson *et al.* (2007) formaron lotes de calostros ordeñados en la primera hora posparto, refrigerando la mitad de cada lote para ser alimentada fresca a las becerras en la primera hora del nacimiento y por los siguientes dos días, y calentando la otra mitad a 60 °C por 60 minutos para ser alimentada a las becerras. La becerras recibieron 3.8 litros de calostro fresco o calentado en la primeras dos horas de vida. Las becerras alimentadas con calostro calentado obtuvieron niveles significativamente más altos de proteína sérica: 6.3 g/100 ml, y de IgG: 22.3 mg/ml, en comparación con las becerras alimentadas con calostro fresco, que obtuvieron niveles de proteína sérica de 5.9 g/100 ml y de IgG de 17.5 mg/ml. Los autores hipotetizan que la menor presencia de bacterias en el intestino delgado permitió mayor absorción de inmunoglobulinas al torrente sanguíneo. Este método de calentamiento ha ganado gran aceptación en los hatos lecheros. Los resultados anteriores sugieren la posibilidad de incrementar en forma significativa la titulación de anticuerpos, siempre extremando la higiene durante el proceso de colección y alimentación del calostro a las becerras.

3.7 SUPLEMENTOS Y SUSTITUTOS DE CALOSTRO

El inventario de calostros en un hato puede verse afectado por mastitis al parto, por vacas con calostro rojizo o sanguinolento, por vacas positivas a diversas infecciones como *Mycobacterium avium* subsp. *paratuberculosis* (MAP), *Mycoplasma bovis*, brucelosis, tuberculosis, etc, o simplemente porque no se produjo calostro al momento del parto. Los suplementos y los sustitutos de calostro son derivados del plasma o de la leche bovinos, y se recomienda mezclarlos con agua y alimentarlos después de que se ha administrado el calostro. Los suplementos de calostro contienen menos de 50 g de IgG y carecen de contenido nutricional. Los sustitutos de calostro contienen un mínimo de 100 g de IgG, proveen una fuente nutricional de proteína, energía, vitaminas y minerales, y están diseñados para ser alimentados a la becerra ante la ausencia de calostros (Godden, 2008).

Los resultados del uso de sustitutos de calostro han sido muy variables. En un estudio se alimentó a las becerras con una dosis o con 2 dosis del sustituto, o con 3.78 litros de calostro materno, y las titulaciones de IgG fueron respectivamente de 11.6, 16.9 y 27.2 mg/ml. Debido a la amplia variación en los resultados encontrada hasta ahora en el uso de sustitutos de calostro, previo a la selección o adquisición de un sustituto de calostro el Médico Veterinario debe solicitar a las empresas productoras de éstos los estudios científicos publicados en revistas arbitradas por comité científico que avalen los beneficios del uso de uno u otro producto (Godden, 2008). El papel en la bioseguridad para el control de ciertas enfermedades, como la infección por MAP o paratuberculosis y otras, debe evaluarse desde el punto de vista económico.

4 MONITOREO DE LOS NIVELES DE INMUNOGLOBULINAS SÉRICAS EN LA BECERRA

Las pruebas directas constatan la concentración de IgG séricas. Éstas son: la inmunodifusión radial, el ensayo de inmunoabsorbencia enzimática (ELISA), la electroforesis y el inmunoensayo. (Boyd, 1972; McGuire, 1982; McBeath, 1971; Williams, 1975). Las pruebas indirectas constatan la concentración de IgG con base en la concentración de globulinas totales u otras proteínas cuya transferencia pasiva se encuentra estadísticamente asociada con la de IgG (Weaver DM 2000), e incluyen la determinación de proteína sérica por refractometría, la prueba de precipitación de sulfito de sodio, la prueba de turbidez de sulfato de zinc, la prueba de actividad de gamma glutamil transpeptidasa y la prueba de coagulación del glutaraldehído en sangre completa (Besser, 1994; Nylor, 1997; Stone, Parish, 1997). Cualquiera de estas pruebas debe usarse al lado de la vaca o en su proximidad, ya sea en el establo o la región, para que los resultados auxilien al personal responsable de la crianza en la toma de decisiones en áreas como el manejo del calostro y la atención individualizada de las becerras con FTI. Los procedimientos de inmunoensayo que detectan IgG bovinas no son fácilmente adaptables a una unidad de producción, a algunos laboratorios o a un consultorio, debido a los costos, la falta de personal capacitado, la colección y el envío de muestras en condiciones específicas; además de que los resultados obtenidos en puntos remotos no tendrían más que un valor estadístico, ya que no servirían como herramienta de diagnóstico o como apoyo para la toma de decisiones. Por otro lado, las pruebas de sulfito de sodio, refractometría y sulfato de zinc requieren sólo de la obtención de suero y de una instrumentación mínima, como lo es una centrifugadora y equipo de laboratorio básico, lo que las hace especialmente útiles en la crianza de becerras.

4.1 REFRACTOMETRÍA

Fue propuesta por primera vez por McBeath *et al.* (1971) y Tyler *et al,* (1996), quienes encontraron que la concentración de proteína sérica (PS) total estaba fuertemente asociada con la concentración de IgG, y calcularon las concentraciones séricas de IgG_1 con base en la siguiente fórmula de regresión, con una correlación de $R^2=0.76$ y un nivel de significancia de $P<0.001$.

IgG$_1$ sérica mg/100ml = -3615 + [901 x proteína sérica total (g/100ml)]

La elección del valor de 5.5 g/100 ml resulta en una prueba altamente sensible para la detección de la FTI (0.94), pero relativamente baja en su especificidad (0.76). El uso del valor de 5.0 g de proteína sérica total por cada 100 ml de suero arroja una baja sensibilidad (0.59) pero al mismo tiempo una alta especificidad (0.96). La elección de los valores de 5.0 o 5.5 g/100 ml deberá basarse en la prevalencia de la transferencia pasiva en el grupo de becerras, en la utilización de los resultados y en los costos con resultados falsos positivos y falsos negativos. Si la becerra tiene más de 5 días de edad, la habilidad del refractómetro para estimar FTI se ve reducida debido a la producción endógena de anticuerpos (Quigley, 2001). Además, debe tomarse en cuenta que en becerras con diarrea neonatal se produce hemoconcentración y una elevación de la proteína sérica. El uso de proteína sérica por refractometría en los valores de 5.0 y 5.5 g/100 ml trabaja adecuadamente como prueba de campo para monitorear el programa de manejo de calostros (Figura 4.7) (Weaver, 2000).

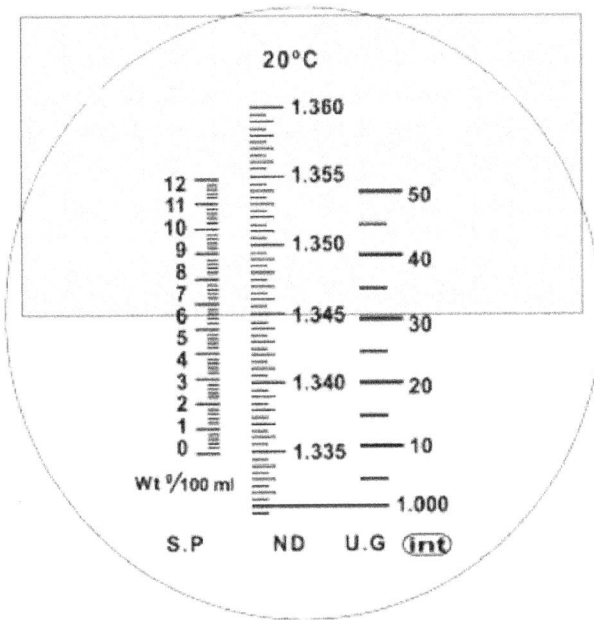

Figura 4.7 Vista interior de un refractómetro indicando proteína sérica >5.5 g/100 ml

Se recomienda colectar sangre sin anticoagulante de un mínimo de 12 becerras clínicamente normales (sin diarrea) de 24 h a 7 días de edad. Hay una alta correlación entre los resultados de sueros obtenidos sin centrifugación y por centrifugación (R^2=0.95).

McGuirk y Collins (2004) proponen que el 85% de las becerras probadas deben exceder el nivel de 5.5 g/100 ml, y Tyler de acuerdo con Godden (2008) sugiere que el 90% de las becerras debe exceder el nivel más sensible de 5.0 g/100 ml. Para lograr mayor precisión en esta prueba debe emplearse un refractómetro con compensación de temperatura. La inversión para la adquisición del refractómetro debe ser amortizada dentro de los costos en activos del MVZ. Adicionalmente, estos costos pueden ser justificados al comparar esta prueba con las de sulfito de sodio y turbidez de sulfato de zinc, sobre la base del ahorro en inversión de tiempo, material de cristalería, lavado de equipos y preparación de reactivos requeridos.

4.2 PRECIPITACIÓN DE SULFITO DE SODIO

Esta prueba se basa en la precipitación selectiva de proteínas de alto peso molecular, incluyendo las inmunoglobulinas, a partir de sales de sulfito de sodio (Weaver, 2000). Esta es una prueba semicuantitativa y rápida mediante la cual es posible monitorear un elevado número de becerras en un mínimo de tiempo y usando equipo básico, lo que hace posible su utilización en condiciones de campo. La prueba de sulfito de sodio es útil cuando se usa en animales de 24 horas a 7 días de edad. El resultado al principio consiste en una turbidez, pero al cabo de 30 a 60 minutos de reposo se observa cierta precipitación, de donde tomó la prueba su nombre original. Su interpretación de tipo objetivo tiene un porcentaje de confiabilidad de alrededor del 93%. Sus resultados de acuerdo con Stone y Tyler b, se clasifican en una escala del 0, 1+, 2+ ó 3+, en donde:

0 = Ausencia de turbidez o de precipitación en los tres tubos.

1+ = Turbidez o precipitación en el tubo conteniendo la solución de sulfito de sodio al 18%, asociada a la ausencia de turbidez o precipitación en los tubos conteniendo las soluciones del 16% y 14%.

2+ = Turbidez o precipitación en los tubos de 18% y 16% asociada a la ausencia de turbidez o precipitación en el tubo conteniendo la solución del 14%.

3+ = Turbidez o precipitación observada en los 3 tubos.

La mayor concentración de las sales en la prueba provoca la turbidez y precipitación de menores concentraciones de proteínas de alto peso molecular (Weaver, 2000). La hemólisis parcial de la muestra parece no afectar los resultados de esta prueba. (Pfeiffer, 1977a).

De acuerdo con Tyler et al., (b) la sensibilidad y la especificidad de la prueba de sulfito de sodio en el nivel del valor 1+ permitió la clasificación correcta de un porcentaje mayor de becerras (86%) que cualquier otra prueba. Adicionalmente, al comparar los resultados 1+ de esta prueba con los de Inmunodifusión Radial (Cuadro 4.3), de acuerdo con Tyler et al. (1996b) se observó que la concentración mínima de IgG_1 fue de 645 mg/100 ml, por lo tanto todas las becerras con un resultado de 1+ fueron, cuando menos, parcialmente exitosas en la recepción pasiva de inmunoglobulinas. En el mismo estudio se observó que todas las becerras con un resultado de 2+ resultaron en valores mayores a 1,000 mg de IgG_1/100 ml. Sin embargo, la elección del valor de la prueba de 2+ incrementó la proporción de becerras que, a pesar de haber logrado una adecuada transferencia de la inmunidad, mostraron resultados falsos positivos, resultando además una disminución en el porcentaje de becerras correctamente clasificadas del 86% al 71%. La concentración media de IgG_1 séricas de becerras en los niveles de 1+, 2+, y 3+ fueron de 1,250, 2,116 y 2,948 mg/dl respectivamente.

Cuadro 4.3 Equivalencia entre los resultados de la prueba de Precipitación de sulfito de sodio y las concentraciones de IgG1 séricas en becerras.

Sulfito de Sodio	IgG_1 sérica (mg/100 ml)	Error estándar	Desviación estándar	Observaciones n	IgG_1 sérica (mg/100 ml)
0 [a]	673	44	427	93	0-2400
1+ [b]	1250	40	310	60	645-2450
2+ [c]	2166	71	652	85	1025-4305
3+ [c]	2948	258	515	4	2380-3625

Medias de grupos con literales distintas son significativamente diferentes (P< 0.01). Medias de grupo con literales idénticas son significativamente diferentes en un nivel menor (P<0.05). Tyler et al. (b, 1996).

Desde un punto de vista práctico la prueba de precipitación de sulfito de sodio puede ser usada como un ensayo con una única dilución. Así, las becerras con resultados positivos empleando la solución al 18% (resultados positivos en 1+) pueden ser clasificados en el estatus de transferencia de la inmunidad pasiva mínima adecuada.

El uso de la prueba de precipitación de sulfito de sodio empleando la solución al 18%, aunado al uso de la refractometría usando los valores de 5.0 g/100 ml ó 5.5 g/100 ml, identificaron correctamente porcentajes similares de becerras, aun así, la prueba de sulfito de sodio parecería ser más apropiada debido a que las becerras con FTI podrían ser más fácilmente detectadas (sensibilidad = 0.85) permitiendo una intervención terapéutica. En todo caso, en condiciones de enfermedad, como es la diarrea neonatal, la prueba de sulfito de sodio es más útil que la de refractometría ya que mide directamente la concentración sérica de Ig (Tyler, 1996).

4.3 TURBIDEZ DEL SULFATO DE ZINC

Esta prueba se desempeñó de manera similar a la prueba de sulfito de sodio empleando el valor de 2+. A pesar de que esta prueba tiene una sensibilidad de 1.0, su especificidad es marginal (0.52) y similar al nivel de 2+ en la prueba de sulfito de sodio (0.56). Consecuentemente, ambas pruebas clasificaron correctamente a una baja proporción de becerras, y las clasificaciones incorrectas provinieron de un alto porcentaje de resultados positivos para FTI en becerras que realmente tenían concentraciones séricas adecuadas de IgG_1. A esta concentración clasificó correctamente al 69% de las becerras muestreadas.

El desempeño de esta prueba puede mejorar elevando la concentración de la solución de sulfato de zinc de 200 mg/l a 350 mg/l, lo que causa un mínimo descenso en la sensibilidad, de 1 a 0.94, y mejora dramáticamente la especificidad, de 0.255 a 0.765, y el valor predictivo positivo, de 0.53 a 0.83 (Hudgens, 1996). Con una hemolisis de 1, 3 y 5% se ha visto que el incremento en la concentración estimada de inmunoglobulinas es de 2.2, 7.6 y 12.6 mg/ml respectivamente (Pfeiffer 1977b). Utilizando soluciones viejas que además no fueron almacenadas adecuadamente con bajos niveles de CO_2, las becerras que tenían una baja concentración de IgG séricas fueron erróneamente clasificadas como con transferencia adecuada de la inmunidad (Tyler, 1996 a y b; Hudges,

1996; Pfeiffer, 1977 a y b). La influencia significativa de hemolisis y CO_2 hacen que esta prueba sea poco útil para su uso rutinario.

4.4 GAMMA GLUTAMIL TRANSPEPTIDASA

Esta enzima es producida por las células de los ductos de la glándula mamaria y como consecuencia es encontrada en el calostro (Baumrucker, 1979). En becerras que ingirieron calostro la concentración de GGT sérica será mayor si se compara con la de las vacas adultas (Thompson, 1981; Braun, 1982; Perino, 1993). En un estudio en donde se evaluó la actividad sérica de la GGT determinada por la concentración de proteína sérica y por electroforesis de proteína sérica (Thompson, 1981), se observó un incremento de la actividad sérica en todas las becerras que habían ingerido calostro. Se notó que la GGT aumenta rápidamente después de la ingestión de calostro. Se observó una disminución drástica de la actividad durante las siguientes 24 horas seguida por un declive gradual y mayor durante los 2 meses siguientes.

Con estos resultados la conclusión es que la actividad de la GGT sérica aumenta en becerras neonatas como resultado de la ingestión de calostro. Esta hipótesis fue confirmada por Braun *et al.* en un estudio que evaluó la actividad de GGT en el suero de 16 becerras y en calostro de sus madres. (Braun, 1982). No hay una asociación significativa presente entre la actividad de la GGT en el calostro y la subsecuente actividad de la GGT sérica en becerras, sin embargo se encontró una correlación entre el log de la actividad de la GGT sérica y las globulinas séricas. La GGT sérica puede ser usada para confirmar la ingestión de calostro, pero no permite tener una evaluación precisa de la concentración de IgG séricas. La hipótesis es que la GGT puede ser usada como indicador de la transferencia de inmunidad pasiva.

Parish *et al.* (1997) desarrollaron un modelo para predecir la transferencia pasiva en función de la edad y la actividad de la GGT sérica (r^2=.40) para becerras menores de 11 días de edad, de la cual la interpretación es la siguiente:

Becerras de 1 día de edad: Actividad de la GGT sérica debe ser >200 UI/l.

Becerras de 4 días de edad: Actividad de la GGT sérica deber ser >100 UI/l.

Becerras de 7 días de edad: Actividad de la GGT sérica debe ser >75 UI/l.

Becerras hasta de 15 días de edad: Con actividad sérica <50 UI/l se considerarán con FTI.

La actividad sérica de la GGT no tiene ventajas relativas sobre otros métodos para evaluar la transferencia de la inmunidad pasiva.

4.5 GLUTARALDEHÍDO

Tennant *et al.* (1979) modificaron la prueba original del coágulo del glutaraldehído (Sandholm, 1974; Sandholm, 1976) en becerras neonatas utilizando suero en lugar de sangre completa, ya que el primero elimina la interacción del glutaraldehído con el fibrinógeno. En este estudio se utilizaron 50 µl de glutaraldehído al 10% adicionando 0.5 ml de suero. En las pruebas se observó la formación del coágulo dentro de 1 hora y aquellos casos en los que no hubo formación del coágulo se consideraron hipogammaglobulinémicos. Utilizando 1.5 ml de sangre completa y adicionando la solución de glutaraldehído se debe observar la formación del coágulo en un tiempo <5 minutos, lo cual es indicativo de una adecuada transferencia de la inmunidad pasiva.

El uso del glutaraldehído tiene la ventaja de que se pueden iniciar muchas pruebas al mismo tiempo y todas ser evaluadas rápidamente sin instrumentación extra. Es práctica en programas de medicina preventiva de unidades de producción intensivas (Tennant, 1979).

Sin embargo, esta prueba se considera inadecuada para su uso rutinario ya que, no obstante ser una prueba rápida y económica, es afectada por el grado de deshidratación de la becerra y produce elevaciones falsas en la lectura de concentración de inmunoglobulinas (Hunt, 1988). Adicionalmente, la baja sensibilidad (de 0.41 a 0.00) y especificidad (0.85 a 1.00) del ensayo reducen su utilidad diagnóstica. (Tyler, 1996 b). Esta prueba ha sido utilizada también en rumiantes de zoológico.

4.6 INMUNODIFUSIÓN RADIAL SIMPLE

Es la más específica para la cuantificación de IgM e IgG, pudiendo también cuantificarse las IgA[7]. Es la prueba más cara y tardada para el dia-

---

[7] Radial Immunodiffusion Kits. Vet. Medical Res. Development, P.O. Box 502

gnóstico de la FTI y por lo mismo no es una prueba de uso rutinario en la clínica de campo, pero sí un instrumento para la investigación.

4.7 ENSAYO DE INMUNO-ABSORBENCIA LIGADO A ENZIMAS (ELISA)

Esta prueba es semicuantitativa para la determinación de la concentración de Ig y es similar a la prueba de inmunodifusión radial simple en cuanto a su precisión. En estudios preliminares esta prueba se desempeñó de manera similar a la prueba de precipitación de sulfito de sodio a la concentración del 18% y a los procedimientos de refractometría (Weaver, 2000).

4.8 ELECTROFORESIS

Es una técnica de laboratorio mediante la cual las diferentes inmunoglobulinas y la albúmina pueden ser cuantificadas. Valores inferiores a 1 g de inmunoglobulinas/100 ml son indicativos de FTI parcial, mientras que valores inferiores a 500 mg/dl indican FTI total. Las mayores desventajas de esta prueba son que la interpretación del área de las gamma globulinas puede ser subjetiva, que es de laboratorio y es costosa.

4.9 INMUNOENSAYO

Dawes *et al.* (2002) evaluaron la utilidad diagnóstica de un inmunoensayo comercialmente disponible[8] para el diagnóstico de la FTI en becerras neonatas, comparando sus resultados con radioinmunoensayo, precipitación de sulfito de sodio al 18%, y con refractometría empleando un refractómetro con compensación de temperatura.

En el estudio citado, la prueba de inmunoensayo de flujo lateral tuvo una sensibilidad y especificidad del 0.93 y el 0.88 respectivamente, la de sulfito de sodio tuvo 1.00 y 0.53, y la de refractometría tuvo 0.71 y 0.83, utilizándose como criterio en esta última el nivel de 5.2 g/100 ml. La sensibilidad de este inmunoensayo fue significativamente más baja que la de la prueba de sulfito de sodio, pero fue significativamente más alta

---

Pullman, WA 99163, USA.
[8] Midland Bio-Products, Boone, Iowa.

que la sensibilidad de la prueba de refractometría. La especificidad del inmunoensayo fue significativamente más alta que la de la prueba de sulfito de sodio, pero no difirió significativamente de la especificidad de la refractometría.

El uso de inmunoensayos tiene grandes ventajas ya que no requiere de instrumentación adicional, se adapta a condiciones de rancho o clínica y la inversión inicial para su adquisición es menor que la de un refractómetro de alta calidad o la de los materiales para la realización de la prueba de precipitación de sulfito de sodio y de radio inmunoensayo. Además, provee resultados mas rápidamente, permitiendo una intervención a tiempo en el manejo de becerras con FTI. Los resultados del inmunoensayo pueden ser benéficos para el monitoreo de hatos con becerras aparentemente sanas (Dawes, 2002).

4.10 EFICIENCIA APARENTE DE LA ABSORCIÓN DE IGG (EAA)

Es un término acuñado para referirse a la eficiencia con la que son absorbidas las IgG hacia el suero sanguíneo, más no a la absorción total de IgG (Quigley, 1998). Las IgG son absorbidas hacia diversos tejidos y por lo tanto la EAA es una medida relativa que asume un estadio de equilibrio en todas las becerras. La EAA se calcula con base en la siguiente fórmula:

$$\text{EAA (\%)} = \text{IgG séricas (g)/consumo de IgG (g)} \times 100$$

En donde:

IgG séricas = concentración séricas de IgG (g/l) x volumen sérico (l).

De acuerdo con diversos autores, el volumen de sangre o de suero en una becerra es del 6.5 al 9.3%, por lo que el 7% del peso corporal es un valor aceptado y usado en investigaciones sobre la EAA (Quigley, 1998). El uso del concepto de EAA no reemplaza a la determinación de inmunoglobulinas para cuantificar la eficiencia de la transferencia de la inmunidad.

5 DESINFECCIÓN UMBILICAL

La desinfección del cordón umbilical con yodo metálico al 4 ó 5% ayuda a prevenir la onfaloflebitis y la poliartritis, ya que su sabor desagradable evita que la vaca u otro becerro le irriten el área, ocasionándole inflamación e infección. Lo ideal es que por cada becerra a desinfectar se emplee un vasito desechable que contenga el yodo y se sumerja en éste el cordón umbilical hasta 1 ó 2 cm antes de rozar con el abdomen. Así se desinfectará el cordón sin contacto de la solución con la pared abdominal o con los órganos abdominales. Este procedimiento de desinfección debe repetirse a las 12 horas, y de ser posible a las 24 horas, para asegurar la antisepsia de la zona. El cordón debe cortarse para que tenga una longitud de aproximadamente 20 cm, lo que resulta largo para la migración bacteriana o el contacto directo con contaminantes, y corto para evitar desgarres por pisotones autoinfligidos en el extremo.

LITERATURA CITADA

Baumrucker, C. R.; Pocius P. A.: Gamma Glutamyl Trasnpetidase of Bovine Milk Membranes: Distribution and Characterization. J. Dairy Sci; 62:253-258 (1979)

Besser, T. E.; Gay, C. C.: The Importance of Colostrum to the Health of the Neonatal Calf. Vet Clin North Am Food Anim Pract 1994; 10: 107-117.

Besser, T. E.; Gay, C. C.; McWire, T. C. and Evermann, J. F.: Passive Immunity to Rotavirus Infection Associated with Transfer of Serum Antibody into the Intestinal Lumen. J. Virology. 62: 2238-2242, 1988a.

Besser, T. E.; McWire, T. C.; Gay, C. C. and Pritchett, L. C.: Transfer of Functional Immunoglobulins G (IgG) Antibody into the Gastrointestinal Tract Accounts for IgG Clearance in Calves. J. Virology. 62: 2238-2242, 1988b.

Blood, D. C. and Radostits, O. M.: Veterinary Medicine. 7th ed. Lea Febiger. Philadelphia, PA. 1989.

Boyd, J. H.: The Relationship between Serum Immunoglobulin Deficiency and Disease in Calves: A Farm Survey. Vet. Rec. 90:645-649 (1972).

Braun, J. P., Tainturier, D.; Laugier, C.; Benard, P.; Thouvenot, J. P.; Rico, A. G.: Early Variations of Blood Plasma Gamma-glutamyl Transferase in Newborn Calve: A Test of Colostrum Intake. J. Dairy Sci 1982, 65 (11):2178-2181

Brignole, F. J. and Stott, G. H.: Effect of Suckling Followed by Bottle Feeding Colostrum on Immunoglobulin Absorption and Calf Survival. J Dairy Sci. 63:451-456 (1980).

Carlson, S. M. A.; Muller, L. D.: Compositional and Metabolic Evaluation of Colostrum Preserved by Four Methods During Warm Ambient Temperatures. J. Dairy Sci. 60:566 1977.

Chigerwe, M.; Dawes, M. E.; Tyler, J. W. et al.: Evaluation of a Cow-Side Immunoassay Kit for Assessing IgG Concentration in Colostrums. J Am Vet Med Assoc 227:129-131(2005).

Clarke, R. C.; McEwen, S. A.; Gannon, V. P.; Lior, H. and Gyles, C. L.: Isolation of Verocytotoxin-Producing Escherichia coli from Milk Filters in South-Western Ontario. Epidemiol. Infect. 102:253–260. (1989)

Dawes, M. E.; Tyler, J. W.; Hostetler, D.; Lakritz, J.; Tessman, R.: Evaluation of a Commercially Available Inmunoassay for Assessing Adequacy of Passive Transfer in Calves. JAVMA; 220:791-793 (2002).

De Nise, S. K.; Robinson, J. D.; Stott, G. H. et al.: Effects of Passive Immunity on Subsequent Production in Dairy Heifers. J Dairy Sci 1989; 72:552-4.

Donovan, D.; Reber, A.; Gabbard, J. et al.: Effect of Maternal Cells Transferred with Colostrum on Cellular Response to Pathogen Antigens in Neonatal Calves. Am J Vet Res 2007; 68:778-82.

Faber, S. N.; Faber, N. E.; McCauley, T. C. et al.: Effects of Colostrums Ingestion on Lactational Performance. The Professional Animal Scientist 2005; 21:420-5.

Farber, J. M.; Sanders, G. W. and Malcolm, S. A.: The Presence of Listeria spp. in Raw Milk in Ontario. Can. J. Microbiol. 34:95–100 (1988).

Fleenor, W. A. and Stott, G. H.: Hydrometer Test for Estimation of Immunoglobulin Concentration in Bovine Colostrum. J. Dairy Sci. 63(6):973-977 (1980).

Foley, J. A.; Otterby, D. E.: Availability, Storage, Treatment, Composition, and Feeding Value of Surplus Colostrums. J Dairy Sci 1978; 61:1033-60.

Foley, J. A.; Otterby, D. E.: Availability, Storage, Treatment, Composition and Feeding Value of Surplus Colostrum: A Review. J.Dairy Sci. 61(8): 1-33-1060, 1978.

Gay, C.; Fisher, E. W.; McEwan, A. D.: Seasonal Variations in Gamma globulins in Neonatal Market Calves. Vet. Rec 77 (34): 994 (1965)

Gay, C. C.; Besser, T. E.; Pritchett, L. C.; Hancock, D. D.; Wikse, S.: Avoidance of Passive Transfer Failure in Calves. Proceedings of the 20th Annual Convention of the American Association of Bovine Practitionres. Phoenix, AZ. 1987.118-120. Frontier Printers. Stillwater, OK (1988).

Gay, C. C.: Failure of Passive Transfer of Calostral Immunoglobulins and Neonatal Disease in Calves: A Review. Proceedings of the Fourth International Symposium on Neonatal Diarrhea. Saskatoon, Saskatchewan CANADA. 1983. 346-364. University of Saskatchewan (1983).

Godden, S.: Colostrum Management for Dairy Calves. Vet Clin Food Anim 24 (2008) 19-39.

Godden, S. M.; Smith, S.; Feirtag, J. M.; Green, L. R.; Wells, S. J.; Fetrow, J. P.: Effect of On-Farm Commercial Batch Pasteurization of Colostrum on Colostrum and Serum Immunoglobulin Concentration in Dairy Calves. J Dairy Sci 86, 1503-1512., 2003

Goff, J. P.; Horst, R. L.: Physiological Changes at Parturition and their Relationship to Metabolic Disorders. J Dairy Sci 80: 1260-1268, 1997.

González, J. A.: Efecto de la pasteurización lenta sobre el recuento de mesófilos y enterobacterias en calostros de primer ordeño de bovino de la raza Holstein. Tesis de Licenciatura de MVZ, FMVZ, UNAM, Asesores: Mario Medina Cruz, Laura Hernández Andrade, 4 de Julio del (2006).

Grant, I. R.; Ball, H. J. and Rowe, M. T.: Thermal Inactivation of Several Mycobacterium spp. in Milk by Pasteurization. Appl. Microbiology. 22:253–256 (1996a).

Grusenmeyer, D. J.; Ryan, C. M.; Galton, D. M. et al.: Shortening the Dry Period From 60 to 40 Days Does Not AffectColostrum Quality but Decreases Colostrums Yield by Holstein Cows. J Dairy Sci 89 (Suppl1): 336, 2006.

Guy, M. A.; McFadden, T. B.; Cockrell, D. C. et al.: Regulation of Colostrums Formation in Beef and Dairy Cows. J Dairy Sci 1994;77:3002-7.

Hancock, D. D.: Assessing Efficiency of Passive Immune Transfer in Dairy Herds. J Dairy Sci. 68(1):163-183, 1985.

Hoerlein, A. B. and Jones, D. L.: Bovine Immunoglobulins Following Induced Parturition. J. Am. Vet. Med. Ass. 170(3): 325-326 (1977).

Howard, J. L.: Current Veterinary Therapy, Food Animal Practice. 1[rst]. ed. WB Sanders, Philadelphia, PA, USA, 1981.

Hudgens, K. A.; Tyler, J. W.; Besser, T. E.; Krytenberg, D. S.: Optimizing Performance of a Qualitative Zinc Sulfate Turbidity Test for Passive Transfer of Immunoglobulin G in Calves. Am J Vet Res. 57: 1711-1713 (1996)

Hunt; C., Anderson, K. L.: Diagnosis of Colostrum Deprivation in Calves. Proceedings of the 20th Annual Convention of the American Association of

Bovine Practitioners, Phoenix, AZ. 1987. 108-111. Frontier Printers. Stillwater OK (1988).

Johnson, J. L.; Godden, S. M.; Molitor, T.; Ames, T.; Hagman, D.: Effects of Feeding Heat-Treated Colostrum on Passive Transfer on Immune and Nutritional Parameters in Neonatal Dairy Calves. J Dairy Sci. 90: 5189-5198, 2007.

Kruse, V.: Yield of Colostrum and Immunoglobulin in Cattle at the First Milking after Parturition. Animal Prod. 12:619-626 (1970).

Larson, B. L.; Heary, H. L. Jr; Devery, J. E.: Immunoglobulin Production and Transport by the Mammary Gland. J Dairy Sci 1980; 63:665-71.

Logan, E. F.; Gibson.: Serum Immunoglobulins Levels in Suckled Beef Calves. Vet. Rec. 97:229-230 (1975).

Logan, E. F.: Calostral Immunity to Colibacillosis in the Neonatal Calf. Br. Vet. J. 130:405-412 (1974).

Logan, E. F.: The Influence of Husbandry on Colostrum Yield and Immunoglobulin Concentration in Beef Cows. Br. Vet. J. 133:120-125 (1977).

Lovett, J.; Francis, D. W. and Hunt, J. M.: Isolation of Campylobacter jejuni from Raw Milk. Appl. Environ. Microbiol. 46:459–462(1983)

Maidment, D. C.: Changes in Immunoglobulin Levels During Storage of Fermented Bovine Colostrum. Br. Vet. J. 138(1):18-22, 1982.

Mallard, B. A.; Dekkers, J. C.; Ireland, M. J.; Leslie, K. E.; Sharif, S.; Van Kampen, C. L.; Wagter, L.; Wilkie, B. N.: Alteration in Immune Responsiveness During the Peripartum Period and its Ramification on Dairy Cow and Calf Health. Symposium: Bovine Immunology J. Dairy Sci. 81: 585-595, 1998.

Maunsell, F. P.; Morin, D. E.; Constable, P. D. et al.: Effects of Mastitis on the Volume and Composition of Colostrum Produced by Holstein Ccows. J Dairy Sci 81:1291-1299, 1998.

McBeath, D. G.; Penhale, W. T.; Logan, E. F.: An Examination of the Influence of Husbandry on the Plasma Immunoglobulin Level of the Newborn Calf - Using a Rapid Refractometer Test for Assessing Immunoglobulin Content. Vet. Rec. 88:266-270 (1971).

McBeath, D.G.: Prophylactic Use of Hyperimmune Serum in Experimental Colisepticaemia in Calves. Vet. Rec. 100(13): 259-262, 1977.

McEwan, A. D.; Fisher, E. W. and Selman, I. E.: Observations on the Immune Globulins Levels of Neonatal Calves and their Relationship to Disease. J. Comp. Path. 80(2): 259-265 (1970a).

McEwan, A. D.; Fisher, E. W. and Selman, I. E.: An Estimation of Efficiency of the Absorption of Immunoglobulins from Colostrum by Newborn Calves. Res. Vet. Sci. 11(3):239-243 (1970b).

McEwan, A. D.; Fisher, E. W.; Selman, I. E. and Penhale, W. J.: A Turbidity Test for the Estimation of Immune Globulins Levels in Neonatal Calf Serum. Clin. Chem. Acta, 27:155-163 (1970c).

McGuire, T. C. and Adams, D. S.: Failure of Colostral Immunoglobulin Transfer to Calves: Prevalence and Diagnosis. Comp. Cont. Educ. 4(1):S35-S40 (1982).

McGuirk, S. M.: Practical Colostrum Evaluation. Proceedings of the 21st Annual Convention of the American Association of Bovine Practitioners. Calgary, Alberta, CANADA 1988. 79-82. Frontier Printers, Stillwater, OK (1989).

McGuirk, S. M; Collins, M.: Managing the Production, Storage, and Delivery of Colostrum. Vet Clin Food Anim 20: 593-603, (2004)

Medina, C. M.: Efecto de la longitud del período seco sobre la producción en la siguiente lactancia en ganado Holstein-Friesian. Tesis, Facultad de Medicina Veterinaria y Zootecnia, Universidad Nacional Autónoma de México, 6 de abril de 1979.

Medina, C. M.; Cruz, C.; Montaldo, H. H.: Serum Protein Levels in Holstein Calves Fed Pasteurized–Frozen-Thawed or Unpasteurized First Milk Colostrum. The Bovine Practitioner 42(2):201-205, 2008.

Molla, A.: Immunoglobulin Levels in Calves Fed Colostrum by Stomach Tube. Vet. Rec. 103:377-380 (1978).

Moore, M.; Tyler, J. W.; Chigerwe, M.; Dawes, M.E.; Middleton, J. R.: Effect of Delayed Colostrum Collection on Colostral IgG Concentration in Dairy Cows. JAVMA, 226 (8): 1375-1377, 2005.

Morilla, A. G.: Aspectos inmunológicos de la etapa perinatal de los bovinos. En: Manual sobre ganado productor de leche. Editado por: Pérez Domínguez M. 468-485. Ed. Diana, México, D.F., 1982.

Morin, D. E.; Constable, P. D.; Maunsell, F. P. et al.: Factors Associated with Colostral Specific Gravity in Dairy Cows. J Dairy Sci 84:937-943, 2001.

Morin, D. E.; McCoy, G. C.; Hurley, W. L.: Effects of Quality, Quantity and Timing of Colostrum Feeding and Addition of a Dried Colostrum Supplement on Immunoglobulin G_1 Absorption in Holstein Bull Calves. J Dairy Sci. 80(4). 747-753, 1997.

Muller, J. W.; Steevens, B. J.; Hostetler, D. E. et al.: Colostral Immunoglobulin Concentrations in Holstein and Guernsey Cows. Am J Vet Res 1999; 60:1136-9.

Nardone, A.; Lacetera, N.; Bernabucci, U. et al.: Composition of Colostrum from Dairy Heifers Exposed to High Air Temperatures During Late Pregnancy and the Early Postpartum Period. J Dairy Sci, 80:838-844, 1997.

National Animal Health Monitoring System. Dairy 1996; National Dairy Health Evaluation Project. Dairy Heifer Morbidity, Mortality, and Health Management Focusing on Preweaned Heifers. Ft. Collins (CO): USDA-APHIS Veterinary Services; 1996.

Naylor, J. M.; Kronfeld, D. S.: Refractometry as a Measure of the Immunoglobulin Status of the New Born Dairy Calf: Comparison with the Zinc Sulfate Test ans Single Radial Immunodifusion. J Am Vet Med Assoc 1997; 171: 1331-1334.

Odde, K. G.: Survival of the Neonatal Calf. Veterinary Clinics of North America: Food Animal Practice 4(3): 501-508, 1988.

Parish, S. M.; Tyler, J. W.; Besser, T. E. et al.: Prediction of Serum IgG1 Concentration in Holstein Calves Using Serum Gamma Glutamyl Transferase Activity. J. Vet. Intern. Med; 11: 344-347 (1997)

Perino, L. J.; Sutherland, R. L.; Woollen, N. E.: Serum Gamma Glutamyl Transferase Activity and Protein Concentration at Birth and After Suckling Calves with Adequate and Inadequate Passive Transfer of Inmunoglobulin G. Am J. Vet Res; 54: 56-59 (1993).

Pfeiffer, N. E.; McGuire, T. C.; Bendel, R. B.; Weikel, J. M.: Quantitation of Bovine Immunoglobulins: Comparision of Single Radial Immunodiffusion, Zinc Sulfate Turbidity, Serum Electrophoresis, and Refractometer Methods. Am J Vet Res. 38: 693-698 (1977b)

Pfeiffer, N. E.; McGuire, T. C.: A Sodium Sulfite Precipitation Test for Assessment of Colostral Immunoglobulin Transfer to Calves. J Am Vet Med Assoc. 170: 809-811 (1977a)

Poulsen, K. P.; Hartmann, F. A.; McGuirk, S. M.: Bacteria in Colostrum: Impact on Calf Health [abstract 52] in Proc. 20th American College of Internal Veterinary Medicine.St. Louis (MO): Mira Digital Publishing; p 773 (2002)

Pritchett LC, Gay CC, Hancock DD, et al.: Evaluation of the Hydrometer for Testing Immunoglobulin G Concentrations in Holstein Colostrums. J Dairy Sci 77:1761-1767, (1994).

Quigley, J.: Calf Age, Total Protein and FPT in Calves. Calf Note 2001 (#62). Disponible en: URL:http://www.calfnotes.com

Quigley, J.: http://www.calfnotes.com/ Calf Note # 96, Pasteurized Colostrum, 2003.

Quigley, J.: http://www.calfnotes.com/CNcalvingease.htm. Calving ease. July,

Quigley, J.D.; Drewry, J. J.: Nutrient and Immunity Transfer from Cow to calf Pre and Postcalving. J Dairy Sci 81: 2779-2790 (1998).

Radostits, O. M. and Blood, D. C.: Herd Hhealth. 1rst. ed. W.B. Saunders. Philadelphia, PA, 1985.

Rastani, R. R.; Grummer, R. R.; Bertics, S. J.; Gümen, A.; Wiltbank, M. C.; Mashek, D. G.; Schwab, M. C.: Reducing Dry Period Length to Simplify Feeding Transition Cows: Milk Production, Energy Balance, and Metabolic Profiles. J Dairy Sci. 88:1004-1014, 2005.

Rea, D. E.; Tyler, J. W.; Hancock, D. D.; Besser, T. E.; Wilson, L.; Krytenberg, D. S.; Sanders, S. G.: Prediction of Calf Mortality by Use of Tests for Passive Transfer of Colostral Immunoglobulin. JAVMA 208 (12): 2047-2049 1996.

Robison, J. D.; Stott, G. H.; De Nise, S. K.: Effects of Passive Immunity on Growth and Survival in the Dairy Heifer. J Dairy Sci 71:1283-1287 (1988)

Sandholm, M.: A Preliminary Report of a Rapid Method for the Demonstration of Abnormal Gamma Globulin Leves in Bovine Whole Blood. Res. Vet. Sci; 17: 32-35 (1974)

Sandholm, M.: Coagulation of Serum by Glutaraldehyde. Clin. Biochem; 9: 39-41 (1976).

Selman, I. E.; De la Fuente, G. F.; Fisher, E. W. and McEwan, A. D.: The Serum Immune Globulin Concentrations of Newborn Dairy Heifer Calves: A Farm Survey. Vet. Rec. 88:460-464 (1971).

Staley, T. E.; Bush, L. J.: Receptor Mechanisms of the Neonatal Intestine and their Relationship to Immunoglobulin Absorption and Disease. J Dairy Sci. 68(1):184-205, 1985.

Stewart, S.; Godden, S.; Bey, R.; et al.: Preventing Bacterial Contamination and Proliferaction During the Harvest, Storage and Feeding of Fresh Bovine Colostrums. J Dairy Sci ; 88:2571-8 (2005).

Stone, S. S. and Gitler, M.: The validity of the Sodium Sulfite Test for Detecting Immunoglobulins in Calf Serum. Br Vet J. 1969; 125: 68-72.

Stone, S. S. and Gitter, M.: The validity of the Sodium Sulfite Test for Detecting Immunoglobulins in Calf Serum. Br. Vet. J. 125:68-73 (1963).

Stott, G. H.; Fleenor, W. A. and Kleese, W. C.: Colostral Immunoglobulin Concentration in Two Fractions of First Milking Pospartum and Five Additional Milkings. J Dairy Sci. 64(3):459-465 (1981).

Stott, G. H.; Marx, D. B.; Menefee, B. E.; Nightengale, G. T.: Colostral Immunoglobulin Transfer in Calves. I. Period of Absorption. J Dairy Sci. 62(10): 1632-2638, 1979a.

Stott, G. H.; Marx, D. B.; Menefee, B. E.; Nightengale, G. T.: Colostral Immunoglobulin Transfer in Calves. II. The Rate of Absorption. J Dairy Sci. 62(11): 1766-1773, 1979b.

Streeter, R. N.; Hoffsis, G. F.; Beach-Nielsen, S. et al.: Isolation of Mycobacterium paratuberculosis from Colostrums and Milk of Subclinically Infected Cows. Am J Res 1995; 56(10):1322-4.

Sundrum, A.; Bothmer Von, G.; Frerking, H.; Schmidt, F. W.: „Zum Einfluss der Ansäuerung von Kolostrum mittels Ameisenäure auf die Immunoglobulinversorgung des neugeborenen Kalbes. Tieräeztliche Umschau 43(6):358-367, 1988.

Swan, H.; Godden, S.; Bey, R. et al.: „Passive Transfer of Immunoglobulin G and Preweaning Health in Holstein Calves Fed a Commercial Colostrum Replacer. J Dairy Sci 90:3857-3866 (2007)

Tennant, B.; Baldwin, B. H.; Braun, R. K. et al.: Use of Glutaraldehyde Coagulation Test for Detection Hypo Gammaglobulinemia in Neonatal Calves. J. Am. Vet. Med. Assoc; 174:848-853 (1979)

Thomas, L. H. and Swan, R. G.: Influence of Colostrum on the Incidence of Calf Pneumonia. Vet. Rec. 92:454-455, 1973.

Thompson, J. C.; Pauli, J. V.: Colostral Transfer of Gamma Glutamyl Transpeptidase in Calves. N. Z. Vet. J; 29: 223-226 (1981).

Tyler, J. H.; Steevens, B. J.; Hostetler; D. E. et al.: Colostral Immunoglobulin Concentrations in Holstein and Guernsey Cows. Am. J. Vet. Res. 60: 1136-1139, 1999.

Tyler, J. W.; Besser, T. E.; Wilson, L. et al.: Evaluation of a Whole Blood Glutaraldehyde Coagulation Test for the Detection of Failure of Passive Transfer in Calves. J. Vet. Intern. Med; 10: 82-84 (1996a).

Tyler, J. W.; Hancock, D. D.; Parish, S. M.; Rea, D. E.; Besser, T. E.; Sanders, S. G.; Wilson, L. K.: Evaluation of 3 Assays for Failure of Passive Transfer in Calves. J. Vet. Intern. Med. 10 (5): 304-307 (1996b).

Walz, P. H.; Mullaney, T. P.; Render, J. A.; Walker, R. D.; Mosser, T. and Baker, J. C.: Otitis Media in Preweaned Holstein Dairy Calves in Michigan due to Mycoplasma bovis. J. Vet. Diagn. Invest. 9:250–254(1997).

Weaver, D. M.; Tyler, J. W.; Van Metre, D. C. et al.: Passive Transfer of Colostral Immunoglobulins in Calves. J Vet Intern Med: 14:569-577, (2000b).

Weaver, D. M.; Tyler, J. W.; Van Metre, D. C.; Hostetler, E.; Barrington, G. M.: Passive Transfer of Colostral Immunoglobulins in Calves. J. Vet. Intern. Med. 14:567-569, (2000a).

Wells, S. J.; Dargatz, D. A.; Ott, S. L.: Factors Associated with Mortality to 21 Days of Life in Dairy Heifers in the United States. Prev Vet Med 1996; 29:9-19.

Williams, M. R.; Spooner, R. L. and Thomas, L. H.: Quantitative Studies on Bovine Immunoglobulins. Vet. Rec. 96:81-84 (1975).

CAPÍTULO V

NUTRICIÓN EN LACTANCIA, DESARROLLO Y CRECIMIENTO

Editor: Mario Medina Cruz, MVZ, MSc, DCV

---

1 CALOSTRO DE PARTO

Mario Medina Cruz MVZ, MSc, DCV

El calostro del bovino es una mezcla de secreciones lácteas y constituyentes sanguíneos, que se acumulan en la glándula mamaria durante el preparto con el objeto de proveer nutrimentos, inmunoglobulinas y factores inmunitarios al becerro recién nacido. A partir de la cuarta o quinta semana preparto las inmunoglobulinas G_1 (IgG_1) empiezan a concentrarse en la glándula mamaria en forma selectiva y activa a través de receptores en su epitelio secretor. Como resultado de este fenómeno, la Ig predominante en el calostro del bovino es la IgD, en tanto las IgG_2, IgM e IgA están presentes en menores concentraciones (Gay, 1988; Hunt, 1988). La IgG con un peso molecular de 150,000 está formada por dos fragmentos Fab, que son capaces de reconocer antígenos específicos como toxinas y enzimas y provocar su inactivación, y de producir la neutralización de virus. Tiene además un fragmento Fe que les permite fijarse al complemento, unirse a células poseedoras de receptores, como los macrófagos, y pasar a través de las células del epitelio intestinal del bovino (Morilla, 1982). La IgM, con un peso molecular de 900,000, es importante en la neutralización viral. Es capaz de fijar el complemento, constituye la primera línea de defensa y es la principal para la protección de la colisepticemia (Hunt, 1988; Morilla, 1982; Gay, 1983). Los becerros con falla en la transferencia de inmunoglobulinas (FTI) tienen un riesgo hasta 10 veces mayor de sufrir colisepticemia comparados con los becerros con una transferencia de inmunoglobulinas adecuada (Hunt, 1988). La IgA tiene un peso molecular de 170,000. La variedad secretora de la IgA (IgA S) está formada por dos IgA y posee

369

un polipéptido adicional denominado pieza secretora, la que impide su degradación por enzimas proteolíticas. Esta característica permite la defensa de las mucosas en el aparato digestivo y respiratorio entre otros (Morilla, 1982). En adición, el pH básico del abomaso y del intestino durante las primeras 20 horas de vida permite el paso de las inmunoglobulinas sin ser digeridas (Morilla, 1982). Las inmunoglobulinas del calostro proveen protección a nivel sistémico y local. Esta protección ocurre a través de la secreción de IgA e IgG circulantes derivadas del calostro hacia la superficie intestinal, y por medio de la actividad directa de anticuerpos calostrales no absorbidos en el intestino. El calostro es más rico en sólidos totales que la leche (22% vs 12%), debido principalmente a su alto contenido de proteína (17.6 vs 3.3). De esta proteína, casi la mitad (47%) consiste de gamma globulinas.

Si bien las inmunoglobulinas son el constituyente más importante del calostro, existen otros factores no gammaglobulinémicos que desempeñan funciones inmunes a nivel local y sistémico, como el complemento, la lactoferrina, la transferrina, las lisozimas, la lactoperoxidasa, el tiocianato, el peróxido de hidrógeno, los linfocitos y la flora bacteriana (McGuirk, 1989). El complemento facilita la fagocitosis por medio de los neutrófilos a través de la opsonización bacteriana; la lactoferrina y la transferrina se acoplan al Fe^{++} evitando que sea utilizado por las bacterias para su crecimiento (Hunt, 1988). En adición, la caseína, la lactosa, la grasa, las vitaminas A y E, y los electrolitos, aportan nutrimentos y contribuyen a normalizar las funciones digestivas. Estos nutrimentos son benéficos aun después de que las inmunoglobulinas han dejado de absorberse, por lo cual en ocasiones se recomienda la alimentación con calostro durante la fase de lactancia. El calostro contiene la enzima gamma glutamil transferasa (GGT) en concentraciones hasta mil veces superiores a su nivel sérico; no obstante no estar ligada a las gamma globulinas, su presencia en el suero y en la orina del becerro es indicativa de que ha habido alguna ingestión de calostro.

En el cuadro 5.1 se muestra la composición del calostro obtenido durante los primeros seis ordeños posparto, y además se muestra en forma comparativa la composición de la leche. La composición de los primeros cuatro ordeños refleja los cambios más importantes que se presentan en la composición del calostro a medida que se va ordeñando a la vaca. En los cuatro primeros ordeños la proteína total disminuye mientras la lactosa se incrementa. El contenido de inmunoglobulinas desciende rápidamente. La grasa, los sólidos totales, los sólidos no grasos y las cenizas también disminuyen. Las vitaminas A y E disminuyen durante los primeros seis ordeños posparto (Foley, 1978).

La composición y las características físicas del calostro al parto varían no solamente con base en el tiempo posparto, también en función de la raza, número de parto, alimentación preparto, longitud del período seco y aspectos individuales. El calostro, a diferencia de la leche, es una fuente rica en proteínas, particularmente inmunoglobulinas, grasa, vitaminas A, D y E, vitamina B y hierro (Roy, 1980).

1.1 CALOSTROS FRESCOS, FERMENTADOS Y PRESERVADOS

El calostro del bovino confiere inmunidad pasiva al becerro recién nacido durante las primeras 24 horas de vida; generalmente se administra como calostro fresco durante los tres días posteriores al nacimiento. La producción de calostro en el ganado Holstein en los tres primeros días posparto es de 24 a 33 kilogramos para vaquillas de primer parto, y de 42 a 54 kilogramos para vacas adultas. La mayoría de las vacas lecheras al parto producen calostro en exceso para satisfacer los requerimientos del becerro durante los primeros tres días de vida. Este exceso de calostro no es comercializable para consumo humano, pero puede ser empleado en la alimentación de los becerros durante el período de lactancia. El calostro se preserva para uso futuro mediante los siguientes procedimientos: refrigeración, fermentación y tratamiento químico. Si bien la refrigeración del calostro es una posibilidad satisfactoria para su uso como alimento, está sujeta a la disponibilidad de refrigeradores y de energía eléctrica en los sitios de producción. Los calostros fermentados y tratados químicamente presentan una alternativa para la alimentación de los becerros en ambientes templados (Foley, 1978). El calostro puede ser convenientemente almacenado a temperatura ambiente tomando en cuenta las siguientes recomendaciones:

- El calostro debe ser manejado en forma higiénica, evitando al máximo cualquier contaminación por organismos patógenos.

- El calostro debe almacenarse en botes de plástico con tapa. Éstos se limpian fácilmente una vez que se han vaciado, además de que no presentan corrosión como ocurre en los botes metálicos debido a la producción de ácidos o a su adición.

- Antes de administrarse, el calostro debe agitarse y mezclarse perfectamente.

- Nuevas adiciones de calostro pueden llevarse a cabo diariamente sin que su composición se vea afectada.

El calostro debe almacenarse a temperaturas menores de 25 °C.

Se recomienda usar un aditivo químico en condiciones de temperaturas ambientales extremas. Entre los agentes químicos más exitosamente utilizados se encuentran los ácidos acético, fórmico y propiónico, así como el formaldehído. El ácido acético ha sido usado en concentraciones del 0.7% (peso/peso) al 0.8% (vol/vol), el ácido fórmico en concentración de 0.3% (peso/peso), el ácido propiónico en una concentración de 1 % (peso/peso y peso/vol), y el formaldehído en concentraciones de 0.05% (peso/vol), 0.1 % (peso/peso) y 0.3% (vol/vol). Cuando se usa el formaldehído en concentraciones de 0.5% y 1%, se produce la gelatinización del calostro.

La dilución del calostro fermentado con agua en proporción de uno a uno no produce un ritmo de crecimiento comparable al de los casos en los que se alimenta con calostro diluido en proporción de dos a uno, y de tres a uno cuando se alimenta con base en volumen más que en igualdad de sólidos totales (Foley, 1978). La alimentación de becerros con 1.82 kilogramos de calostro fermentado diluido en 1.82 kilogramos de agua produjo la muerte de tres becerros, lo que se atribuyó a un insuficiente aporte de nutrientes con la consecuente desaparición de las reservas de grasas corporales (Muller, 1975).

Los becerros alimentados con menores cantidades de materia seca provenientes de la dieta líquida tienden a consumir mayor cantidad de concentrado iniciador. Sin embargo, los becerros de hasta tres semanas de edad no pueden equilibrar su consumo de materia seca mediante el consumo de concentrado iniciador.

El incremento de la concentración de ácidos en el calostro y su almacenamiento a temperaturas ambientales pueden ser causa de poca aceptabilidad por parte de los becerros. Esto ocurre principalmente cuando el pH del producto disminuye a menos de 4. La formación de olores desagradables, la putrefacción o el uso de calostro sanguinolento vuelve inaceptable el producto.

El calostro que está en proceso de fermentación puede ser administrado a los becerros que están pasando de calostro materno fresco a calostro fermentado para lograr mayor aceptación.

Cuadro 5.1 Características físicas y composición de calostro y la leche en vacas Holstein.

Descripción	Ordeños posparto						Leche
	1	2	3	4	5	6	
Gravedad espec.	1.056	1.040	1.035	1.033	1.033a		1.032
pH	6.32	6.32	6.33	6.34	6.33a	—	6.5
Sólidos totales (%)	23.9	17.9	14.1	13.9	13.6a	—	12.9
Grasa (%)	6.7	5.4	3.9	4.4	4.3a		4.0
Sólidos no grasos (%)	16.7	12.2	9.8	9.4	9.5a	—	8.8
Proteína total (%)	14.0	8.4	5.1	4.2	4.1a	—	3.1
Caseína (%)	4.8	4.3	3.8	3.2	2.9	2.9	2.5
Albúmina (%)	6.0	4.2	2.4	0.7	0.4	0.4	0.5
Inmunoglobulinas (%)	6.0	4.2	2.4	—	—	—	0.09
IgC(g/100ml)	3.2	2.5	1.5	—	—	—	0.06
Nitrógeno No Proteico (% del N total)	8.0	7.0	8.3	4.1	3.9	4.0	4.9
Lactosa (%)	2.7	3.9	4.4	4.6	4.7a	—	5.0
Cenizas (%)	1.11	0.095	0.87	0.82	0.81a	—	0.74
Ca (%)	0.26	0.15	0.15	0.15	0.15	0.18	0.13
Mg (%)	0.04	0.01	0.01	0.01	0.01	0.01	0.01
K (%)	0.14	0.13	0.14	0.15	0.14	0.17	0.15
Na (%)	0.07	0.05	0.05	0.05	0.05	0.07	0.04
Cl (%)	0.12	0.1	0.1	0.1	0.1	0.1	0.07
Zn (mg/100 mi)	1.22	—	0.62	—	0.41	—	0.3
Mn (mg/100 mi)	0.02	—	0.01	—	0.01	—	0.004
Fe (mg/100 g)	0.2b						0.05
Cu (mg/100 g)	0.06b						0.01
Co (mg/100 g)	0.5b						0.1
Vit. A (mg/100 mi)	295	190	113	76	74a	—	34
Vit. D (Ul/g grasa)	89-1.81b						0.41
Vit. E (Ul/g grasa)	84	76	56	44	31a	—	15
Tiamina (ug/ml)	0.58	—	0.59		0.59	—	0.38
Riboflavina (ug/ml)	4.83	2.71	1.85	1.8	1.76	1.73	1.47
Ac.nicotínico (ug/ml)	74-.97b						0.8
Ac.pantoténico(ug/ml) (ug/ml)	1.73	—	3.2	—	3.96	—	3.82
Biotina (ug/100ml)	1.0-2.7b						
Vit. B_{12} (ug/100ml)	4.9	—	2.5	—	2.4	—	0.6
Ac.fólico (ug/100 mi)	0.8	—	0.2	—	0.1	—	0.2
Colina (mg/ml)	0.7	0.34	0.23	0.19	0.16	0.15	0.13
Ac.ascórbico (mg/100ml)	2.5	—	2.3	—	2.0	—	2.2

a Análisis en muestras mezcladas de 5° y 6° ordeños.
b Análisis en muestras mezcladas del 1° al 6° ordeños.

Un programa de alimentación con calostros fermentados adecuadamente manejado produce ganancias de peso similares o ligeramente inferiores a los logrados con una dieta a base de leche entera.

1.2 LECHE ENTERA

Cuando un becerro succiona leche, la canaladura esofágica se cierra, de esta manera se evita que caiga al sector rumino-retículo-omasal, llegando directamente al abomaso. Una vez en el abomaso, la renina y el HCl provocan que la caseína de la leche se constituya en un coágulo firme en un período de cinco a ocho minutos, que se compone en su mayor parte de proteína y grasa. El suero de la leche, que se compone de proteínas, lactosa, inmunoglobulinas y minerales, es liberado y pasa lentamente al intestino delgado, donde la tripsina y quimotripsina lo transforman en compuestos más simples, susceptibles de ser absorbidos y utilizados. La digestión del coágulo abomasal requiere de 8 a 12 horas (Roy, 1980; Petit, 1988; Stobo, 1978; Roy, 1971; Petchey, 1982; Radostits, 1970; Ternouth, 1975; Huber, 1961).

Como puede observarse en el cuadro 5.1, la leche entera tiene contenidos de grasa y proteína inferiores a los del calostro. Sin embargo, cuando se consideran los nutrientes como porcentaje de materia seca, a la grasa le corresponde 31 % (28 % a 32%) y a la proteína 24% (23-25%), de la cual la mayor parte está constituida por caseína; es decir, 20% de la materia seca de la leche es caseína. En adición al valor nutritivo de la leche, ésta contiene un sistema antibacteriano multifactorial que consiste de lactoperoxidasa, lysozima, lactoferrina y xantina oxidasa, que desempeñan funciones muy importantes para la salud. Además, la presencia de niveles bajos pero constantes de IgA S en la leche de la vaca (inmunidad lactogénica) puede ayudar a explicar la mejoría clínica que se observa al cambiar la alimentación de sustitutos de leche por leche entera en becerros afectados por diarrea neonatal (Morilla, 1982; Schoonderwoerd, 1990).

Alimentar al becerro con leche a nivel del 8% al 10% del peso corporal por día usualmente permite la ganancia de 0.3 a 0.4 kilogramos por día (Church, 1980).

1.3 SUSTITUTOS DE LECHE

El sustituto de leche para becerras es una mezcla de ingredientes de tipo animal, vegetal y mineral, cuyo objetivo es promover un incremento de cuando menos 40 kilogramos en el peso corporal en un becerro a las cuatro semanas de edad (Schoonderwoerd, 1990; Medina, 1983; Schugel, 1973). Su uso está determinado por aspectos como el precio respecto a la leche, el cual debe ser más bajo, y por la mayor o menor disponibilidad de leche (Medina, 1983; Schugel, 1973). El sustituto de leche constituye la única fuente alimenticia para el neonato durante el período comprendido entre el fin de la administración del calostro fresco y el inicio del consumo de un concentrado o alimento iniciador. El buen manejo, la sanidad óptima y la nutrición adecuados son de primordial importancia. El bovino prerrumiante posee un perfil enzimático diferente al de un monogástrico recién nacido. El bovino prerrumiante puede digerir la glucosa, la galactosa y la lactosa; en forma limitada la maltosa y el almidón; y es incapaz de utilizar la sacarosa o azúcar de mesa. Esto se debe a que la beta-galactosidasa, enzima responsable de la digestión de la lactosa en galactosa y glucosa, empieza a secretarse desde el momento mismo del nacimiento, permanece alta durante la lactancia y declina lentamente a medida que las becerras se convierten en rumiantes (Roy, 1980; Radostits, 1970; Ternouth, 1975; Huber, 1961; Appleman, 1973; Velu, 1960; Okamoto, 1959; Dollar, 1975). La maltasa e isomaltasa, responsables del desdoblamiento de la maltosa, se incrementan en el primer mes de vida, pero después disminuyen a los niveles de un rumiante adulto. La amilasa pancreática, responsable de la digestión de los almidones, es secretada en forma limitada por el páncreas en becerras menores de tres semanas de edad, después de lo cual su secreción aumenta. El bovino no produce, a ninguna edad, la enzima necesaria para hidrolizar la sacarosa (Radostits, 1970; Velu, 1960; Okamoto, 1959; Dollar, 1975). En adición, la fructosa, que es un azúcar simple como la glucosa, es pobremente absorbida a nivel del intestino delgado. La administración de carbohidratos diferentes a la glucosa, lactosa o galactosa produce un aumento en la osmolaridad en el lumen intestinal, fermentación bacteriana y diarrea por un incremento en el flujo de líquidos de la pared intestinal hacia el lumen (Velu, 1960; Dollar, 1975).

La digestión de los lípidos en el bovino prerrumiante está dada principalmente por la esterasa pregástrica o lipasa salival, que digiere entre

60 y 70% de los lípidos de la dieta, dejando el 30% restante a la acción de la lipasa pancreática (Raven, 1970; Schugel, 1974). Esta característica permite al neonato digerir grasas animales y vegetales siempre y cuando los glóbulos de grasa no excedan las cuatro micras de diámetro, de lo contrario se produce diarrea, emaciación y pérdida de pelo (Schoonderwoerd, 1990; Raven, 1970; Schugel, 1974; Roy, 1970).

Proteína: Es el ingrediente mas caro en la formulación de un sustituto. Un contenido de 20 al 24% es adecuado. Las fuentes de proteína más apropiadas para el neonato y más frecuentemente halladas en los sustitutos son la leche descremada en polvo, el suero de leche en polvo y el suero delactosado en polvo (Roy, 1969; Roy, 1970). Entre las proteínas no lácteas pero de mayor empleo en la industria se encuentran los productos de soya como: proteína aislada de soya, concentrado de proteína y harina de soya (Appleman, 1973; Appleman, 1973). Desafortunadamente las proteínas de soya no procesadas contienen factores antinutricionales (FAN) que interfieren con la función enzimática, pudiendo adherirse a azúcares específicos o glicoproteínas, lo que provoca menor absorción de nutrientes con daño a la pared intestinal. Las proteínas de la soya también pueden producir una marcada reacción alérgica en el intestino, lo que a su vez produce daños a las microvellosidades intestinales (Drakley, 2008; Corbett, 2008a).

La proteína aislada de soya es un producto de alta calidad con 90 a 96% de proteína, que puede reemplazar aproximadamente 25% de las proteínas lácteas totales siempre y cuando durante su procesamiento se le hayan extraído los carbohidratos los insolubles, los alérgenos y los factores antinutricionales.

Las becerras menores de tres semanas no poseen el patrón enzimático para digerir estas proteínas (Radostits, 1970; Ternouth, 1975; Orskov, 1982; Ternouth, 1975, Corbett, 2008). El concentrado de proteína de soya contiene entre 67 y 72% de proteína, es una buena fuente de ésta y puede reemplazar parcialmente a la de origen lácteo. Su presencia en un sustituto de leche es más eficaz cuando los becerros que se van a alimentar con él son mayores de tres semanas (Radostits, 1970; Ternouth, 1975; Orskov, 1982; Ternouth, 1975; Campos, 1982; Zafrira, 1972; Stobo, 1977; Roy, 1977).

Otras proteínas empleadas en la formulación de los sustitutos de leche son levaduras de cerveza, solubles de destilerías, solubles de carnes rojas, harina de trigo, avena y harina de soya (Stobo, 1978; Stobo, 1977); también hidrolizados de proteínas de pescado y concentrados de proteínas de pescado, cuyo nivel de sustitución varía en función del tipo de pescado que se emplee (Campos, 1982; Roy, 1977; Opstvedt, 1978; Huber, 1975).

Todas estas fuentes alternas de proteína son recomendadas para la alimentación de becerras mayores de tres semanas de edad, en las que se obtienen ganancias de peso cercanas a las que se obtienen cuando las becerras son alimentadas con productos lácteos (Zafrira, 1972; Blaxter, 1951).

Fibra: El porcentaje de fibra en el sustituto de leche indica la presencia de proteína no láctea, especialmente de tipo vegetal, ya que al incorporarla se incrementa el contenido de fibra del producto. Por cada fracción de 0.1 % de fibra presente en el sustituto, aproximadamente 10% de la proteína total será de origen vegetal. Un sustituto con 0.50% de fibra cruda tiene 50% de proteína total de origen no lácteo (Medina, 1983). Excepciones a esta regla son el aislado de soya y el concentrado de soya, cuya incorporación contribuye en forma mínima al contenido total de fibra (Schoonderwoerd, 1990; Corbett, 2008). Un sustituto con 0.15% de fibra cruda es adecuado para alimentar a becerros menores de tres semanas.

Grasa: Ésta puede variar entre 10% y 25 % (Schugel, 1973; Raven, 1970; Olson, 1959). Las fuentes más comunes de grasa para los sustitutos de leche son: grasa butírica (96% de digestibilidad); aceite de coco y aceite de palmera (94 a 95% de digestibilidad); manteca, sebo y grasa animal (87 a 92% de digestibilidad) (Schoonderwoerd, 1990). Cuando hay alta proporción de ácidos grasos no saturados se añaden antioxidantes, como hidroxianisol butilado (BHA) e hidroxitolueno butilado (BHT), para evitar el enranciamiento (Radostits, 1970; Schoonderwoerd, 1990; Okamoto, 1959; Raven, 1970). La adición de lecitina de soya como agente emulsificante produce un glóbulo graso de dos a cuatro micras. De no usarse un emulsificante el tamaño de glóbulo permanece mayor a 10 micras, lo que ocasiona diarreas, pérdidas de peso y caída del pelo en las becerras menores a tres semanas (Roy, 1980; Raven, 1970; Schugel, 1974).

Un contenido alto en grasas promueve la deposición de reservas en el becerro y amortigua el estrés posdestete, pero una dieta alta en grasa no produce una mayor masa muscular o tamaño óseo en comparación con los obtenidos en una dieta balanceada (Roy, 1971; Schugel, 1974). 15% de grasa es el nivel mínimo aceptable (Raven, 1970).

Carbohidratos: Generalmente el porcentaje de éstos no se especifica, pero puede ser calculado mediante la siguiente fórmula (Medina, 1983):

Carbohidratos = 100 - (proteína + grasa + cenizas + humedad)

Donde 100 es el porcentaje total, del que se resta la proteína (24%, incluye fibra), la grasa (15%), las cenizas (se considera 8 a 10%) y la humedad (5%). El resultante, en este caso, es de 46 a 48%.

Los monosacáridos glucosa y galactosa, y el disacárido lactosa, son las únicas fuentes de glúcidos que el bovino neonato es capaz de absorber y metabolizar. Cualquier otro tipo de azúcares simples o complejos es nocivo para la salud de una cría menor a tres semanas de vida (Radostits, 1970; Appleman, 1973; Velu, 1960; Okamoto, 1959; Dollar, 1957; Orskov, 1982).

1.4 VITAMINAS Y MINERALES

El becerro al nacimiento carece de vitamina A, la cual es proporcionada en forma natural a través del calostro. Un sustituto debe estar adicionado con las vitaminas liposolubles A, D y E, así como con las del complejo B (Roy, 1980; Radostits, 1970; Schugel, 1981; Mills, 1967).

Los minerales de mayor concentración son calcio y fósforo, seguidos por magnesio, hierro, cobre, zinc, manganeso, sodio, cloro y yodo (Roy, 1980, Radostits, 1970; Schugel, 1981).

1.5 ANTIBIÓTICOS Y ACIDIFICACIÓN

Los antibióticos empleados más frecuentemente son la clortetraciclina y la neomicina, sin embargo, es preferible usar un sustituto de leche no medicado, ya que la aplicación excesiva de antibióticos destruye la microflora intestinal y estimula la formación de resistencias bacterianas y la proliferación de bacterias patógenas (*Salmonella* spp. y *Escherichia coli* enterotoxigénica) (Radostits, 1970; Mills, 1967). Bajo condiciones de manejo y ambiente de alta calidad no es necesario administrar un sustituto de leche con antibióticos, que si bien puede ayudar a contrarrestar los efectos de una sanidad deficiente, no es una solución a ésta. La acidificación se presenta como una alternativa al uso de antibióticos.

Los sustitutos de leche acidificados controlan las bacterias patógenas en el tracto gastrointestinal y favorecen la formación del coágulo de proteína en abomaso, por lo tanto favorecen el aprovechamiento de nutrientes, mejoran la ganancia de peso en comparación con un sustituto "dulce" y reducen las posibilidades de diarreas neonatales.

1.6 MATERIA SECA

La leche entera contiene 12.5 a 12.7% de sólidos totales, o con base en materia seca, contiene aproximadamente 27 % de proteína y 30% de grasa. La mayor parte de los sustitutos de leche contienen 20 a 22% de proteína y 10 a 20% de grasa, por lo que un sustituto con 20% de proteína y 20% de grasa contiene 26% menos de proteína y 33% menos grasa que la leche entera.

Las instrucciones de mezclado en la etiquetas de los sustitutos varían ampliamente. Hay los que recomiendan alimentar con base en el 8 al 10% del peso corporal de las becerras, y asumen que una becerra que pesa 36 kg se debe alimentar con 3.789 l (1 galón) del producto reconstituído, que contiene el 12.5% de sólidos totales. Sin embargo, debido a que el sustituto contiene 95% de sólidos totales, la concentración final del producto es de 11.4% de sólidos totales. La solución final del producto con base en las instrucciones llega a fluctuar entre el 10 y 12.5% en sustitutos de leche tradicionales, lo que significa que el sustituto no solamente contiene menor cantidad de proteína y grasa, sino que es mezclado a mayor dilución que la leche.

2 ALIMENTACIÓN TRADICIONAL

Robert B. Corbett DVM, PAS

A este tipo de alimentación, practicada hasta la fecha, algunos investigadores le llaman alimentación restringida. Consideremos que una becerra de 36 kg, alimentada al 8% de su peso corporal y con 10% de sólidos usando sustituto de leche según las instrucciones del fabricante en el análisis garantizado, recibirá unos 0.290 kg de polvo de sustituto de leche al día; pero la misma becerra alimentada al 12% de su peso corporal y con 12.5% sólidos en la solución recibirá 0.545 kg de polvo de sustituto al día, es decir, una diferencia del 87.5% en el consumo de polvo de sustituto de leche como consumo diario. Una becerra en amamantamiento natural succionará de la vaca entre 6 y 10 veces al día, para un consumo total diario a partir de la leche de entre 16 y 24% de su peso corporal. Una becerra que pese 45 kg consumirá entre 7.2 y 10.8 kg de leche por día, y ya que la leche contiene aproximadamente 12.5% de sólidos totales, consumirá entre 0.900 kg y 1.350 kg de sólidos de leche en un día. Estos consumos superan en forma muy significativa a los de una becerra alimentada con sustituto de leche, tanto en gramos totales por día como en contenido superior en proteína y grasa.

La zona de termoneutralidad, es decir aquella en la que la cantidad de calor producido equilibra la cantidad de calor perdido a través de la sudoración, convección, radiación y pérdida evaporativa, es para la becerra de 10 a 20 °C. Temperaturas superiores o inferiores a este rango le producirán desgaste metabólico.

Temperaturas más elevadas resultarán en mayor consumo de agua y depresión del apetito. Las becerras pueden regular su temperatura corporal hasta que la temperatura ambiental llega a los 26.5 °C, después la temperatura corporal empieza a incrementarse y se requiere, y de hecho se utiliza, más energía para disipar el calor por medio de la sudoración y por medio de la evaporación de agua desde el pulmón a través del jadeo. A medida en que aumenta la humedad hay menor grado de evaporación respiratoria y en consecuencia ocurre una elevación más rápida en la temperatura corporal. Por lo tanto, elevadas temperaturas con alta humedad incrementarán los niveles energéticos requeridos y al mismo tiempo disminuirán al apetito de la becerra. Esto puede llegar a causar menores ritmos de crecimiento o incluso pérdida de peso. En tales casos puede ser necesario aumentar la cantidad de energía alimentada por medio del incremento de los sólidos totales proporcionados a la becerra. El agua fresca, limpia y a libre acceso en todo momento es necesaria para favorecer la pérdida de calor corporal por medio de la evaporación.

Temperaturas inferiores a 10 °C demandan más energía a fin de producir calor adicional para mantener la temperatura corporal. Temperaturas bajas también disminuyen la habilidad de la becerra para digerir la materia seca. La becerra lechera tiene un superficie corporal por kg de peso mucho mayor que otras especies grandes, de tal manera que cuando las temperaturas ambientales disminuyen, fuerzan a la becerra lechera a un rápido incremento de la producción de calor, ya que es más vulnerables al estrés por temperaturas bajas. La crianza en exteriores empleando becerreras de intemperie o *hutches* generalmente resulta en menor incidencia de enfermedades y becerras más sanas y más fuertes, pero estas becerras quedan expuestas a menores temperaturas que las criadas en interiores. En condiciones de frío extremo, como las que pueden presentarse en la estación invernal, especialmente en el Norte de México, se hace imperativo aumentar el contenido energético de la becerra a través de diversos métodos como pueden ser: añadir leche al sustituto, cambiar a leche entera, añadir grasa al sustituto de leche, dar tres alimentaciones al día en lugar de dos, o bien aumentar a niveles de 15 a 18% el contenido de sólidos totales en el sustituto. Concentraciones por arriba del 18% pueden llegar a causar diarrea osmótica. Existen suplementos con 60% de grasa que pueden ser añadidos a la leche entera o al sustituto para incrementar su densidad energética.

Las becerras criadas a temperaturas ambientales inferiores a 0 °C tuvieron un aumento del 32% en sus requerimientos energéticos en comparación con las becerras criadas a 10 °C. Cuando la temperatura ambiental disminuye por debajo de -16 °C, los requerimientos nutricionales se duplican. Es altamente recomendable calentar la leche a 40 °C para que la becerra no tenga que gastar energía extra en incrementar su temperatura después de la ingestión.

Las reservas grasas en la becerra no son abundantes, y una vez que han sido agotadas empieza a utilizar la proteína muscular para producir calor y energía, pierde peso y se vuelve muy susceptible al estrés, aumentando la incidencia de enfermedades y la mortalidad y morbilidad. Las becerras que logran sobrevivir se convierten en animales retrasados y requerirán más alimento y tiempo para alcanzar la somatometría para el servicio como becerras de reemplazo.

Cuadro 5.2 Consumo de sustituto de leche en polvo para satisfacer los requerimientos de mantenimiento con base en el peso corporal de las becerras y en la disminución de la temperatura ambiental.

	Temperatura ambiental (° centígrados)						
Peso corporal kg	20 °C kg	10 °C kg	0 °C kg	-9 °C kg	-15 °C kg	-20 °C kg	-28 °C kg
27	0.272	0.363	0.408	0.454	0.500	0.545	0.636
36	0.363	0.408	0.500	0.590	0.636	0.681	0.772
45	0.454	0.500	0.590	0.726	0.772	0.817	0.908
54	0.500	0.590	0.681	0.772	0.862	0.908	1.045

En el cuadro 5.2 se muestran las cantidades de sustituto de leche con 20% de proteína y 20% de grasa por día necesarias para cumplir los requerimientos de mantenimiento sin ganancia de peso. Así, una becerra de 45 kg expuesta a una temperatura ambiental de 20 °C necesita 0.454 kg de polvo de sustituto de leche 20:20 de proteína:grasa por día sólo para satisfacer sus necesidades de mantenimiento sin ninguna ganancia de peso.

En el cuadro 5.3 se observan los aumentos en el consumo de sustituto de leche 20:20 necesarios para satisfacer los requerimientos de mantenimiento y lograr una ganancia de 0.454 kg por día. En el mismo se indica que una becerra de 45 kg tiene que consumir 0.908 kg de polvo al día para ganar 0.454 kg de peso corporal a una temperatura ambiental de -9 °C. La mayoría de las veces la cantidad de polvo de sustituto de leche no es incrementada cuando la temperatura ambiental desciende, por ejemplo durante los meses de invierno, de tal manera que hay períodos en los que las becerras no ganan ningún peso y probablemente hasta lo pierdan. El aumentar la cantidad de concentrado administrado a las becerras no ayuda a solucionar el problema, ya que el rumen del prerumiante para ser funcional necesita consumir concentrado por cuando menos 3 semanas. Aumentos repentinos en el consumo de concentrado iniciador son indicativos de que los requerimientos nutricionales de la becerra no están siendo satisfechos con la leche o sustituto alimentados.

Cuadro 5.3 Aumento en el consumo de sustituto de leche en polvo para lograr aumentos de 0.454 kg por día en becerras de distintos pesos y a diferentes temperaturas ambientales.

	Temperatura ambiental (°C)						
Peso corporal kg	20 °C kg	10 °C kg	0 °C kg	-9 °C kg	-15 °C kg	-20 °C kg	-28 °C kg
27	0.500	0.545	0.636	0.680	0.727	0.772	0.817
36	0.545	0.636	0.727	0.772	0.863	0.908	0.998
45	0.636	0.727	0.817	0.908	0.998	1.044	1.135
54	0.727	0.817	0.953	0.998	1.135	1.180	1.271

El entibiar la leche o el sustituto a 40 °C previo a la alimentación es una práctica normal y necesaria, ya que de lo contrario no se logra una digestión completa de la leche o sustituto, y de esta manera la becerra no tiene que recurrir a energía extra para elevar la temperatura de la leche ingerida. Al aumentar la cantidad de leche o sustituto puede notarse un decremento en el consumo de concentrado iniciador, sin embargo la becerra estará mucho mas sana y todavía podrá ganar peso, aun en presencia de condiciones climáticas adversas.

El concentrado debe empezar a suministrarse el día cinco de vida, en cantidades conocidas y descontando el concentrado que no se haya consumido en el día para obtener así el consumo real diario. Al principio debe ofrecerse un puñado del concentrado, aproximadamente 100 g, por tres a cinco días, haciendo incrementos de 100 g para que al destete se estén consumiendo de 1 a 2 kg diarios (Corbett, 2008).

En todo momento debe haber agua a libre acceso, limpia y fresca, por lo que ésta debe reponerse dos veces al día.

3 NUTRICIÓN ACELERADA

Robert B. Corbett DVM, PAS

Algunos investigadores consideran que éste debería ser llamado crecimiento normal o acelerado (Corbett, 2008b). La gran mayoría de los sustitutos de leche para crecimiento acelerado contienen entre 26 y 30% de proteína y 15 a 20% de grasa. El nivel de proteína es similar al de la leche entera, pero el de grasa es ligeramente inferior, lo cual tiene por objeto promover un crecimiento magro de tejidos base del consumo de la proteína.

En un estudio (Van Amburgh, 2005) se alimentó a 3 grupos de becerras con sustitutos de leche formulados con 26% de proteína cruda y 18% de grasa a tres niveles: 10 , 14 y 18% de su peso corporal por día. Las ganancias de peso diarias fueron respectivamente de 0.358 kg, 0.704 kg y 1.021 kg, siendo las últimas las que tuvieron el mayor porcentaje de tejido muscular limpio de grasa. Lo anterior indica que los sustitutos de leche promueven mayor ganancia de tejido limpio.

Durante la primera semana de vida la becerra debe consumir entre 1.5 y 2% de su peso corporal en polvo de sustituto de leche. Por ejemplo, se pueden mezclar 0.400 kg de sustituto de leche en polvo con 2.8 litros de agua a 40 °C por alimentación, lo cual da a una becerra de 40 kg un total de 0.800 kg de sólidos totales por día, equivalente al 2% de su peso corporal. Desde la semana 2 y hasta el destete la becerra debe recibir una mayor cantidad de sólidos por día; por ejemplo, mezclar 0.590 kg de sustituto de leche en polvo en 3.300 litros de agua a 40 °C por alimentación, para dar un total de 1.180 kg de sólidos de sustituto en un volumen total de 6.620 litros de agua. En forma general se puede recomendar el sustituto de leche a una concentración entre 15 y 18% de sólidos totales. Si no se tienen mamilas de un galón de capacidad, se pueden dar tres tomas en vez de dos (Van Amburgh, 2006)

El consumo de concentrado iniciador tiende a disminuir en este sistema, lo que hace las heces más suaves pero no hay un aumento de diarreas nutricionales. El concentrado iniciador debe se ofrecido a libre acceso empezando ente los días 3 y 7 de vida, y su disponibilidad debe ser aumentada gradualmente a medida en que el consumo vaya aumentando, limpiando los sobrantes diariamente. Las becerras pueden destetarse entre las 7 y 8 semanas de edad, para ello se recomienda disminuir a una sola alimentación al día cuando la becerra alcanza las 6 ó 7 semanas de edad, con lo que el consumo de concentrado aumenta rápidamente.

Cuando la becerra consuma un mínimo de 1 kg de concentrado por 3 días consecutivos, entonces se puede llevar a cabo el destete. Durante la alimentación con el sustituto de leche así como durante el destete es extremadamente importante que la becerra tenga acceso libre a agua limpia y fresca en todo momento, de lo contrario deberá reevaluarse si se usa el sistema de crecimiento acelerado.

El concentrado iniciador de un programa de crecimiento acelerado debe tener entre 22 y 26 % de proteína, en comparación con los iniciadores con un 17 a 19% de proteína que hay en el mercado para el crecimiento, con el objeto de mantener el mismo ritmo de crecimiento alrededor del tiempo del destete. Después del destete la becerra debe seguir consumiendo concentrado iniciador con un nivel de proteína similar al del sustituto de leche sin heno de alfalfa por 2 a 4 semanas más, monitoreándose el consumo y asegurándose de que vaya en aumento y se encuentre ente 2.5 y 3.75 kg por día, lo que asegura que la becerra mantenga el rápido ritmo de crecimiento. Una vez que ha alcanzado entre 10 y 12 semanas de vida, el concentrado iniciador puede ser cambiado a una ración de crecimiento que contiene de 15 a 20% de alfalfa de buena calidad.

4 DESTETE

Mario Medina Cruz MVZ, MSc, DCV

Entre los criterios usados para el destete de becerras se encuentran peso corporal, edad, ganancia diaria de peso, consumo total de dieta líquida y consumo diario de concentrado iniciador, así como combinaciones entre ellos; sin embargo, el factor más importante es el consumo de materia seca procedente del concentrado iniciador. La becerra debe consumir un mínimo de 1 a 2 kg por día de concentrado iniciador durante tres días consecutivos. En caso de que esto no ocurra, se puede reducir la alimentación líquida a una vez por día.

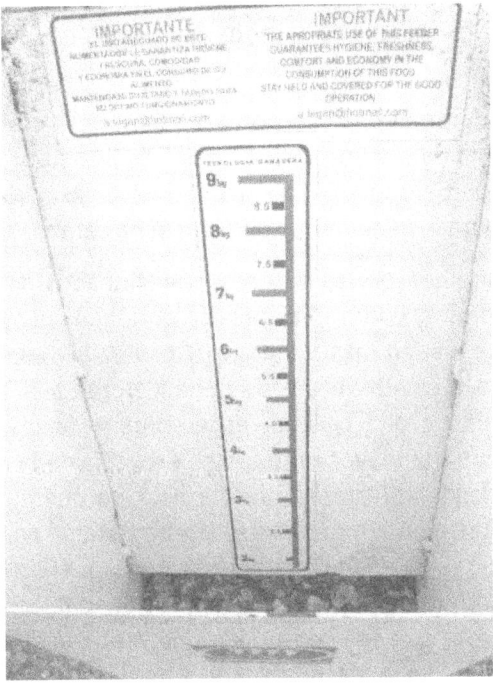

Figura 5.1 Comederos graduados en el interior que permiten conocer de inmediato el consumo real de alimento concentrado. Fotografía original de M. Medina C.

El destete basado en el consumo de concentrado iniciador requiere de la crianza individualizada y del pesaje y registro diario del alimento. Existen comederos, como el de la figura 5.1, que permiten medir *in situ* el consumo real diario. De esta manera se conoce el consumo diario individual de alimento y se detecta cuando el animal no comió por alguna razón.

En muchas explotaciones es costumbre llenar un balde con concentrado, que después de humedecerse no es consumido por el becerro, lo que imposibilita conocer el consumo diario real de alimento iniciador. En otro balde de plástico debe proveerse agua a libre acceso. El consumo de concentrado iniciador durante la lactancia tiene una importante influencia sobre el crecimiento posdestete.

El destete se puede llevar a cabo cuando los animales tienen entre tres y cinco semanas de vida; sin embargo, cuando se considera únicamente la edad, como en la mayoría de las explotaciones, es conveniente no realizar el destete sino hasta que los becerros tienen de seis a ocho semanas.

El destete basado en el peso corporal requiere del pesaje periódico de los becerros por medio de báscula o una cinta pesadora, lo que supone un incremento de tiempo en el manejo. Se ha sugerido un peso de 75 a 80 kilogramos para el ganado Holstein con ocho semanas de edad.

Empleando cualquiera de los sistemas mencionados, las ganancias de peso más económicas y más eficientes se obtienen cuando los becerros logran el destete a edad más temprana (Gorrill, 1974). En las dos semanas previas al destete los becerros deben empezar a tener acceso a alfalfa achicalada de alta calidad, especialmente a las hojas, que es donde se encuentra la mayor cantidad de proteína de la planta. Alimentar con alfalfa desde antes es un desperdicio, ya que el desempeño se llega a reducir hasta en 20%. El destete debe basarse en el consumo de concentrado y no en la edad de la becerra, y si aquél no es el adecuado para el destete, puede reducirse la alimentación con leche o sustituto a una vez al día hasta que sea consumida una cantidad suficiente de concentrado. Después del destete la becerra debe permanecer una o dos semanas más en la becerrera y estimular su consumo de concentrado y alfalfa achicalada para que llegue a valores deseables, entre 2 y 3 kg al día antes de bajarla a corrales. Si el animal no consume más de 1 kg al día es necesario volver a darle leche (Corbett, 2008; Gorrill, 1974; Chapín, 1989). Los becerros deben tener agua a libre acceso y concentrado de buena calidad en todo momento.

4.1 CONCENTRADOS, HENOS Y ENSILADOS

Entre una y dos semanas después del destete las becerras deben bajarse de sus becerreras. Éstas deben lavarse y voltearse al sol hasta que vuelvan a ocuparse (Figura 5.2). Las becerras deben pasarse a corrales de desarrollo con capacidad para 6 a 8 becerras si es en interiores, o para 10 a 15 si es en exteriores, procurando que los animales sean de edad y tamaño similares. Para cada becerra debe proporcionarse un espacio mínimo de 9 m^2 (Figura 5.3) (Chapin, 1989).

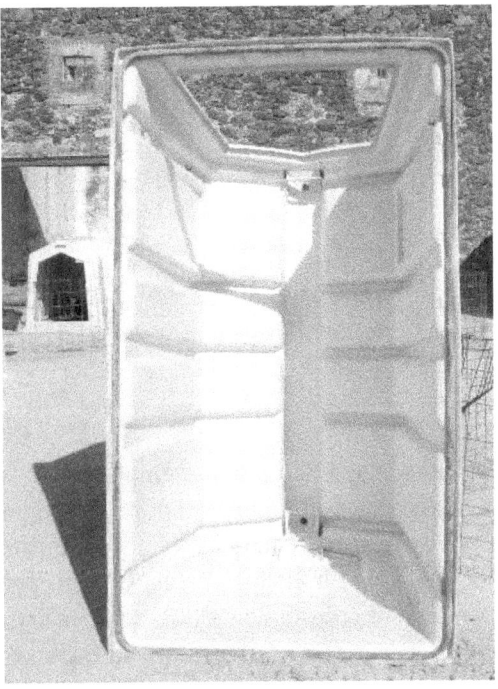

Figura 5.2 Las becerreras deben lavarse con jabón y desinfectante y después dejar su interior al sol hasta que vuelvan a ocuparse. Fotografía original de M. Medina C.

El tipo y calidad del concentrado ofrecido después del destete es de primordial importancia. Éste debe ser palatable para estimular su consumo, ya que es una fuente de nutrientes esenciales y la capacidad del rumen es muy reducida en esta etapa. El concentrado (18% de proteína) debe proporcionarse en cantidades de 1.8 a 2.2 kilogramos diariamente por becerra, así como también alfalfa a libre acceso hasta los cuatro meses de edad (125 kg de peso). De nueva cuenta, agua limpia a libre acceso (Chapín, 1989).

En el cuadro 5.4 se detallan las necesidades de proteína, energía, calcio y fósforo con base en materia seca para el crecimiento de vaquillas Holstein. Desde el cuarto hasta el sexto mes de edad (125-170 kg de peso) las becerras pueden agruparse en lotes de 30 a 50 animales y alimentarse con concentrado de crecimiento (16% de proteína) en cantidades de 1.8 kilogramos por animal por día, así como con alfalfa de buena calidad y una mezcla de minerales con el concentrado.

Cuadro 5.4 Crecimiento y requerimientos nutricionales en vaquillas Holstein.

Edad meses	Peso kg	Ganancia diaria Kg	Estatura a la cruz cm	P.C. M.S. %	T.N.D. M.S.	Ca M.S. %	P M.S. %
0-2	41-80	0.636	81-89	22	75	0.70	0.50
2-4	80-125	0.772	89-94	18-20	74	0.70	0.45
4-6	125-170	0.772	94-102	18	72	0.70	0.40
6-12	170-310	0.772	102-119	16	68	0.65	0.35
12-18	310-432	0.680	119-130	15	66	0.60	0.35
18-24	432-555	0.680	130-135	14	64	0.55	0.30

Chapín, R. (1989)

A partir de los seis meses de edad pueden emplearse pastos henificados de buena calidad, siempre y cuando la dieta esté balanceada en proteína. Una becerra de cuatro meses de edad es demasiado pequeña para digerir cadenas cortas de ácidos grasos, con un bajo contenido de materia seca y con un alto contenido de fibra, que es lo que contiene un ensilado de maíz. A los seis meses el rumen es funcional, pero su capacidad de consumo de materia seca aún es limitada. Por estas razones no debe alimentarse con ensilado a becerras menores de ocho meses de edad, ya que no pueden comer suficiente materia seca por su alto contenido de humedad; frecuentemente la energía y la proteína son deficientes (Chapín, 1989).

A los seis meses es posible empezar a dar Monensina [9] o lasalocida para el control de la coccidiosis y lograr el mejor crecimiento en las vaquillas. Entre 6 y 12 meses de edad (170 - 308 kg) las vaquillas pueden estar en grupos de hasta 60 u 80 animales por corral, y alimentarse con concentrado de 16% a razón de 1 a 1.3 kilogramos por cabeza por día. A partir de los ocho meses de edad (200 a 225 kilogramos) pueden empezar a alimentarse con ensilado de maíz.

Figura 5.3 Corrales de crecimiento para becerras. Fotografía original de M. Medina C.

Entre los 12 y 18 meses de edad (308 a 431 kg) se puede agrupar a las vaquillas en un corral de 80 a 100 animales, y el concentrado puede descontinuarse si se usan forrajes de alta calidad, de tal manera que la proteína total en la ración sea de 15% con base en materia seca. De los 18 meses de edad en adelante la proteína puede reducirse a 14% con base en materia seca. En el ganado el pelo debe ser brillante, negro sólido, sin tonalidades cafés (Chapín, 1989).

---

[9] Rumensin. Elanco products Co.

LITERATURA CITADA

Appleman, R. D.: Milk Replacers in Raising Dairy Calves. Agrie. Ext. Serv. Univ. Minn. Dairy Husbandry (10), 1973.

Blaxter, K. L. y Wood, W. A.: The Nutrition of the Young Ayrshire Calf. Br. J. Nutr. 5(l):55-67, 1951.

Cady, R. A. and Smith, T.R. 1996: Economics of Heifer Raising Programs. Proceedings from the Calves, Heifers and Dairy Profitability National Conference. Jan. 10-12, 1996, Harrisburg, PA. NRAES Publ. 74. Ithaca, N.Y.

Campos, O. F. and Huber, J. T.: Spray-Dried Fish Solubles or Soy Protein Concentrate in Milk Replacer Formulations. J Dairy Sci. 65:97-104, 1982.

Chapín, R. E.: Recomendaciones para una cría satisfactoria de vaquillas desde el punto de vista nutricional. México Holstein 20(9):35-41 (1989).

Church, D. C.; GorrilL, A. D. L.; Warner, R. G.: Feeding and Nutrition of Young Calves. En: Digestive Physiology and Nutrition of Ruminants. Vol. 3 Practical Nutrition. Editado por: Church, D.C., 164-183. O. and B. Books Inc. Corvallis, Oregon, USA, 1980.

Corbett, R. C.: Achieving Maximum Growth Potential of Replacement Heifers Through Management and Nutrition. Seminar: The Replacement Heifer from Birth to Calving. 41st Ann. Conv. of the Am. Assoc. Bov. Pract., Charlotte, North Carolina, USA. September, 2008c.

Corbett, R. C.: Utilizing Milk Replacer to Maximize Early Growth Rates, Part 1: Traditional Milk Replacers. Seminar: The Replacement Heifer from Birth to Calving. 41st Ann. Conv. of the Am. Assoc. Bov. Pract., Charlotte, North Carolina, USA. September, 2008a.

Corbett, R. C.: Utilizing Milk Replacer to Maximize Early Growth Rates, Part 2: Accelerated Growth Formulas. The Replacement Heifer from Birth to Calving. 41st Ann. Conv. of the Am. Assoc. Bov. Pract., Charlotte, North Carolina, USA. September, 2008b.

Dollar, A. M. y Porter, J. W. G.: Utilization of Carbohydrates by the Young Calf. Nature 179:1,299-1,300, 1957.

Drackley, J. K.: Calf Nutrition from Birth to Breeding. Vet. Clin. Food anim. Pract. 24 (1):55-86, 2008.

Faber, S. N.; Faber, N. E.; McCauley, T. C. and Ax, R. L. 2005: Case Study: Effects of Colostrum Ingestion on Lactational Performance. Prof. Anim. Sci. 21:420-425.

Foldager, J. and Krohn C. C. 1994: Heifer Calves Reared on Very High or Normal Levels of Whole Milk from Birth to 6-8 Weeks of Age and their Subsequent Milk Production. Proc. Soc. Nutr. Physiol. 3.

Foley, J. A.; Otterby, D. E.: Availability, Storage, Treatment, Composition and Feeding Value of Surplus Colostrum: A Rreview. J Dairy Sci. 61(8): 1033-1060, 1978.

Gay, C. C.; Besser, T. E.; Pritchett, L. C.; HancocK, D. D.; Wilkse, S.: Avoidance of Pasive Transfer Failure in Calves. Proceedings of the 20th Annual Convention of the American Association of Bovine Practitioners. Phoenix, AZ, 1987. 118-120. Frontier Printers, Stillwater, OK, 1988.

Gay, C. C.: Failure of Passive Transfer of Colostral Immunoglobulins and Neonatal Diseases in Calves. A review. Proceedings of the Fourth International Symposium on Neonatal Diarrhea. Saskatoon, Saskatchewan, Canadá. 1983. 346-364. University of Saskatchewan (1983).

Gorrill, A. D. L.: Feeding and Nutrition of Young Replacement and Veal Calves. En: Digestive Physiology and Nutrition of Ruminants Volume 3- Practical Nutrition. Editado por: Church, D.C. 93-131. Albany, Printing Co., Albany, Oregon, USA, 1974.

Huber, J. T.; Jacobson, N. L.; Allen, R. S. y Hartman, P. A.: Digestive Enzyme Activities in the Young Calf. J Dairy Sci. 44:1494-1501, 1961

Huber, J. T.: Fish Protein Concentrate and Fish Meal in Calf Milk Replacer. L Dairy Sci. 58(3):441-447, 1975.

Hunt, E.; Anderson, K. L.: Diagnosis of Colostrum Deprivation in Calves. Proceedings of the 20th Annual Convention of the American Association of Bovine Practitioners. Phoenix, AZ, 1987. 108-111. Frontiers Printers, Stillwater, OK, 1988.

Hunt, E.; Van Camp, S. D.; Fleming, S.: Developing Thechnologies for Prevention of Bovine Failure of Passive Transfer of Antibody (FPTA). The Bovine Practitioner. (23): 131-134, 1988.

Huzzey, J. M.; Urton, G.; Weary, D. M.; Von Keyserlingk, M. A. G. 2006: Feeding Behavior Identifies Cows at Risk for Metritis. Proceedings, AABP, Vol. 39: 126-129.

Karzes, J. 1994: Dairy Replacement Programs: Costs and Analysis Western New York, 1993. Animal Science Mimeo Series No. 174. Departments of Animal Science and Agricultural, Resource and Managerial Economics. Cornell University, Ithaca, N.Y.

McGuirk, S. M.: Practical Colostrum Evaluation. Proceedings of the 21th Annual Convention of the American Association of Bovine Practitioners. Calgary, Alberta, Canadá, 1988. 79-82. Frontiers Printers, Stillwater, OK, 1989.

Medina, M.; Johnson, L. W.; Knight, A. P.; Olson, J. D.; Lewis, L.D.: Evaluation of Milk Replacers for Dairy Calves. Compend. Contin. Educ. Pract. Vet. 5(3):S148-S155, 1983.

Mills, J. H. L. y Hirth, R. S.: Systemic Candidiasis in Calves on Prolonged Antibiotic Therapy. J. Am. Vet. Med. Assn. 150(8):862-870, 1967.

Morilla, A. G.: Aspectos inmunológicos de la etapa perinatal de los bovinos. En: Manual sobre ganado poductor de leche. Editado por: Pérez-Domínguez M. 468-485. Ed. Diana, México, D.F., 1982.

Muller, L. D.; Beardsley, G. L.; Ludens, F. C.: Amounts of Sour Colostrum for Growth and Healt of Calves. J Dairy Sci. 58:1360, 1975.

Okamoto, M.; Thomas, J. W. y Johnson, T. L.: Utilization of Various Carbohydrates by Young Calves. J Dairy Sci. 42:920, 1959.

Olson, W. A. y Williams, J. B.: Effects of Five Levels of Animal Fat in Calf Milk Replacers. J Dairy Sci. 42:918-919, 1959.

Opstvedt, J.; Sobstad, G. y Hansen, P.: Function of Fish Protein Concentrate in Milk Replacer for Calves. J Dairy Sci., 61(l):72-82, 1978.

Orskov, E. R.; Soliman, H. S. y Clark, C. F. S.: Use of Fish Protein Hydrolysate in Milk Replacers. Anim. Feed Sci. Technol. 7:135-140, 1982.

Petchey, A. M.: Performance of Calves Fed on Milk Replacers Containing Fish Protein Hydrolysate. Anim. Feed Sci. Technol. 7:141-146, 1982.

Petit, H. V.; Ivan, M.; Brisson, G. J.: Digestibility and Blood Parameters in the Preruminant Calf Fed a Clotting or a Nonclotting Milk Replacer. J. Anim. Sci. 66:986-991, 1988.

Pettyjohn, J. D.; Everett, J. P. y Mochrie, R .D.: Responses of Dairy Calves to Milk Replacer Fed at Various Concentrations. J Dairy Sci. 46(7):710-714, 1963.

Radostits, O. M. y Bell, J. M.: Nutrition of the Preruminant Dairy Calf with Special Reference to the Digestion and Absorption of Nutrients: A Review. Can. J. Anim. Sci. 50(3):405-452, 1970.

Raven, A. M.: Fat in Milk Replacer for Calves. J. Sci. Food. Agrie. 21: 352-359,

Roy, J. H. B. y Ternouth, J. H.: Nutrition and Enteric Diseases in Calves. Proc. Nutr. Soc. 31:53-60, 1972.

Roy, J. H. B.; Stobo, I. J. F.; Shotton, S. M.; Gaanderton, P. y Gillies, C. M.: The Nutritive Value of Non-Milk Proteins for the Preruminant Calf. The Effect of

Replacement of Milk Protein by Soy-Bean fluor or Fish-Protein Concentrate. Br. J. Nutr., 38:167-187, 1977.

Roy, J. H. B.: Decision Making and Calf Health. J. Agrie. Soc. Engl. 132:81-105, 1971.

Roy, J. H. B.: Diarrhea of Nutritional Origin. Nutr. Soc. Proc. 28(1): 160-170, 1969.

Roy, J. H. B.: Protein in Milk Replacers for Calves. J. Sci. Food. Agric. 21: 346-351, 1970.

Roy, J. H. B.: The Calf. Cuarta edición. Woburn, MA, Butterworth's, 1980.

Schoonderwoerd, M.: Milk Replacers. En: Large Animal Internal Medicine. Editado por Smith B. P., 379-384. The C. V. Mosby Co., St. Louis, Missouri, USA 63146, 1990.

Schugel, L. M.: Nutrition of the Baby Calf. Proc. 6th Annual Conv. Am. Assn. of Bovine Pract. 132-137. Frontier Printers, Stillwater, OK (1973).

Schugel, L. V.: General Pediatric Feeding: Milk Replacers in Pediatric Feeding, in Howard JL (ed): Current Veterinary Therapy: Food Animal Practice. Philadelphia, W.B. SaundersCo., 1981, pp 210-213.

Schugel, L. V.: Milk Replacers for the Pre-Ruminant Calves, Formulations, Problems, Economics. Proc. 7th Annu. Conv. Am. Assn. of Bovine Pract. 132-137. Frontier Printers, Stillwater, OK (1974).

Stobo, I. D. F. y Roy J. H. B.: The Use of Non-Milk Proteins in Milk Substitutes for Calves. World Anim. Rev. 25:18-24, 1978.

Stobo, J. F. y Roy, J. H. B.: The Use of Microbial Protein in Milk Substitute Diets for Calves. Anim. Prod. 24:143, 1977.

Ternouth, J. H.; Roy, J. H. B y Shotton, S. M.: Concurrent Studies of the Flow of Digesta in the Duodenum and of Exocrine Pancreatic Secretion of Calves. Br. J. Nutr. 36:523-535, 1976.

Ternouth, J. H.; Roy, J. H. B.; Thompson, S. Y.; Toothill, J.; Gillies, C. M. y Edwards-Webb, J. D.: Concurrent Studies of the Flow of Digesta in the Duodenum and of Exocrine Pancreatic Secretion of Calves. Br. J. Nutr. 33(2): 181-196, 1975.

U. S. Dept. Agriculture. Beltsville Growth Standards for Holstein Cattle. Tech. Bull., (1099): 1-10, 1954.

Van Amburgh, M. E. and Drakley, J. K.: Current Perspectives on the Energy and Protein Requirements of the Pre-Weaned Calf. Chap. 5 in Calf and Heifer

Rearing: Principles of Rearing the Modern Dairy Heifer from Calf to Calving. Nottingham Univ. Press. P.C. Garnsworthy, ed. 10, 2005

Van Amburgh, M E.: Calf Nutrition and Management: Feeding for Pre-Weaning Growth and Long-Term Performance. Proceedings, Professional Dairy Heifer Growers Association Annual Conference, 2006.

Van Amburgh, M. E.: Exploring the Link Between Prepubertal Mammary Development and Future Milk Yield. Proceedings, NRAES annual conference, Syracuse, NY. 2005

Velu, J. G.; Kendall, K. A. y Gardner, K. E.: Utilization of Various Sugars by the Young Dairy Calf. J Dairy Sci. 43:546-552, 1960.

Zafrira, N.; Volcani, R.; Hasdl, A. y Gordin, S.: Soybean Protein Substitute for Milk Protein in Milk Replacers for Suckling Calves. J Dairy Sci., 55(6):811-821, 1972.

5 PASTOREO CONTROLADO PARA BECERRAS Y VAQUILLAS

Vicente Lemus Ramírez MVZ, MSc

La mayoría de los modelos pastoriles tecnificados para la producción de leche a nivel mundial están constituidos con las razas Holstein y Jersey. En el Cuadro 5.5 se muestran los pesos mínimos esperados durante todas las etapas de desarrollo de las becerras en pastoreo tecnificado.

Cuadro 5.5 Metas de peso para las becerras lecheras en pastoreo en diferentes etapas de desarrollo.

Etapa	Jersey (kg)	Holstein (kg)
Al nacimiento	25	35
Al destete (convencional de 8 a 10 semanas)	55	70
6 meses	90	120
12 meses	170	220
15 meses	210	280
18 meses	240	310
24 meses (antes del parto)	320	420

Adaptado de Holmes *et al.* (2002).

Las becerras que llegan a los 14 ó 15 meses de edad con deficiencias de peso corporal tienen menos probabilidades de quedar gestantes, pueden producir menos leche y grasa, y tardar más tiempo en recuperar su condición corporal y actividad sexual durante su primera lactancia.

El sistema en pastoreo se caracteriza (como su nombre lo indica) en mantener al ganado de manera permanente pastoreando praderas, que son la fuente casi exclusiva de su alimentación. Las metas de producción, como la ganancia diaria de peso (GDP), varían significativamente en comparación con el sistema de confinamiento. Aspectos sanitarios (mortalidad y morbilidad), mejora genética y aspectos financieros manejan la misma filosofía, que es obtener el máximo beneficio posible por unidad productiva.

5.1 LACTANCIA

En modelos pastoriles estacionales, donde todos los vientres paren en un periodo muy corto de tiempo (máximo 12 semanas), la cantidad de becerras que deben atenderse (lactarse) de manera simultánea sobrepasa la mano de obra habitual, por lo cual se hace necesaria la contratación de personal temporal y esto incrementa los costos de producción. Para revertir esa situación, en Nueva Zelanda se emplea el método de lactancia colectiva (lactancia en "cafetería"), consistente en el uso de un tambo de 200 litros de capacidad al cual se le instalan en la circunferencia pezones artificiales (de goma) para que las becerras se alimenten a libertad, con lo cual se reduce la mano de obra, aunque se incrementa el suministro y consumo de leche. Si el acceso a la leche es ilimitado se vuelve improbable que las becerras adquieran vicios como chuparse los apéndices del cuerpo (principalmente las incipientes glándulas mamarias). En estos modelos estacionales existen ventajas, ya que al parir una gran cantidad de vacas casi de manera simultánea, la producción de calostro es muy alta para ser consumida por todas las crías. Para aprovechar esta situación se recomienda almacenar los excedentes de calostro para utilizaros en la alimentación de todas las crías. Resulta obvio que la función del calostro bajo esta recomendación es con fines meramente alimenticios y no con la intención de proporcionar inmunidad pasiva a la becerra.

Como se mencionó, en un modelo estacional, el trabajo intenso en la crianza de becerras (lactancia) demanda mucho tiempo, por lo que se buscan alternativas para el manejo de la alimentación de las becerras. Una opción acostumbrada en estos casos es suministrar leche acidificada, siempre y cuando las becerras estén alimentadas *ad libitum*. El contenedor ("cafetería") debe ser llenado con suficiente leche para alimentarlas de dos a tres días con el propósito de reducir la carga de trabajo. La leche se puede preservar durante varios días adicionándole varias sustancias, por ejemplo ácido cítrico en proporción de 2 g/l de leche, lo que reduce el pH a alrededor de 5.5 y produce un cuajado muy ligero, no obstante el cual las becerras podrán consumirlo por un periodo de dos a tres días. El consumo de leche podría reducirse notablemente si el pH de la leche se redujera excesivamente (si el pH fuera menor a 5.0). La leche se puede acidificar naturalmente sin la adición de ácidos para proporcionarla a las becerras, esta opción es recomendable en zonas de clima frío, ya que en climas de templados a cálidos una fermentación no controlada podría causar resultados muy variables en el consumo.

La alimentación con leches y/o sustitutos lácteos en polvo es muy recomendable, aunque en algunas situaciones el proceso industrial para deshidratar la leche (excesiva aplicación de calor) puede causar alteraciones importantes, principalmente sobre la proteína. Lo anterior puede llegar a provocar desórdenes digestivos (principalmente diarrea) debido a que la proteína dañada no coagula en el abomaso de la becerra. Para detectar sustitutos elaborados con leches en polvo dañadas por excesivo calor en la deshidratación se puede emplear una prueba muy sencilla, la prueba de la renina, que funciona como método de control de calidad a nivel de granja. Esta prueba se aplica siguiendo estos pasos:

1- Diluir renina estándar (usada en quesería) a una concentración 1/100 normal (10 ml de renina más 990 ml de agua).

2- Reconstituir 20 g de leche en polvo en 200 ml de agua tibia (37 °C) muy bien mezclada, de preferencia en licuadora.

3- Adicionar 5 ml de la renina diluida a la mezcla de leche en polvo y mantenerla a 350 °C.

4- Si la mezcla no coagula de 60 a 120 minutos, esto sugiere que la leche deshidratada ha sido sometida a calor excesivo durante el proceso de deshidratación, por lo tanto las becerras no podrán digerir las proteínas adecuadamente.

5.2 DESTETE

Al mencionar el término "destete" nos referimos al proceso mediante el cual se retira de manera metódica la dieta líquida a la cría (cese del amamantamiento). Específicamente se refiere al cambio de una dieta líquida a otra con alimentos sólidos (Wilson y Brigstoke, 1987). En la mayoría de las granjas pastoriles el destete se ha basado en indicadores como el crecimiento (peso corporal y GDP), edad y consumo de alimento (relación entre el consumo de la dieta liquida y la sólida). El método más adecuado para tomar la decisión es ponderar todo esto. Es importante también considerar que la becerra haya consumido forraje de excelente calidad (hoja de alfalfa henificada) para estimular el desarrollo del rumen. Es aceptable que esté consumiendo alrededor de 1.5% de su peso corporal. De acuerdo a las recomendaciones que hace el National Research Council (1989), al momento del destete la becerra deberá consumir un mínimo de 0.500 kg o bien un promedio de 0.700 kg diarios de alimento balanceado de iniciación, adicionalmente a la leche consumida hasta ese día. Es importante señalar que una becerra es capaz de consumir diariamente de 1.0 a 1.5 kg de concentrado, lo que resultaría ideal.

Cuadro 5.6 Guía para diseñar una ración que asegure un adecuado crecimiento de las becerras de reemplazo.

Peso (kg)	Consumo de materia seca (kg/ día)	EN $_{gan.}$ (Mcal/ kg)	Proteína cruda (PC) (%)	Proteína no degradable (% de la PC)
91 – 181	3.2 – 4.1	1.15 – 1.23	17	35 - 45
181 – 272	4.5 – 6.4	1.06 – 1.15	16 – 17	35 – 40
272 – 363	6.8 – 8.2	0.93 – 0.99	15 – 16	25 – 35
363 – 456	8.6 – 10.9	0.84 – 0.93	14 – 15	15 – 20
456 – 612	11.4 – 15.9	0.66 – 0.77	12 - 14	10 – 15

Van Amburg y Galton, (1994).

A partir del destete a la becerra se le proporcionará mayor cantidad de forraje, ya que entre los 2.5 y 3.5 meses de edad el rumen se ha desarrollado lo suficiente como para permitirle consumir mayor volumen, entre el 2.6 y el 3.2% de su peso corporal en base seca (Cuadro 5.6). Las calidades del forraje y el concentrado deberán ser óptimas para que resulten altamente apetecibles y produzcan altas tasas de consumo. La alfalfa henificada con bastante hoja y el concentrado con 18% de proteína cruda (PC) es la alimentación más recomendable en esta etapa. Finalmente, en la mayoría de las granjas lecheras las becerras son destetadas cuando alcanzan 70 y 85 kg para Jersey y Holstein respectivamente.

5.3 DESARROLLO I

En esta etapa se consideran las becerras a partir del destete. Después del destete se le proporcionará a la becerra mayor cantidad de forraje, ya que a esta edad el rumen se ha desarrollado completamente y le permite consumir cada vez más (2.6 - 3.2% de su peso corporal en base seca). El cuadro 5.6 muestra las cantidades de energía, proteína y materia seca que deben estar incluidas en una dieta para becerras desde el destete hasta el parto. La calidad de forraje y concentrado, al igual que en la etapa anterior, deberá ser óptima para que sean altamente apetecibles y los consuman ávidamente. Si es necesario suplementar, la alfalfa henificada con bastante hoja y el concentrado con 18% de proteína cruda (PC) son lo más recomendable, ya que los ensilados no son del todo adecuados para ellas en esta etapa.

La alimentación de este grupo ya debe estar basada en el pastoreo. Para ello se debe contar con una pradera de muy buena calidad que garantice el consumo en niveles altos. Si las finanzas de la granja lo permiten, es apropiado adicionar concentrado para desarrollo con 18% de PC hasta que las becerras estén bien adaptadas al pastoreo (consumiendo alta cantidad de MS de la pradera). Dependiendo de la calidad de la pradera, la suplementación se dará por un periodo de 4 a 6 semanas.

5.4 DESARROLLO II

Esta etapa incluye becerras entre 170 y 300 kg de peso. Se deberán usar de manera mayoritaria los pastos henificados y en menor cantidad las leguminosas. En esta etapa se acostumbra suministrar forrajes ensilados, si es el caso, los forrajes deberán estar en excelentes condiciones (calidad similar al ensilado para vacas de alta producción). El alimento concentrado con 16 - 18% de PC incluido en una dieta bien balanceada es altamente recomendado. Durante esta etapa y la parte final de la anterior se ha dicho que el plan de nutrición con elevada GDP puede ser detrimental en el desarrollo del tejido glandular de la ubre, y consecuentemente en la producción de leche en la próxima lactancia (Schultz, 1969; Sejrsen et al., 1982; Swanson, 1960; Wickersham et al., 1963), sin embargo, estudios más recientes reportan que no se observó efecto alguno en la producción láctea de vaquillas que fueron criadas bajo planes de nutrición que sobrepasaban la GDP de 1.1 kg desde los 90 a los 320 kg de peso corporal, pariendo estas vaquillas a los 21.2 meses de edad (Van Amburgh *et al.,* 1998; Radcliff *et al.,* 1997). Independientemente de lo controversial del tema, el punto clave es la conveniencia del plan de alimentación desde el punto de vista económico y la necesidad de contar con los reemplazos.

En esta etapa (entre 12 y 18 meses de edad), la becerra se acerca al empadre (IA) por lo cual se requiere que tenga de 210 a 240 y de 280 a 310 kg de peso corporal en Jersey y Holstein Neozelandés respectivamente, para lo cual deberá ser alimentada con pradera de alta calidad, sobre todo si no se suplementa o si se va a retirar el concentrado. La alimentación deberá adecuarse al ritmo de crecimiento, cuidando de no llegar a la obesidad. Logrado el peso anteriormente señalado se recomienda iniciar el programa de inseminación artificial.

Al grupo de becerras de 18 meses al parto se le conoce también como el grupo de vaquillas gestantes, ya que el grupo se integra toda vez que se ha confirmado la preñez de cada una que lo conforma. La ración a recibir en esta etapa se basa también en el pastoreo de praderas que sean de buena calidad a excelente, ya que la inclusión de concentrado suele estar limitada o no existir. Aun así, la dieta deberá estar bien controlada, de tal manera que garantice un peso al parto de por lo menos 320 y 420 kg para Jersey y Holstein Neozelandés respectivamente (Cuadro 5.6).

5.5 PARTO

Las vaquillas próximas a parir deben separarse del grupo de vaquillas gestantes para ser atendidas por separado. Esto debe ser realizado 2 ó 3 semanas antes de la fecha probable de parto. Durante este periodo, si las condiciones particulares de la granja lo permiten, es recomendable integrar a la vaquilla con el grupo de vacas lactantes con el propósito de que se habitúe a circular por la zona de ordeño (incluso que pase por la sala), para ayudar a disminuir el estrés del parto y del inicio de la lactación. De no ser posible dicho manejo, por lo menos debe tener acceso a una ración muy similar a la que recibirá como vaca lactante (en cuanto a calidad y cantidad) y contar siempre con agua a libertad, limpia y fresca.

Si se separan en un grupo las vaquillas próximas a parto, deben recibir una ración especial muy similar a la que recibirán cuando ya sean vacas, que debe incluir sales aniónicas, ya que son benéficas tanto para la madre como para la cría, que deben ser proporcionadas con 3 semanas de anticipación al parto. Estas sales en un principio reducen la incidencia de fiebre de leche clínica y subclínica; además, se han reportado efectos favorables al incrementarse el tono muscular de la vaca, lo que facilita y expedita el parto en pro de una cría con mayor vitalidad (Oetzel *et al.*, 1988; Block, E., 1994).

5.6 REQUERIMIENTOS NUTRICIONALES DE LA BECERRA

Para lograr la meta de peso y condición corporal a primer parto, es de esperarse que la becerra en pastoreo crezca a una tasa promedio de 0.4 a 0.6 kg por día a lo largo de sus dos primeros años de vida. Por lo anterior, durante este periodo debe ser alimentada generosamente, de preferencia en praderas de alta calidad nutritiva. Si es necesario, en periodos de escasez de forraje se le debe suplementar con otras opciones de alimento, como pueden ser los ensilados, henificados, granos, o una combinación de ellos; no debe ser restringida en su alimentación. Una restricción en la alimentación puede reducir la tasa de crecimiento por debajo de la meta establecida, y si esto llega a suceder después será necesario alimentarla muy generosamente para recuperar el peso corporal y el ritmo de crecimiento perdido.

Los requerimientos alimenticios del ganado pueden ser expresados como unidades de materia seca (MS), energía digestible u otras, pero el sistema de energía metabolizable (EM) será el utilizado en este capítulo.

5.7 ASIGNACIÓN DE PRADERA A LAS BECERRAS EN CRECIMIENTO

La asignación práctica de pradera para el ganado contempla los siguientes puntos:

1- Se clasifican las becerras y vaquillas de acuerdo con su etapa productiva o edad, de preferencia se forman grupos de no más de 50 cabezas, con la intención de tener mejor supervisión y control del pastoreo y de la salud del ganado.

2- Se determina el peso corporal promedio del grupo de becerras.

3- Se calcula y se promedia el tiempo de gestación del lote de vaquillas y se expresa en semanas de gestación.

4- Se determina la ganancia diaria esperada en el peso corporal promedio de cada lote.

5.8 ESTIMACIÓN DE LA PRODUCCIÓN FORRAJERA

Se realiza el muestreo de la pradera para determinar la cantidad de MS presente en el predio a pastorear y establecer los kg de MS por hectárea (Hodgson, 1990). El método de muestreo es por medio de las técnicas de corte en pequeños cuadrantes, su pesaje y deshidratación.

5.9 ESTIMACIÓN DE LA DEMANDA DE MATERIA SECA

Con base en las características del ganado, se procede a cuantificar los requerimientos de Energía Metabolizable (EM) expresada en Megajoules (MJ) por día, para lo cual se da el siguiente ejemplo:

5.10 REQUERIMIENTOS DE ENERGÍA METABOLIZABLE PARA MANTENIMIENTO

Ejemplo (promedios por lote):

Vaquilla de 400 kg peso corporal

Ganancia diaria (kg): 0.750

Promedio de semanas de gestación: 18

De acuerdo con el cuadro 5.7, la cantidad de EM para mantenimiento es de 0.55 MJ EM/kg$^{0.75}$ (de peso metabólico). Después se calculan los requerimientos de energía metabolizable para mantener la preñez. De acuerdo con el cuadro 5.8, en promedio el grupo de vaquillas requiere 8.2 MJ EM cabeza/día. Finalmente se estiman los requerimientos de energía metabolizable para la ganancia de peso corporal. De acuerdo con el AFRC (1995), una vaca lactante deposita 32.3 MJ EM para ganar 1 kg, mientras una vaca seca necesita 42.1 MJ EM para ganar igual peso. Para el caso de las vaquillas y de acuerdo al cuadro 5.9, éstas necesitarían de 26.7 a 40.0 MJ EM, dependiendo de la calidad del alimento.

Toda vez que se tienen los estimadores para determinar los requerimientos de energía del ganado en sus diferentes etapas y estados fisiológicos, es necesario transformar esta energía a MS (kg MS cabeza/día). Para lo anterior se requiere saber la MD (densidad energética en los alimentos) de la MS expresado en MJ EM/kg de MS, para lo cual es necesario contar con un AQP (análisis químico proximal) que determine la "concentración energética" de la pradera. En el caso de praderas en climas templados el rango de EM va de 10.0 - 11.0 MJ EM/kg MS (Para este ejemplo tomaremos 10.5 MJ EM/Kg de MS).

Cuadro 5.7 Requerimientos diarios de EM para mantenimiento sugeridos para el ganado lechero (EMm) expresados en Mega joules de energía (MJ).

Categoría de ganado	MJ EM/kg 0.75 por día
Becerras lactantes (alimentadas en corraleta)	0.43
Ganado no lactante	0.55
Ganado lactante	0.60
Aplica cuando el ganado este pastoreando en una pradera que contenga mas de 11 MJ EM/kg MS	

(Adaptado de Holmes 2002).

Cuadro 5.8 Requerimientos de EM (recomendados) sobre mantenimiento para ganado gestante* (Adaptado de Holmes 2002).

Semanas Pre-parto	Peso (kg)		Energía contenida (MJ)		Requerimientos de EM (MJ/día)
	Feto	Feto y membranas	Feto	Feto y membranas	
12	9	27	29	54	8.2
8	16	39	61	95	14.2
4	26	54	123	166	24.7
0	40	73	234	288	42.9

* NRC 1980 The nutrient Requeriments of Ruminant Livestock (CAB).

Cuadro 5.9 Requerimientos de EM (recomendados) para ganancia de tejido corporal en ganado lechero en pastoreo (Adaptado de Holmes 2002).

Ganado	Energía neta para ganancia (MJ /kg)	kg	Requerimientos de EM para ganancia (MJ/kg)
Becerras lactantes	8	0.70	11.4
Becerras en crecimiento*	14	0.52 (0.35) †	26.7 (40.0) †
Vacas maduras no lactantes*	25	0.55 (0.37) †	45.5 (67.6) †
Vacas lactantes*	25	0.65 (0.43) †	38.5 (58.1) †

* pastoreando en praderas que contienen más de 11 MJ EM/ Kg MS
† valores en paréntesis asociados a ganado consumiendo una pradera con 10 MJ EM/kg MS

Por lo tanto, con base en el ejemplo:

a) Requerimientos de EM para mantenimiento:

Vaquilla de 400 kg MJ EM/día = $400^{0.75}$ = 89.44 kg (peso metabólico de la vaquilla)

$$89.44*0.55 = 49.19 \text{ MJ EM vaquilla/día}$$

b) Requerimientos de EM para la ganancia de peso corporal:

1 kg de peso corporal = 38.5 MJ EM/día, ganancia diaria esperada: 0.750 kg.

$$0.750 \text{ Kg.}*38.5 = 28.9 \text{ MJ EM vaquilla/día.}$$

c) Requerimientos de EM para mantener gestación:

Con una gestación de 18 semanas promedio, y sabiendo que la gestación en el bovino dura 40 semanas, entonces les falta a las vaquillas (en promedio) 22 semanas para llegar a término. De acuerdo a lo anterior y con base en el Cuadro 10 de requerimientos para vientres gestantes, las vaquillas requieren alrededor de 8.2 MJ EM cabeza/día (NOTA: si los requerimientos estimados de las vaquillas caen entre dos valores de tablas, se sugiere tomar el valor inmediato superior).

403

Cuadro 5.10 Resumen del ejemplo de la vaquilla preñada de 18 semanas y con peso corporal de 400 kg.

Nivel	MJ EM vaca/día
Mantenimiento	49.19
Ganancia de peso	28.90
Preñez	8.20
Total	86.29

Después de obtener las necesidades de energía (86.29 MJ EM vaquilla día), el valor resultante se divide entre el MD de la MS, esto es: 86.2/10.5=8.2 kg de MS vaquilla/día. Para determinar la asignación de pradera se considera el resultado de la cantidad de MS (kg MS/ha) presente al inicio del pastoreo (pre-pastoreo). Ejemplo: 3,200 kg MS/ha Asimismo, se considera la cantidad de materia seca residual (MS kg/ha Postpastoreo). Dependiendo de la época del año este residual varia de 1400 -1600 kg de MS/ha. Se recomienda pastorear más intensamente en la época de mayor acumulación de MS por ha por día.

Cuadro 5.11 Asignaciones de MS para la vaca lechera durante sus fases productivas.

Estado fisiológico de la vaca	Nivel de alimentación (% del peso corporal con base en materia seca)
Vaca en lactancia:	
Temprana (1 – 100)*	2.5 - 3.5
Media (101 – 200)*	2.0 - 2.5
Tardía (201 a secado)*	1.7 - 2.0
Vaca seca	1.5 - 1.7
Becerras en crecimiento	2.0 – 2.5

Para asignar la carga animal (vaquillas/ha por día) se considera lo siguiente:

Asignación de MS (kg vaquilla/día), esto es, kg de MS de pradera ofrecidos cabeza/día para asegurar el consumo óptimo de MS según los requerimientos del animal. Lo anterior se obtiene multiplicando los requerimientos por los siguientes factores (múltiplos de los requerimientos estimados o niveles de alimentación) (Cuadro 5.11).

Con base en este ejemplo: Materia seca pre-pastoreo 3,200 kg/ha. La vaquilla promedio requiere 8.2 kg MS/día. Las vaquillas del ejemplo se encuentran gestantes y en pleno crecimiento, por lo que es adecuado asignarles un nivel de alimentación alto (en este caso 2.5 es lo recomendable). Entonces, la asignación sería de la siguiente manera: 8.2*2.5=20.52 kg de MS vaquilla/día. 3,200 kg de MS pre-pastoreo/20.52 kg de MS asignación vaquilla/día=155.9; que sería el número de vaquillas que pueden pastorear una hectárea en un día. Pero si son menos vaquillas y se quiere fraccionar el predio, entonces:

Si se tienen 50 vaquillas, 155.9/50=3.1≈3.0 días. Esto quiere decir que una hectárea con esa producción de MS es capaz de mantener más de 3 días a las 50 vaquillas. Enseguida, si queremos saber cuánta MS residual nos dejarán esas vaquillas, podemos aplicar la siguiente formula:

$$MSR = \frac{(MF)-[(MF)\ RMS]}{Asn\ (RMS)}$$

Donde: MSR = Materia seca residual (kg MS/ha)

MF=Masa forrajera (MS pre-pastoreo kg/ha)

Asn=Asignación (kg MS vaca/día)

RMS=Requerimientos de MS (kg vaca/día)

Sustituyendo:

$$MSR=\frac{(3200)-[(3200)\ 8.2]}{2.5\ (8.2)} \quad MSR=\frac{(3200)-[(3200)\ 8.2]}{20.52}$$

$$MSR=(3200)-[(155.9)\ 8.2]=3200-1278.8=1921\ kg\ de\ MS\ residual/ha$$

Si se requiere que el ganado deje menos residual, sólo es necesario reducir la asignación de MS vaca/día.

$$MSR=(3200)-\frac{[(3200)\ 8.2]}{2.0\ (8.2)}=1600\ kg\ MS/Ha$$

Queda entendido que para aplicar presión de pastoreo es necesario incrementar la carga animal (más ganado en la misma superficie o menos superficie con el mismo ganado), incrementando o disminuyendo la asignación por día en términos de kg de MS cabeza/día.

5.11 EVALUACIÓN DEL CRECIMIENTO DE LAS BECERRAS

Como ya se mencionó, es importante monitorear el consumo de MS del ganado, pero también su desempeño productivo. Las becerras en desarrollo deben ser pesadas por lo menos cada mes para llevar un control sobre su tasa de crecimiento e ir comparando los logros contra las metas. Por ejemplo, una becerra de 200 kg ganando 0.5 kg por día debe haber consumido alrededor de 3.9 kg de pradera de alta calidad (11 MJ EM/kg MS) (Cuadro 5.12).

5.12 CRIANZA DE REEMPLAZOS

Si las hembras de reemplazo son pastoreadas en la granja con el hato lechero, éstas muy probablemente competirán con ellas por el alimento. Por ejemplo, para un 20% de reemplazo anual, el alimento requerido por los reemplazos es equivalente a cerca del 13% de lo que requieren las vacas. En vista de esto podría ser rentable para el granjero lechero pastorear sus reemplazos en algún otro lugar y así incrementar el número de vacas en la granja principal (Gartner, 1982). Lo anterior deja claro que la producción de leche siempre será más rentable que la crianza de reemplazos, pero ésta también dependerá siempre de incorporar año con año reemplazos lecheros altamente eficientes en la producción de leche, por lo cual la crianza de becerras de alto mérito genético nunca debe ser descuidada.

En Nueva Zelanda las becerras son pastoreadas durante invierno, y frecuentemente están restringidas a un nivel de alimentación muy cercano al de mantenimiento con el objetivo de ahorrar forraje hasta la primavera. El consumo de alimento de las becerras está usualmente limitado por el pastoreo en alta densidad de carga animal (300 a 500 becerras por hectárea por 24 horas, o en ocasiones más), y pastoreando verdaderamente de manera intensa (masa forrajera residual de 400 a 600 kg MS ha^{-1}), lo cual puede causar severo daño por el pisoteo al suelo y a las plantas (Brown and Evans, 1973). El consumo de alimento de las becerras también puede ser restringido durante la temporada de baja producción de forraje a través de limitar la cantidad de tiempo de pastoreo, para lo cual sólo se les permite pastar por un corto periodo y después se mueven a un corral de retención, donde son suplementadas con cualquier tipo de alimentación que cumpla por lo menos con sus requerimientos de mantenimiento. Este manejo incrementa la tasa de rebrote y mejora también de manera global la ganancia de peso de las becerras para que en el corto plazo aumente su fertilidad y se alcancen las metas reproductivas esperadas.

Cuadro 5.12 Requerimientos de alimentación para ganado joven en crecimiento (no-gestante), kg de pradera tierna consumida/día 11 MJ EM/kg de MS.

Tasa de ganancia de peso corporal (kg/día)	Peso corporal del animal (kg)			
	100	200	300*	400*
0	1.6	2.7	3.6	4.5
0.5	2.5	3.9	5.1	6.2
1.0	3.4	5.1	6.6	8.1

*Para becerras gestantes se le debe adicionar a esos valores, de 1.0 a 2.8 Kg. de MS durante los últimos 3 meses de gestación.
Adaptado de Holmes (2002).

5.13 ROTACIÓN DEL PASTOREO

Varios experimentos han mostrado un incremento en la ganancia de peso de las becerras al usar el pastoreo rotacional en vez de pastoreo continuo (McMeekan, 1960; McMeekan and Walshe, 1963; Walshe, 1971; Castle and Watson, 1975). Cuando la misma carga animal fue usada en cuatro tratamientos, la diferencia osciló desde 8 hasta 13% a favor del pastoreo rotacional. Aunque esto pareció como si el pastoreo rotacional permitiera una mayor carga animal, o por lo menos la posibilidad de incrementarla, una combinación entre el pastoreo rotacional y una carga animal más alta produjeron 16 a 20% mayor incremento en el peso corporal de las becerras que el pastoreo continuo (McMeekan and Walshe, 1963; Walshe, 1971).

Aunque pudieran no ser muy consistentes los incrementos en la producción de forraje debido al pastoreo rotacional, permite forraje disponible para ser utilizado en los inicios del crecimiento más acelerado (Campbell, 1966). Por lo menos un experimento ha mostrado que el pastoreo rotacional no incrementó la ganancia de peso en las becerras (Hood, 1974), algunas granjas altas productoras en Nueva Zelanda manejan el ganado en pastoreo continuo durante primavera y verano, aunque utilizan el rotacional el resto del año (Simmonds, 1978). El pastoreo continuo en invierno, aun en Nueva Zelanda, es usualmente considerado una invitación al desastre (Hutton, 1966). Aunque el uso de una larga rotación durante el invierno pueda incrementar la ganancia de peso de las becerras en la siguiente primavera, esto puede deberse a la mayor cantidad de forraje disponible (Bryant and Cook, 1980). En todo caso, variaciones en la periodicidad de la rotación durante primavera y verano tienen un efecto menor en el desarrollo de las becerras (Bryant and Parker, 1971; McPheely *et al.*, 1977).

5.14 ALIMENTACIÓN SUPLEMENTARIA

La variación en la producción forrajera entre estaciones del año y entre años trae como consecuencia periodos en que la producción de forraje no satisface los requerimientos de alimento. Los efectos de este déficit pueden ser solventados en cierta medida a través del uso de las reservas corporales del ganado, o mejor aún, a través de la utilización del forraje almacenado en cualquier forma. La suplementación implica ofrecer otro tipo de alimento (diferente del forraje fresco) para complementar la dieta del hato. Algunas alternativas alimenticias para lograr ese objetivo pueden ser el ensilado y el heno, los cuales son acumulados durante el año a partir de los excedentes de forraje en momentos de abundancia. En tiempos deficitarios de pastura podría no ser siempre rentable alimentar al ganado con suplementos, aun cuando el crecimiento de las becerras se reduzca por ese déficit (ej. en Nueva Zelanda durante el verano, en México durante el invierno). Para reforzar lo anterior es importante referirnos a lo que sucede con la producción de leche en este aspecto. Basados en información citada por Holmes *et al.* (1981), donde dicen que el consumo de un kg de MS adicional (11 MJ EM) a partir del alimento suplementario debe teóricamente provocar: (a) la producción de 2 litros extra de leche o 90 g de grasa, (b) o un incremento en el peso corporal de las vacas de 300 g por día, (c) o un descenso de 11 MJ EM en el consumo de forraje, (d) o alguna combinación de los puntos anteriores (a) (b) (c). Con lo anterior podemos concluir que las becerras deberían estar ganando peso debido a la suplementación, al igual que las vacas, como lo dicen los los autores citados.

En nueva Zelanda los suplementos no son destinados usualmente a la crianza de becerras a menos que el abastecimiento de forraje esté severamente limitado (ej. durante el invierno), debido a que las respuestas antes mencionadas son raramente rentables, por lo menos en el corto plazo. Sin embargo, los suplementos, principalmente el heno y el ensilado, son comúnmente utilizados para alimentar a becerras y vacas no lactantes durante invierno, y estos efectos han sido revisados por

Grainger and McGowan (1982). En contraste, en la Gran Bretaña los concentrados son comúnmente utilizados para estos fines, aun cuando el abastecimiento de forraje pastoreable sea abundante, por ejemplo en verano y otoño (Castle and Watson, 1978; Gordon, 1979; Gleeson, 1980) o en primavera (Le Du and Newberry, 1981).

A pesar de algunas respuestas desfavorables a la alimentación dada como suplemento a los animales en pradera, esto aún puede resultar rentable en algunas condiciones, a diferencia de alimentar únicamente a las becerras con métodos diferentes del pastoreo o por muy cortos periodos. Por ejemplo, un grupo de becerras puede ser alimentado *ad libitum* con ensilados y algo de concentrado durante tres meses hasta que las condiciones climáticas permitan el pastoreo total, y los resultados económico productivos puedan ser aceptables (Gordon, 1979).

La conservación y alimentación con heno y ensilado puede tener efectos ponderables en la productividad de la crianza de becerras. Estos efectos no han sido estudiados experimentalmente en el largo plazo, aunque algunos modelos matemáticos han sido construidos (Miller, 1980).

5.15 EFICIENCIA DE LAS VAQUILLAS

La eficiencia con que el alimento es convertido por las becerras en desarrollo está influenciada por muchos factores, incluyendo la alimentación, la edad, el estado de salud, los métodos de pastoreo y el mérito genético. En general, las becerras que han sido seleccionadas por los altos rendimientos de leche y grasa de sus madres, podrán convertir alimento a ganancia de peso y leche más eficientemente, y podrán producir más leche por hectárea que otras vacas (McPheely *et al.*, 1977; Bryant and Trigg, 1981; Davey *et al.*, 1983).

CONCLUSIONES

La crianza de becerras a partir del pastoreo de praderas depende del crecimiento, consumo y conversión del forraje en peso corporal. Las mejoras en cualquiera de esos tres componentes permitirán un incremento en la eficiencia en la crianza. Sin embargo, los incrementos en la producción de granjas de alto volumen probablemente dependerán del aumento en la producción de forraje. En hatos intensamente manejados y que paren durante primavera en Irlanda y Nueva Zelanda, se producen anualmente 500 a 600 kg de grasa por hectárea a partir del pastoreo de praderas, las cuales producen de 12 a 13 toneladas de MS por hectárea por año, y sustentan adicionalmente al 25% de vaquillas necesario para reemplazar las vacas que se eliminan anualmente.

La carga animal tiene un efecto dominante en la producción de reemplazos (cabezas por hectárea) y en la rentabilidad de la granja por la productividad de las vacas en la producción de leche. Una carga animal alta puede ser soportada si las praderas son pastoreadas rotacionalmente en oposición a las que se someten a pastoreo continuo. Lo anterior puede dar incrementos de 10 a 20% racionando el alimento en invierno y al inicio de la temporada cálida. Otra alternativa es mejorar la calidad del forraje para incrementar el consumo y la conversión. La evaluación cuantitativa de la masa forrajera es de gran utilidad en el manejo del pastoreo y en la planeación del suministro de forraje. Las fechas de parto y de secado son importantes características en el manejo del hato, ya que afectan la productividad. La producción de leche es muy dependiente del abastecimiento de forraje, el cual a la vez depende ampliamente de las condiciones climáticas y de la cantidad de becerras que se estén recriando.

LITERATURA CITADA

Block, E. 1994.: Manipulation of Dietary Cation-Anion Difference on Nutritionally Related Production Ddiseases, Productivity, and Metabolic Responses of Dairy Cows. J Dairy Sci. 77: 1437-1450

Brown, K. R. and Evans, P. S., 1973.: Animal Treading; a Review of the Work of the Late D. B. Edmond. N. Z. J. Agric., 1: 217 – 226.

Bryant, A. M. and Cook, M. A. S., 1980: A Comparison of Three Systems of Wintering Dairy Cattle. In: Proc. Ruakura Farmers Conference, pp. 181-188

Bryant, A. M. and Parker, O. F. 1971: Optimum Grazing Interval at High Stocking Rates. In: Prod. Ruakura farmers Conference, pp.110-119.

Bryant, A. M. and Trigg, T. E. 1981: Progress Report on the Performance of Jersey Cows Differing in Breeding Index. Proc. N.Z. Soc. Anim. Prod., 41:39-47.

Campbell, A .G. 1966: Grazed Pasture Parameters I. J. Agric. Sci., 67:199-210.

Castle, M. E. and Watson, J. N. 1978: A comparison of Continuous Grazing Systems for Milk Production. J. Br. Grassland Assoc., 33:123-129.

Davey, A. W. F.; Grainger, C.; Mackenzie, D. D. S.; Flux, D. S. F.; Wilson, G. F.; Brookes, I. M. and Holmes, C. W., 1983: Nutritional and Physiological Studies of

Differences Between Friesina Cows of High or Low Genetic Merit. Proc. N.Z. Soc. Anim. Prod., 43:67-70.

Gartner, J. A. 1982: Replacement Policy in Dairy Cattle. Ir. Grassland anim. Prod. Assoc. J., 8:68-78.

Gleeson, P. 1980: Concentrates for Cows at Grass. In: Moorepark Farmers Conference. An foras taluntais, Dublin, pp. 26-31.

Gordon, F. J. 1979: Some Aspects of Recent Research in Dairying. Ir. Grassland Anim. Prod. Assoc. J., 14 : 85 – 109.

Grainger, C. and Mc Gowan, A. A. 1982: The Significance of Precalving Nutrition of the Dairy Cow, In: K. L. MacMillan and V.K . Taufa (editors), Dairy Production from Pasture N.Z. Anim. Prod., pp.134-171.

Guterbock, W. M. 1991: Nutrition of Dairy Replacements Heifers. In: Naylor J. and Ralston S. editors. Large Animal. Clinical Nutrition. Missouri: Mosby Year Book: 259-261

Heinricks, A. J. 1992: Crecimiento de vaquillas. Carta ganadera; año VI, vol 10 (4): 11-12

Hodgson, J. 1990: Grazing Management: Science into Practice. Longmans.

Holmes, C. W.; Brookes, I. M.; Garrick, D. J.; Mackenzie, D. D. S.; Parkinson, T. J.; Wilson, G. F. 2002: Milk Production from Pasture. Publisher by Massey University. D. Swain Editor. Palmerston North N.Z.

Holmes, C. W.; Davey, A. W. F. and Grainger, C. 1981: The Efficiency with which Fferr is Utilized by the Dairy Cow. J. Br. Grassland Soc., 29:63-67.

Hood, A. E. M.; 1974: Intensive Set Stocking of Dairy Cows. J. Br. Grassland Anim. Prod. Assoc. J., 14:67–75.

Hutton, J. B. 1966: Preliminary Report on Farming Two Cows per Acre. In : Proc. Ruakura Farmers Conference, pp 168 – 180.

Le Du, Y. L. P. and Newberry, R. D. 1981: The Milk Production of Grazing Dairy Cows. AQnnu. Rep. Grassland Res. Inst. Hurley, pp.84-85.

Linn, J. G. 1996: Nutrición de la vaquilla en crecimiento. Memorias de la 12ª Conferencia Internacional sobre Ganado Lechero. 28-30 julio 1996, Cd. México. México D.F. Grupo CIGAL: Holstein de México/ANGLAC, 31-39

McMeekan, C. P. and Walshe, M. J. 1963: The Interrelationships of Grazing Method and Stocking Rate in the Efficiency of Pasture Utilization by Dairy Cattle. J. Agric. Sci., 61:147-166.

McMeekan, C. P. 1960: Grass to milk. The N.Z. Dairy Exporter, Wellington.

McPheely, P. C.; Butler, T. M. and Gleesob, P. A. 1977: Potential of Irish Grassland for Dairy Production. In Proc. Int. Meet. On Animal Production from Temperate Grassland. An foras taluntais, Dublin, pp. 5-11.

Miller, C. P. 1980: Modelling the Contribution of Forage Crops to Production Profitability and Stability of North Island Dairy Systems. Proc. N.Z. Soc. Anim. Prod., 40:64-67.

Morrill, J. L. 1997: Feeding Dairy Calves and Heifers. In Church D.C. Livestock feeds and feeding. 3th ed. New Jersey: Prentice Hall: 294-305

National Research Council 1989. Nutrient requirements of dairy cattle (6th edition). National Academic Press. Washington, D.C.

Oetzel, G. R.; Olson, J. D.; Curtis, C. R. and Fettman, M. J. 1988: Ammonium Chloridre and Ammonium Sulfate for Prevention of Parturient Paresis in Dairy Cows. J Dairy Sci. 71: 3302-3309.

Radcliff, R. P.; Vandehaar, M. J.; Skidmore, A. L.; Chapin, L. T.; Radke, B. R.; Lloid, J. W.; Stanisieski, E. P. and Tucker, H. A. 1997: Effects of Diet and Bovine Somatotropin on Heifer Growth and Mammary Development. J Dairy Sci. 80:1996-2003.

Schultz, L. H. 1969: Relationship of Rearing Dairy Heifers on Mature Performance. J of Dairy Sci. 52: 1321 .

Sejrsen, K.; Hubert, J. T.; Tucker, H. A. and Akers, R. M. 1982: Influence of Nutrition on Mammary Development in Pre- and Post Puberal Heifers on the Lactational Ability. J Dairy Sci. 65: 793.

Simmonds, J. 1978: Set Stocking for High Production. Dairy farming Annu., Massey Univ., pp-108-110.

Spross, K. 2000: Alimentación animal. Bovinos. México: SUA/FMVZ: 55-86.

Swanson, E. W. 1960: Effects of Rapid Growth which Fattening of Dairy Heifers on the Lactational Ability. J Dairy Sci. 43: 377.

Van Amburg, M. E.; and Galton, D. M. 1994: Growth and Nutrition of Heifers. Dairy management Conference Proceedings. Michigan State University Extention March 1-2 1992Ed. A. Skidmore pp. 39-65

Van Amburgh, M. E.; Galton, D. M.; Bauman, D. E.; Everett, R. W.; Fox, D. G.; Chase, L. E. and Erb, H. N. 1998: Effects of Three Prepubertal Body Growth Rates on Performance of Holstein Heifers During First Lactation. J Dairy Sci. 81: 527-538

Van der Leek; Donovan, A. and Braun, K. 1993: Dairy Replacement Rearing Programs. In Howard Current Veterinary Therapy. Food Animal Practice. 3th ed. Philadelphia: Saunders: 147-153

Walshe, M. J. 1971: Research on Intensive Use of Grassland for Dairying in Ireland. Rev. Cubana cienc. Agric., 5:143-153 (English ed.)

Wells, S. J.; Dargatz, D. A. and Ott, S. L. 1996: Factors Associated with Mortality to 21 Days of Life in Dairy Heifers in the United States. Preventive Veterinary Medicine, Volume 29, Issue 1, November 1996, Pages 9-19

Wickersham, E. W. and Schultz, L. H. 1963: Influence of Aage at First Breeding on Growth, Reproduction, and Production of Well-Fed Holstein Heifers. J Dairy Sci. 46: 544

Wilson, P. N. and Brigstoke T. D. 1987: Avances en la alimentacion de vacuno y ovino. Zaragoza: Acribia.

CAPÍTULO VI

MANEJO REPRODUCTIVO, LACTOINDUCCIÓN Y MONITOREO DEL CRECIMIENTO

Editor: Mario Medina Cruz MVZ, MSc, DCV

---

1 MANEJO REPRODUCTIVO

Joel Hernández Cerón MVZ, MC, DCV

El manejo reproductivo en las vaquillas comienza cuando alcanzan 14 ó 15 meses de edad y un peso de 350 a 370 kg. La disponibilidad de vaquillas debe ser suficiente para sustituir a las vacas que se desechan anualmente (25 a 35%), y para contribuir con el crecimiento del hato. Se espera que en un hato lechero más del 70% del total de vientres sean animales de reemplazo (desde un día de vida hasta la etapa de vaquilla al parto) (Heinrichs, 1993).

El manejo reproductivo moderno de las vaquillas está orientado hacia la utilización de la inseminación artificial (IA), ya sea en un estro natural o sincronizado hormonalmente. Las vaquillas son las hembras más fértiles del hato (porcentaje de concepción: 55 a 65 % vs 30 a 40% en vacas) (Morales *et al.*, 2000), por lo que el costo del semen por gestación es menor en comparación con las vacas adultas, lo que permite invertir en mejores toros y en semen sexado.

1.1 PUBERTAD

Se define como la etapa del desarrollo en la que la hembra presenta su primer estro fértil. Regularmente las vaquillas lecheras, bajo condiciones óptimas de manejo, llegan a la pubertad entre los 11 y 12 meses de edad, es decir, antes de alcanzar el peso recomendable para recibir el primer servicio. A pesar de que las vaquillas pueden quedar gestantes una vez que han alcanzado la pubertad, esto no es conveniente debido

415

a que aún no han completado su desarrollo, y en caso de quedar gestantes en los primeros ciclos estrales llegarán al parto con poco desarrollo físico, lo que resulta en distocias y baja producción de leche.

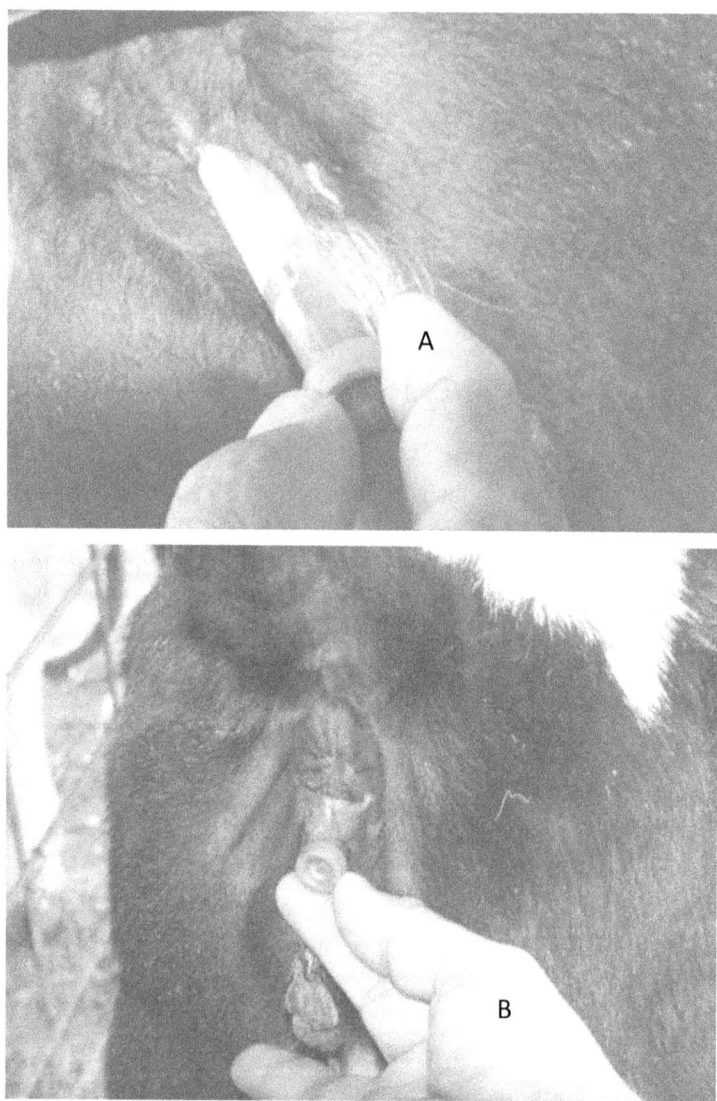

Figura 6.1 A: Introducción de un tubo al vacío en la vagina de una becerra
freematin nacida de parto gemelar con macho, en la cual el tubo no puede ser
introducido más allá de la mitad de su longitud. **B:** introducción completa de un
tubo al vacío en la vagina de una becerra no freemartin. Fotografías originales
de M. Medina C.

La activación del sistema neuroendocrino para que la becerra alcance la pubertad está regulada principalmente por el estado nutricional, valorado a través de la Calificación de la Condición Corporal (CCC). La transición del anestro prepuberal a la ciclicidad puberal coincide con un incremento de la CCC y de las concentraciones de insulina, del factor de crecimiento similar a la insulina tipo I (IGF-I) y de la leptina (Brickell *et al.*, 2009). Estas hormonas actúan como señales metabólicas en el hipotálamo y la hipófisis que modifican la frecuencia en la secreción de las gonadotropinas, lo que resulta en la maduración folicular y la ovulación. El retraso en la edad a la pubertad está relacionado directamente con deficiencias en la alimentación; dicha condición se observa en hatos poco tecnificados. Las vaquillas que ya alcanzaron el peso para recibir el primer servicio y no han presentado estro deben recibir un examen por vía rectal para descartar posibles anormalidades del desarrollo, tales como freemartinismo o hipoplasia genital. En el caso de partos gemelares de diferente sexo, se puede hacer una prueba de campo consistente en la introducción de un tubo para colección de sangre por la vagina de la becerra como se muestra en las figuras 6.1 A y B.

1.2 DETECCIÓN DEL ESTRO E INSEMINACIÓN

Las vaquillas muestran estro o calor cada 21 días, y tiene una duración de 8 a 16 horas. El signo positivo de estro es la aceptación de la monta por otra vaquilla; adicionalmente, las vaquillas muestran los signos secundarios de estro como inquietud, montan a otras hembras, edematización y enrojecimiento de la vulva, y presencia de moco en los muslos traseros. Los signos genitales incluyen turgencia o tono uterino, moco cervical abundante, presencia de un folículo ovulatorio (15 a 20 mm de diámetro) y ausencia de un cuerpo lúteo (O'Connor, 2007). La baja eficiencia en la detección de estros, es decir, la baja proporción de hembras detectadas en estro del total elegible, es el problema que más afecta la eficiencia reproductiva en vaquillas. De acuerdo con la duración del estro, que oscila entre 8 y 16 horas, la observación de las vaquillas por periodos de 30 minutos durante la mañana y otros 30 durante la tarde permite detectar hasta 70% de las hembras en estro, mientras la observación continua por 24 horas aumenta la eficiencia en la detección hasta el 95% (Hernández *et al.*, 1994). En el manejo tradicional de hatos lecheros, las vaquillas reciben poca atención por parte del personal, lo que resulta en baja eficiencia en la detección de estros

(50 a 60%). A diferencia de las vacas adultas en lactación, las vaquillas están menos expuestas a factores que disminuyen la expresión del estro, por lo tanto, con una rutina de observación adecuada de al menos dos horas en la mañana (6 a 8 horas) y dos por la tarde (17 a 19 horas), se puede detectar hasta 90% de las hembras en estro (Nebel *et al.*, 2000).

1.3 MOMENTO DE LA INSEMINACIÓN

Trimberger (1948) recomendó el esquema de inseminación artificial am-pm y pm-am, lo cual significa que las hembras observadas en estro en la mañana se inseminan en la tarde y las de la tarde se inseminan en la mañana siguiente. Este horario de inseminación se ha utilizado desde entonces; sin embargo, en las condiciones actuales no es el óptimo para alcanzar la mejor fertilidad. La inseminación debe realizarse durante el periodo de receptividad sexual, el cual dura de 12 a 18 horas. El estro se desencadena por un aumento de las concentraciones séricas de estradiol de origen ovárico, mismas que retroalimentan positivamente al hipotálamo para que ocurra la secreción preovulatoria de LH, que induce la ovulación. La ovulación ocurre de 28 a 30 h después del inicio del estro y el ovocito tiene una vida de 8 a 10 h (Figura 6.2). Por otra parte, los espermatozoides tienen una viabilidad de 24 a 30 h en el tracto genital femenino, pero para que alcancen la mayor capacidad de fertilización deben estar presentes un mínimo de 6 horas antes de la ovulación, en la unión útero-tubárica y en la región del istmo del oviducto. Considerando lo anterior, el depósito del semen 12 horas después del inicio del estro asegura el encuentro de un espermatozoide con capacidad fertilizante y un óvulo con el máximo potencial para desarrollar un embrión sano. No obstante, debido a las graves deficiencias que existen para la observación de estros en condiciones de campo, no se sabe si las vaquillas detectadas en calor se encuentran en las primeras o en las últimas horas del estro; en el primer caso, si las vaquillas se inseminan 12 horas después, estarían en el momento óptimo, pero en el segundo caso, posponer 12 horas la inseminación tiene consecuencias negativas en la fertilidad, ya que aumenta la probabilidad de fertilización de óvulos viejos, lo que resulta en muerte embrionaria temprana. Es recomendable entonces inseminar en el turno inmediato a la detección del estro y evitar que transcurran 12 horas entre la observación del estro y la inseminación. La alta eficiencia en la detección de estros permite que la inseminación se pueda practicar en el esquema am-pm y pm-am, o incluso en sólo un turno de inseminación por la mañana (10:00 horas), con buenos resultados para la fertilidad (Zarco y Hernández, 1996).

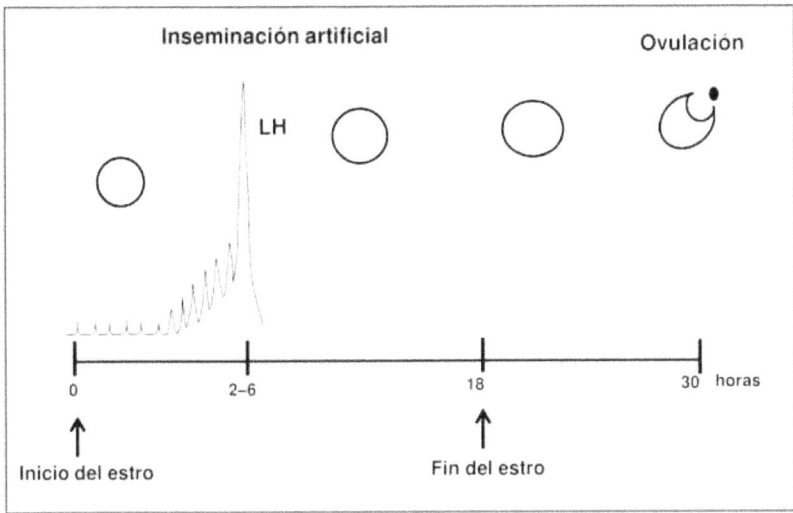

Figura 6.2 La inseminación artificial debe realizarse durante el periodo de receptividad sexual. Con una detección de estros eficiente, la inseminación se puede llevar a cabo en el esquema am-pm y pm-am, o en sólo un turno por la mañana a las 10:00.

1.4 TASA DE PREÑEZ

El mejor indicador de la eficiencia reproductiva, tanto en vacas como en vaquillas, es la tasa de preñez. Dicho indicador se refiere a la proporción de animales gestantes del total elegible para mostrar estro en un tiempo equivalente a un ciclo estral. Así, este indicador considera la eficiencia en la detección de estros y el porcentaje de concepción, y refleja con mayor objetividad la eficacia del manejo reproductivo. Si en un hato se detecta 60% de las vaquillas en estro y se obtiene un porcentaje de concepción del 60%, la tasa de preñez es de 36%, lo que indica que en cada ciclo estral quedan gestantes 36% de las vaquillas elegibles para inseminarse. Este parámetro se puede mejorar sólo mediante un aumento de la proporción de vaquillas detectadas en estro, lo cual se consigue aumentando en tiempo de observación y aplicando técnicas de sincronización del estro. Así, si se incrementa la eficiencia de la detección del estro al 70, 80 ó 90 % sin modificarse el porcentaje de con-

419

cepción, la tasa de preñez aumentará a 42, 48 ó 54% respectivamente (Ortiz y Hernández, 2007).

1.5 AYUDAS PARA AUMENTAR LA EFICIENCIA EN LA DETECCIÓN DE ESTROS

Existen diferentes métodos que facilitan la detección de estros, tales como el uso de crayón en la base de la cola, cápsulas de colorante (k-mar), detectores electrónicos de la monta (*heat watch*), y toros con el pene desviado equipados con marcador de barbilla o chin ball; sin embrago, todos ellos sólo permiten hacer más eficiente la detección visual de los estros. Es importante señalar que para obtener el mejor porcentaje de concepción, la IA debe realizarse sólo en las vaquillas que muestren aceptación de la monta. Una técnica que incrementa la eficiencia en la detección es la sincronización de estros.

1.6 INSEMINACIÓN DE VAQUILLAS CON SEMEN SEXADO

La utilización de semen sexado es una buena opción para la producción de becerras. Con la nueva tecnología disponible para la separación de espermatozoides con el cromosoma X, se puede lograr hasta 90% de crías hembras; sin embargo, el proceso de separación de espermatozoides tiene baja eficiencia, lo que limita el número de espermatozoides por dosis. Las dosis de inseminación con semen sexado contienen de 2 a 3 millones de espermatozoides mientras las dosis de semen no sexado contienen de 20 a 30 millones. De acuerdo con los datos de fertilidad de hatos que ya utilizan este tipo de semen, ocurre de 10 a 20% menor concepción cuando las vaquillas son inseminadas con semen sexado. Las causas de la baja en fertilidad no se conocen, sin embargo, la menor concentración espermática y algunos daños en los espermatozoides provocados por del proceso de separación pueden estar involucrados. No obstante, actualmente el uso de semen sexado es una opción viable para aumentar el nacimiento de becerras en el hato, y con el mejoramiento de los procesos de separación espermática en poco tiempo se convertirá en una práctica rutinaria en los hatos lecheros (De Vries *et al.*, 2008).

1.7 PROGRAMAS DE SINCRONIZACIÓN DE ESTROS

Los tratamientos para sincronizar el estro se basan ya sea en la destrucción del cuerpo lúteo mediante la administración de prostaglandina

F2α, o bien en la inhibición de la ovulación a través de la administración de progestágenos.

1.7.1 Prostaglandina F2α

La PGF2α se utiliza para la sincronización de estros en grupos de vaquillas, y también se utiliza para la inducción del estro en forma individual en aquellas hembras que se examinan por vía rectal y tienen un cuerpo lúteo. La respuesta de los animales tratados es variable; en vaquillas se puede lograr hasta un 95% de animales en estro, mientras en vacas adultas, y particularmente con vacas en lactación, la respuesta fluctúa de 45 a 70%. El tiempo de presentación del estro después de la inyección es de 48 a 120 horas (Figura 6.3) (Hernández Cerón *et al.*, 1994).

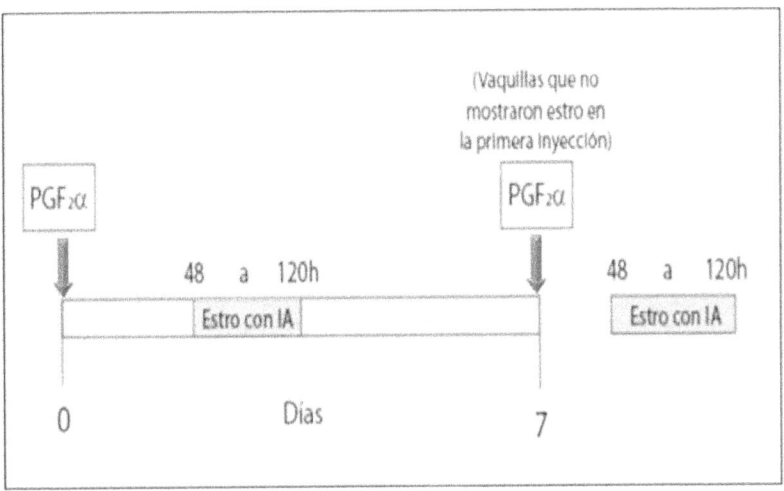

Figura 6.3 Sincronización del estro con doble inyección de PGF2α con 7 días de diferencia.

1.7.2 Doble inyección de PGF2α

Además de la sincronización de los animales seleccionados por la presencia de un cuerpo lúteo diagnosticado mediante palpación rectal, existe otra posibilidad de sincronizar el estro sin la palpación rectal. En este programa se pueden manejar dos opciones (Figura 6.4):

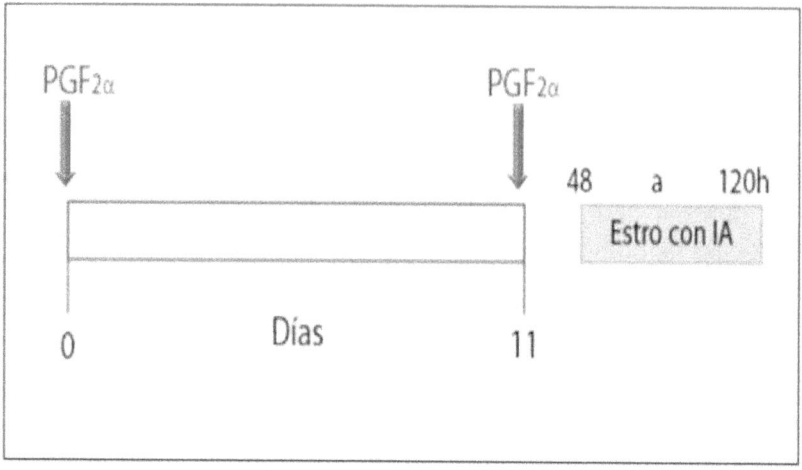

Figura 6.4 Sincronización del estro con doble inyección de PGF2α con 11 días de diferencia.

En el primer método se inicia el lunes o el día preferido, se inyecta a todas las vaquillas que se desea inseminar; alrededor de 50% de las vaquillas presentarán estro en los siguientes 48 a 120 horas y se deben servir artificialmente. Las hembras que no mostraron estro recibirán una segunda inyección el siguiente lunes, es decir 7 días después de la primera inyección. Las que presentaron estro con la primera inyección tenían un cuerpo lúteo en ese momento mientras que las que no lo hicieron estaban en diestro o en metaestro; así, al repetir el tratamiento siete días después, estas vaquillas tendrán un cuerpo lúteo.

En el segundo método se administran dos dosis de PGF2α con 11 días de separación. Así, en la primera inyección responden las hembras que estaban en estro. Once días después de la primera inyección, tanto las que presentaron estro en la primera dosis como las que no, estarán en diestro. Las vacas se pueden inseminar en el estro observado después de cualquiera de las dos inyecciones. Cuando las vaquillas se utilizan como receptoras de embriones, este método ofrece muy buena sincronización después de la segunda inyección (Wheeler Wenzel 1997).

1.8 PROGESTÁGENOS

Los progestágenos constituyen un grupo de hormonas esteroides, las cuales se caracterizan por ser liposolubles, termoestables y por no inactivarse en el tracto digestivo. Estas propiedades permiten administrarlos por vía oral, a través de la mucosa vaginal o en implantes subcutáneos de liberación controlada. Dentro de este grupo de hormonas se encuentra la progesterona natural y los progestágenos sintéticos, como el acetato de melengestrol (MGA) y el norgestomet. Los progestágenos suprimen la secreción de LH, lo que resulta en la inhibición de la ovulación. Durante el periodo de administración el cuerpo lúteo sufre regresión natural, y al retirar el tratamiento el estro se presenta en 48 a 96 horas.

Existen tratamientos cortos consistentes en la inserción en la parte externa de la oreja de un implante que contiene norgestomet, el cual permanece por nueve días. Además, el tratamiento se complementa con la inyección de valerato de estradiol y norgestomet via IM al momento de poner el implante. En este programa las inyecciones de estradiol y norgestomet evitan el desarrollo normal del cuerpo lúteo o pueden provocar la luteólisis. El tiempo de presentación del estro a partir del retiro del implante es de 48 a 72 horas, y la proporción de animales en estro frecuentemente llega a ser mayor del 80%.

Otro tratamiento consiste en la inserción intravaginal de un dispositivo liberador de progesterona (CIDR, por sus siglas en inglés: Controlled Internal Drug Release). El dispositivo permanece 12 días y también se combina con la inyección de benzoato de estradiol al momento de la inserción del dispositivo. El tiempo de permanencia del dispositivo se puede acortar siempre y cuando se acompañe con la inyección de una dosis luteolítica de $PGF2\alpha$ al momento de retirarlo. Por ejemplo, hay tratamientos de 7 ó 9 días con buenos resultados. El estro se presenta de 48 a 72 horas post-retiro y la proporción de vacas en estro es similar al obtenido con otros progestágenos. En general la fertilidad lograda después del servicio en el estro sincronizado mediante implantes de norgestomet o CIDR es similar a la obtenida en el estro natural (Wheeler Wenzel, 1997).

1.8.1 Progestágenos orales

El acetato de melengestrol (MGA) es un progestágeno que se administra por vía oral. La dosis de MGA por vaca es de 0.5 a 1 mg al día, en tratamientos que van de 9 a 14 días. La presentación comercial de MGA contiene 0.22 mg de la hormona por 1 g del producto. El MGA se puede mezclar fácilmente con cualquier concentrado o grano molido. Después del último día de tratamiento, el estro se presenta de 2 a 7 días. El intervalo del retiro del MGA al estro es más largo si se compara con otros progestágenos. Esto obedece al tiempo de eliminación del MGA, ya que mientras un implante o un dispositivo intravaginal se retiran en forma abrupta, el MGA puede continuar absorbiéndose mientras se elimina del tracto gastrointestinal.

Con tratamientos por más de 14 días se pueden tener porcentajes de concepción menores en comparación con el estro natural, lo cual se debe en gran parte a la ovulación de folículos persistentes ("viejos"). Un tratamiento eficaz, y que además mejora la fertilidad, consiste en la administración de MGA durante 14 días seguida de una inyección de PGF2α el día 15 ó 17 después del retiro del progestágeno. Bajo este esquema, una alta proporción de las hembras tiene un cuerpo lúteo al momento de la inyección de la PGF2α y presentan el estro con buena sincronización.

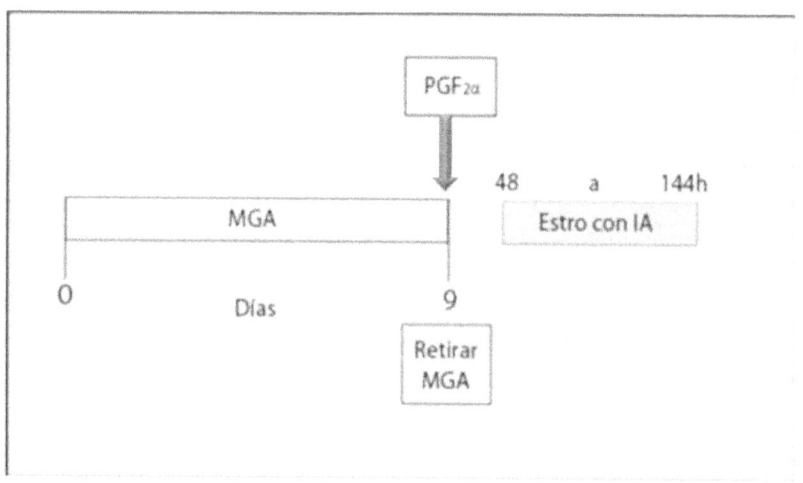

Figura 6.5 Esquemas de tratamiento para la sincronización del estro con Acetato de Melengestrol (MGA).

Otro tratamiento efectivo consiste en la administración de MGA durante 9 días más una dosis de PGF2α el día 9, con este esquema también se obtienen buenos resultados en la sincronización del estro y fertilidad. Este tratamiento se ha probado con vaquillas Holstein y el porcentaje de hembras sincronizadas es alto (95%), con una tasa de preñez de 78%. Estos resultados son comparables a los logrados con otros esquemas de sincronización, tales como implantes de norgestomet o dispositivos intravaginales liberadores de progesterona, pero con un costo menor (Figura 6.5.) (Hernández, 2007).

1.9   SINCRONIZACIÓN DE LA OVULACIÓN E INSEMINACIÓN A TIEMPO FIJO

Se han desarrollado esquemas de sincronización con PGF2α que incluyen tratamientos para sincronizar la oleada folicular y la ovulación. Uno de ellos es el Ovsynch, el cual fue desarrollado para sincronizar la ovulación e inseminar a tiempo fijo vacas en lactación. En este esquema, las hembras se sincronizan con PGF2α (presincronización) cada 14 días a partir del día 30 ó 40 posparto, con el propósito de que al momento de iniciar la sincronización de la ovulación las vacas estén en el diestro temprano (días 6 a 9). La sincronización de la ovulación inicia 12 días después de la última inyección de PGF2α; comienza con la inyección de GnRH (día 0), seguida de la inyección de PGF2α (día 7) y posteriormente se administra otra dosis de GnRH (día 9) y se insemina 16 h después. La primera inyección de GnRH ocasiona un pico de LH, el cual provoca la ovulación o luteinización de los folículos de ≥ 8 mm de diámetro, y con esto se induce el surgimiento de una nueva onda folicular. Dado que la primera inyección de GnRH se realiza en el diestro temprano, al momento de la inyección de PGF2α las vacas están en el diestro tardío; además, las vacas tienen un folículo con un grado de desarrollo similar, el cual ovula en respuesta a la segunda inyección de GnRH. El porcentaje de concepción obtenido con este protocolo es similar al observado en el estro natural, con la ventaja que con este programa se inseminan todas las vacas incluidas en el tratamiento, lo que incrementa la tasa de preñez. En contraste con lo observado en vacas en lactación, la respuesta de las vaquillas con estos programas es pobre, lo que resulta en porcentajes de concepción 20 a 35% menores que las vaquillas inseminadas en el estro natural. La causa de dicha respuesta está relacionada con diferencias en el desarrollo folicular; así, en las vaquillas el tiempo de desarrollo del folículo es más rápido y el tiempo que ejerce dominancia es más corto que en las vacas en lactación. De esta forma, el folículo que se desarrolla después de la primera inyección de GnRH sufre atresia antes de la inyección de la PGF2α, de tal manera que cuando se induce la ovulación con la segunda inyección de GnRH las vaquillas tienen folículos en diferente etapa de desarrollo, lo que provoca la desincronización de la ovulación (Pursley y Bello, 2007).

1.10 MANEJO DEL ANESTRO

El anestro patológico es poco frecuente en las vaquillas, sin embargo llegan a presentarse algunos casos de piometra y quistes luteinizados, los cuales se tratan con una dosis de PGF2α. También se llegan a observar anormalidades del desarrollo, tales como freemartinismo e hipoplasia genital, patologías que no tienen tratamiento. Por el contrario, el anestro funcional, es decir, aquél en el que las vaquillas muestran estro pero no son detectadas, es frecuente y está relacionado directamente con la eficiencia en la detección de estros. Las vaquillas que tienen la edad y el peso para integrarse al programa reproductivo y no muestran signos de estro se deben revisar por vía rectal para diagnosticar la causa del anestro. Si en la palpación rectal las vaquillas tienen un cuerpo lúteo, se tratan en ese momento con PGF2α; las que no tienen un cuerpo lúteo reciben una dosis de PGF2α siete días después sin necesidad de palparlas. Con dicho programa se sincroniza el estro y aumenta la probabilidad de detectarlo.

1.11 MANEJO DE LA VAQUILLA INFÉRTIL

La fertilidad en las vacas lecheras ha disminuido en los últimos 30 años a razón de casi un punto porcentual por año; así, de 60% de concepción en los años 70, actualmente se logra alrededor de 30 a 40%. En contraste, la fertilidad en las vaquillas no ha cambiado mucho; después de la primera inseminación conciben entre 60 y 70% (Morales *et al.*, 2000). La meta del programa reproductivo es lograr que el 90% de las vaquillas geste en los primeros tres servicios. De esta forma, dicha proporción de animales pariría antes de los 25 meses de edad. Es común que 10% de las vaquillas se conviertan en animales repetidores, es decir, vaquillas con más de tres servicios infértiles. La causa de la falla en la concepción en las vaquillas es principalmente la muerte embrionaria temprana. Se conoce que 90% de los ovocitos son fertilizados, pero una alta proporción de los embriones padece procesos degenerativos en los primeros siete días después de la fertilización. La etiología de la muerte embrionaria es diversa y el peso específico de cada una de ellas depende de las condiciones de cada hato. Se conoce que factores como las bajas concentraciones de progesterona sérica, exceso de proteína en la dieta, inseminación tardía y estrés calórico propician la pérdida de embriones.

Una causa importante de la falla en la concepción en las vaquillas repetidoras son las patologías adquiridas del aparato reproductor, y en ocasiones se encuentran adherencias ováricas y salpingitis. Probablemente dichos problemas sean consecuencia de alguna infección durante la crianza.

Se han intentado diversos tratamientos hormonales para resolver el problema de infertilidad en las vaquillas repetidoras, pero los resultados son inconsistentes. Dado que dichos tratamientos no muestran resultados repetibles, la mejor forma de mitigar la infertilidad en las vaquillas es mediante el mejoramiento de las prácticas de inseminación, es decir, momento de la inseminación, manejo del semen, técnica de inseminación. Por otra parte, la mejor técnica para aumentar la proporción de vaquillas gestantes en el hato es mediante un incremento de la eficiencia en la detección de estros, es decir, inseminando un mayor número de animales.

LITERATURA CITADA

Brickell, J. S.; McGowan, M. M.; Wathes, D.C.: Effect of Management Factors and Blood Metabolites during the Rearing Period on Growth in Dairy Heifers on UK Farms. Domestic Animal Endocrinology 36 (2009) 67–81.

De Vries, A.; Overton, M.; Fetrow, J.; Leslie, K.; Eicker, S.; Rogers, G.: Exploring the Impact of Sexed Semen on the Structure of the Dairy Industry. J Dairy Sci 2008; 91:847–856.

Heinrichs, A. J.: Raising Dairy Replacements to Meet the Needs of the 21st Century. J Dairy Sci 1993; 76:3179–87.

Hernández, C. J.: Sincronización de estros. Reproducción Bovina. Editores: Hernández CJ, Zavala RJ. Primera edición. Universidad Nacional Autónoma de México 2007. pp 157-168.

Hernández, C. J.; Porras, A. A.; Lima, T. V.; Salgado, A. A.: Inducción del estro con prostaglandina F2α; Efecto del intervalo entre tratamiento y la presentación del estro sobre el índice de concepción de vaquillas Holstein. Vet. Mex 1994; 25:19-22.

Hernández, C. J.; Zarco, Q. L.; Lima, T. V.: Incidence of Delayed Ovulation in Holstein Heifers and its Effects on Fertility and Early Luteal Function. Theriogenology 1993; 40:1073-1081.

Morales, R. S.; Hernández, C. J.; Rodríguez, T. G.; Peña, F. R.: Comparación del porcentaje de concepción y la función lútea en vacas de primer servicio, vacas repetidoras y vaquillas Holstein. Vet. Méx 2000; 31:179-184.

Nebel, R. L.; Dransfield, M. G.; Jobst, S. M.; Bame, J. H.: Automated Electronic Systems for the Detection of Oestrus and Timing of AI in Cattle. Anim Reprod Sci 2000; 60–61:713–723.

O'Connor, M.: Estrus Detection. In Current Therapy in Large Animal Theriogenology. Second edition. Editors Youngquist RS and Threlfall WR. Saunders Elsevier Philadelphia PA, USA. 2007.

Ortiz, G. O.; Hernández Cerón, J.: Análisis de los parámetros reproductivos en hatos lecheros: cálculo e interpretación. Editores: Hernández Cerón J. y Jesús Zavala Rayas. Reproducción Bovina. Primera edición. Universidad Nacional Autónoma de México 2007. Pag. 207-220.

Pursley, J. R.; Bello, N. R.: Ovulation Synchronization Strategies in Dairy Cattle Using PGF2α and GnRH. In Current Therapy in Large Animal Theriogenology. Second edition. Editors Youngquist RS and Threlfall WR. Saunders Elsevier Philadelphia PA, USA. 2007.

Trimberger, G. W.: Breeding Efficiency in Dairy Cattle from Artificial Insemination at Various Intervals Before and After Ovulation. Nebraska Agric. Exp. Stn. Bull. 153:3 (1948).

Wheeler; Wenzel, J. G.: Estrus Cycle Synchronization. In Current Therapy in Large Animal Theriogenology. First edition. Editor Youngquist RS. Saunders Elsevier Philadelphia PA, USA. 1997.

2 LACTOINDUCCIÓN EN VAQUILLAS

Alejandro Villa Godoy MVZ, MSc, PhD

2.1 Introducción

Uno de los problemas que contribuyen en mayor grado a elevar los costos de operación y reducen el volumen de leche por día de vida en los hatos de sistemas lecheros intensivos, es la elevada tasa de eliminación no voluntaria de vacas y vaquillas. La principal causa de desecho involuntario de vacas es un conjunto de factores denominado de manera genérica como "falla reproductiva". En los Estados Unidos se registra una tasa total de desechos del 34% (Vaughn, 1998); en Francia se ha documentado un promedio de 30.5% (Seegers, 1998) y en México la literatura indica una tasa de desechos de 25 a 51% (Talavera, 1973; Sánchez, 1988; Valdespino, 1993) con un promedio del 34% de desechos reproductivos del total de animales eliminados anualmente (Vitela,

2004). En todos los países se menciona que la tasa de eliminación por causas reproductivas en vacas varía entre 25 y 35% del total de desechos. En vaquillas se estima que el 12% de los reemplazos se elimina anualmente por problemas reproductivos (Fowell, 1986; Pickering, 2000; Kuhn, 2007). La alta tasa de eliminación contribuye con el déficit de vaquillas de reemplazo y la reducida longevidad de las vacas en los establos mexicanos. Por ejemplo, con más de 25,000 vacas registradas en la Asociación Holstein de México, se ha calculado un promedio de vida de 2.1 a 2.6 lactaciones (Ruiz, 1994; Raigoza, 2008). La situación descrita ha impulsado a los investigadores a inducir la lactación en ausencia de la gestación y el parto con el fin de reducir la elevada tasa de eliminación de hembras lecheras.

2.2 FUNDAMENTOS ZOOTÉCNICOS DE LA LACTOINDUCCIÓN

Desde el punto de vista productivo, la inducción hormonal de la lactancia ha sido pensada para reducir la tasa de desechos, prolongar la vida productiva de las vacas y reducir los costos de producción. En las vaquillas se pretende, cuando menos, reducir la compra de reemplazos y los costos de crecimiento. Entre los aspectos zootécnicos que deben tomarse en cuenta se incluyen también los de las vacas, ya que algunas de las becerras que permanezcan en el hato después de haber sido lactoinducidas podrían requerir ser lactoinducidas nuevamente si no quedan preñadas durante su primera lactancia inducida.

Los requerimientos zootécnicos son: no haber quedado gestantes, estar clínicamente sanas, tener una calificación de la condición corporal de 3.0 a 3.5. Para el caso de vacas, deben haber tenido ya entre 45 y 90 días secos y que en la lactancia previa hayan registrado una producción de leche igual o superior al promedio del establo. Para las vaquillas de reemplazo, una edad mínima de 18 meses de edad.

2.3 FUNDAMENTOS FISIOLÓGICOS DE LA LACTOINDUCCIÓN

Las principales hormonas que intervienen en el desarrollo mamario y el inicio de la lactación son: progesterona, estradiol, lactógeno placentario, somatotropina, glucocorticoides y prolactina. Lo anterior guarda concordancia con los perfiles hormonales registrados en vacas lecheras al final de la gestación, durante el parto y el inicio de la lactación. En la figura 6.6 se aprecia que las concentraciones séricas de progesterona y lactógeno placentario declinan aproximadamente 5 a 7 días antes del parto, después de haber estado elevadas durante toda (progesterona) o casi toda la gestación (lactógeno placentario). El estradiol, cuyas concentraciones aumentan lentamente a partir de la mitad de la gestación, presenta un súbito incremento durante la semana previa al parto. Los niveles sanguíneos de la somatotropina, el cortisol y la prolactina también aumentan un poco antes o al momento del parto.

2.4 TRATAMIENTOS DESARROLLADOS

Mientras que los protocolos de primera generación (7 días consecutivos de tratamiento con progesterona y estradiol más tres días en que se aplica un glucocorticoide) fueron importantes al demostrar que era factible desarrollar tratamientos para inducir la lactación que funcionaran a nivel de rancho, sus resultados fueron poco confiables. Con los protocolos de segunda generación, en su mayoría diseñados en México, se ha tratado de simular los cambios de los perfiles hormonales de la madre mediante la ampliación de un período con dominancia estrogénica (días 8 a 14; precedidos del período inicial de la combinación de estrógenos y progesterona: días 1 a 7). Además, se ha conservado la aplicación de glucocorticoides y se ha agregado la somatotropina aprovechando la disponibilidad de dicha hormona recombinante (Isidro, 2001; Espinosa, 2005; Yáñez, 2004). En cuanto a la reserpina, se ha mantenido (Jewell, 2000) en los protocolos efectuados en EU, pero se prescinde de su uso en los protocolos mexicanos por no encontrarse disponible. Aparentemente la reserpina no es necesaria (Maldonado, 2007), ya que el estradiol exógeno aumenta la liberación de prolactina (Collier, 1977; Maldonado, 2007).

2.4.1 Tratamientos con dosis fija

Los detalles del primer tratamiento diseñado por nuestro grupo con dosis fija (Isidro, 2001; Espinosa, 2005; Yañez, 2004) se presentan en el Cuadro 6.1. Los resultados de dicho tratamiento (Cuadro 6.2) indican que el 100% de las hembras (vaquillas y vacas) responden con niveles de producción mayores a 9 kg/día. Las hembras inducidas a lactar hormonalmente producen cantidades similares de leche por día de lactancia cuando se comparan con la producción de la lactancia anterior (Isidro, 2001). Sin embargo, cuando se contrastan los resultados con los de animales testigo cuyo parto coincidió con el inicio de la lactancia inducida, se observa que tanto la producción por día de lactancia como la duración de la lactación y la producción por lactancia (Cuadro 6.2) son ligeramente menores en las vacas inducidas.

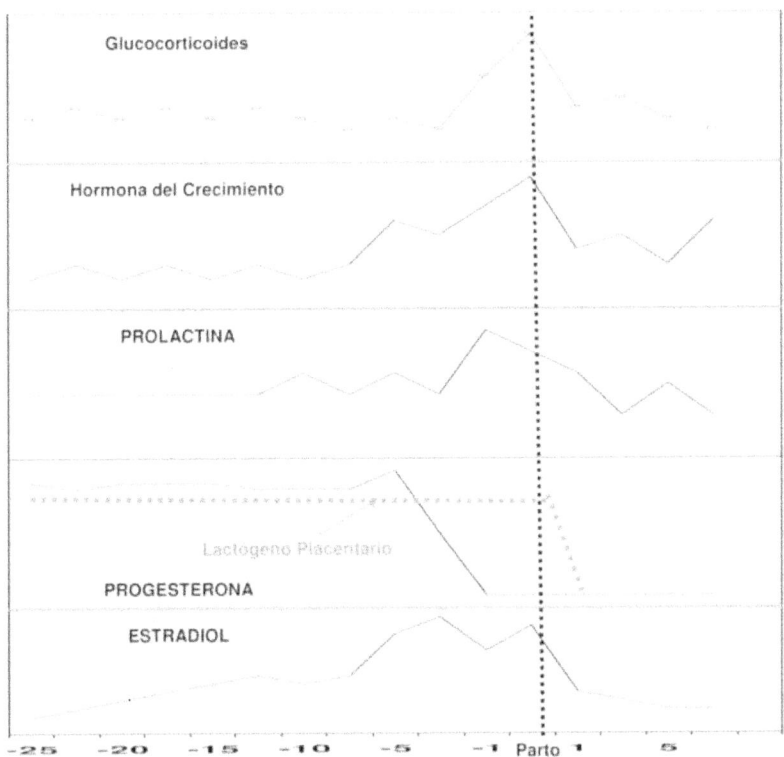

Tiempo con relación al parto (horas)

Figura 6.6 Cambios hormonales durante el periparto de vacas lecheras. (Adaptado de Tucker, 1994).

Al examinar con más detalle los efectos de este protocolo de dosis fijas, se observa que a pesar de registrar volúmenes inferiores de producción, las vaquillas de reemplazo inducidas a lactar se asemejan más a sus testigos de primera lactación natural en términos porcentuales, que las vacas inducidas a lactar con lactaciones naturales previas respecto a las de lactancia natural con igual número de lactaciones (Cuadro 6.3). Por lo tanto, los protocolos de dosis fija inducen mejores respuestas en vaquillas que en vacas.

Cuadro 6.1 Primer protocolo lactoinductor de segunda generación, con dosis fija de todos los componentes del tratamiento (Isidro, 2001; Espinosa, 2005; Yáñez, 2004).

Día	Progesterona (mg/día)	Cipionato de Estradiol (mg/día)	Flumetasona (mg/día)	Somatotropina (mg/día)
1	375	30		500
2	375	30		
3	375	30		
4	375	30		
5	375	30		
6	375	30		
7	375	30		500
8		15		
9		15		
10		15		
11		15		
12		15		
13		15		
14		15		500
15 a 17				
18			2.5	
19			2.5	
20			2.5	
21				500
Día 21 Inicio del Ordeño				

El número de animales en cada grupo fue: Vaquillas LI (31); Vacas de 2ª lactación LI (14); Vacas de ≥3 lactaciones LI (20); Vacas primíparas LN (135); Vacas de 2ª lactación LN (67); Vacas de ≥3 lactaciones LN (67). Se muestran medias de producción y el equivalente en términos porcentuales de los valores de animales de LI *versus* animales de LN.

Otro beneficio derivado de la inducción de la lactación es que en vaquillas Holstein lactoinducidas, el 78% (González de la Vara, 2007) resultan gestantes. Consecuentemente, la mayoría de las vaquillas que se habrían eliminado del hato por fallas reproductivas, al ser lactoinducidas también son rescatadas para el hato reproductivo, y a través de ellas se generan algunos reemplazos que no habían sido considerados y al menos una lactancia natural más.

Cuadro 6.2 Producción de leche (por día y por lactancia) y duración de la lactación, en vacas y vaquillas de lactación natural y lactoinducidas (Espinosa, 2005; Yáñez, 2004).

Tratamiento	Leche/día kg X (±e.e)	Días en leche X (±e.e)	Leche/Lactación kg X (±e.e)
Lactación natural (n=100)	36.8 ± 0.5^a (100 %)	341 ± 8.5^a (100 %)	$12{,}758 \pm 381^a$ (100 %)
Lactación Inducida (n=62)*	30.3 ± 1.0^b (82.3%)	298 ± 17.9^b (87.4%)	$9{,}236 \pm 796^b$ (72.4%)

[a, b] Distintas letras indican diferencia entre medias dentro de cada variable.
* El 100% de los animales produjo >9 kg/día.

Cuadro 6.3 Comparación de la producción de leche entre vaquillas lactoinducidas (LI) y vaquillas primíparas en lactancia natural (LN) y entre vacas LI o de LN de dos, o tres y mas partos. (Adaptado de Espinosa 2005 y Yáñez 2004).

Variable de Respuesta	Vaquillas de Reemplazo LI	Vaquillas Primíparas LN	Vacas 2ª Lactación LI	Vacas 2ª Lactación LN	Vacas con ≥3 Lactaciones LI	Vacas con ≥3 Lactaciones LN
Leche/día (kg)	29.0 (84%)	34.6 (100%)	32.0* (81%)	39.4 (100%)	32.0* (81%)	38.7 (100%)
Leche/ Lactancia (kg)	9,970 (87%)	11,523 (100%)	9,273* (66%)	14,127 (100%)	8,075* (58%)	13,864 (100%)
Días en Leche	329 (101%)	328 (100%)	292* (83%)	352 (100%)	255* (72%)	355 (100%)

* Las vacas de 2ª y ≥3 ó más lactaciones de LI fueron inferiores a sus testigos de LN (P<0.05).

2.4.2   Tratamientos con dosificación de estrógenos por peso corporal

Varios de los protocolos desarrollados por nuestro grupo de investigación incluyen la dosificación del estradiol (cipionato o 17ß) y la progesterona de acuerdo al peso corporal de los animales. A continuación se muestran tres de los tratamientos lactoinductores más aceptados en la actualidad; uno de ellos incluye cipionato de estradiol y el otro estradiol-17ß, ambos dosificados por kilogramo de peso.

Como puede observarse en el Cuadro 6.4 en el primero de los tratamientos se utilizó progesterona inyectada, mientras en los cuadros 6.5 y 6.6 se muestran dos protocolos en los que se empleó una dosis de CIDR conteniendo 9 gramos de progesterona con permanencia de siete días.

Con estos nuevos protocolos las vaquillas responden adecuadamente, se reduce el número de inyecciones, se reducen los costos del tratamiento y se logran mejores resultados en porcentaje de respuesta al tratamiento.

Cuadro 6.4 Protocolo lactoinductor de segunda generación. (Adaptado de Raigoza, 2008).

Día	Progesterona (mg/kg) SC	Cipionato de Estradiol (mg/kg) SC	Flumetasona (mg/día) SC	Somatotropina (mg/día) SC
1	0.50	0.06		500
2	0.50	0.06		
3	0.50	0.06		
4	0.50	0.06		
5	0.50	0.06		
6	0.50	0.06		
7	0.50	0.06		500
8		0.03		
9		0.03		
10		0.03		
11		0.03		
12		0.03		
13		0.03		
14		0.03		500
15				
16				
17				
18			2.5	
19			2.5	
20			2.5	
21				500
Día 21 Inicio del ordeño				

Cuadro 6.5 Protocolo lactoinductor de segunda generación, con uso de un CIDR de progesterona y dosificación por peso del animal del cipionato de estradiol. (Adaptado de Rodríguez, 2007).

Día	Progesterona (9 g en CIDR)	Cipionato de Estradiol (mg / kg)	Flumetasona (mg / día)	Somatotropina (mg / día)
1	Inserción	0.06		500
2	permanencia	0.06		
3	permanencia	0.06		
4	permanencia	0.06		
5	permanencia	0.06		
6	permanencia	0.06		
7	extracción	0.06		500
8		0.03		
9		0.03		
10		0.03		
11		0.03		
12		0.03		
13		0.03		
14		0.03		500
15				
16				
17				
18			2.5	
19			2.5	
20			2.5	
21				500
Día 21 Inicio del ordeño				

Cuadro 6.6 Protocolo lactoinductor de segunda generación, con uso de CIDR de progesterona y dosificación del estradiol-17ß por peso del animal. (Adaptado de Raigoza, 2008).

Día	Progesterona (9 g en CIDR)	Estradiol-17ß (mg / día)	Flumetasona (mg / día)	Somatotropina (mg / día)
1	Inserción	0.1		500
2	permanencia	0.1		
3	permanencia	0.1		
4	permanencia	0.1		
5	permanencia	0.1		
6	permanencia	0.1		
7	Extracción	0.1		500
8		0.05		
9		0.05		
0		0.05		
1		0.05		
2		0.05		
3		0.05		
4		0.05		500
5				
6				
7				
8			2.5	
9			2.5	
0			2.5	
1				500
Día 21 Inicio del ordeño				

2.5 VALIDACIÓN DE LOS PROTOCOLOS LACTOINDUCTORES

Si bien los resultados derivados de la experimentación revisten especial importancia, dado que gracias a ellos se generan nuevas tecnologías; la denominada validación significa la prueba de fuego de los tratamientos recientemente desarrollados, ya que se verifican los resultados bajo condiciones de los productores, en varios ranchos y con un mayor número de animales (Cuadro 6.7).

Cuadro 6.7 Producción de leche y desempeño reproductivo de vaquillas Holstein lactoinducidas en establos de la región de La Laguna. (Adaptado de Raigoza, 2008).

Tratamiento*	n	Producción Láctea (kg/día)	Vaquillas que respondieron n (%)	Vaquillas Gestantes durante la lactación inducida (%)
ECP+P4 SC**	353	24.9	81.2	65.6
ECP+P4 CIDR***	365	25.5	83.9	67.7
E2-17ß+P4CIDR§	327	27.2	91.6	70.8

* El cipionato de estradiol (ECP) y la progesterona (P4) se suministraron por vía subcutánea en dosis fija. Todos los tratamientos incluyeron glucocorticoides (flumetasona o dexametasona) y somatotropina recombinante bovina (Cuadro 6.4)
** Se suministró ECP por vía SC dosificado por peso del animal y la P4 se aplicó mediante un CIDR.
*** El estradiol-17ß (E2-17ß) se suministró por vía SC y la P4 mediante CIDR

2.6 LA LACTOINDUCCIÓN Y EL BIENESTAR DE LAS VAQUILLAS

Algunos sectores de la sociedad opinan que la lactoinducción atenta contra el bienestar de los animales, quizá influenciados por el relativamente elevado número de inyecciones que se aplican. Sin embargo, un argumento a favor de la lactoinducción es precisamente que la vida de las vaquillas que reciben el tratamiento es considerablemente más larga, ya que si no fueran lactoinducidas abandonarían el rebaño antes de los dos años de edad. Además de ese argumento, hemos generado información que indica los siguientes aspectos relacionados con la bioseguridad de la leche y el bienestar de los animales:

1- El calostro y la leche producidos por las glándulas mamarias cuyo crecimiento y diferenciación se estimulan mediante la lactoinducción, son normales y no difieren de los productos generados por glándulas de hembras bovinas que tienen una lactación natural (Valdez, 2006).

2- Las vaquillas lactoinducidas pierden menos condición corporal (Figura 6.7), presentan mejores índices de competencia social (Figura 6.8) y mejor desempeño reproductivo (2.1 servicios/concepción; 67 días abiertos y 78% de preñez) que las vacas de primera lactación natural

(González de la Vara, 2007): 2.1 servicios/concepción; 116 días abiertos y 75% de preñez.

3- Las vaquillas inducidas hormonalmente a lactar presentan menores concentraciones de cortisol en suero y en pelo que las vaquillas de lactación natural (Figura 6.9), lo que sugiere menores niveles de estrés en las vaquillas inducidas (González, 2006; González de la Vara, 2007).

Por los indicadores anteriores, es evidente que las vaquillas lactoinducidas experimentan condiciones de vida mejores que las de lactación natural; quizá porque las primeras tienen un inicio de lactación más lento que las segundas; además de que no presentan las demandas metabólicas derivadas del desarrollo acelerado del feto al final de la gestación ni viven las situaciones estresantes del parto y el retiro de la cría.

2.7 RECOMENDACIONES PARA LOGRAR UNA LACTOINDUCCIÓN EXITOSA

1- Los profesionales que asesoran a los ganaderos deben conocer los fundamentos zootécnicos y fisiológicos que permiten entender los tratamientos lactoinductores.

2- Se recomienda utilizar alguno de los protocolos que han sido probados mediante trabajos experimentales y de validación adecuados.

3- Se sugiere no efectuar modificaciones a los protocolos sin antes consultar con los especialistas o llevar a cabo pruebas piloto.

4- Se insiste en la aplicación de los distintos componentes del protocolo en los días y horas exactos.

5- También se sugiere la aplicación de los fármacos inyectables en las dosis precisas por kilo de peso del animal; así se logra ahorrar dinero en los animales menos pesados (vaquillas y vacas jóvenes) y se obtiene la máxima eficiencia en las vacas más pesadas.

6- Por supuesto, si no se cuenta en el establo con báscula o cinta para el cálculo del peso correspondiente a la raza, instalaciones apropiadas y personal responsable, es preferible implementar protocolos de dosis fijas.

7- Los mejores resultados se presentan cuando el encargado es responsable, cuidadoso al aplicar los fármacos y está convencido de la bondad del manejo suave y buen trato de los animales. En caso de no reunir estas cualidades, habrá que convencerlo de la conveniencia de delegar la responsabilidad a un individuo que sí las posea.

8- Como se mencionó al principio de este tema, las vaquillas que entrarán al programa de lactoinducción deben estar sanas clínicamente, sin cuartos de la ubre defectuosos, en buena condición corporal (3 a 3.5), y al menos tener 18 meses de edad.

9- Se deberá iniciar la alimentación con dieta de vacas frescas el mismo día que se aplique la primera inyección del tratamiento lactoinductor (21 días antes de iniciar el ordeño). Posteriormente, del día 8 al 14, los animales deberán recibir una dieta de reto; finalmente se les dará una dieta de altas productoras en los días 15 a 21.

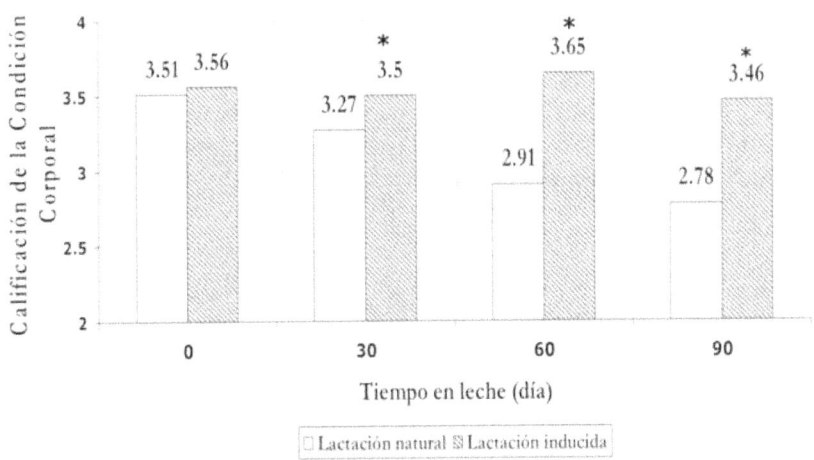

Figura 6.7 Cambios en la Calificación de la Condición Corporal en vaquillas con lactación natural y en vaquillas lactoinducidas. Los asteriscos indican diferencias significativas ($P<0.05$) a favor de las vaquillas lactoinducidas. (Adaptado de González de la Vara, 2007).

Si las recomendaciones anteriores no se cumplen, la respuesta a los tratamientos suele ser pobre y existe el riesgo de que los animales enfermen de acidosis. Se ha documentado (Maldonado, 2007) que un descuido de esta naturaleza provoca que hasta el 90% de vacas y vaquillas presenten la condición de acidosis y sean eliminadas del hato por no responder al tratamiento lactoinductor. La lactoinducción NO es un sustituto del buen manejo reproductivo, por el contrario, esta tecnología es una herramienta diseñada para atenuar problemas que no se resuelven mediante el seguimiento de medidas de prevención adecuadas o por la aplicación correcta del manejo reproductivo.

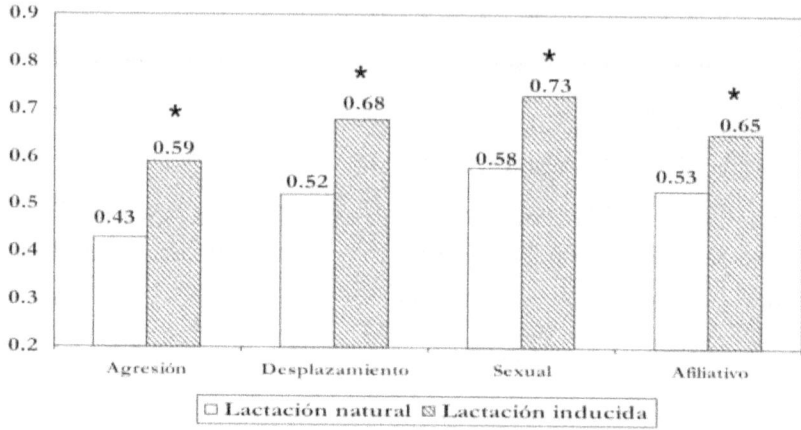

Figura 6.8 Índices de competencia social en vaquillas con lactación natural y en vaquillas lactoinducidas. Los asteriscos denotan diferencia significativas entre medias (P<0.05) a favor de las vaquillas lactoinducidas dentro de cada variable de respuesta. (Adaptado de González de la Vara, 2007).

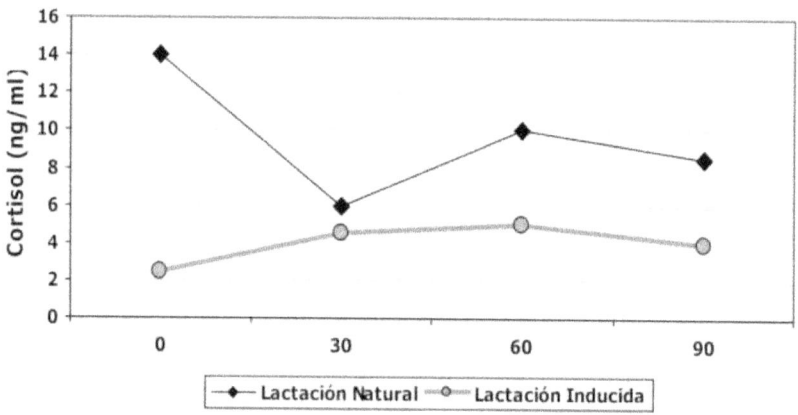

Figura 6.9 Concentraciones de cortisol en suero de vaquillas en lactación natural y en vaquillas de lactación inducida. En todas las muestras los valores fueron mayores en lactación natural (P<0.05). (Adaptado de González de la Vara, 2007).

El presente tema, se deriva de información generada a través del Proyecto PAPIIT-UNAM IN228003.

LITERATURA CITADA

Aboul-Ela, M. B.; El-Heraby, F. E.; Soltan, Z.: Hormonal Iinduction of Lactaction in Friesian Cows and Heifers. Egyptian J Anim Prod 27:1-18, 1990.

Chakriyarat, S.; Head, H. H.; Thatcher, W. W.; Neal, F. C.; Wilcox, C. J.: Induction of Lactation: Lactational, Physiological, and Hormonal Responses in the Bovine. J Dairy Sci 61:1715, 1978.

Collier, R. J.; Bauman, D. E.; Hays, R. L.: Milk Production and Reproductive Performance of Cows Hormonally Induced into Lactation. J Dairy Sci 58:1524, 1975.

Collier, R. J.; Bauman, D. E.; Hays, R. L.: Effects of Reserpine on Milk Production and Serum Prolactin of Cows Hormonally Induced into Lactation. J Dairy Sci 60:896, 1977.

Dabas, Y. P. S.; Sud, S. C.: Induction of Lactation in Cattle whith Estradiol 17B and Progesterone Primed with Progesterone, Followed by Estradiol. Indian J Exp Biol 27:774-776, 1989.

Erb, R. E.; Monk, E. L.; Mollet, T. A.; Malven, P. V.; Callahan, C. J.: Estrogen, Progesterone, Prolactin and other Changes Associated with Bovine Lactation Induced with Estradiol-17β and Progesterone. J Anim Sci 42:644-654, 1976.

Erb, R. E.; Malven, P. V.; Monk, E. L.; Mollet, T. A.; Smith, K. L.; Schanbacher, F. L.; Willet, L. B.: Hormone Induced Lactation in the Cow. IV. Relationships Between Lactational Performance and Hormonal Concentrations on Blood Plasma. J Dairy Sci 59:1420-1428, 1976b.

Espejel, M. M. R.: Evaluación de distintos esquemas de aplicación de cipionato de estradiol como parte de un tratamiento inductor de la lactación en vacas y vaquillas lecheras infértiles. Tesis de Maestría en Ciencias. FMVZ, UNAM, 2007.

Espinosa, U. J.: Evaluación reproductiva de vacas y vaquillas Holstein con problemas de infertilidad, tratadas o no con progesterona al inicio de una lactación inducida hormonalmente. Tesis maestría. Universidad Nacional Autónoma de México, FMVZ. México, D. F. 2005.

Fogwell, R. L.; Reid, W. A.; Thompson, C. K.; Thome, M. J.; Morrow, D. A.: Synchronization of Estrus in Dairy Heifers: A Field Demonstration. J Dairy Sci. 69:1665, 1986.

González de la Vara, M., De Anda, F. J.; Romero, J. A.; Romano, C. M.; Villa Godoy, A.: Lactación inducida vs lactación natural: diferencias en el comportamiento, desempeño productivo y niveles de cortisol en pelo y suero de vacas Holstein. Reunión Nacional de Investigación Pecuaria Culiacán 2007. Culiacán, Sin. 2007.

González, M.; Valdéz, R.; Lemus, V.; Vázquez, J. C.; Villa Godoy, A.; Romano, P. M.: Concentrations of Cortisol in Hair as a Method to Differentiate Acute from Chronic Stress in Dairy Heifers. XXIV World Buiatric Congress. Abstract 419. Niza France. 2006.

Isidro, V. R.; Villa Godoy, A.; González, P. E.; Ruiz, D. R.: Inducción de la lactancia por medios hormonales en vacas Holstein. Datos preliminares. XXV Congreso Internacional de Buiatría. Veracruz, Ver. México. Agosto, 2001.

Jewell, T.: Artificial Induction of Lactation in Nonbreeder Dairy Cows. Master of Science Thesis. Virginia Polytechnic Institute and State University. Virginia, USA. 2002.

Kuhn, M.; Hutchinson, J.; Wiggans, G.: Characterization of Holstein Heifer Fertility in the United States. Research Publication 115/188370, ARS-USDA. 2007. http://www.ars.usda.gov/research/publications/publications.htm?SEQ_NO_11 5=188370

Maldonado, R. E.: Efecto de la reserpina y la somatotropina en la inducción de la lactación de vacas lecheras. Tesis de Maestría en Ciencia. FMVZ, UNAM. 2007.

Pickering, J.: Fertility and Health of Dairy Heifers. 2000. http://www.technologia.co.nz/pdfs/FERTILITY%20AND%20HEALTH%20OF%20 DAIRY%20HEIFERS.pdf

Raigoza, G.: Experiencias de campo en programas de inducción de la lactación. IV Simposio Internacional de Ganado Lechero: Salud de la ubre y lactación. Intervet / Shering Plough Salud Animal, UNAM. Junio 27; Torreón, Coah. 2008.

Rodríguez, H. K.: Diferentes esquemas de aplicación de progesterona como parte de un protocolo lactoinductor y sus efectos en la producción de vacas Holstein. Tesis de Maestría en Ciencias. FMVZ, UNAM. 2007

Ruiz, L. F. J.; Oltenacu, P. A.; Blake, R. W.: Efecto del nivel de producción de leche sobre la duración de vida productiva de ganado Holstein de registro en México. Téc Pecu Méx 32:105-112, 1994.

Sánchez, L. S.: Análisis de las causas de desecho de bovinos adultos vivos en el complejo agropecuario Industrial de Tizayuca Hidalgo de 1981 a 1985. Tesis de licenciatura. México, D.F. Fac. De Med. Vet. Y Zoot., UNAM. 1988.

Seegers, H.; Beaudeau, F.; Fourichon, C.; Bareille, N.: Reasons for Culling in French Holstein Cows. Preventive Veterinary Medicine. 36: 257-271, 1988.

Smith, K. L.; Schambacher, F. L.: Hormone Induced Lactation in the Bovine. I. Lactational Performance Following Injections of 17β and Progesterone. J dairy Sci 56:738, 1973.

Talavera, J. C.; De la Fuente, D. G.; Berruecos, V. J. M.: Pérdidas económicas por problemas reproductores. III. Edad y causas por las que son desechadas en México las vacas estabuladas. Tec. Pec. Mex, 24:21-28, 1973.

Tucker, H. A.: Lactation and its hormonal control. Physiology of reproduction, Second Edition Ed. Por E. Knovil and J. Neill, Chapter 57, pp1065-1098. Reven Press, New York. 1994.

Valdespino, O. J. R.: Pérdida por desecho prematuro de vacas en un hato lechero en México. Revista Mundial de Zootecnia: 64. 1993.

Valdez, G.: Inducción de la lactancia en vacas ovariectomizadas y enteras. Tesis de Maestría en Ciencias de la Producción y la Salud Animal. FMVZ, UNAM. México, D. F. 2006.

Vaughn, K. E.; Vaughn, K.: Reasons why Farmers Cull Cows. Dairy Newsletter, Nov, 1998. En Ken_Vaughn@ncsu.edu

Vitela, M. I.; Cruz Vázquez, C.; Ramos, M. P.: Identificación de las causas de desecho en cinco establos de Aguascalientes, México. Téc Pecu Méx 42:437-444, 2004.

Yañez, M. A.; Espinosa, U. J.; Villa Godoy, A.; González, P. E. y Ruiz, D. R.: Inducción hormonal de la lactancia en vacas y vaquillas Holstein candidatas al desecho por problemas reproductivos. Memorias del XXVII Congreso Nacional de Buiatría, Morelia, Mich, México: 188-189, 2004.

3 CRECIMIENTO

Mario Medina Cruz MVZ, MSc, DCV

Entre los aspectos importantes a considerar en el diseño de instalaciones se encuentran el tipo de cama, la cantidad de espacio disponible de cada animal para comer y para echarse, ventilación, sombras y disponibilidad de agua.

En un estudio reciente, Marcillac-Embertson (2009) alojaron 40 vaquillas de 300 kg en corrales con sombra o en corrales con aspersores. Las sombras se colocaron a 4.6 m de altura para proporcionar 6.5 m^2 por vaquilla. La disponibilidad de sombra mejoró el consumo de materia seca en un 3.4% (P<0.02), el crecimiento mejoró en 16% (p<0.001) y la conversión alimenticia mejoró en un 13% (<0.02), significando esto que los animales crecieron 13% más rápido empleando la misma cantidad de comida que las vaquillas con el tratamiento de aspersores. La frecuencia respiratoria por arriba de 80 rpm es un buen indicador del estrés por calor, y ésta se incrementó a 76 y 87 rpm para las vaquillas con sombra y sin sombra respectivamente.

Como las vaquillas sanas deben comer para crecer, la provisión de sombras en climas extremosos es una decisión clara. Con el 13% de ahorro en la cantidad de alimento o materia seca que se logra al instalar sombras, el retorno sobre la inversión es relativamente rápido (Marcillac-Embertson, 2009). El cuidado y manejo de las becerras es tan necesario como el de las vacas adultas en producción, ya que las becerras de hoy son las productoras del mañana. Una becerra bien desarrollada es la mejor inversión para la futura producción de leche ya que el crecimiento y desarrollo del animal están directamente relacionados con su producción lechera.

El peso al nacimiento es influido por los sucesos del período seco de la vaca, y puede oscilar entre 35 y 45 kg en función de la existencia de un programa adecuado de vacas secas. El crecimiento de las becerras y vaquillas está determinado por la nutrición, el medio ambiente, la genética y la presencia de enfermedades (Radostits, 1985).

Es falso que una becerra que no gana peso en las primeras semanas de vida pueda recuperarlo e igualar el desempeño de las becerras bien alimentadas. La ganancia de peso es muy importante para la maduración de la inmunidad celular. La becerra de un mes de vida debe tener buena condición corporal y haber ganado por lo menos 10 kg de peso no obstante que durante los primeros 7 días de vida casi no lo gana, aun con una excelente alimentación. Cuando las becerras solamente mantienen su peso corporal en las primeras 3 a 4 semanas de vida, su inmunidad celular se ve afectada, lo que se evidencia por la disminución de los linfocitos derivados del timo, bazo y nódulos linfáticos. Por lo tanto la etapa de la lactancia es la más crítica en la vida de una becerra, ya que en ella se determinan las ganancias de peso adecuadas (Schoonderwoerd, 1990).

Una vaquilla que llega al parto en edad, peso y estatura adecuados, no tendrá tantos problemas al parto como una vaquilla gorda o chaparra. La vaquilla gorda está predispuesta a sufrir una distocia al reducirse el diámetro del canal de parto por la acumulación de grasa; la glándula mamaria tendrá un exceso de tejido graso y menos tejido secretor de leche, por lo que su capacidad lechera disminuirá (Johnson, 1989).

De los 2 a los 9 meses de edad (88 - 259 kg) la glándula mamaria experimenta un crecimiento alométrico, es decir, un ritmo de crecimiento más acelerado que el del resto del organismo debido a que la hormona del crecimiento, o somatotrópica (STH), se concentra en la síntesis de DNA en los tejidos de la glándula mamaria, por lo que ésta excede el ritmo de crecimiento de otros tejidos por 3.5 veces. El crecimiento se revierte a isométrico después de los 10 meses de edad. Sin embargo, el crecimiento alométrico se altera por una ganancia excesiva de peso (Donovan, 1987; Day, 1991; Swanson, 1960; Swanson, 1966). Las vaquillas sobrealimentadas que ganaron más de 1 kg al día durante el período de crecimiento alométrico sufrieron una inhibición del desarrollo del tejido secretor de la glándula mamaria debido a deposición de tejido graso. Los niveles de STH se redujeron y los niveles de prolactina, insulina y glucocorticoides se elevaron en 5 vaquillas alimentadas *ad libitum,* con ganancias de 1.21 kg/día en comparación con 5 vaquillas alimentadas en forma controlada que ganaron 0.610 kg/día. Los niveles de somatotropina fueron correlacionados positivamente con la cantidad de tejido secretor y negativamente con la cantidad de tejido adiposo extraparenquimal. La cantidad de tejido secretor se redujo en un 23% en el primer grupo en comparación con el segundo (Day, 1991; Sejrsen, 1983; Sejrsen, 1982). Estas vaquillas disminuyen aproximadamente de 6 a 9 kg de leche en su pico de lactancia, y de 900 a 1,360 kg en la producción completa de la primera lactancia (Donovan, 1987; Sejrsen, 1982). Con el fin de evitar daños irreversibles a la glándula mamaria durante la etapa prepuberal, se recomienda que la ganancia diaria de peso (GDP) se ajuste lo más posible a lo siguiente:

Del nacimiento al segundo mes de vida…..0.745 kg/día.

Del segundo mes al primer año…………….0.672 kg/día.

Del primer año al segundo año…………….0.745 kg/día.

Un estudio (Day, 1991) menciona que la GDP (>0.770 Kg.), así como la edad al primer parto y la habilidad estimada de transmisión del padre a la vaquilla, tuvieron un impacto mínimo sobre la producción en la primera lactancia al ser comparados con otros factores, incluyendo manejo y medio ambiente. A pesar de lo anterior, el autor del mencionado estudio recomienda que durante el período de crecimiento alométrico no se exceda una GDP de 0.820 kg.

3.1 PESO Y ALZADA

La gran influencia de la tasa de crecimiento sobre la producción lechera subsecuente hace imperativo que en los ranchos se lleven registros del crecimiento de las becerras y vaquillas.

El crecimiento de las becerras y vaquillas se valora por medio del peso y la alzada con base en su edad (Clapp, 1981; Heinrichs, 1987; Buck, 1981). El peso corporal se obtiene idealmente con básculas, pero al no contar con éstas, en muchos establos lecheros se calcula el peso midiendo el perímetro torácico con una cinta graduada en centímetros, la cual puede ser de plástico, papel, o preferentemente de metal, comúnmente conocido como flexómetro, para asegurar durabilidad y evitar que se estire y provoque falsas lecturas (Johnson, 1989; Warwick, 1970).

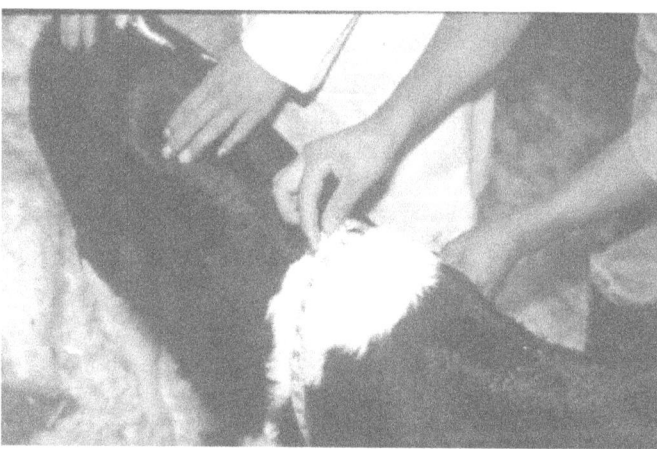

Figura 6.10 Pesaje de becerras por medio de una cinta graduada (en este caso son pulgadas) que pasa por atrás de las escápulas y rodea la porción más angosta de tórax. Fotografía original de M. Medina C.

Entre el perímetro torácico y el peso corporal existe una correlación de 0.96. Esta alta correlación nos permite conocer el peso de la vaquilla con una confiabilidad del 92% (Warwick, 1970). Este sistema, a diferencia de la báscula, tiene la ventaja de ser influenciado en menor escala por el contenido del tracto gastrointestinal (Day, 1991). Se mide el perímetro torácico colocando la cinta métrica alrededor del tórax, pasando dorsalmente inmediatamente por detrás de ambas escápulas y ventralmente por la parte mas angosta del tórax sobre el corazón (figura 6.10). Para asegurar la confiabilidad del método es importante que se lleve a cabo en forma consistente, es decir, en el mismo lugar y siempre con la misma tensión.

La medida obtenida se consulta en la tabla de equivalencias entre el perímetro torácico y los kilogramos de peso corporal para becerras y vaquillas. El cuadro 6.8 es para las razas Holstein y Pardo Suizo, y el cuadro 6.9 es para la raza Jersey. Paralelamente, la medición de la alzada a la cruz se realiza empleando un somatómetro como el empleado por Ehrlich *et al.* (1989) y modificado por el autor, que consiste de un tubo de PVC al cual se le adhiere una cinta métrica de 1.54 m, y de una escuadra deslizable de 50 cm del mismo material. También puede construirse de madera, como el que se muestra en la figura 6.11.

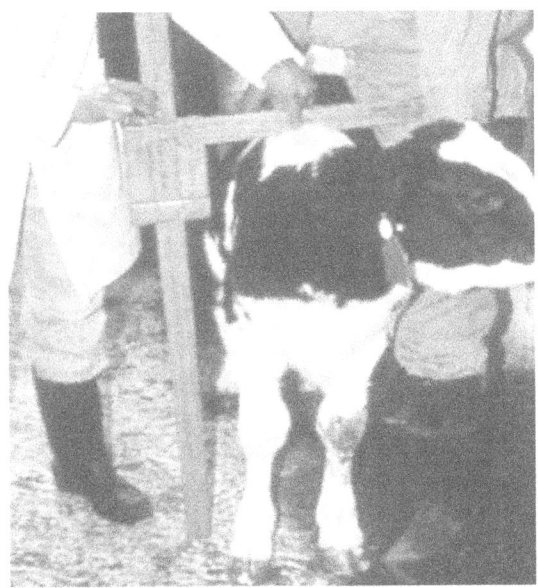

Figura 6.11 Somatómetro preparado con una tabla graduada en cm, sobre la que se desliza otra tabla en posición horizontal. Fotografía original de M. Medina C.

La evaluación del crecimiento, en peso y estatura, debe hacerse cada 6 meses en todos los animales de la explotación, o bien sobre una muestra representativa. Para llevarlo a cabo es muy importante contar con los medios de manejo adecuados, como un chute que permita maniobrar con eficiencia (Johnson, 1989; Jardón-Sepulveda, 1990).

Cuadro 6.8 Equivalencias de centímetros de perímetro torácico a kilogramos de peso para becerras, vaquillas y vacas Holstein y Pardo Suizo.

Holstein y Pardo Suizo			
cm	kg	cm	kg
70.0	33	135.0	211
72.5	36	137.5	222
75.0	39	140.0	234
77.5	43	142.5	245
80.0	47	145.0	257
82.5	51	147.5	269
85.0	56	150.0	281
87.5	61	152.5	294
90.0	66	155.0	307
92.5	72	157.5	320
95.0	78	160.0	334
97.5	94	162.5	348
100.0	90	165.0	362
102.5	97	167.5	376
105.0	104	170.0	391
107.5	111	172.5	406
110.0	119	175.0	422
112.5	127	177.5	437
115.0	135	180.0	453
117.5	143	182.5	470
120.0	152	185.0	486
122.5	161	187.5	503
125.0	171	190.0	520
127.5	180	192.5	538
130.0	191	195.0	556
132.5	201	197.5	574

Tomado de Heifer Growth Analyzer (c) version 2.21 Software, Argyle, New York.

Mientras más distantes en el tiempo sean los pesajes de un grupo de vaquillas, menor será la probabilidad de detectar fluctuaciones considerables en la GDP. Una forma menos precisa de hacer esto, pero más rápida, consiste en marcar sobre los comederos con una línea de pintura los estaturas (máxima y mínima) correspondientes a la edad de las vaquillas en ese corral (Johnson, 1989). También se pueden usar aretes de diferentes colores según el mes de nacimiento de la becerra; así, al inspeccionar los corrales se detectarán rápidamente los animales que estén por debajo de la talla normal.

Cuadro 6.9 Equivalencias de centímetros de perímetro torácico a kilogramos de peso para becerras, vaquillas y vacas Jersey.

Jersey			
cm	kg	cm	kg
70.0	24	135.0	206
72.5	28	137.5	216
75.0	32	140.0	226
77.5	36	142.5	237
80.0	41	145.0	248
82.5	46	147.5	259
85.0	51	150.0	270
87.5	57	152.5	282
90.0	63	155.0	294
92.5	69	157.5	306
95.0	75	160.0	318
97.5	81	162.5	331
100.0	88	165.0	343
102.5	95	167.5	356
105.0	102	170.0	370
107.5	109	172.5	383
110.0	117	175.0	397
112.5	125	177.5	411
115.0	133	180.0	425
117.5	141	182.5	439
120.0	149	185.0	454
122.5	158	187.5	469
125.0	167	190.0	484
127.5	176	192.5	499
130.0	186	195.0	515
132.5	196	197.5	531

Tomado de Heifer Growth Analyzer (c) version 2.21 Software, Argyle, New York.

3.2 RITMO DE CRECIMIENTO

Con el objetivo de saber si el crecimiento de las becerras y vaquillas se encuentra dentro de los parámetros normales, su peso y alzada se comparan contra los promedios de la raza y edad (Radostits, 1985; Johnson, 1989; Clapp, 1981; Heinrichs, 1987; Buck, 1981). Heinrichs *et*

Cuadro 6.10 Crecimiento normal de becerras Holstein.

edad (meses)	peso (kg)	estatura (cm)
0	40 a 46	75.0 a 78.0
0.5	50 a 58	77.5 a 80.8
1.0	60 a 70	82.4 a 86.2
1.5	70 a 82	84.7 a 88.7
2.0	81 a 94	86.9 a 91.1
2.5	91 a 107	89.1 a 93.4
3.0	102 a 119	91.2 a 95.7
3.5	113 a 132	93.2 a 97.9
4.0	123 a 144	95.2 a 99.9
4.5	134 a 157	97.0 a 101.9
5.0	145 a 149	98.9 a 103.9
5.5	156 a 182	100.6 a 105.7
6.0	167 a 195	102.3 a 107.5
6.5	176 a 207	103.9 a 109.1
7.0	189 a 220	105.5 a 110.8
7.5	200 a 223	107.0 a 112.3
8.0	211 a 245	108.5 a 113.8
8.5	222 a 258	109.9 a 115.2
9.0	233 a 270	111.2 a 116.5
9.5	244 a 283	112.5 a 117.8
10.0	255 a 295	113.7 a 119.0
10.5	266 a 308	114.9 a 120.2
11.0	277 a 320	116.1 a 121.3
11.5	288 a 333	117.1 a 122.4
12.0	299 a 345	118.2 a 123.4
12.5	310 a 357	119.2 a 124.4
13.0	320 a 369	120.1 a 125.3
13.5	331 a 381	121.0 a 126.1
14.0	341 a 392	121.9 a 127.0
14.5	352 a 404	122.7 a 127.7
15.0	362 a 416	124.2 a 129.2
16.0	382 a 438	125.6 a 130.5
17.0	402 a 460	126.9 a 131.7
18.0	421 a 481	128.0 a 132.8
19.0	439 a 501	129.0 a 133.8
20.0	456 a 520	129.9 a 134.7
21.0	473 a 539	130.7 a 135.6
22.0	488 a 556	131.5 a 136.4
23.0	503 a 572	132.1 a 137.2
24.0	517 a 587	132.7 a 138.0
25.0	529 a 601	133.3 a 138.9
26.0	540 a 614	133.8 a 139.7
27.0	550 a 625	134.3 a 140.6
28.0	559 a 634	134.3 a 140.6

al. (1987) determinaron los rangos de variación normales para el crecimiento de las vaquillas Holstein, los cuales se muestran en el cuadro 6.10. En el cuadro 6.11 se muestra el crecimiento normal para la raza Jersey. Estos datos son válidos para México ya que el ganado Holstein y Jersey del país es de origen principalmente norteamericano y canadiense debido a la importación continua de vaquillas al parto, sementales y semen congelado, por lo que las diferencias encontradas serán el resultado de efectos ambientales, que es precisamente lo que se pretende detectar (Ehrlich, 1989).

En la figura 6.12 se presenta el crecimiento en peso para animales lecheros de raza grande como los Holstein y Pardo Suizo. En la Figura 6.13 se presenta el crecimiento en cm a la cruz para las mismas razas. Una vez que se ha pesado y medido un grupo de becerras, se marcan sus datos en la figura correspondiente y se comparan con el ritmo de crecimiento recomendado.

Como regla general, la energía influye en el peso de las becerras, y se ha postulado que la proteína influye sobre la estatura (Sejrsen, 1982). Generalmente la proteína es deficiente en las vaquillas alimentadas con henos o alfalfa achicalada de baja proteína y alta fibra, así como con ensilado de maíz de baja proteína y alta energía (Johnson, 1989; McBride, 1987). Las vaquillas así alimentadas no alcanzan la estatura suficiente. Por el contrario, si la estatura es adecuada pero el peso es muy alto, entonces se les está alimentando con demasiada energía. Cuando la estatura y el peso están bajos es posible que estén recibiendo alimentación con ensilado de maíz en una etapa demasiado temprana de su vida, o que la cantidad sea insuficiente, de tal manera que el consumo total de materia seca resulte bajo y por lo tanto la proteína y la energía sean deficientes (Radostits, 1985; McBride, 1987). Una vaquilla lechera con parásitos en forma subclínica puede perder de 18 a 36 kg de peso durante el crecimiento en un mes (Myers, 1980).

La becerra Holstein debe nacer con peso de 40 a 46 kg, con una alzada de 75 a 78 cm, debe recibir su primer servicio a los 14 meses con un peso mínimo de 340 kg y una alzada de 121 cm, y debe llegar al primer parto entre los 23.5 y 24 meses, con un peso mínimo de 517 kg y alzada de 132 cm. Gill *et al.* (1975) encontraron que la edad óptima al primer parto es de 22.5 a 23.5 meses, para maximizar producción total por vida productiva en vaquillas Holstein.

Cuadro 6.11 Crecimiento normal de becerras Jersey

edad (meses)	peso (kg)	estatura (cm)
0	30	65.0
0.5	38	68.0
1.0	46	71.0
1.5	54	74.0
2.0	62	77.0
2.5	70	80.0
3.0	78	83.0
3.5	86	86.0
4.0	94	89.0
4.5	102	92.0
5.0	110	95.0
5.5	118	98.0
6.0	126	100.0
6.5	134	101.3
7.0	142	102.5
7.5	150	103.8
8.0	158	105.0
8.5	166	106.3
9.0	174	107.5
9.5	182	108.8
10.0	190	110.0
10.5	198	110.8
11.0	206	111.5
11.5	214	112.3
12.0	233	113.0
12.5	229	113.8
13.0	235	114.5
13.5	241	115.3
14.0	247	116.0
14.5	253	116.8
15.0	260	117.5
16.0	272	119.0
17.0	284	120.5
18.0	296	122.0
19.0	309	123.5
20.0	321	125.0
21.0	333	126.5
22.0	346	128.0
23.0	358	129.5
24.0	370	131.0
25.0	383	132.5
26.0	395	134.0
27.0	407	135.5
28.0	419	137.0

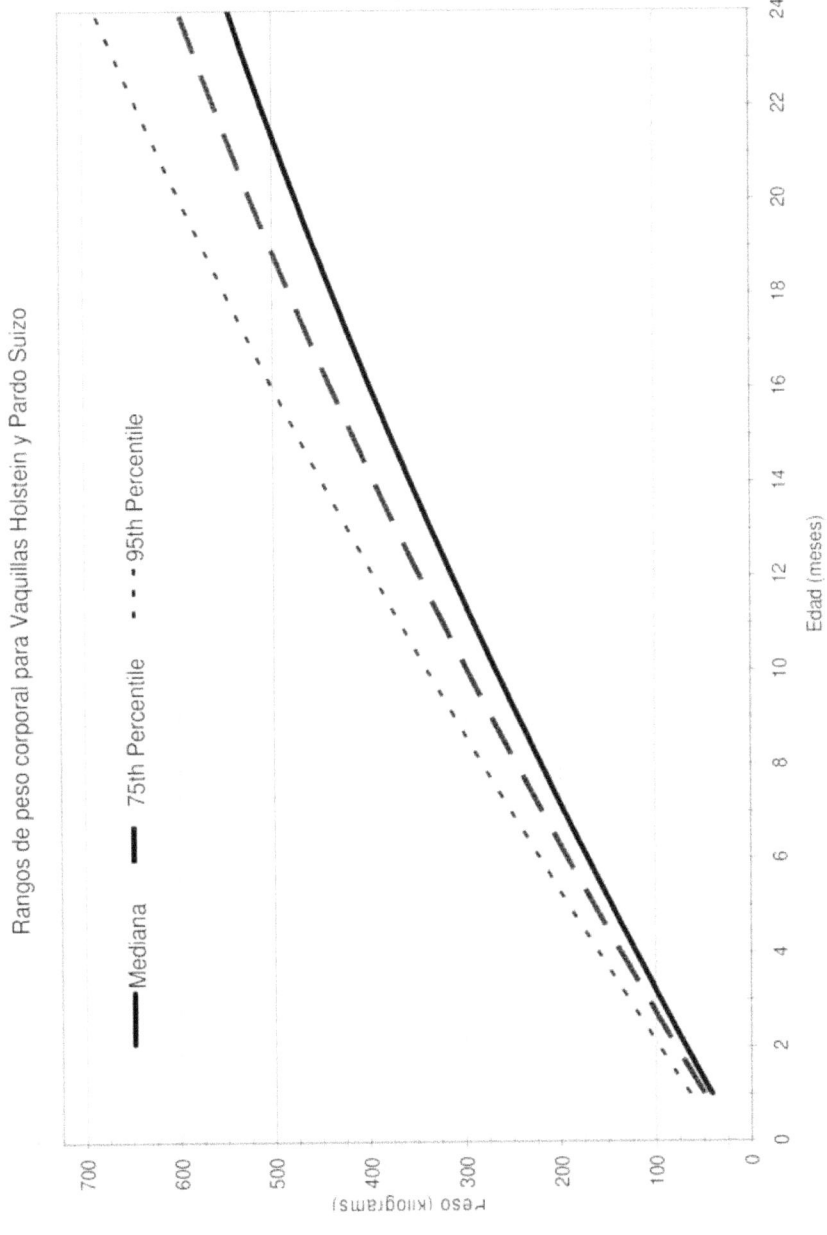

Figura 6.12 Ritmos de crecimiento en kilogramos becerras y vaquillas Holstein y Pardo Suizo.

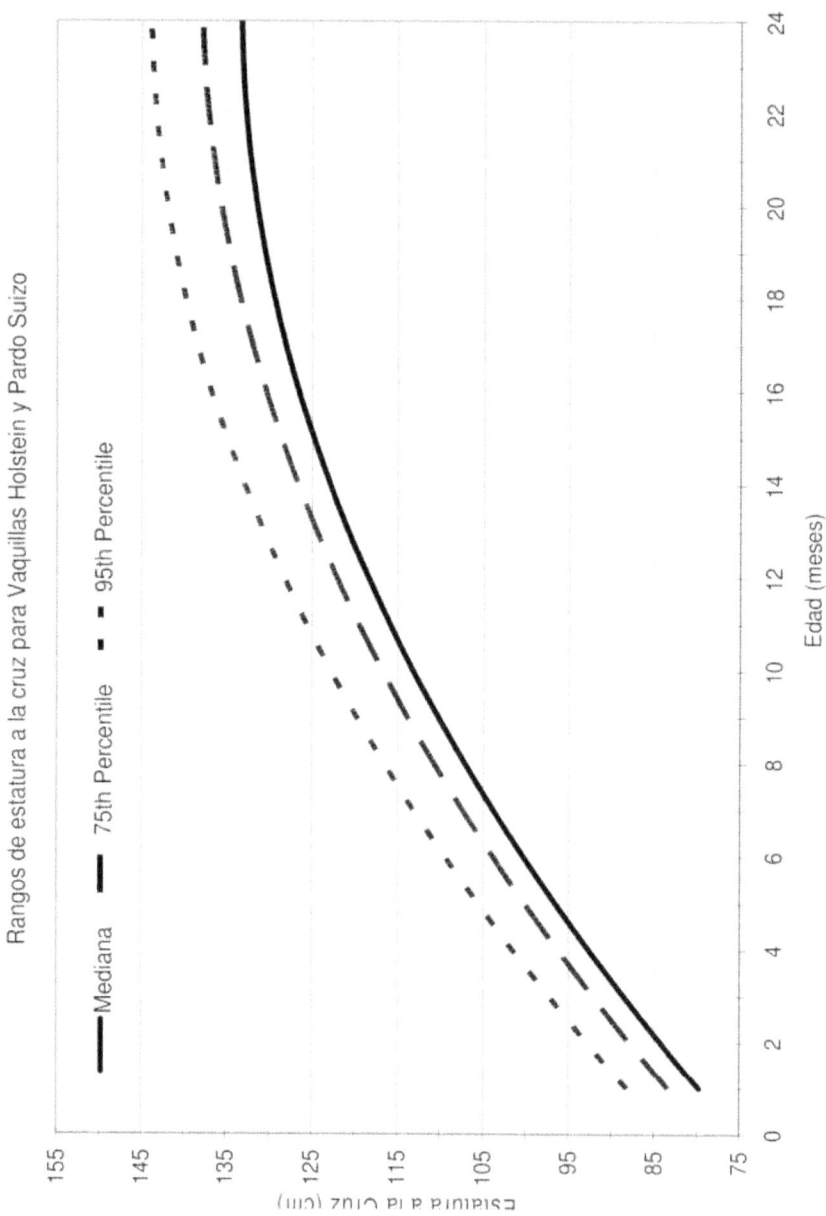

Figura 6.13 Ritmos de crecimiento en cm a la cruz para becerras y vaquillas Holstein y Pardo Suizo.

Las vaquillas grandes y de crecimiento rápido producen más leche durante la primera lactancia que las vaquillas de crecimiento lento, además, producen el retorno económico en forma más rápida que las vaquillas de crecimiento lento. Las vaquillas que crecen en forma acelerada (sin exceder los límites señalados) al llegar al primer parto se encuentran más cerca de su peso maduro, por lo que la proteína y energía presentes en la dieta se aprovechan más para producir leche y reponer condición corporal que para crecimiento, lo cual puede propiciar un mejor desempeño durante la segunda lactancia (Day, 1991).

Toda la información levantada sobre el crecimiento de las becerras y vaquillas puede ser analizada mediante las hojas de cálculo para el monitoreo del crecimiento de vaquillas Holstein así como para vaquillas Jersey que se encuentran en la página electrónica de la Universidad del Estado de Pennsylvania:
http://www.das.psu.edu/research-extension/dairy/nutrition/heifers

3.3 PÉRDIDAS AL PARTO

Un peso deficiente al momento del parto se traduce en menor producción lechera y en mayores problemas reproductivos. En el cuadro 6.12 se puede observar el efecto sobre la producción lechera de un bajo peso corporal al primer parto, en comparación con la producción de vaquillas con pesos al primer parto entre 545 y 567 kg. Para evaluar estas pérdidas basta obtener el promedio de peso con el que parieron las vaquillas en un hato en el último mes, multiplicarlo por la pérdida correspondiente, éste por el número de vaquillas en ese mes y a su vez por el precio actual de la leche (Medina, 1990). El retraso al primer parto reduce la vida útil de la vaquilla y ocasiona mayores gastos de alimentación. Estos gastos se pueden calcular consultando los registros reproductivos. A la edad de las vaquillas que parieron durante el último mes se le restan los 24 meses, que es la edad en que debió haber logrado el primer parto; el número resultante se multiplica por el costo de manutención de una vaquilla por día y éste por el número de vaquillas que parieron en ese mes (Medina,1990).

Cuadro 6.12 Efecto del peso corporal al primer parto sobre la producción en la primera lactancia en vaquillas Holstein.

Peso corporal al parto	Diferencia en producción con respecto a 545 a 566 kg de peso
kilogramos	kilogramos
408	-806.758
439 - 431	-610.630
432 - 454	-489.866
455 - 476	- 382.268
477 - 499	-264.682
500 - 522	-193.858
523 - 544	-95.794
545 - 567	0.0
568 - 590	18.614
591 – 612	78.088
613 - 635	96.248
636 - 658	100.788
> 658	76.272

LITERATURA CITADA

Buck, G.: Growth Charts Help us Pinpoint Heifer Raising Problems. Hoard's Dairyman, 126:1566-1567, 1981.

Clapp, H. L.: What Height and Weight Should your Heifers Raising Be? Hoard's Dairyman, 126:1250-1251, 1981.

Day J. D.: Optimizing Heifer Growth Rates in High-Producing Dairy Herds. Compend. Contin. Educ. Pract. Vet. 13(4):693-700, 1991.

Donovan, A. G. and Braun, K. R.: Evaluation of Dairy Heifer Replacement-Rearing Programs. Compend. Cont. Educ. Pract. Vet. 9:F133-F139, 1987.

Ehrlich, J.; Heinrichs, A. J.: A Deviation Chart for Evaluating Heifer Growth. The Bovine Practitioner (24):77-80, 1989.

Gill, G. S.; Allaire, F. R.: Relationship of Age at First Calving Days Open, Days Dry and Herdlife to a Profit Function for Dairy Cattle. J Dairy Sci. 59:1131-1139, 1975.

Heinrichs, A. J. and Hagrove, G.L.: Standars of Weight and Height for Holstein Heifers. J Dairy Sci., 70:653-660, 1987.

Jardón Sepúlveda, F.: Evaluación de la crianza de reemplazos Holstein-Friesian en algunas explotaciones del Altiplano Central de México. Tesis de Licenciatura. Fac. De Med. Vet. Y Zoot. Universidad Nacional Autónoma de México. México, D.F. 1990.

Johnson, A. P.: Evaluating Dairy Heifers. Audio Veterinary Medicine. Food Animal Dairy Practice, 11(2): SEPT-OCT, 1989.

McBride, B. W.: Nutritional Management of Dairy Heifer. Bovine Pract. 22:87-88 (1987).

Marcillac-Embertson, N. M.; Robinson, P.H.; Fadel, J. G.; Mitloehner, F. M.: Effects of Shade and Sprinklers on Performance, Behavior, Physiology, and the Environment of Heifers. J Dairy Sci. 92:506–517, 2009

Medina Cruz, M.: Eficiencia en el manejo de la recría. Memorias de la Sexta Conferencia Internacional Sobre Ganado Lechero. México, D.F. (169-176). B.N. Editores S.A. de C.V., México, D.F. (1990).

Myers, G H. and Todd, A. C.: Increased Weight Gains of Wisconsin Dairy Heifers Following Systematic Deworming with Febendazole. Am. J. Vet. Res. 41:1886-1899, 1980.

Radostits, O. M. and Blood, D. C.: Herd Health. W.B. Saunders Co., Philadelphia PA 1985.

Schoonderwoerd, M.: Milk Replacers. In Large Animal Internal Medicine. Edited by: Smith, B. P. 379-384. The C. Mosby Co. St. Louis, Missouri, USA 63146, 1990.

Scjrsen, K.; Huber, J. H.; Tucker, H. A. and Akers, R. M.: Influence of Nutrition on Mammary Development in Pre-and Postpubertal Heifers. J Dairy Sci. 65:793-800, 1982.

Sejrsen, K.; Huber, J. T.; Tucker, H. A.: Influence of Amount Fed on Hormone Concentration and their Relationship to Mammary Growth in Heifers. J Dairy Sci. 66:845-855, 1983.

Swanson, E. W.: Effect of Rapid Growth with Fattening of Dairy Heifers on their Lactational Ability. J Dairy Sci. 43:377-387, 1960.

Swanson, E. W.: Optimum Growth Patterns for Dairy Cattle. J Dairy Sci. 50(2):244-252, 1966.

Warwick, J. E. and Legates, E. J.: Breeding and Improvement of Farm Animals, 7th ed. McGraw Hill Book Co., New York City (1970).

CAPÍTULO VII

LA PRODUCTIVIDAD DE UN PROGRAMA DE REEMPLAZOS

Editor: Mario Medina Cruz MVZ, MSc, DCV

1 INTRODUCCIÓN

Mario Medina Cruz MVZ, MSc, DCV

Todo programa de mejoría de la productividad adecuadamente implementado debe permitir disponibilidad de reemplazos de mejor calidad y producir ingresos económicos adicionales por la venta de vaquillas al parto. Adicionalmente, debe propiciar el progreso genético a un ritmo acelerado y lograr la expansión del tamaño del hato, ejerciendo presión sobre el desecho voluntario de las vacas adultas. La crianza de reemplazos de alta calidad genética y sanitaria debe estimularse cuando la producción de leche del hato se encuentra por arriba de la media para el estado o la región, de lo contrario es preferible la adquisición de reemplazos de mayor nivel genético (Donovan, G.A. y Braun, 1987).

2 MEJORAMIENTO GENÉTICO

La selección del semen es muy importante. Si se considera un promedio de 2.0 servicios por concepción y que hay 50% de probabilidades de que el producto de parto sea una hembra, misma que deberá llegar al parto a los 24 meses para producir durante un promedio de tres lactancias, veremos que el semen de toro que se selecciona hoy empezará a influir en la producción lechera hasta dentro de tres años y se mantendrá influyendo durante otros tres años. El cálculo de producción lechera en equivalente de madurez a 305 días (EM-305) permite comparar las producciones de las vaquillas de primer parto del presente año con las de las vaquillas de primer parto del año pasado, donde debe haber una diferencia de producción mayor a 90.8 kilogramos (200 lb). Es decir que la inseminación artificial que se realice hoy deberá originar una vaquilla en tres años que produzca 272 kilogramos (600 libras) más de leche en EM-305 que las vaquillas que están pariendo actualmente

La selección de semen de bovino debe basarse en el uso de la diferencia estimada en dólares que aparece en el Sumario de Sementales, empleando aquellos toros que se encuentren en el porcentual superior (30%). En adición, deben seleccionarse toros que tengan una clasificación media a alta en facilidad de parto para minimizar traumas al parto en vaquillas y maximizar la supervivencia perinatal (Donovan, G.A. y Braun, 1987)

Si bien algunos hatos han alcanzado la autosuficiencia en la producción de reemplazos y algunos otros ofrecen vaquillas para la venta, la gran mayoría tiene pérdidas en el proceso de la recría que limitan la expansión del hato y retrasan el mejoramiento genético (Contreras, 1977).

3 DEMANDA DE REEMPLAZOS LECHEROS

La demanda de reemplazos lecheros en un hato se determina por el porcentaje de desecho anual de ganado adulto, por la edad al primer parto de las vaquillas y por las necesidades de expansión del hato.

El desecho de vacas adultas se compone de causas obligadas, como la muerte del animal, mastitis, infertilidad, enfermedades crónicas, problemas de patas (gabarro, abscesos de la pezuña, laminitis crónicas), fracturas y otras; así como por causas no obligadas, como mala conformación física, lento ordeño, baja producción y otras. Al primer grupo se le llama desecho involuntario y al segundo desecho voluntario. Este último no debe exceder del 50% de los desechos totales. Las necesidades de expansión varían en función de las características productivas del hato.

La edad al primer parto influye decisivamente en la cantidad de vaquillas por mes o por año disponibles para reemplazar a las vacas adultas.

4 PRODUCCIÓN DE REEMPLAZOS LECHEROS

La producción de reemplazos está dada por el porcentaje de parición anual y por las pérdidas durante la recría.

5 PORCENTAJE DE PARICIÓN ANUAL

Este porcentaje está dado por la eficiencia reproductiva del hato, misma que determina el número de crías nacidas en cada rancho. Esta eficiencia es función de una serie de condiciones reproductivas interrelacionadas, lo que ocasiona que una falla en una tenga repercusiones sobre las otras. Estas condiciones son: porcentaje de detección de celos, momento de la inseminación artificial, calidad y manejo del semen, habilidad del inseminador y fertilidad de la vaca. Esta última es afectada por el nivel de nutrición posparto y la incidencia de enfermedades que afecten la reproducción, las que repercuten en anestro, repetición de calores, reabsorción embrionaria y abortos. Cada una de estas condiciones reproductivas es importante, ya que una variación mínima en cada una de ellas puede ocasionar, a través de un efecto de cascada, severas reducciones en los porcentajes de parición anual (Britt, 1981).

Con una eficiencia reproductiva que permita alcanzar un intervalo de 12 meses entre partos, es decir 100% de pariciones en un año, del cual se reste el porcentaje de abortos típico para un período (4%), se obtendrá 96% de crías nacidas.

6 PÉRDIDAS DURANTE LA CRIANZA

Para su conocimiento y, en su caso, el correcto manejo, se consideran las siguientes categorías:

6.1 PÉRDIDAS PERINATALES

Durante el parto y hasta las 24 ó 48 primeras horas de vida, de acuerdo con diferentes autores. En los partos de vacas adultas éstas deben oscilar entre el 1% y el 3%, para hatos chicos y grandes respectivamente, y para los partos de vaquillas de primer parto estas pérdidas deben oscilar entre el 4 y el 7%.

6.2 PÉRDIDAS NEONATALES

Del segundo o tercer día de vida hasta el fin de la lactancia (generalmente 60 días). Estas pérdidas deben oscilar en un rango del 1 al 3% para hatos chicos y grandes respectivamente.

6.3 PÉRDIDAS EN EL CRECIMIENTO

Desde el destete hasta el primer parto (deseablemente no más allá del mes 24 de vida). Estas pérdidas deben mantenerse dentro de un rango del 1 al 4%, para hatos pequeños y grandes respectivamente.

7 PÉRDIDAS PERINATALES

7.1 MORTINATOS

Para propósitos de evaluación de pérdidas perinatales, se considera mortinato al becerro que nace muerto o muere dentro de las primeras 48 horas después del nacimiento. La proporción de mortinatos se relaciona con la calidad de la atención al parto, la preparación de la vaca o la vaquilla al parto y la presentación de partos distócicos (Martin *et al.*, 1975). El nivel de mortinatos de vaquillas de primer parto puede superar el 50% en los casos en que se requirió cirugía; ocurrir en más del 25% de los casos en los que requiere tracción forzada, y ser inferior al 9% en los casos de parto eutócico. Los porcentajes de mortinatos son inferiores en vacas adultas. La inseminación artificial de las vaquillas permite la selección de sementales con alta facilidad de parto, reduciendo los porcentajes de distocia y de mortalidad al parto. Sin embargo, cuando las vaquillas alcanzan el primer parto con déficit o exceso de peso en relación con el considerado estándar para la raza, en ambos casos se incrementan los partos distócicos por disminución del diámetro del canal del parto.

7.2 OTRAS RAZAS

La inseminación o el servicio natural de vaquillas con toros de razas no especializadas en la producción de leche retrasa el progreso genético del hato y reduce el inventario de becerras disponibles para la producción lechera. Las vaquillas y sus crías representan el grupo élite dentro de un hato, por lo que en hatos con inseminación artificial una vaquilla promedio tiene mayor potencial de producción que una vaca promedio, así como también las crías nacidas de vaquillas de primer parto tienen mayor potencial de producción que las crías nacidas de vacas adultas. El futuro nivel genético de un hato depende, en forma primaria, del nivel genético de sus reemplazos.

7.3 ANORMALIDADES FÍSICAS

Generalmente se presentan en forma esporádica en los hatos; son ocasionadas por defectos heredables o adquiridos durante el desarrollo de la crianza. El tema es tratado en el capítulo sobre enfermedades propias de la crianza.

8 PÉRDIDAS NEONATALES

8.1 MORTALIDAD

El riesgo de muerte en becerros consumiendo leche es mayor durante la primera semana de vida. En la primera semana se registra 55% de las muertes totales, y durante la segunda entre el 25% y el 30% (Radostits y Blood, 1985). Los principales factores responsables de la mortalidad neonatal incluyen: deficiencia de inmunoglobulinas calostrales, calidad de los sustitutos de leche, personal a cargo de las becerras, tamaño del hato, alojamientos y estación del año.

La administración de inmunoglobulinas calostrales en la forma, volumen, calidad y momento adecuados, es el eje fundamental de cualquier programa de crianza de becerras. Esto ha sido revisado en el capítulo IV. El uso de sustitutos de leche en la nutrición de la becerra se discute en el capítulo V. La motivación con la que el personal a cargo de las becerras realice el trabajo tiene una marcada influencia sobre la mortalidad. Varios estudios han demostrado una reducción de la mortalidad cuando el dueño de la explotación, su esposa o sus hijos, se hacen cargo de la crianza. Pero además, Martin *et al.* (1975) señalan que la mortalidad se reduce si se incentiva económicamente al personal contratado con base en metas de productividad. A medida que se incrementa el tamaño del hato (más de 100 vacas) hay una tendencia al aumento de la densidad de población en el área de crianza, y consecuentemente a la incidencia de enfermedades infecciosas, a la mortalidad, a un aumento en los costos por tratamientos y a una disminución en el desempeño de la crianza (Radostits y Blood, 1985).

Las becerras criadas en becerreras individuales elevadas del piso presentan menos problemas de salud en comparación con las criadas en grupos a nivel del piso. En becerreras elevadas se mantiene mayor higiene ya que el diseño acanalado de su piso evita la acumulación de los desechos orgánicos, lo que no ocurre en la crianza en piso, donde excretas y orines se acumulan en el material de cama favoreciendo el crecimiento de patógenos. Las becerreras individuales también permiten la alimentación individual, así como monitorear el nivel de consumo de alimento, y facilitan reconocer la presencia de enfermedades en forma individual (Radostits y Blood, 1985). Asimismo hacen posible llevar registros individuales, como el que se presenta en las figuras 7.1 A y B. Éstos, en forma de tarjetas individuales, pueden colocarse en un lugar visible de la becerrera, lo que permite el registro de enfermedades, de tratamientos aplicados, de administración de vitamínicos, de nivel de inmunoglobulinas séricas, etcétera. Cuando las becerras son mayores pueden ser criadas en forma exitosa en grupos.

Los efectos estacionales sobre la mortalidad neonatal son más evidentes en países alejados del trópico, donde se notifica una mayor mortalidad en el invierno relacionada con vientos fríos y humedad, y durante el verano asociada al clima seco y caluroso (Radostits y Blood, 1985).

8.2 PREVALENCIA DE ENFERMEDADES

Diarreas y neumonías son las enfermedades más comunes durante la lactancia y son las principales causantes de muerte (Hancock, 1983; McNeel, 1987). Las becerras tratadas contra diarrea neonatal tuvieron tres veces más posibilidades de no lograr el primer parto sino hasta después de los 30 meses de edad (Waltner-Toews *et al.,* 1986)

Estas enfermedades son consecuencia principalmente de niveles bajos de anticuerpos adquiridos por el becerro a través del calostro. Se considera que no más de 5% de las becerras debe tener niveles inferiores a 15 miligramos de inmunoglobulinas G por ml de suero de acuerdo con la prueba de precipitación en sulfito de sodio (Gasca, 1988; Donovan, 1986). Desafortunadamente, hay establos en donde el porcentaje de becerros con estos niveles de anticuerpos va desde el 75% al 100%.

La máxima incidencia de enfermedades para que el sistema sea productivo debe ser 20% de diarreas; 5% de neumonías y 1 % de queratoconjuntivitis infecciosa bovina (QCIB) (Donovan, 1986).

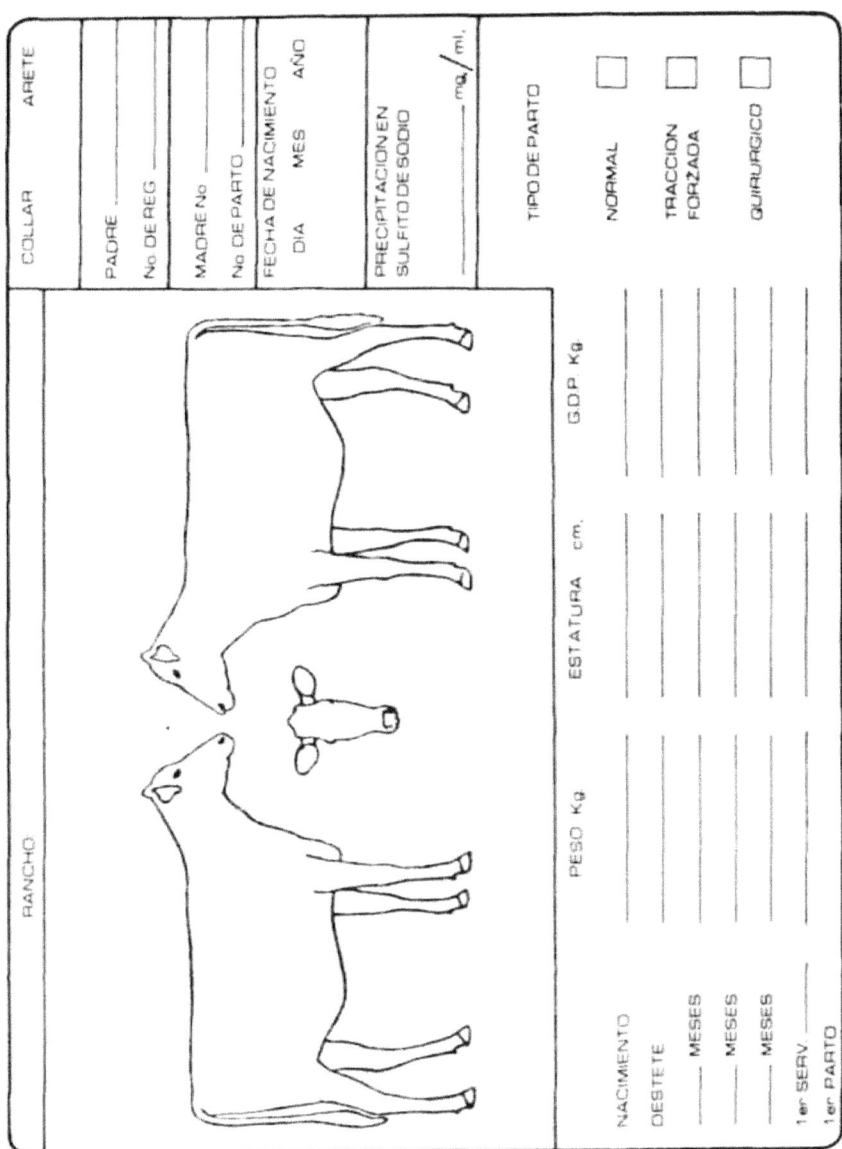

Figura 7.1 A. Anverso de la tarjeta para el registro individual durante toda la crianza.

DÍA	MES	AÑO	ENFERMEDADES	TRATAMIENTOS

DÍA	MES	AÑO	VACUNAS	VITAMINAS	DESPARASITACIONES

Figura 7.1 B. Reverso de la tarjeta para el registro individual de toda la crianza.

8.3 CRECIMIENTO NEONATAL

El peso al nacimiento para una becerra Holstein es entre 40 y 46 kilogramos, y la estatura o alzada a la cruz es entre 75 y 78 centímetros.

Al destete (60 días) deberán haber duplicado su peso corporal y tener una alzada mínima de 85 cm.

Cuando las becerras no alcanzan estos rangos se presupone la presencia de enfermedades, deficiencias nutricionales o mal manejo (McNeel, 1987).

9 PÉRDIDAS EN EL CRECIMIENTO

Estas pérdidas están relacionadas con la nutrición, presencia de enfermedades, prácticas de alimentación y problemas reproductivos.

9.1 MORTALIDAD

La mortalidad se puede deber a diferentes enfermedades, como timpanismo espumoso, neumonía, *cor pulmonale*, etcétera; y puede alcanzar niveles muy importantes.

9.2 DESECHOS POR ENFERMEDAD Y SUBDESARROLLO

Según un estudio, las becerras que padecieron enfermedades respiratorias en los primeros tres meses de vida fueron 2.5 veces más propensas a morir después de la recuperación clínica en comparación con animales no afectados (Meyerholz, 1981). En otro estudio (Correa, 1988), las vaquillas que mostraron signos de enfermedad respiratoria en los primeros tres meses de vida parieron por primera vez hasta seis meses después que las vaquillas que no presentaron enfermedad respiratoria en los primeros tres meses de vida. Las neumonías deben ser menores al 10%. La prevalencia de diarreas debe oscilar entre el 5% y el 20%. Se determinó que en vaquillas de razas para producción de carne, la queratoconjuntivitis infecciosa bovina u ojo rosado afectando un ojo produjo disminuciones en la ganancia diaria de peso de 0.022 kilogramos durante 205 días, y afectando ambos ojos de 0.070 kilogramos durante el mismo período (Radostits y Blood, 1985). La prevalencia del ojo rosado debe ser menor al 1% (Donovan, 1986; McBride, 1987). Según otro estudio la presencia de parasitosis redujo en 90 g la ganancia diaria de peso de las vaquillas (Radostits y Blood, 1985).

En un programa de crianza eficiente los desechos por enfermedad y subdesarrollo deben ser inferiores al 2%.

9.3 DESECHOS REPRODUCTIVOS

Son ocasionados por vaquillas repetidoras, adherencias ováricas y abortos. El tema de vacunaciones ha sido ampliamente expuesto en el capítulo III. Las pérdidas en el crecimiento se pueden clasificar dentro de las siguientes etapas, y deseablemente no deben exceder los siguientes límites:

Cuadro 7.1 Pérdidas estratificadas durante la fase de crecimiento o desarrollo

Edad (meses)	Incidencia (%)
2 a 3	0.25 − 1
4 a 6	0.25 − 1
7 a 12	0.25 − 1
13 a 24	0.25 − 1
Total	1 − 4

10 REGISTROS

Es fundamental que en toda industria se usen registros para evaluar metas de productividad, y la industria lechera no es la excepción. Los registros sobre la recría de reemplazos lecheros ayudan a decidir sobre la conveniencia de criar los reemplazos o comprarlos.

Es frecuente que una evaluación sobre las pérdidas de la recría en un hato comercial resulte incompleta o poco precisa debido a la escasez o carencia de datos. En muchos centros de recría se cuenta sólo con algunos datos aislados, con frecuencia carentes de continuidad a lo largo de un proceso productivo de dos años. Un sistema eficiente de registros no necesariamente tiene que ser voluminoso, por el contrario, debe incluir aquellos parámetros que permitan determinar la productividad de una empresa. El autor utiliza un sistema de registros para la recría que permite la evaluación productiva y, en consecuencia, económica de la misma.

Cuando la becerra muere, esto y la fecha deberán anotarse en el renglón correspondiente a fin de poder llevar a cabo evaluaciones del desempeño pora período. Igualmente, si la becerra o vaquilla es vendida como reemplazo para otro hato, se anotará en el registro, así como la fecha.

En las figuras 7.1 A y B se muestran las hojas de registro para cada becerra viva desde las 24 horas del nacimiento. Si la becerra muere al nacimiento, o es de raza no lechera, no se le abre un registro individual. Este registro está diseñado para concentrar toda la información requerida en forma individual, desde el inicio de la crianza hasta que la vaquilla llega al parto.

De esta manera se evita la falta de continuidad de datos y la carencia de ellos cuando se pretende evaluar en forma individual a un animal, ya sea para su reproducción o venta. Este registro incluye la identificación por medio de una silueta a la que se le puede agregar una fotografía en papel a color o blanco y negro, la identificación por arete y por collar, la de los progenitores, el número de parto de la madre, la fecha de nacimiento y el tipo de parto (normal, tracción forzada o quirúrgico). El nivel de inmunoglobulinas adquirido a través del calostro requiere evaluación, por lo tanto se anota en el registro.

En la hoja de registro mostrada en la figura 7.1 B se asienta el desempeño durante el crecimiento en peso, estatura y ganancia diaria de peso, está incluido, así como la presencia de enfermedades, sus tratamientos, vacunaciones, desparasitaciones y aplicación de vitamínicos.

Si el animal muere es importante anotarlo incluyendo la causa como: timpanismo, diarrea, neumonía, etcétera. Si es desechado o vendido a otro hato como reemplazo, se escribe en su registro especificando el tipo de desecho y la causa que puede incluir:

- Desecho por enfermedad y subdesarrollo: onfaloflebitis, poliartritis, neumonía crónica, indigestión vagal, etcétera.

- Desecho por problema reproductivo: infertilidad o repetidora, adherencias, aborto, etcétera.

- Si se vendió como vaquilla de reemplazo para otro hato, en su registro se escribe: venta como reemplazo.

En el cuadro 7.2 se ofrece un formato para el registro de partos, el cual consiste de la identificación de la vaca, su raza (h=holstein; j=jersey; s=suizo), la fecha del parto y el numero de éste. El tipo de parto se clasifica como n=normal; tl=tracción ligera, que es aquella aplicada por una persona; tf=tracción fuerte, que es aquella aplicada por dos a tres personas; o c=cesárea, cuando se tuvo que recurrir a esta cirugía. Desde luego, anotar el sexo y la raza de la cría. Cuando se trate de partos gemelares se debe destinar un renglón completo por cada cría gemelar, y siempre anotar si se trata de macho-macho, hembra-hembra o hembra-macho, por la importancia de diagnosticar a las hembras freemartin así como para llevar datos más precisos. En maduración debe anotarse "t" si la cría estaba a término al nacimiento o "p" si la cría era prematura. En presentación debe anotarse como a=anterior si las manos salen primero durante el parto, o p=posterior si las patas salen primero. En cría minutos debe anotarse como un "sí" cuando la cría asumió la posición de perro echado dentro de los 15 minutos posteriores al nacimiento. Lo anterior significa que en dicha posición habrá una adecuada ventilación pulmonar y posterior incorporación de la becerra. En cría desinfección debe anotarse "sí" una vez que se haya hecho la desinfección umbilical. La identificación durante la crianza debe llevarse a cabo el mismo día del nacimiento para evitar confusiones, que de hecho son frecuentes. Es necesario separar a la becerra de la vaca antes de que transcurra la primera hora, por lo que deberá palomearse esta columna cuando esta condición se haya cumplido. En las últimas columnas debe anotarse la cosecha de calostro de primer ordeño en ese parto, incluyendo los litros producidos así como la concentración de inmunoglobulinas en g/l de ese calostro.

La productividad de un programa de reemplazos

Cuadro 7.2. Formato para el registro de partos

Vaca ID	Vaca Raza	Parto fecha	Parto número	Parto tipo	Cría sexo	Cría raza	Cría madur presen	Cría minutos desinte	Cría Ident	separar de vaca 0 hs.	CALOSTRO 1er ORD GAL	L

Cuadro 7.3. Formato para el registro de datos de la cría hasta su destete

Cría	SOMATO NACIM			CALOSTRADO 24 HS DE VIDA						P.S. 24 hs.	LECHE TRANSICION			SOMATO DESTETE			DESTETE	
	Nacim	Peso	Estat CCC	Toma 1			Toma 2				L / día			Peso	Estat CCC		Fecha	Edad
ID	fecha	kg	cm	G/L L	hs	Pers	g/L L	hs	Pers	g/dl	2	3	4	kg	cm			días

En el cuadro 7.3 se ofrece un formato para el registro de información de la cría hasta su destete. Ésta se inicia copiando le identificación de la cría y la fecha de parto o nacimiento de la hoja anterior, asegurándose así la continuidad de la información y evitándose la pérdida de la misma. Contiene seis columnas para datos de somatometría que incluyen peso, estatura y calificación de la condición corporal, tanto al nacimiento como al destete. Toda la información sobre consumo de calostros en las 24 primeras horas debe anotarse, incluyendo gramos por litro, litros consumidos, horas de vida de la becerra en las que fue consumido, y de manera muy importante las iniciales de la persona que llevó a cabo la acción. Esto deberá repetirse cuando menos una vez más con la segunda administración de calostro. En la siguiente columna "P.S." debe anotarse los g/dl de proteína sérica total que tituló la becerra a las 24 horas de nacida. Es importante igualmente asegurar que durante los días 2 a 4 de vida la becerra consuma leche de transición o calostro de transición, ya que esto complementa al aporte inmunológico y nutricional de la becerra perinatal. En las últimas dos columnas deberán anotarse la fecha real de destete y la edad real en días en que ocurrió el evento.

Al inicio del período de inseminación artificial debe abrirse un registro reproductivo para cada vaquilla. Empleando estos registros es posible evaluar en forma objetiva las pérdidas en un sistema de crianza (Donovan y Braun, 1987; Donovan, 1986).

En el Cuadro 7.4 se muestra la disponibilidad de vaquillas en un hato de 100 vacas, con intervalos entre partos de 12 meses y 4% de aborto, considerando diferentes porcentajes de pérdidas en la crianza. Así podemos ver que en un hato con reproducción bien manejada, cuando las pérdidas en la crianza se mantienen en un mínimo, se reemplazan los animales desechados y queda un "excedente" de vaquillas para la expansión del hato o para la venta; por el contrario, cuando las pérdidas en la crianza se elevan, no solamente disminuye la disponibilidad de vaquillas, sino que ésta no es suficiente para reemplazar al ganado adulto desechado, entonces se requiere comprar vaquillas para mantener el tamaño del hato, de las que generalmente se desconoce su calidad genética y su desempeño durante la crianza. Ésta es una figura de consulta para hacer evaluaciones de diferentes hatos y sus programas de recría.

Cuadro 7.4 Disponibilidad de vaquillas en un hato de 100 vacas de acuerdo a las pérdidas en la crianza y al desecho de ganado adulto.

Becerras nacidas n	Pérdidas en la crianza %	Vaquillas criadas n	Desecho adultas %	Vaquillas disponibles n
48	3	46	15	31
			25	21
			35	11
48	10	43	15	28
			25	18
			35	8
48	20	38	15	23
			25	13
			35	3
48	30	33	15	18
			25	8
			35	-2

LITERATURA CITADA

Britt, J. H.: Why Do Calving Rates Differ Among Herds? Hoard's Dairyman 126(5):368-369, 1981.

Contreras, M.: Situación actual de la crianza artificial de becerras de reemplazo durante la etapa de lactancia en el Valle de México. Tesis de Licenciatura de MVZ. Facultad de Medicina Veterinaria y Zootecnia, Universidad Nacional Autónoma de México, México, D.F., 1977.

Correa, M. T.; Curtis, C. R.; Erb, H. N.; White M. E.: Effects of Calfhood Morbidity on Age at First Calving in New York Holstein Herds. Prev. Vet. Med. 6:253-262, 1988.

Donovan, G. A. y Braun, R. K.: Evaluation of Dairy Heifer Replacement-Rearing Programs. Compend. of Contin. Educ. 9(4):F133-F139, 1987.

Donovan, G. A.: Assesing Herd Performance in Relation to Replacement Rearing. Proceedings of the 18th annual convention of the American Association of Bovine Practitioners. Buffalo, New York, 1985. 50-51. Frontier Printers. Stillwater Oklahoma (1986).

Gasca, J.: Investigation of a Dairy Farm with a High Calf Mortality Rate. The Bovine Practitioner (23): 165-167, 1988.

Hancock, D.: Epidemiologic Diagnosis of Neonatal Diarrhea in Dairy Calves. Proceedings of the 15th annual convention of the American Association of Bovine Practitioners. Nashville, Tennessee. 1982, 16-22 Frontier Printers, Stillwater, Oklahoma (1983).

Martin, S. W.; Schwabe, C. W. y Franti C. E.: Dairy Calf Mortality Rate: Influence of Management and Housing Factors on Calf Mortality Rate in Tulare County, California. Am. J. Vet. Res. 36(8): 1111-1114, 1975.

McBride, B. W.: Nutritional Management of the Dairy Heifer. The Bovine Practitioner (22): 87-88, 1987.

McNeel: Setting Goals Helps Me Raise Calves. Hoard's Dairyman 126(12):887, 1987.

Meyerholz, G. W.: Chronic Pneumonia Can Cause Permanent Lung Damage. Hoard's Dairyman 126 (17): 1204, 1981.

Radostits, O. M. y Blood, D. C.: Herd Helath. A Textbook of Health and Production Management of Agricultural Animals, 1st. ed. WB Saunders, Philadelphia PA 1985.

Waltner Toews, D.; Martin, S. W.; Week, A.H.: The Effect of Early Calfhood Health Status on Survivorship and Age at First Calving. Can. J. Vet. Res. 50:314-317 (1986).

CAPÍTULO VIII

ECONOMÍA Y ADMINISTRACIÓN

Editor del capítulo: Mario Medina Cruz MVZ, MSc, DCV

1 TEORÍA DE COSTOS DE UNA EMPRESA PRODUCTORA DE VAQUILLAS A PRIMER PARTO

Francisco Alejandro Alonso Pesado MVZ, MC
Jennifer Moreno Trujillo MVZ

1.1 INTRODUCCIÓN

Un factor determinante para ofrecer en venta una mayor o menor cantidad de vaquillas a primer parto es el nivel del costo por vaquilla a primer parto. Cuando el precio de venta de las vaquillas a primer parto se encuentra por encima de su costo existe un margen de ganancia y, por lo tanto, es posible la acumulación, la concentración y la reproducción ampliada del capital, y así la expansión de la empresa manteniendo su capitalización.

Los costos en una empresa productora de vaquillas a primer parto varían de periodo en periodo en razón a varios factores: a) cómo se administran los recursos, b) a qué precios se compran los insumos y c) cuál es el total de vaquillas a primer parto. Por otro lado, en cuanto a planeación y control financieros, es indispensable establecer los costos por las vaquillas.

1.2 CONCEPTO DE COSTOS

Para administrar correctamente una empresa productora de vaquillas a primer parto se deben fijar parámetros que se puedan comparar para conocer con qué eficiencia se opera.

Estos parámetros deben valorar uniformemente los factores que afectan la producción de vaquillas a primer parto, y para ello no se ha encontrado nada mejor que las unidades monetarias; es por esto que el cálculo de costos por insumo es de valor práctico en la administración de la producción (Alonso, 2009).

Los costos son las sumas de los valores de los recursos insumidos en un proceso económico. (Alonso, 2009) (Kay, 1986).

1.3 COSTOS EXPLÍCITOS

Los costos explícitos son aquellos desembolsos realizados por la empresa productora que generalmente son considerados como erogaciones o desembolsos. Consisten en los pagos por los insumos comprados o alquilados por el negocio. Son ejemplos de costos explícitos los sueldos, los pagos por medicamentos, por servicios como luz, agua, teléfono y alimentación, y la formación de fondos de amortización y depreciación. Todas éstas son erogaciones que los contadores registran como costos de la empresa. (Ferguson, 2000; Harcourt, 1990).

1.4 COSTOS IMPLÍCITOS

Los costos implícitos son los costos de los recursos propios del negocio que frecuentemente se omiten al computar costos. Por ejemplo, el sueldo del dueño de la empresa productora de vaquillas que no se "autocobra", sino que retira "beneficios" de la operación como pago por sus servicios. El costo implícito más común son los intereses por la inversión en instalaciones, equipo e inventarios, efectuada por del dueño del establo (Leftwich 2001).

El sueldo del dueño de la empresa se considera como un costo. El costo de los servicios del propietario del negocio es el sueldo que podría obtener si trabajara en una actividad similar empleándose (costo de oportunidad). En consecuencia, el sueldo del dueño del establo debe ser considerado como un costo de la empresa por una cantidad igual al valor de sus servicios profesionales en el mejor empleo alternativo. Los costos implícitos no asumen la forma de un desembolso efectivo (Ferguson, 2000; Leftwich 2001).

El cálculo del interés de la inversión es de naturaleza más compleja. Generalmente el interés de la inversión se considera como un beneficio de la empresa y no como un costo. Pero véase bajo otra perspectiva: considérese a un propietario de un negocio que ha adquirido la superficie, construido el establo y adquirido el equipo para la operación del negocio. El interés de su inversión podría ser igual a lo obtenido si hubiese invertido la misma suma en otra actividad económica. De haber invertido el capital en otra actividad económica, habría adquirido recursos para producir otros bienes. Lo que hubiesen obtenido esos recursos en otras alternativas habría determinado el interés de la inversión (Kay, 1986; Leftwich 2001).

1.5 PUNTO DE VISTA A CORTO Y LARGO PLAZO.

En la economía de una empresa productora de vaquillas a primer parto se deben considerar el corto y el largo plazo, ya que estos periodos son básicos en teoría de costos. Por corto plazo se entiende el tiempo donde ocurren cambios deseados en la cantidad de cuando menos un recurso productivo sin alterar la escala (tamaño) de la empresa productora. El largo plazo es aquel periodo que modifica la cantidad de recursos, variando el tamaño de la empresa o llevando a cabo una utilización más o menos intensiva del establo. Por ejemplo, en el corto plazo es posible aumentar el número de vaquillas a primer parto en el establo modificando la cantidad de trabajo requerida. En el largo plazo el número de vaquillas a primer parto en la empresa variará en razón a un aumento en el tamaño de la empresa, o aumentando el número de trabajadores. La importancia del corto y largo plazo es que en el corto plazo se pueden clasificar a los costos en fijos y variables, y en el largo plazo todos los costos son variables. (Harcourt, 1990; Kay, 1996).

En el largo plazo la empresa tiene el tiempo suficiente para modificar la escala de su planta (tamaño de la empresa productora de vaquillas a primer parto) como desee, de muy chica a muy grande o viceversa. Generalmente es posible efectuar variaciones infinitesimales en el tamaño del negocio. (Kay, 1996; Leftwich 2001).

1.6 COSTOS FIJOS TOTALES (CFT)

Son todos aquellos costos que el empresario dueño del establo productor realiza de manera forzosa y constante, independientemente de que se ofrezca o no se ofrezca el producto (vaquillas).

Es importante aclarar que los costos son fijos hasta que se incurre en ellos. Pero una vez que sucede esto, no varían con los cambios en el número de vaquillas a primer parto que ofrece la empresa y no tienen peso en las decisiones que se refieren a una disminución o aumento en el número de vaquillas. (Alonso, 2007; Leftwich 2001).

Son costos fijos la renta del espacio (si esto sucede), la depreciación de las instalaciones y los equipos con motor y sin motor, los impuestos que afectan los activos fijos y los pagos de los servicios que el negocio debe mantener independientemente del ritmo o del nivel de sus actividades.

1.7 COSTOS VARIABLES TOTALES (CVT)

Son aquellas erogaciones que el empresario dueño de la actividad productiva lleva a cabo cuando está presente el proceso productivo, es decir, se incurre en estos costos únicamente si la producción de mercancías (vaquillas a primer parto) se lleva a cabo. El aumento de estos costos no es constante. Pasan por un periodo muy corto de aumento constante para convertirse posteriormente en costos variables totales crecientes (Alonso, 2007; Harcourt, 1990).

El comportamiento de los costos variables totales se ve influido por la escala de la economía. Después de que la planta ha alcanzado cierto tamaño, las condiciones se tornan favorables para las economías de gran escala. En un inicio, al sumarse los recursos destinados a cubrir los costos fijos con cantidades de recursos moderadas destinadas a cubrir los costos variables, ejercidos en rangos de baja escala, éstos no conseguirán un rendimiento eficiente de la inversión en la empresa; los productos iniciales generalmente se dan mediante altos costos variables. Sin embargo, a medida que la producción de vaquillas a primer parto aumenta en cantidad, la inversión combinada de recursos para cubrir costos fijos y variables presentará mejores rendimientos al reducirse los costos totales proporcionalmente al número de mercancías adicionales ofrecidas. Aún así, en lo futuro este proceso de optimización de costo tropezará con limitaciones, ya que se llegará a tal punto en que los recursos fijos no soporten con la misma eficiencia unidades adicionales de inversión de recursos variables. A partir de ese momento los aumentos de producción de vaquillas a primer parto se darán a costos variables más altos. (Ferguson, 2000; Leftwich, 2001).

Son ejemplos de costos variables los fármacos, biológicos, desinfectantes, material de curación, luz (cuando se paga por kilovatio consumido), agua (cuando se paga por metro cúbico consumido), teléfono, gasolina, lubricantes, mano de obra, alimento, etc.

1.8 COSTOS TOTALES (CT)

Los costos totales son el resultado de la suma de los costos fijos totales más la suma de los costos variables totales. En una gráfica, el comportamiento de la curva de costo total suma el comportamiento de la curva del costo fijo total y la del costo variable total. (Kay, 1986; Leftwich, 2001).

La figura 8.1 presenta las curvas de costos fijos totales, costos variables totales y costos totales. La curva de costo fijo total es paralela al eje de las abscisas (donde se ponderan las vaquillas producidas). Cuando el número de vaquillas a primer parto producidas es cero, el costo total es igual a los costos fijos totales, es por eso que la curva de costo total se inicia a partir del valor de los costos fijos totales. Los costos totales están presentados en la figura 8.1 por una curva de pronunciada pendiente inicial, que a lo largo de su trayecto presenta variaciones en el ángulo. La distancia entre los costos fijos totales y el costo total denota los costos variables totales. (Alonso, 2007; Harcourt, 1990).

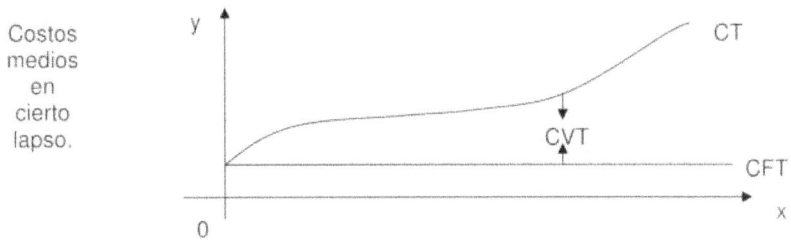

Figura 8.1 Número de vaquillas a primer parto producidas en cierto lapso.

481

En otros textos aparece la curva de costo variable total de manera independiente; ésta siempre presenta la misma forma que la curva de costo total pero corre por debajo en una distancia igual al valor del costo fijo total (Véase figura 8.2) (Kay, 1986).

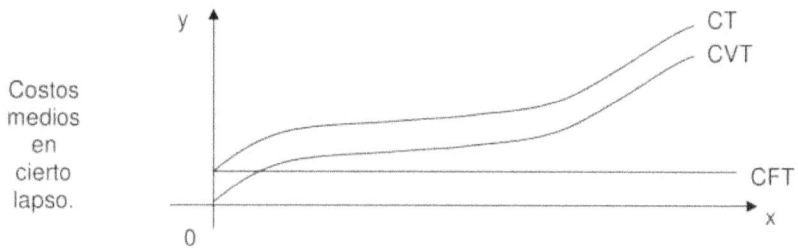

Figura 8.2 Número de vaquillas a primer parto producidas en cierto lapso.

1.9 COSTO FIJO MEDIO (CFM)

El costo fijo medio (también conocido como costo fijo promedio o unitario), es el resultado de dividir los costos fijos totales entre el número de vaquillas a primer parto en cierto lapso. Cuando el número de vaquillas es bajo, el costo fijo medio es alto. Las primeras vaquillas a primer parto se dividen entre los CFT, por lo tanto el cociente obtenido es alto. Si en cierto lapso se producen pocas o muy pocas vaquillas, los costos fijos medios se elevan. (Kay, 1986; Leftwich, 2001).

Conforme la empresa productora de vaquillas alcanza volúmenes más altos de animales, los costos fijos medios disminuyen. Por ejemplo, supóngase que en el ciclo los costos fijos totales fueron del orden de $45,000.00 y el número de vaquillas a primer parto en ese periodo fue de 30, el costo fijo medio por vaquilla fue de $45,000÷30=$1,500.00. Si en el siguiente periodo el número de vaquillas asciende a 50, el costo fijo medio se ubicará en $45,000.00÷50=$900.00

Cuando se utiliza el 100% de la capacidad instalada del establo y se produce el mayor número posible de vaquillas a primer parto, el costo fijo por vaquilla es el menor. Por ejemplo, si en determinado periodo se produjeron 90 vaquillas, y con este número de vaquillas se utilizó el 100% de la capacidad instalada del establo, el costo fijo medio fue de: $45,000.00÷90=$500.00

Existen condiciones de mercado que impactan para el menor uso del 100% de la capacidad instalada de la empresa, es así que los costos fijos medios aumentan. En la figura 8.3 se presenta la gráfica de los costos fijos medios.

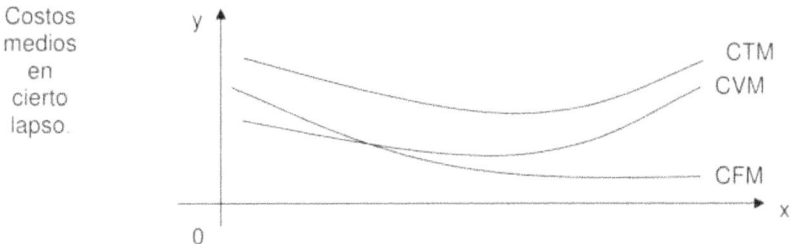

Figura 8.3 Número de vaquillas a primer parto producidas en cierto lapso.

1.10 COSTO VARIABLE MEDIO (CVM)

El costo variable medio (llamado también costo variable promedio o unitario) resulta de dividir los costos variables totales entre el número de vaquillas a primer parto en cierto lapso de tiempo. Si los datos del costo variable medio se llevan a una figura y se grafican, normalmente resulta la forma de una U.

La forma de U obedece a la influencia de las economías de escala. Inicialmente la empresa productora de vaquillas a primer parto incurre en rendimientos crecientes, es decir, economías crecientes, porque en esta fase los costos variables medios disminuyen. Después aparece una zona de economía constante, donde los costos variables medios se mantienen relativamente estables. Finalmente aparece una zona de economías decrecientes o deseconomías, donde los costos variables medios aumentan (Alonso, 2007; Leftwich, 2001).

La figura 8.3 muestra gráficamente el comportamiento de una curva de costos variables medios.

1.11 COSTO TOTAL MEDIO (CTM)

El costo total medio o costo total por vaquilla a primer parto se puede calcular de dos maneras. En la primera se divide el costo total para el nivel de producción de vaquillas entre el número de vaquillas obtenidas; la otra manera es sumar el costo fijo medio más el costo variable medio. El comportamiento del costo total medio sintetiza los comportamientos del costo fijo medio y del costo variable medio. Es así que en un principio la curva de costo total medio presenta un fuerte descenso, ya que el costo fijo medio y el variable medio descienden. Enseguida se presenta una amplia zona de relativa estabilidad que resulta del comportamiento conjunto de los costos fijos medios y de los costos variables medios. Por último, la curva de costo total medio presenta una clara tendencia de aumento, éste se presenta a partir del momento en que el incremento del costo variable medio es superior a las pequeñas disminuciones del costo fijo medio (véase figura 8.3) (Alonso, 2007; Harcourt, 1990).

1.12 INGRESOS TOTALES O VENTAS TOTALES

Una vez que se han calculado los costos totales y los medios (promedio o unitarios), se requiere calcular los ingresos totales o ventas totales, además de obtener el precio promedio vaquilla a primer parto.

Los ingresos o ventas totales se obtienen multiplicando el precio promedio por vaquilla por el número de vaquillas a primer parto producidas en cierto lapso. Véase $YT=Pu(X)$, donde YT es ingresos totales, Pu el precio promedio de venta por vaquilla a primer parto y X el número de vaquillas que se produjeron en cierto lapso. Los ingresos totales o ventas totales de la empresa aumentan si el precio promedio aumenta, de ahí la importancia de tener a la empresa bien posicionada en el mercado, llevar a cabo programas de publicidad y promoción, así como ofrecer vaquillas de alta calidad. Además, si se presenta una demanda inelástica en el mercado del negocio, sus ingresos totales o ventas totales crecen. (Leftwich, 2001).

Las ventas totales o ingresos totales aumentan aún más si tanto la cantidad de vaquillas a primer parto ofrecidas y vendidas como el precio promedio se elevan.

1.13 GANANCIAS, PÉRDIDAS Y PUNTO DE CIERRE

Ya calculados los costos totales y unitarios, así como las ventas o ingresos totales, y teniendo conocimiento del precio promedio de venta de la vaquilla a primer parto, es posible calcular las ganancias, pérdidas totales y unitarias, así como el punto de equilibrio y el punto de cierre del establo.

Si a las ventas totales o ingresos totales se le restan los costos totales, se está en condiciones de saber si la empresa está ganando, perdiendo o en equilibrio. Cuando las ventas totales o ingresos totales son mayores a los costos totales se está en zona de ganancias.

Supóngase que los costos totales en el ciclo fueron del orden de $764,000.00 y que los ingresos totales fueron de:

$$\$15,000.00 * 60(vaquillas\ a\ primer\ parto) = \$900,000.00$$

La ganancia de la empresa en ese periodo se ubicó en:

$$\$900,000.00 - \$764,000.00 = \$136,000.00$$

Cuando los ingresos totales son iguales a los costos totales, la empresa productora de vaquillas a primer parto se encuentra en equilibro. No está ganando ni perdiendo.

Supóngase que los costos totales en el ciclo ascendieron a $900 000.00 y las vaquillas producidas se mantuvieron en 60, el precio promedio por vaquilla fue de $15,000.00, los ingresos totales fueron del orden de $900,000.00, ($15,000.00*60=$900,000), por lo tanto la empresa está en equilibrio.

Véase:

$$\$ 900,000.00 - \$900,000.00 = 0$$

Finalmente, cuando las ventas totales son menores a los costos totales, la empresa productora de vaquillas a primer parto está perdiendo.

Hubo un descenso en el número producido de vaquillas a primer parto a 50, el precio promedio de venta por vaquilla a primer parto se mantuvo ($15,000.00), por lo tanto los ingresos totales o ventas totales fueron:

$$\$15,000.000 * 50 = \$750,000.00$$

Los costos totales se ubicaron en $780,000.00, las pérdidas fueron iguales a:

$$\$750,000.00 - \$780,000.00 = -\$30,000.00$$

Existe la posibilidad de que las ventas totales o ingresos totales sean menores que los costos totales, pero a su vez los ingresos totales sean mayores a los costos variables totales; en tal caso la empresa productora de vaquillas a primer parto se encuentra perdiendo, pero no en punto de cierre; si cierra, la empresa pierde más que no cerrando.

Supóngase que los costos fijos totales del negocio fueron iguales a $45,000.00 y los costos variables totales se ubicaron en $719,000.00, es decir, los costos totales fueron iguales a $764,000.00; asimismo los ingresos totales fueron iguales a:

$$\$15,000.00 * 50(vaquillas\ a\ primer\ parto) = \$750,000.00.$$

Con estos datos la empresa productora de vaquillas a primer parto está perdiendo $14,000.00:

$$\$750,000.00 - \$764,000.00 = -\$14,000.00$$

Si la empresa cierra pierde $45,000.00, que corresponde a los costos fijos totales. Recuérdese que los costos fijos totales están presentes independientemente del nivel de producción de vaquillas, es decir, si las vaquillas son cero (cerró la empresa), los costos fijos totales son $45,000.00 (estos costos sólo desaparecen cuando el dueño vende la empresa). No cerrando pierde $14,000, que es una cantidad menor a $45,000.00.

Cuando las ventas totales o ingresos totales son iguales o menores a los costos variables totales, el negocio se encuentra en punto de cierre. Asimismo, si el precio promedio por vaquilla es igual o menor al costo variable unitario (medio o promedio), la empresa se encuentra en punto de cierre.

Supóngase que en cierto periodo la empresa productora incurrió en lo siguiente: los costos fijos totales fueron $45,000.00 y los costos variables totales $719,000.00, entonces los costos totales se ubicaron en $764,000.00; los ingresos totales fueron:

$$\$15,000.00 * 40(vaquillas\ a\ primer\ parto) = \$600,000.00$$

Las pérdidas totales fueron:

$$\$600,000.00 - \$764,000.00 = -\$164,000.00$$

Esta cifra es superior a las pérdidas totales cuando la empresa cierra ($45,000.00 de costos fijos totales). Nótese que los costos variables totales ($719,000.00) superaron a las ventas totales ($600,000.00).

Bajo estas condiciones, la empresa no tendría la suficiente solvencia económica ($600,000.00) para cubrir la totalidad de los costos variables totales inmediatos ($719,000.00) como salarios, material de curación, fármacos y biológicos, luz, agua, teléfono, gastos varios e imprevistos, alimento, etc.; le faltarían $119,000.00 para pagar la totalidad de los costos variables totales, y tampoco podría pagar por completo los costos fijos totales. Normalmente los insumos variables que se adquieren se tienen que pagar casi inmediatamente, son erogaciones que no se pueden posponer.

1.14   COSTO MARGINAL (Cmg)

Es un concepto útil e importante, se define como el cambio del costo total en que incurre la empresa productora de vaquillas a primer parto cuando produce una vaquilla más. (Kay, 1986; Leftwich, 2001).

El costo marginal se obtiene a través de la fórmula que indica el cambio de Y (donde Y representa el costo total para los diferentes niveles de producción de vaquillas) entre el cambio en X (donde X indica las distintas cantidades de vaquillas a primer parto). Véase:

$$Cmg = \frac{\Delta Y}{\Delta X} = \frac{Y2 - Y1}{X2 - X1}$$

Donde:

Δ = Cambio

$Y2$ = Mayor costo total a cierto número de vaquillas producidas.

$Y1$ = Menor costo total a cierto número de vaquillas producidas.

$X2$ = Mayor número de vaquillas a primer parto producidas.

$X1$ = Menor número de vaquillas a primer parto producidas.

El siguiente ejemplo permite entender este concepto:

Supóngase que el mayor costo total (Y2) fue de $900,000.00 y el menor costo total (Y1) fue del orden de $714,000.00. El mayor número de vaquillas (X2) fue igual a 60 y el menor número de vaquillas (X1) se ubicó en 50.

$$Cmg = \frac{\$900,000.00 - \$714\,000.00}{60 - 50}$$

$$Cmg = \frac{\$186,000.00}{10}$$

$$Cmg = \$18,600.00$$

El resultado indica que el negocio productor de vaquillas a primer parto incurre en $18,600.00 de costo para producir una vaquilla adicional en el rango de 50 a 60 vaquillas a primer parto.

1.15 INGRESO MARGINAL (YMG)

Es de suma importancia que la empresa productora de vaquillas a primer parto no solamente calcule el costo marginal, sino también el ingreso marginal (que en competencia perfecta es el precio de venta por vaquilla), con el fin de determinar la máxima ganancia.

El ingreso marginal se define como el cambio del ingreso total que resulta de vender una vaquilla de primer parto más. (Alonso, 2007; Kay, 1986).

La fórmula que calcula el ingreso marginal es:

$$Ymg = \frac{\Delta YT}{\Delta X} = \frac{YT2 - YT1}{X2 - X1}$$

Donde:

YT2 = Mayor ingreso a cierto nivel de producción de vaquillas a primer parto.

YT1 = Menor ingreso a cierto nivel de producción de vaquillas a primer parto.

X2 = Mayor cantidad de vaquillas producidas.

X1 = Menor cantidad de vaquillas producidas.

Supóngase que cuando se venden 60 vaquillas los ingresos totales son de $900,000.00 ($15,000.00*60=$900,000.00). Los ingresos totales fueron iguales a \$750,000.00 (\$15,000*50=\$750,000.00) cuando se vendieron 50 vaquillas. El ingreso marginal se ubicó en:

$$Ymg = \frac{\$900,000.00 - \$750,000.00}{60 - 50}$$

$$Ymg = \frac{\$150,000.00}{10}$$

$$Ymg = \$15,000.00$$

Es decir, en el rango de 50 a 60 vaquillas, cada vaquilla adicional generó un ingreso de \$15 000.00.

1.16 DETERMINACIÓN DE LA MÁXIMA GANANCIA

Cuando el ingreso marginal es igual al costo marginal, y al mismo tiempo el ingreso marginal es mayor al costo total unitario, la empresa productora de vaquillas a primer parto se encontrará en la máxima ganancia, es decir:

$$Ymg = Cmg \quad \text{y} \quad Ymg > CT\text{U}$$

(Alonso, 2007; Ferguson, 2000; Kay, 1986).

Supóngase que con número de vaquillas producidas de 60 a 70, el ingreso marginal fue de \$15,000.00.

$$Ymg = \frac{\$1,050,000.00 - \$900,000.00}{70 - 60}$$

$$Ymg = \$150,000.00/10$$

$$Ymg = \$15,000.00$$

Con estas mismas vaquillas el costo marginal fue igual a \$15,000.00.

$$Cmg = \frac{\$800,000.00 - \$650,000.00}{70 - 60}$$

$$Cmg = \frac{\$150,000.00}{10}$$

$$Cmg = \$15,000.00$$

Con estos datos se cumple el primer principio, es decir, Ymg es igual a Cmg.

$$\$15,000.00 \ = \ \$15,000.00$$

El costo total unitario con 60 vaquillas fue igual a $10,833.33 ($650,000.00÷60=$10,833.33) y con 70 vaquillas fue igual a $11,428.57 ($800,000.00÷70=$11,428.57), por lo tanto se cumple con el segundo principio, véase:

$$Ymg \ con \ 60 \ vaquillas \ > \ CTU$$

$$\$15,000.00 \ > \ \$10,833.33$$

$$Ymg \ con \ 70 \ vaquillas \ > \ CTU$$

$$\$15,000.00 \ > \ \$11,428.57$$

El administrador de la empresa productora de vaquillas a primer parto tomará la decisión de ofrecer entre 60 y 70 vaquillas para obtener la máxima ganancia.

1.17 PUNTO DE EQUILIBRIO

El punto de equilibrio es el punto de actividad financiera que indica que los ingresos totales son iguales a los costos totales. (Alonso, 2007; Kay, 1986).

El análisis del punto de equilibrio es básicamente una técnica para estudiar las relaciones existentes entre costos fijos totales, costos variables unitarios y precio unitario. De hecho, permite determinar el punto en que las ventas totales o ingresos totales cubrirán los costos totales. (Ferguson, 2000; Leftwich, 2001).

1.17.1 Punto de equilibrio en vaquillas producidas a primer parto

La fórmula mediante la cual se obtiene el punto de equilibrio en vaquillas a primer parto se desglosa a partir de la afirmación: ingresos totales (YT) igual a costos totales (CT).

$$YT \ = \ CT$$

Los costos totales son el resultado de la suma de los CFT más los CVT, por lo tanto:

$$YT \ = \ CFT \ + \ CVT$$

Los ingresos totales se calculan multiplicando el precio unitario por vaquilla a primer parto (Pu) por el número de vaquillas a primer parto producidas (X), entonces:

$$Pu\,(X) \;=\; CFT \;+\; CVT$$

Asimismo, los CVT son iguales al costo variable unitario (CVU) por el número de vaquillas a primer parto producidas (X), entonces:

$$Pu\,(X) \;=\; CFT \;+\; CVU\,(X)$$

El siguiente paso es colocar el número de vaquillas producidas (X) en el mismo lado de la ecuación, por lo tanto:

$$Pu\,(X) - CVU\,(X) \;=\; CFT$$

Una vez que X se encuentra en el mismo lado de la ecuación, se procede a factorizar.

$$X\,(Pu - CVU) \;=\; CFT$$

Finalmente se despeja el número de vaquillas producidas a primer parto.

$$X \;=\; CFT/(Pu - CVU)$$

X es el número de vaquillas a primer parto que se tiene que ofrecer para que la empresa se encuentre en equilibrio.

El siguiente ejemplo indica el número de vaquillas a primer parto para que una empresa se encuentre en equilibrio:

Los costos fijos totales fueron $45,000.00

El precio de venta por vaquilla a primer parto $15,000.00

El costo variable por vaquilla a primer parto fue $11,983.33

$$X = \frac{\$45,000.00}{\$15,000.00 \;-\; \$11,983.33}$$

$$X = \frac{\$45,000.00}{\$3,016.67} = 14.9 \approx 15$$

La empresa tiene que vender 15 vaquillas a primer parto para llegar al punto de equilibrio, si vende en el lapso anteriormente estudiado menos de 15 vaquillas se encontrará en zona de pérdidas, y si vende más de 15 se encontrará en zona de ganancias.

Si se elabora un proyecto para la empresa anterior donde se calculen los costos fijos totales, el costo variable unitario y el precio de venta por vaquilla; y el estudio de mercado determina que el máximo de vaquillas a primer parto que se pueden vender es de 12, la empresa operará en zona de pérdidas, ya que para estar en equilibrio necesita vender 15 vaquillas, y por lo tanto es inviable. También puede suceder que no se cuente con suficientes recursos financieros para una planta productora a suficiente escala (empresa productora de vaquillas a primer parto) capaz de ofrecer en tiempo las 15 vaquillas necesarias para llegar al punto de equilibrio, lo que también la hará inviable.

1.17.2 Punto de equilibrio en ventas

El punto de equilibrio también puede encontrarse en función de las ventas valoradas según el ingreso en lugar de en la cantidad de vaquillas. El cálculo requiere que los costos se hayan categorizado en fijos y variables, como en el punto de equilibrio determinado según las vaquillas producidas, además de haberse determinado el precio de venta de cada unidad.

Según el primer método para la determinación del punto de equilibrio en ventas, es necesario haber calculado previamente el punto de equilibrio en vaquillas a primer parto. La fórmula es:

$$Y = Pu\,(X)$$

Donde:

Y = es el punto de equilibrio en ventas.

Pu = es el precio unitario por vaquilla a primer parto.

X = es el punto de equilibrio en vaquillas a primer parto.

A partir del ejemplo de punto de equilibrio en vaquillas a primer parto, es posible calcular el punto de equilibrio en ventas. Para ese caso se había determinado:

Y = $15,000. 00 (14.9 vaquillas)

Y = $223,500.00

La empresa productora de vaquillas a primer parto debe vender vaquillas por $223,500.00 para llegar al punto de equilibrio, si vende más de

$223 500.00 se ubicará en zona de ganancias, si vende por debajo de esa cantidad estará en zona de pérdidas.

Sin embargo existe otra manera de calcular punto de equilibrio en ventas, que es:

$$Y = \frac{CFT}{1 - \left(\frac{CVU}{PU}\right)}$$

Entonces:

$$Y = \$\frac{45,000.00}{1 - \left(\frac{\$11,983.00}{\$15,000.00}\right)}$$

$$Y = \$\frac{45,000.00}{1 - 0.798888666}$$

$$Y = \$45\,000.00/0.2011111334$$

$$Y = \$223,756.65$$

LITERATURA CITADA

Alonso, P. A.; Alonso, P. F. A.; Espinosa, O. V. E.; García, B. G.; López, D. C. A.; Meléndez, G. J. R.; Reyes, C. J. I.; Ruiz, G. C. G. y Velásquez, P. M. P.: Economía agropecuaria. Grupo Vanchri. SA de CV. México 2007.

Ferguson, C. E. y Gould, J. P.: Teoría Microeconómica. 6ª Edición y 2ª reimpresión. Fondo de Cultura Económica. México, 2000.

Harcourt, B. J.: Principios de Economía: Microeconomía. Editorial Sistemas Técnicos de Edición, SA de CV. SITESA, México, 1990.

Kay, D. R.: Administración agrícola y ganadera. Planeación, control e implementación. CECSA. México 1986.

Leftwich, H. R.: Sistema de precios y asignación de recursos, 12ª Edición. Interamericana. México, 2001.

2 COSTOS DE CRIANZA DE VAQUILLAS

Jorge Montemayor Varona MVZ, EPA

Por mucho tiempo los ganaderos mexicanos fueron el principal cliente de establos productores de vaquillas tanto de Canadá como de los Estados Unidos. Las razones eran muchas, desde las fallas sufridas al criar sus animales, que provocaban un altísimo desecho, hasta razones financieras, pues la diferencia entre el costo de criarla en su establo y el precio pagado al comprarlas en el extranjero era frecuentemente inferior al gasto financiero de la inversión que había que hacer para criar el reemplazo. Otra consideración importante era que, si no se tenía el adecuado nivel sanitario o de manejo para la crianza, resultaba preferible comprar la vaquilla dos meses antes del parto en lugar de arriesgar el capital por 24 meses, ya que el riesgo se reducía al transporte y el parto. De esta manera la recuperación del capital era mucho más rápida. Ante un desconocimiento total de la crianza de becerras, en donde la pérdida podría llegar al 14 ó 16%, parecía mejor que alguien más las llevara a los 22 meses y luego comprarlas.

Sin embargo, el costo "escondido" radicaba en la compra de animales que, aun viniendo preñados, eran problemas reproductivos en potencia, pues por su edad indicaban que el ganadero extranjero había tenido problemas para lograr la gestación, además de que en el vientre llevaban una cría cruzada con Angus o con otra raza no lechera, lo que hacia perder una generación de reemplazos.

Tanto se manejó este esquema que aún actualmente, después de tantas crisis financieras y del altísimo riesgo cambiario de la paridad peso dólar, que a tantos ganaderos ha afectado al contratar créditos para importar vaquillas, no existe a nivel nacional un indicador del precio de vaquillas. Por eso en México se toman como valores de referencia los precios de los animales en Canadá o Estados Unidos, sin importar el costo de crianza, la oferta o la demanda que pudiera tener el ganado en nuestro país. Y hemos llegado al extremo de pagar muy caros animales criados en México sólo porque China está expandiendo su ganadería lechera. ¿Es eso el costo de la "globalización"? ¿O es el costo de la ineptitud en la crianza y de la falta de un marco de referencia para la comercialización en el país?

La falta de apoyo gubernamental al campo, de donde debieron salir los insumos requeridos para la ganadería; una política populista donde había que mantener controlado el precio de los productos básicos, entre los que se incluye la leche; y la misma falta de técnica para obtener reemplazos, han traído a México la despoblación de la ganadería, especialmente la lechera; y es en estos casos, durante la compra-venta de establos, donde se ha notado la falta de valores de referencia para los precios del ganado en sus diferentes etapas: recién nacido, en lactancia, en desarrollo, gestante temprano, gestante avanzado o próximo al parto, y de vacas en las diferentes lactancias.

Por lo mismo, en el desarrollo de este tema intentaremos establecer mediante algunas explicaciones una serie de lineamientos para obtener un precio realista del animal en sus diferentes etapas, y proponer un machote de uso mensual que permita al ganadero comparar mes a mes los cambios o desviaciones incurridos. Es ahí donde se pueden detectar los errores y solucionarlos, lo que permitirá obtener ahorros al reaccionar en buen tiempo.

2.1 VALOR AL NACIMIENTO

¿Cuál es el valor que se debe asignar a una cría hembra de ganado productor de leche al momento del nacimiento? Ésta es una pregunta que el productor se hace frecuentemente, ya que es el inicio de un proceso de inversión que se extenderá por un periodo de 24 a 27 meses antes de empezar a obtener retorno. Es sabido que el dinero obtenido en las ¾ partes de la primera lactancia apenas cubre la inversión realizada en la cría y desarrollo del animal, y a partir de ese momento empieza a generarse una utilidad por la inversión ($18,400 pesos/$ 4.8 por litro= 3,833 litros para pagar la crianza).

Ante la falta de sistemas de mercadeo abierto en México, como son las subastas semanales de ganado, donde se fijaría un precio "regional"; o de un sistema de Bolsa Agropecuaria; al momento de ofrecer en venta o de ofertar por una cría recién nacida surge la duda de haber pagado en exceso o de haber perdido la oportunidad de adquirir una cría de alto valor genético por no pagar el precio solicitado. Por ello nos debemos basar en algunos puntos que se han vuelto comunes para fijar el precio, aunque no sin antes aclarar que un animal de esta edad típicamente no es sujeto de comercialización, porque durante los primeros dos meses de vida el riesgo de muerte es superior por mucho a lo que será desde los dos meses de edad hasta el parto.

Aún así, en caso de presentarse esta opción, nos basaríamos en:

1- *Valor de la cría macho:* En México existe un mercado de crías macho recién nacido, especialmente en El Bajío y en la zona conurbada del DF, normalmente destinadas a la alimentación popular así como para la comunidad judía. El valor de dicha compraventa sería base para fijar un valor a la hembra, que es normalmente entre una y media a dos veces el valor del macho.

2- *Precios logrados en las subastas de ganado de los Estados Unidos:* En donde en cada región dan a conocer mensualmente el volumen de las ventas y el precio logrado por el ganado. En ese país sí se comercializan animales de pocos días, entre 43 y 60 kg. Se remite a la revista electrónica *Calf &Heifer Adviser,* seccion del *Dairy Herd Management* de Vance Publishing co: http://www.dairyherd.com/ para revisar diversos ejemplos.

3- *Cargar al nacer el costo de lograr la gestación:* Es decir, si tenemos 2.5 servicios por concepción y usamos semen con un valor de 15 dólares, y si tenemos 50 % de nacimientos de hembras, el obtener una hembra nos cuesta 2.5 x $15 x 2 = $75 dólares. Si a este valor le aumentamos el costo de la alimentación del periodo seco nos acercamos mas a la realidad y a los costos obtenidos en los Estados Unidos. La suma de 45 días de alimentación de ganado seco a $32 pesos al día serían $1,440 pesos, y del periodo de reto o próximas al parto sería 21 días, con un costo de alimentación de $42 pesos = $882 pesos, dando un total de $2,322 pesos. Si el tipo de cambio es de $11.50 son $202 dólares, más los $75 por reproductivo, lo que sumaría $276 dólares al nacer.

Aquí se empiezan a notar las diferencias entre hacer los cálculos de acuerdo con una tradición, como es el caso del punto número 1, o el obtenerlos al sumar los gastos reales incurridos. El riesgo de descapitalización está latente.

2.2 LOS PRIMEROS COSTOS DESPUÉS DEL NACIMIENTO

Seguiremos los pasos de una cría recién nacida para analizar las necesidades que va teniendo y al mismo tiempo costear los insumos involucrados. Es obvio que en este capítulo no pretendemos enseñar cuáles son los manejos que deben llevar al éxito en la crianza, pero tomaremos en cuenta una crianza común que intenta tener un bajo desecho y a la vez lograr los objetivos de peso y alzada para llevar la vaquilla a un parto en 24 meses (Drackley, 2005).

En la alimentación durante los primeros 60 días deberemos ofrecer:

Un mínimo 4 litros de calostro de calidad, y de preferencia 6 litros, entendiéndose con esto un calostro verificado, de valor superior en el calostrómetro a 65 g/l, o de calidad dentro del rango del color verde, preferentemente recolectado de vacas sanas, guardado en un banco de calostro donde se hayan efectuado pruebas microbiológicas y donde se hayan destruido aquellas bolsas que resultaron altamente contaminadas por *E. coli* o estreptococos.

Este producto, por ser de obtención similar a la leche, se puede valuar de la misma forma, aunque si se le diera el valor que verdaderamente tiene como fuente de inmunoglobulinas protectoras para la cría, su valor sería muy superior.

Los siguientes 60 días el animal beberá 4 litros de leche o de sustituto de leche al día. En el caso de la leche la tasaríamos según su precio de comercialización, si se trata de sustituto debemos obtener el valor del litro reconstituido a partir del valor del saco del producto. A continuación se presenta un ejemplo:

Valor del saco de sustituto de leche: $540 pesos

Kilos por saco: 20

Valor por kilo: $27 pesos

Gramos usados para hacer un litro: 115

Litros por kilo (1000/115=8.6): 8.6 litros de sustituto obtenidos de un kilo del polvo

$27/8.6 = $3.13 pesos el litro x 4 litros al día = $12.55 al día

A partir del día 4 de vida podemos iniciar el ofrecimiento de concentrado de iniciación a las crías. Normalmente tomamos como tiempo óptimo de destete el momento en el que el animal consuma de 2 a 2.5 kg de concentrado al día, lo que más o menos vendrá siendo a los 55-60 días (NRC 1989). El promedio en el periodo puede ser de 1.400 kg por día

> 1.400 X $3.84 el kilo = $5.376 x 60 días = $322.56 durante el periodo por concepto de grano de iniciación.

Se considera el valor de un concentrado iniciador de precio comercial. En algunos casos las cooperativas pueden tener costos más bajos en dicho grano, además, hay casos en los que el ganadero requiere o gusta de adicionar probióticos, virginamicina, decoquinatos o derivados de yuca, etc., lo que incrementaría el costo por animal al día entre $0.30 y $0.60 pesos.

Los resultados esperados en los incrementos de peso por día en este periodo oscilan entre 650 y 900 g/día. Incrementos menores obligan a una revisión de materias primas, formulación o manejo.

En este periodo se deben aplicar varias vacunas (Moriyon, 2004), y dependiendo la frecuencia de presentación de enfermedades y del tipo de éstas se programará el calendario de vacunación propio y habrá que cargar sus costos, así como de cualquier tratamiento con medicamentos o de artículos empleados para la identificación de los animales, como aretes plásticos o metálicos, pasta para descornar y la aplicación de la marca de fuego o fierro, todo ello a precios del semestre previo al actual. En los primeros 60 días podría darse un costo por vacunas de $85 pesos y de medicinas e implementos de $130 pesos. En unidades en donde se desteta antes o en las que gustan de dar leche por más tiempo, hay que tomar en cuenta el incremento diario de peso y los costos (Godden, 2006).

Hay empresas que efectúan pruebas de brucelosis y de TB antes de pasar los animales de la unidad de crianza a la de desarrollo, por lo que el costo de "campañas zoosanitarias" se debe incluir. Este primer período tendría un costo promedio por cabeza de 19 a 23 pesos al día.

2.3 DESARROLLO

Desde el destete hasta la primera inseminación podrían darse variaciones en la manera de acomodar los lotes del ganado y también las raciones, para ir supliendo los requerimientos de los animales que día a día crecen y por ello demandan más nutrientes. Para abaratar la ración se incluye silo de maíz a partir de los 5 meses, así es que del destete a los 4 meses puede usarse una ración a base de alfalfa y de concentrado de desarrollo. Los animales de aproximadamente 85 kilos de peso a los 60 días deberán llegar a los 4 meses de edad con 140 kilos. El uso de cocciidiostato es importante, pues normalmente en este periodo es cuando surgen los primeros brotes que pueden frenar el crecimiento normal de las crías. Hay vacunas específicas de este periodo, como es el caso de Ojo Rosado.

2.3.1 De destete a 5 meses

Alfalfa 3.5 kilos x $1.7 pesos/kilo = $5.95 pesos/día

Concentrado desarrollo 3 kilos x $3.70 pesos/kilo = $11.10

Minerales para esta etapa 0.100 kg/día a $ 8.8 pesos/kilo = $.88

Vacuna para Ojo Rosado (pinkeye) $12.00 dosis, y vacuna contra *Brucella abortus* $11.00 dosis

En este periodo algunas veces se presentan brotes de neumonías, y si no se está medicando el concentrado con aureomicina, deberá usarse en el agua de bebida por una semana en determinado corral o mezclar en el alimento.

2.3.2 De 6 a 10 meses:

En el aspecto de sanidad en este periodo se debe vacunar contra clostridias 2 veces y una vacuna contra leptospira: 3 x $14 pesos =$42 pesos por vacunas en el periodo.

En cuanto a la alimentación:

Alfalfa heno 3 kilos a $1.7 = $5.1 pesos/día

Silo de maíz de 9 a 13 kilos al día dependiendo de La edad: 13 x $0.75 = $9.75 por dia

Maíz rolado 800 g al día a $3.50 = $2.8 pesos diarios

Pasta de soya 500 g a $4.35 el kilo = $2.17 pesos diarios

70 g de minerales a $8.6 pesos/kilo

2.3.3 De 11 a 14 meses

Se recomienda una revacunación para protección de IBR, DVB, PI3 y virus sincicial respiratorio bovino, de nuevo a los 12 meses vacuna contra leptospira, a los 13 meses aproximadamente se hará la primera inseminación, y si no hay gestación, 21 días después se hará la segunda. En las becerras normalmente se esperan fertilidades arriba de 65%, y por lo mismo el gasto en dosis de semen será para 1.6 servicios por concepción. Al diagnóstico, en algunos establos se acostumbra revacunar contra *Brucella*, en este caso es recomendable usar la RB 51 en dosis completa.

La alimentación puede variar dependiendo de los forrajes de la zona, pero como ejemplo usaremos una ración con 2.5 kilos de alfalfa en heno, 16 kilos de silo de maíz o sorgo Sudán, y alguna fuente de proteína como la pasta de soya o de canola, suponiendo que 200 g sean suficientes. Una fuente mineral usando 50 g al día, y tal vez 300 g de melaza.

2.3.4 De 15 a 17 meses

La alimentación en esta etapa no varía mucho de la anterior, aunque al ir ganado las vaquillas peso corporal, se deben llenar los requerimientos de materia seca, aumentando tal vez el ensilaje, y mantenerse la fuente de proteína en los 200 g de soya o canola. En esta etapa no hay revacunaciones a menos que se presente algún brote infeccioso.

2.3.5 De 18 a 24 meses

Nuevamente habrá que llenar las necesidades alimenticias, y sobre todo la cantidad de materia seca de acuerdo al peso corporal. Es recomendable bajar el nivel de proteína porque en esta etapa la cría en gestación puede crecer más de lo recomendable y aumentar la incidencia de distocias. A los 19 meses se recomienda nuevamente proteger contra leptospira y clostridias.

21 días antes del parto y con el fin de pasar inmunidad a la cría por medio del calostro, es recomendable vacunar contra rotavirus, coronavirus y *E. coli*, también contra las infecciones virales como IBR DVB PI3 y virus sincicial respiratorio bovino.

Hay áreas en la Republica Mexicana donde deben aplicarse repetidamente tratamientos contra las babesiosis, en tal caso el costo deberá tomarse en cuenta y sumarse a los demás costos requeridos para llevar la vaquilla al parto.

LITERATURA CITADA

National Research Council: Nutrient Requirements of Dairy Cattle. 6th revised ed. National academy press, 1989.

Drackley, J. K. and Amburgh, M. E.: Nutrient Requirements of the Calf, Cooperative Extension Ithaca NY, 2005.

Godden, S. M.; Fetrow, J. et al:. Economic Analysis of Feeding Pasteurized Non Salable Milk versus Conventional Milk Replacer to Dairy Calves. J Am Vet Med Assoc. 2005: 1547-1554.

Moriyon, Grillo et al.: Rough Vaccines in Animal Brucellosis. Structural and Genetic Base and Present Status. Vet Res 35, 2004

www.ingramcontent.com/pod-product-compliance
Lightning Source LLC
Chambersburg PA
CBHW051436170526
45166CB00001B/11